21世纪高等院校电气信息类系列教材

DSP原理与应用

张东亮　编著

机械工业出版社

本书以 TI 公司 TMS320C24x DSP 的 TMS320LF2407A 为例，介绍了 DSP 芯片的结构原理、软硬件设计开发和应用。主要内容包括 DSP 技术概况、DSP 结构原理、CPU 与指令系统、软件设计开发、片内外设、应用系统设计等。各章安排有思考题与习题，并附有 DSP 术语与符号英汉对照表。

本书可以作为高等院校相关专业 DSP 课程教材，还可以供从事自动控制、仪器仪表、电气自动化、计算机、电子机械等领域的工程技术人员参考使用。

本书配套授课电子课件，需要的老师可登录 www. cmpedu. com 免费注册，审核通过后下载，或联系编辑索取（QQ：241151483，电话：010－88379753）。

图书在版编目(CIP)数据

DSP 原理与应用/张东亮编著. —北京：机械工业出版社，2011. 12 (2018.1 重印)
21 世纪高等院校电气信息类系列教材
ISBN 978－7－111－36250－0

Ⅰ. ①D… Ⅱ. ①张… Ⅲ. ①数字信号处理－高等学校－教材 Ⅳ. ①TN911. 72

中国版本图书馆 CIP 数据核字（2011）第 216985 号

机械工业出版社(北京市百万庄大街 22 号 邮政编码 100037)
策划编辑：时 静
责任编辑：时 静
责任印制：常天培
北京圣夫亚美印刷有限公司印刷
2018 年 1 月第 1 版 · 第 3 次印刷
184mm × 260mm · 18. 75 印张 · 463 千字
5301— 6500 册
标准书号：ISBN 978－7－111－36250－0
定价：36. 00 元

凡购本书，如有缺页、倒页、脱页，由本社发行部调换

电话服务
社服务中心：(010)88361066
销 售 一 部：(010)68326294
销 售 二 部：(010)88379649
读者购书热线：(010)88379203

网络服务
门户网：http://www. cmpbook. com
教材网：http://www. cmpedu. com
封面无防伪标均为盗版

出版说明

随着科学技术的不断进步，整个国家自动化水平和信息化水平的长足发展，社会对电气信息类人才的需求日益迫切、要求也更加严格。在教育部颁布的“普通高等学校本科专业目录”中，电气信息类(Electrical and Information Science and Technology)包括电气工程及其自动化、自动化、电子信息工程、通信工程、计算机科学与技术、电子科学与技术、生物医学工程等子专业。这些子专业的人才培养对社会需求、经济发展都有着非常重要的意义。

在电气信息类专业及学科迅速发展的同时，也给高等教育工作带来了许多新课题和新任务。在此情况下，只有将新知识、新技术、新领域逐渐融合到教学、实践环节中去，才能培养出优秀的科技人才。为了配合高等院校教学的需要，机械工业出版社组织了这套“21世纪高等院校电气信息类系列教材”。

本套教材是在对电气信息类专业教育情况和教材情况调研与分析的基础上组织编写的，期间，与高等院校相关课程的主讲教师进行了广泛的交流和探讨，旨在构建体系完善、内容全面新颖、适合教学的专业教材。

本套教材涵盖多层面专业课程，定位准确，注重理论与实践、教学与教辅的结合，在语言描述上力求准确、清晰，适合各高等院校电气信息类专业学生使用。

机械工业出版社

前　　言

目前各种控制系统、通信系统、网络设备、仪器仪表等都以微处理器为核心。几十年来，随着大规模集成电路技术的不断发展，微处理器的性能越来越高、体积越来越小、系列越来越多。微处理器从过去单纯的中央处理单元，发展到将众多外设集成到片内形成单片机，由过去的8位机，发展到16位、32位机。TMS320C24x DSP芯片就是16位高性能的单片机系列，被称为DSP控制器（DSP Controller）。

由于大规模集成电路技术的突破，DSP控制器的价格已和普通单片机接近，但其性能远远超过了普通单片机。高性能的控制系统、通信系统、网络设备、仪器仪表，甚至高性能家用电器的需求巨大。为了实现高性能，就需要快速地完成复杂算法，这是普通单片机的瓶颈。DSP控制器由DSP（Digital Signal Processor，数字信号处理器）发展而来，其突出特点就是采用多组总线技术实现并行机制，有独立的加法器和乘法器，有灵活的寻址方式，从而可以非常快速地实现复杂算法。

在DSP领域中，美国TI公司的TMS320系列DSP具有较强的竞争力。1981年TI公司推出了TMS320系列的第一种产品TMS32010。目前TMS320已有C2000、C5000、C6000等系列DSP。TMS320C24x DSP控制器是一种集成了大量片内外设、适用于控制的16位定点DSP芯片系列，也称为数字信号控制器（Digital Signal Controller，DSC）。

本书分别介绍了DSP技术的概况，DSP芯片的总体结构，中央处理器与指令系统，软件开发与C语言编程，各种片内外设的结构、原理与使用方法等，并给出了应用系统的设计实例。

本书深入浅出，实例丰富，突出实用，适合高等院校自动化、电气、电子、生物医学工程、计算机、机械电子等专业的本科教学，也可以供从事微机应用、测控系统、智能仪器仪表、嵌入式系统等领域工作的工程技术人员参考。本书主要面向DSP的初学者，如果读者希望进一步学习32位DSP控制器系列TMS320C28x，可以参考本书的姊妹篇：DSP控制器原理与应用，机械工业出版社，2010。

由于作者水平所限，书中难免有错漏之处，恳请读者批评指正。

作者E-mail地址：dongliang_zhang@yahoo.com.cn。

作者

目　录

出版说明

前言

第1章　绪论 …… 1

1.1　DSP的发展与DSP芯片的特点 …… 1

1.2　典型DSP应用系统及其设计过程 …… 2

1.3　常用DSP芯片 …… 4

1.4　C2000系列DSP控制器 …… 5

1.5　DSP芯片的应用 …… 10

1.6　数的定标与定点运算 …… 11

1.7　思考题与习题 …… 13

第2章　DSP总体结构 …… 15

2.1　TMS320LF2407A DSP片内硬件资源与引脚 …… 15

2.2　存储器与I/O空间 …… 23

2.2.1　片内存储器 …… 23

2.2.2　程序存储器 …… 25

2.2.3　数据存储器与片内外设寄存器 …… 26

2.2.4　I/O空间 …… 28

2.2.5　外部存储器与外部I/O接口信号 …… 29

2.2.6　等待状态发生器 …… 30

2.3　系统配置寄存器、时钟与低功耗模式 …… 31

2.3.1　系统配置寄存器 …… 31

2.3.2　时钟 …… 33

2.3.3　低功耗模式 …… 36

2.4　看门狗定时器 …… 37

2.5　通用输入/输出 …… 39

2.6　中断系统 …… 45

2.6.1　中断优先级和中断向量表 …… 45

2.6.2　外设中断扩展控制器 …… 47

2.6.3　中断响应的过程 …… 50

2.6.4　中断控制寄存器 …… 50

2.7　思考题与习题 …… 55

第3章　C24x DSP的CPU与指令系统 …… 56

3.1　中央处理器 …… 56

3.1.1　CPU总体结构 …… 56

3.1.2　总线结构 …… 59

3.1.3　CPU内核结构 …… 60

3.1.4　状态寄存器ST0和ST1 …… 63

3.1.5　辅助寄存器算术单元 …… 64

3.2　寻址方式 …… 65

3.2.1　立即寻址方式 …… 65

3.2.2　直接寻址方式 …… 66

3.2.3　间接寻址方式 …… 66

3.3　C24x DSP汇编指令 …… 69

3.3.1　汇编指令格式 …… 69

3.3.2　指令系统分类表 …… 69

3.3.3　指令说明 …… 73

3.4　汇编语言命令与程序举例 …… 98

3.4.1　常用汇编语言命令 …… 98

3.4.2　汇编语言程序举例 …… 100

3.5　思考题与习题 …… 102

第4章　DSP软件开发与C语言编程 …… 103

4.1　DSP开发工具与软件开发流程 …… 103

4.2　集成开发环境CCS …… 109

4.3　DSP的C工程文件 …… 113

4.3.1　公共目标文件格式 …… 114

4.3.2　链接命令文件 …… 116

4.4　DSP C语言程序设计基础 …… 118

4.4.1　数据类型 …… 119

4.4.2　C语言运算符与基本语句 …… 119

4.4.3　函数 …… 121

4.4.4　指针 …… 122

4.4.5　编译预处理命令 …… 122

4.4.6　C语言与汇编语言混合编程 …… 125

4.4.7 C24x DSP 编译器的几个关键字 …… 127
4.5 DSP C 程序举例 …… 129
4.6 思考题与习题 …… 132
第 5 章 DSP 的 A-D 转换器 …… 134
5.1 240xA 的 A-D 转换器的特点 …… 134
5.2 自动排序器原理 …… 135
5.3 自动排序模式 …… 137
5.4 ADC 时钟定标 …… 141
5.5 ADC 寄存器 …… 141
5.6 ADC 的 C 语言编程实例 …… 149
5.7 思考题与习题 …… 151
第 6 章 事件管理器 …… 152
6.1 事件管理器功能概述 …… 152
6.2 通用定时器 …… 154
6.3 比较单元与 PWM 电路 …… 169
6.4 空间矢量 PWM …… 180
6.5 捕获单元 …… 183
6.6 正交编码脉冲电路 …… 188
6.7 事件管理器的中断 …… 190
6.8 事件管理器的应用实例 …… 199
6.9 思考题与习题 …… 203
第 7 章 串行通信接口 …… 204
7.1 SCI 模块概述 …… 204
7.2 SCI 模块的结构 …… 205
7.3 SCI 的寄存器 …… 212
7.4 SCI 应用实例 …… 218
7.5 思考题与习题 …… 221
第 8 章 串行外设接口 …… 222
8.1 SPI 模块的结构 …… 222
8.2 SPI 的操作 …… 223
8.3 SPI 的设置 …… 225
8.4 SPI 的寄存器 …… 228
8.5 SPI 应用实例 …… 232
8.6 思考题与习题 …… 236
第 9 章 CAN 控制器模块 …… 237
9.1 CAN 总线概述 …… 237
9.2 CAN 控制器模块结构 …… 239
9.3 CAN 模块的寄存器 …… 241
9.4 CAN 控制器的操作 …… 253
9.4.1 CAN 控制器初始化 …… 253
9.4.2 信息的发送 …… 254
9.4.3 信息的接收 …… 254
9.4.4 远程帧处理 …… 255
9.5 CAN 模块的应用 …… 255
9.6 思考题与习题 …… 259
第 10 章 DSP 应用系统设计 …… 260
10.1 2407 DSP 系统硬件设计 …… 260
10.2 基于 DSP 的数字运动控制系统 …… 265
10.3 快速傅里叶变换与 FIR 数字滤波器 …… 273
10.3.1 快速傅里叶变换 …… 273
10.3.2 FIR 数字滤波器 …… 277
10.4 思考题与习题 …… 280
附录 …… 281
附录 A DSP 术语英汉对照表 …… 281
附录 B 逻辑电路符号对照表 …… 286
附录 C DSP 的 C 程序头文件 …… 287
参考文献 …… 293

第1章 绪　　论

本章知识要点：

1）DSP 的发展与 DSP 芯片的特点（Development and Features of DSP Chips）。

2）典型 DSP 应用系统及其设计过程（Typical DSP Application Systems and Their Design Procedure）。

3）常用 DSP 芯片（Frequently Used DSP Chips）。

4）C2000 系列 DSP 控制器（C2000 Series DSP Controllers）。

5）DSP 芯片的应用（Applications of DSP Chips）。

6）数的定标与定点运算（Number Scaling and Fixed Point Operation）。

1.1 DSP 的发展与 DSP 芯片的特点

数字信号处理（Digital Signal Processing，DSP）是一门应用广泛的学科。数字信号处理是利用计算机技术，以数字形式对信号进行采集、变换、滤波、估值、增强、压缩、识别等处理，以得到符合需要的信号形式。

数字信号处理器（Digital Signal Processor，DSP）也称为 DSP 芯片，是一种用于进行数字信号处理运算的微处理器，其主要功能是实时快速实现各种数字信号处理算法及各种复杂控制算法。本书所讲的 DSP 特指数字信号处理器。根据数字信号处理的要求，DSP 芯片一般具有如下主要特点：

1）采用哈佛结构。程序和数据存储空间分开，采用不同的总线，可以同时访问指令和数据。

2）具有专门的硬件乘法器和乘法指令。可在一个指令周期内完成一次乘法和一次加法（Multiply and Accumulate，MAC）运算。

3）支持流水线（Pipeline）操作。取指令、译码和执行等操作可以重叠执行。

4）具有特殊的适合数字处理算法的 DSP 指令。例如设置倒位序寻址指令，能方便、快速地实现 FFT 算法。

5）片内具有快速访问 RAM。

6）具有单周期操作的多个硬件地址产生器。

7）快速的中断处理和硬件 I/O 支持。

世界上第一个 DSP 芯片是 1978 年 AMI 公司开发的 S2811。1979 年 Intel 公司开发的可编程器件 2920 是 DSP 芯片的一座里程碑。这两种芯片都没有现代 DSP 芯片所必须具有的单周期乘法器。1980 年，日本 NEC 公司推出的 μPD7720 是第一个具有乘法器的商用 DSP 芯片。

TI 公司在 1981 年成功推出了其第一代 DSP 芯片 TMS32010 及其系列产品，之后相继推出了第二代 DSP 芯片 TMS32020、C25 等，第三代 DSP 芯片 C30/C31/C32，第四代 DSP 芯片

C40/C44，第五代 DSP 芯片 C5x/C54x，第二代 DSP 芯片的改进型 C2xx，集多个 DSP 芯片于一体的高性能 DSP 芯片 C8x 以及第六代 DSP 芯片 C62x/C67x 等。TI 将常用的 DSP 芯片归纳为三大系列，即 TMS320C2000 系列、C5000 系列、C6000 系列。目前 TI 的 DSP 产品已经成为最有影响力的 DSP 芯片。

第一个采用 CMOS 工艺生产浮点 DSP 芯片的是日本 Hitachi 公司，它于 1982 年推出了浮点 DSP 芯片。1983 年日本 Fujitsu 公司推出的 MB8764 指令周期为 120ns，其具有双内部总线。而第一个高性能浮点 DSP 芯片是 AT&T 公司于 1984 年推出的 DSP32。

Motorola 公司 1986 年推出了定点 DSP 芯片 MC56001。1990 年推出了与 IEEE 浮点格式兼容的浮点 DSP 芯片 MC96002。

美国模拟器件公司（Analog Devices Inc.，ADI）在 DSP 芯片市场上也占有一定的份额，其定点 DSP 芯片有 ADSP 2101/2105、ADSP 2111/2115、ADSP 2161/2164 以及 ADSP 2171/2181，浮点 DSP 芯片有 ADSP21000、ADSP21062 等。

自 1980 年代以来，DSP 芯片不断发展，应用越来越广泛。从运算速度来看，MAC（一次乘法和一次加法）的时间已经从 400ns（如 TMS32010）降低到 10ns 以下（如 TMS320C54x、TMS320C62x/67x、TMS320C28x 等），处理能力提高了几十倍。片内 RAM 数量增加了一个数量级以上。DSP 芯片的引脚数量从 1980 年的最多 64 个增加到现在的 200 个以上。DSP 芯片的发展使 DSP 系统的成本、体积、重量和功耗都大大下降，性能却大大提高。

DSP 芯片的重要发展方向之一是片上系统（System on a Chip，SoC）。TI 的 C2000 系列的 TMS320C24x DSP 控制器（DSP Controller）是一种集成了大量片内外设、适用于控制领域的 16 位 DSP 芯片，被称为数字信号控制器（Digital Signal Controller，DSC），其实际上是一种具有 DSP 处理能力的高性能单片机即微控制器（Microcontroller）。

在 DSP 芯片向高性能、高速、低功耗方向发展的同时，数字信号处理理论也在不断发展。自适应滤波、卡尔曼滤波、同态滤波、自适应控制等理论逐步成熟和应用，各种快速算法，声音与图像的压缩编码、识别与鉴别，加密解密，调制解调，频谱分析等算法都成为研究的热点，并有长足的进步，为各种实时处理的实际应用提供了算法基础。

1.2 典型 DSP 应用系统及其设计过程

1. 典型 DSP 应用系统

图 1-1 所示为一个典型的计算机控制系统框图。该系统通常由 A－D 转换器、计算机 CPU、D－A 转换器、执行机构、被控对象等组成。如果计算机的 CPU 为 DSP 芯片，则组成基于 DSP 的数字控制系统。

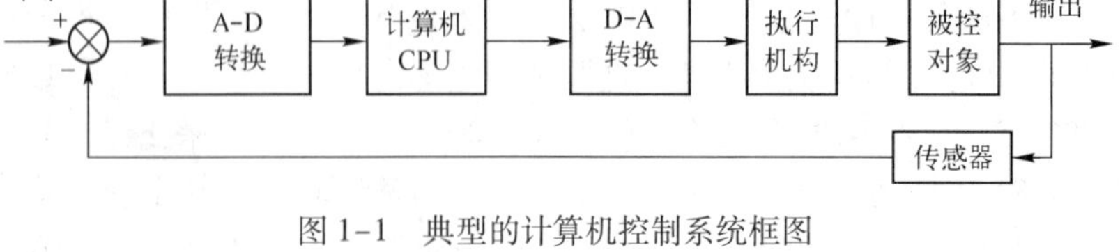

图 1-1　典型的计算机控制系统框图

许多被控物理量为模拟量，如电压、电流、温度、压力、转速等，需要经过 A-D 转换才能进行运算与控制，运算处理的数字量结果也经常需要通过 D-A 转换器转化为模拟量，以便操纵被控制对象。有些应用场合不需要 D-A 转换功能。

一种广泛应用的 DSP 应用系统是数字运动控制（Digital Motion Control，DMC）系统或称为数字电动机控制（Digital Motor Control，DMC）系统。基于 DSP 的数字运动控制系统框图如图 1-2 所示。该控制系统包括以下几个功能：

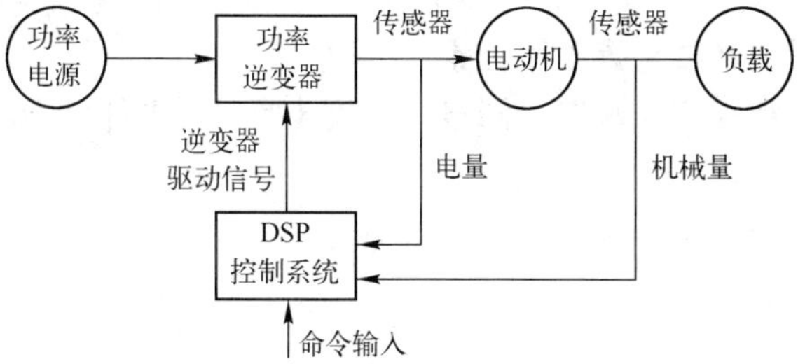

图 1-2　基于 DSP 的数字运动控制系统

1）数据采集与处理。各种电气与机械物理量（电压、电流、位置、温度等）通过各种传感器再由 A-D 转换器、脉冲输入接口等转换为数字量。

2）通信。通信功能完成来自高层协调主计算机或操作者的输入命令，并输出系统的各种变量。

3）系统逻辑与控制算法等。

4）功率电路接口。根据控制软件与硬件，为功率逆变器提供所需的驱动信号。

5）辅助功能如键盘显示、存储、监视保护、调试与诊断等。

2. DSP 应用系统设计开发过程

DSP 应用系统的设计与开发过程主要包括硬件设计、软件设计、实验调试、制作等环节。研制一个 DSP 应用系统包括确定任务、总体方案设计、硬件设计、软件设计、系统调试等几个步骤，如图 1-3 所示。

在软硬件开发与调试过程中可以采用仿真器、评估板等，以加速系统开发调试。经过初步的软硬件调试，可以设计并制作印制电路板（PCB），通过进一步实验调试，完成整个应用系统，这时要把程序固化到 DSP 的程序存储器中。软件开发与调试需要汇编语言或 C 语言程序的汇编、编译、调试软件，通常采用集成开发环境工具软件完成。

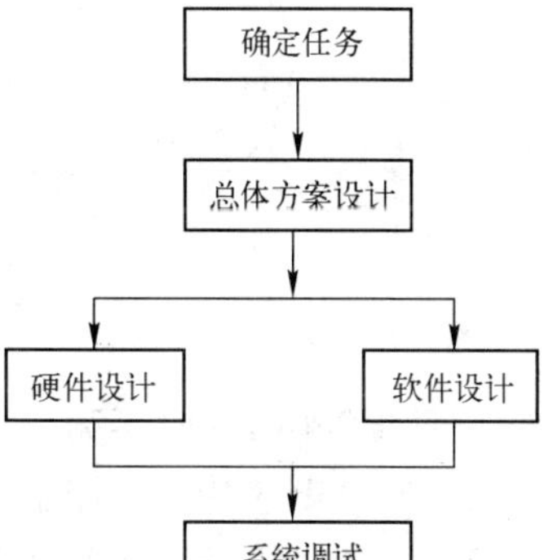

图 1-3　DSP 应用系统的设计与开发过程

3. DSP 芯片的选择

DSP 芯片种类繁多，结构与性能差别很大。DSP 芯片按照数据格式可以分为定点芯片和浮点芯片。定点芯片按照定点数据格式进行工作，其数据长度通常为 16 位、24 位、32 位等。定点 DSP 芯片的特点是：体积小、成本低、功耗低、对存储器的要求不高，但数值表示范围较窄，通常使用定点定标的方法，并要防止结果的溢出。浮点 DSP 芯片按照浮点数据格式进行工作，其数据长度通常为 32 位、40 位等。由于浮点数表示的数据动态范围宽，运算中不必顾及小数点的位置，因此开发较容易，但它的硬件结构相对复杂、功耗较大，且比定点 DSP 芯片的价格高。通常浮点 DSP 芯片使用在对数据动态范围和精度要求较高的系统中。

DSP 的主要技术指标通常有 CPU 数据宽度（运算精度）、时钟频率、机器周期、运算速度（Million Instructions Per Second，MIPS）等。

选择 DSP 芯片除了要考虑数据格式（定点、浮点）、数据宽度、时钟频率、机器周期、运算速度等性能指标外，还要考虑如下因素：

- 片内硬件资源。如程序与数据存储器、模数转换器、事件管理器、通信接口等。
- 价格。
- 开发工具。
- 器件功耗与封装。
- 货源、生命周期等。

1.3 常用 DSP 芯片

目前生产 DSP 芯片的公司有 TI、Motorola（代表型号 MC96002）、ADI（代表型号 AD2100）、微芯（代表型号 dsPIC）、Lucent、NEC 等。

TI 公司的 DSP 产品已经成为了当今世界最有影响的 DSP 芯片，其市场占有量在 50% 左右，为最大的 DSP 芯片供应商。TI 公司应用最广泛的三大系列 DSP 芯片为 TMS320C2000 系列、TMS320C5000 系列和 TMS320C6000 系列，如图 1-4 所示。

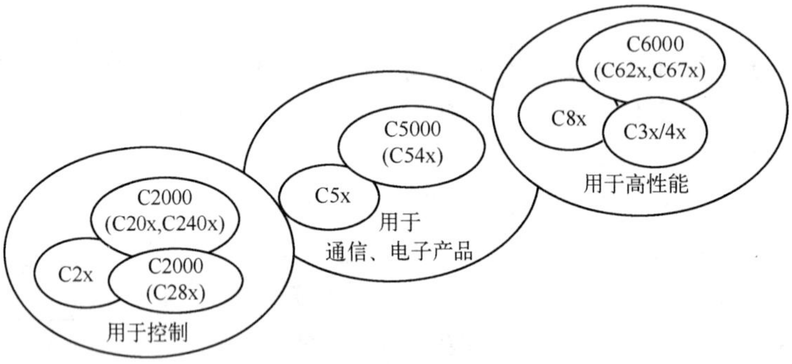

图 1-4　TMS320 DSP 的三大主要系列

1. TMS320C2000 系列

该系列 DSP 芯片是为控制领域优化（Control optimized）设计的，主要是 16 位和 32 位定点 DSP，包括 TMS320C2x/C2xx/C24x/C28x 等子系列，片内集成了 Flash 存储器、高速 A-D 转换器、事件管理器、串行通信接口及 CAN 通信模块等，适用于数字电动机控制（包括变频器、伺服系统等）、运动控制、机器人、数控机床、工业测控等需要数字化的控制领域。

2. TMS320C5000 系列

该系列为低功耗、低成本、高性能 DSP，主要用于无线通信和有线通信设备中，如 IP 电话、PDA、网络电话、服务器、便携式信息系统及消费类电子产品等。

该系列具有多种片内外设、封装小、省电等优点，电源可降至 0.9 V，速度可达 600 MIPS。

C5000 系列中的 C54x 子系列为 16 位定点 DSP，功耗 0.32 mW/MIPS，速度为 32 ~ 532 MIPS。

C55x 子系列为 8 ~ 48 位浮点 DSP，功耗 0.05 mW/MIPS，速度为 283 ~ 600 MIPS，程序字宽度为 32 位。

3. TMS320C6000 系列

该系列是高性能的 DSP，具有较高的性能价格比。其中 C62x 子系列为 16 位定点 DSP，工作频率为 150 ~ 300 MHz，运行速度为 1200 ~ 2400 MIPS，具有两个乘法器，6 个算术逻辑单元，超长指令字结构，大容量的片内存储器，4 个 DMA 接口，两个多通道缓冲串口，32 位片内外设。可用于无线基站、调制解调器、网络系统、中心交换机、数字音频广播设备等。

C64x 子系列工作频率为 400 ~ 600 MHz，运行速度为 3200 ~ 4800 MIPS，具有特殊功能的指令集。

C67x 子系列为 32 位浮点 DSP 芯片，工作频率为 100 ~ 225 MHz，运行速度为 600 ~ 1350 MFLOPS（Million Floating Point Operations Per Second，百万次浮点运算每秒），具有 4 个浮点/定点算术逻辑单元，2 个定点算术逻辑单元，4 个浮点/定点乘法器。可用于基站数字波束形成、图像处理、语音识别和 3D 图形等领域。

1.4 C2000 系列 DSP 控制器

C2000 系列是为控制领域优化设计的 DSP 芯片，由最初的 C2x、C2xx 子系列发展到目前广泛应用的 C24x、C28x 两个子系列。C24x 为 16 位定点 DSP，C28x 为 32 位定点 DSP。C24x 又包括 24x 和 240x 系列，前者为 +5 V 电源，后者为 +3.3 V 电源，时钟频率由 20 MHz 提高到 40 MHz。

1. 24x 系列 DSP 控制器

该系列 DSP 控制器芯片的功能框图如图 1-5 所示，包括 TMS320F240、TMS320F241、TMS320F243、TMS320C240 等具体型号。DSP 控制器结构与单片机一样，由 CPU、存储器、I/O 接口、总线等组成。有的芯片包含片内 Flash 存储器，有的集成了片内 ROM。配置了完善的外围设备，包括事件管理模块（Event Manager，EV）、高速 A - D 转换模块（ADC）、串行通信接口（SCI）模块、串行外设接口（SPI）模块、中断管理系统、系统监视（WD）模块、CAN 通信模块等。其中事件管理模块含有通用定时器、比较器、PWM 发生器、捕获单元，可以方便地用于数字电动机控制等领域。

24x DSP 控制器芯片的结构与主要特性如下：

1）中央处理单元。

- 32 位中央算术逻辑单元（CALU）。
- 32 位累加器 ACC，可以分为两个 16 位累加器 ACCH 和 ACCL。

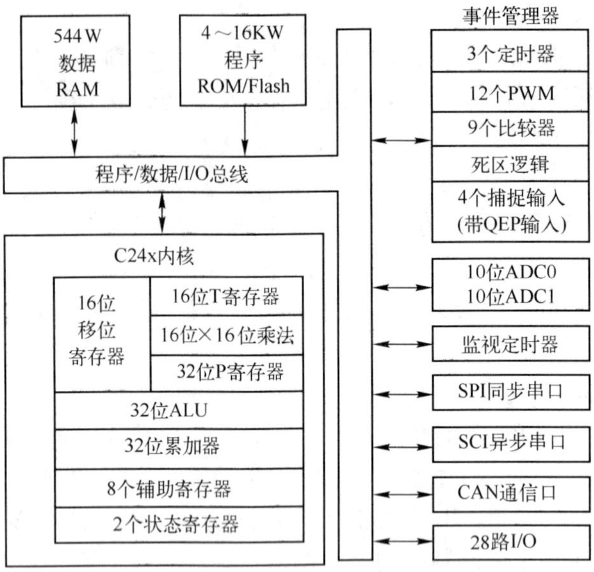

图 1-5　TMS320F24x DSP 控制器功能框图

- 16 位 ×16 位乘法器。
- 3 个比例移位器，包括输入移位器、输出移位器、乘积移位器。
- 间接寻址用的 8 个 16 位辅助寄存器 AR0 ~ AR7 和它的辅助算术单元（ARAU）。

2）存储器。

- 544 W 片内双访问 RAM，其中 288 W 用于数据，256 W 用于程序/数据。
- 16 KW 片内 ROM 或 FLASH 存储器，用作程序存储器。
- 224 KW 寻址空间，程序存储空间 64 KW，数据存储空间 64 KW，I/O 空间 64 KW，还有 32 KW 全局存储空间。
- 外部有 16 位地址总线、16 位数据总线，支持软件、硬件等待状态。

3）程序控制。

- 4 级流水线操作。
- 8 级硬件堆栈。
- 6 个外部中断：电源保护、复位、不可屏蔽中断（NMI）和 3 个可屏蔽中断。

4）指令系统。

- 源代码兼容。
- 单周期乘/累加指令。
- 单指令重复操作。
- 程序/数据存储器中的块移动。
- 丰富的变址寻址能力。
- 倒位序变址寻址能力。

5）1 个事件管理器模块。

- 3 个 16 位通用定时器 T1、T2、T3。
- 3 个全比较/PWM 单元。

● 3 个单比较/PWM 单元。

● 4 个捕获单元。

6）两个 8 通道 10 位 A－D 转换器 ADC1 和 ADC2。

7）串行异步通信接口（SCI）模块。

8）串行外设接口（SPI）模块。

9）中断管理系统。

10）由看门狗和实时中断定时器组成的系统监视模块。

11）28 个可独立编程的 I/O 引脚。

12）速度：单周期指令为 50 ns，20MIPS。

13）电源：5 V 静态 CMOS 工艺，4 种低功耗方式。

2. 240x 系列 DSP 控制器

240x 系列目前主要包括如下型号：

● 片内闪存型：TMS320LF2407A、TMS320LF2406A、TMS320LF2403A、TMS320LF2402A、TMS320LF2401A 等。

● 片内 ROM 型：TMS320LC2407A、TMS320LC2406A、TMS320LC2403A、TMS320LC2402A、TMS320LC2401A 等。

240x DSP 控制器芯片的功能框图如图 1-6 所示。与 24x DSP 控制器相比，电源由 +5 V 降低到 +3.3 V，时钟频率提高到 40 MHz，增加了一个事件管理器。其片内结构、外设及存储器资源与主要特性如下：

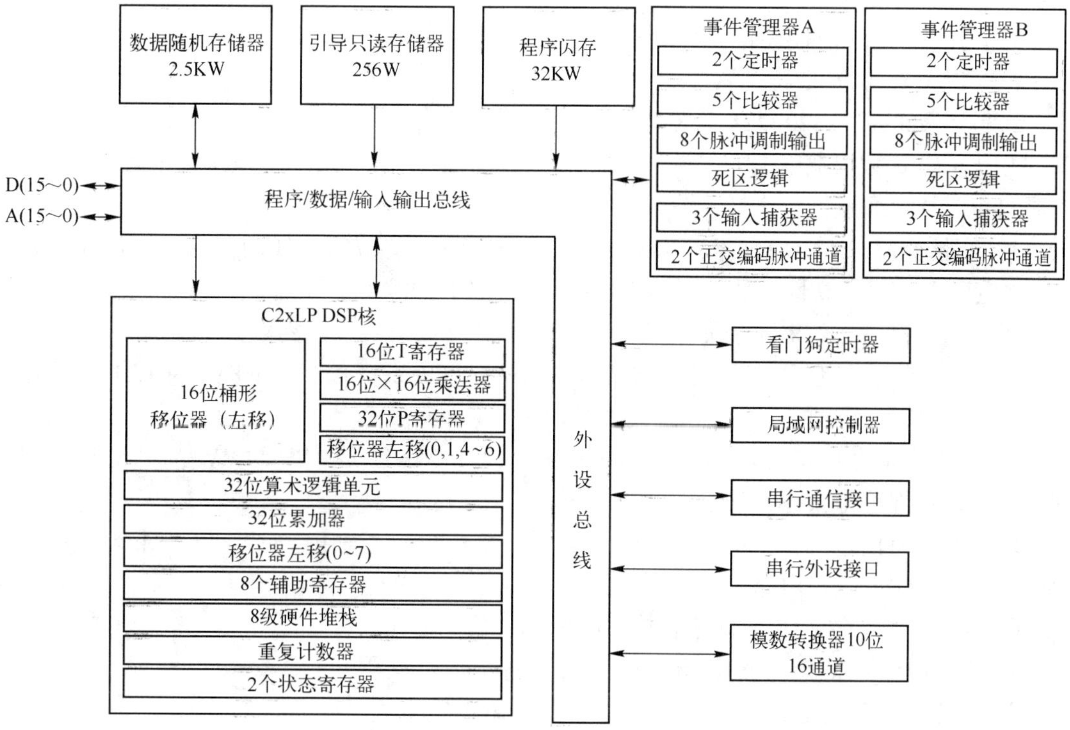

图 1-6　TMS320LF240x DSP 控制器芯片功能框图

1）中央处理单元包括32位中央算术逻辑单元（CALU）、32位累加器、16位×16位乘法器和3个比例移位器。

2）片内存储器：32 KW Flash 闪存或 ROM、2.5 KW RAM，其中包含544 W 的双访问 RAM（Dual Access RAM，DARAM），2 KW 的单访问 RAM（Single Access RAM，SARAM）。

3）41个可独立编程的多路复用I/O引脚。

4）双8路或单16路的10位 A－D 转换器，转换时间为375ns。

5）两个事件管理器 EVA、EVB，均包含如下资源：

- 两个16位通用定时器。
- 8个16位 PWM 通道。
- 对外部事件进行定时捕捉的3个捕获单元，其中两个还具有可直接与光电编码器相连接的能力。
- 防止击穿故障的可编程 PWM 死区控制。

6）串行通信接口 SCI 模块。

7）串行外设接口 SPI 模块。

8）带锁相环 PLL 的时钟模块。

9）5个外部中断（复位中断、两个驱动保护中断与两个可屏蔽外部中断）。

10）CAN 2.0B 模块，即控制器局域网模块。

11）看门狗定时器模块。

12）可扩展的192 KW 的寻址空间，分别为64 KW 的程序存储器空间、64 KW 的数据存储器空间、64 KW 的 I/O 空间。

13）用于仿真的 JTAG 接口。

3. C28x 系列 DSP 控制器

C28x 系列的 TMS320F281x DSP 控制器芯片的功能框图如图1-7所示。与 C24x DSP 控制器相比，CPU 数据宽度由16位提高到32位，时钟频率由40 MHz 提高到150 MHz。其片内资源与主要特性如下：

1）高性能静态 CMOS 技术：150 MIPS，指令周期为6.67 ns，低功耗（内核电压1.8 V，I/O 口电压3.3 V），高性能的32位 CPU，4 MW 的程序和数据地址空间。

2）兼容性好：C27x 目标兼容模式、C28x 模式及 C2xLP 源兼容模式。

3）片内集成大容量存储器：最多128 KW 的 Flash 存储器、1 KW 的 OTP 型 ROM、18 KW 的 RAM、4 KW 的引导（Boot）ROM。

4）外部存储器接口（External Memory Interface，XINTF）：多达1MW 的外部存储器空间、可编程软件等待状态、三个独立的片选。

5）两个事件管理器 EVA、EVB。每个均包含两个16位通用定时器、8个 PWM 通道、3个捕获单元、QEP 接口电路。

6）16通道12位 ADC，快速转换时间80 ns。

7）3个通用 CPU 定时器 TIMER0/1/2。

8）两个异步串行通信接口（SCI），标准 UART 接口。

9）16位串行外设接口（SPI）。

10）多通道缓冲串行口（McBSP）。

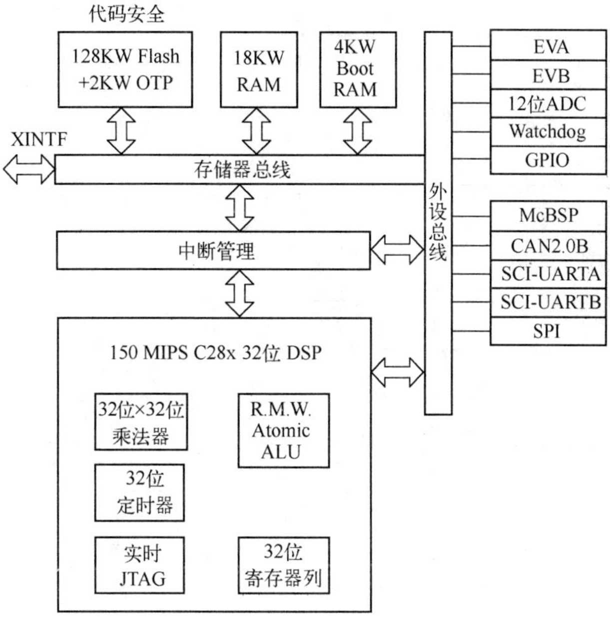

图 1-7 TMS320F281x DSP 控制器芯片功能框图

11）增强型 CAN 总线接口（eCAN）。

12）多达 56 个通用 I/O 引脚。

13）时钟和系统控制（OSC、PLL、WD）。

14）外设中断扩展功能支持 45 个外设中断。

15）128 位安全密码，保护软件知识产权。

16）支持多种编程工具。

17）具有低功耗模式。

18）封装有 176 脚 PGF LQFP（2812）和 128 脚 PBK LQFP（2810/2811）。

TMS320C2000 系列 DSP 部分型号及其主要性能指标见表 1-1。

表 1-1 TMS320C2000 系列部分 DSP 芯片资源配置

技术指标 \ 型号	TMS320F240	TMS320LF2406	TMS320LF2407A	TMS320F2812
时钟频率/MHz	20	30	40	150
周期/ns	50	33	25	6.67
片内 RAM/KW	0.544	2+0.544	2+0.544	18
片内 Flash/KW	16	32	32	128
BOOT ROM/W	0	256	256	4096
寻址空间/KW	224	—	192	1024
扩展存储器接口	√	—	√	√
事件管理器/个	1	2	2	2
通用定时器	3×16	4×16	4×16	4×16
COM/PWM	9/12	10/16	10/16	16

（续）

技术指标 \ 型号	TMS320F240	TMS320LF2406	TMS320LF2407A	TMS320F2812
CAP/QEP	6/4	4/2	6/4	6/2
看门狗定时器模块	√	√	√	√
片内 A - D 转换器	2×10 (6.6μs)	16×10 (500ns)	8×10 (375ns) 16×10 (500ns)	16×12 (200ns/60ns)
串行外设接口 SPI	1	1	1	1
串行通信接口 SCI	1	1	1	2
CAN 总线控制器	—	—	√	√
外设中断	6	5	5	3
通用 I/O 引脚	28	37	40	56
PLL 时钟模块	1	1	1	3×32
供电电压/V	5	3.3	3.3	3.3& 1.8
电源低功耗模式	4	5	3	3
封装	132Pin PQFP	100Pin LQFP	144Pin LQFP	176Pin PQF

1.5 DSP 芯片的应用

20 世纪 80 年代以来，DSP 芯片得到了飞速发展。DSP 芯片的高速发展，一方面得益于集成电路技术的发展，另一方面也得益于巨大的市场需求。DSP 芯片主要用于信号处理、通信、控制系统与仪器仪表等领域。随着 DSP 芯片的性能价格比不断提高，DSP 芯片将会得到越来越广泛的应用。目前 DSP 芯片的主要应用领域有：

1）信号处理。如数字滤波、自适应滤波、快速傅里叶变换、相关运算、谱分析、卷积、模式匹配、加窗、波形产生等。

2）通信。如调制解调器、自适应均衡、数据加密、数据压缩、多路复用、传真、扩频通信、纠错编码、可视电话、移动电话等。

3）语音。如语音编码、语音合成、语音识别、语音增强、说话人辨认、语音邮件、语音存储等。

4）图形/图像。如二维和三维图形处理、图像压缩与传输、图像增强、动画、机器人视觉、模式识别等。

5）军事。如保密通信、雷达处理、声纳处理、导航、导弹制导等。

6）仪器仪表。如频谱分析、函数发生、锁相环、地震处理、数字滤波、模式匹配、暂态分析等。

7）自动控制。如引擎控制、声控、自动驾驶、电动机控制、机器人控制、磁盘控制、伺服控制、运动控制、空调等。

8）医疗仪器。如助听器、超声设备、诊断工具、病人监护等。

9）家用电器。如高保真音响、音乐合成、音调控制、玩具与游戏、数字电话、电视等。

10）多媒体个人数字化产品。如数码相机、MP3、电子词典、数码录音笔、数码复读机等。

11）汽车控制、工业。如电力等。

1.6 数的定标与定点运算

1. 二进制补码

DSP 的数通常以二进制补码表示。二进制数的最高位为符号位，表示数的正负，0 表示数为正，1 则表示为负，其余的位表示数值的大小。求取负数补码的方法是其原码的符号位不变，其他位取反加 1。而正数的补码与原码一样。

【例 1-1】 x = -24，y = 24，写出它们的 8 位二进制补码。

x = -24 [x]原 = 1001 1000B，[x]补 = 1110 1000B = 0E8H

y = 24 [y]原 = [y]补 = 0001 1000B = 18H

可以看出，就整数而言，8 位二进制补码表示数的范围是 -128 ~ +127，16 位二进制补码表示数的范围是 -32768 ~ +322767。

为了提高精度，通常需要用多个字节表示一个数。如 8 位扩展到 16 位，16 位扩展到 32 位，就存在符号扩展问题。对于正数来说，前面全部加 0 即可。负数符号扩展，前面则需要全部加 1。

【例 1-2】 x = -24，y = 24，写出它们的 16 位二进制补码。

x = -24，[x]原 = 1000 0000 0001 1000B，[x]补 = 1111 1111 1110 1000B = 0FFE8H

y = 24，[y]原 = [y]补 = 0000 0000 0001 1000B = 18H

再例如，-1 的 8 位、16 位、32 位二进制补码的十六进制表示分别为 0FFH、0FFFFH、0FFFF FFFFH。

2. 数的定标

对于 16 位定点 DSP 芯片来说，参与运算的数是 16 位整数。但实际情况下，数学运算过程的数不一定都是整数，例如电流值、放大倍数等。那么定点 DSP 芯片如何处理小数呢？通常由编程者确定一个数的小数点在 16 位中的哪一位，这就是数的定标。即 16 位二进制数小数点的位置不同，表示的数大小与精度就不同。

例如同样一个十六进制数 2000H，相应的二进制数为 0001 0000 0000 000B。如果认为其小数点在最后一位，称为 Q0 格式，即为纯整数，表示 8192。如果认为其小数点在最高位后面，称为 Q15 格式，即为纯小数，则表示 0.010 0000 0000 0000B = 0.25。

数的定标有 Q 格式表示法和 S 格式表示法。表 1-2 给出了 16 位二进制数的 16 种 Q 格式表示法、S 格式表示法及其可以表示数的范围。Q 格式后面的数字表示小数的位数，如 Q8 格式表示有 8 位小数，Q15 格式表示有 15 位小数。S 格式后面的数字表示整数与小数各自的位数，如 S7.8 格式表示有 7 位整数、8 位小数，当然在最高位还有 1 位符号位。

表 1-2 Q 格式表示、S 格式表示及数值范围

Q 格式表示	S 格式表示	表示数的范围
Q15	S0. 15	-1 ~ 0. 99997
Q14	S1. 14	-2 ~ 1. 99994
Q13	S2. 13	-4 ~ 3. 99878
Q12	S3. 12	-8 ~ 7. 99976
Q11	S4. 11	-16 ~ 15. 99951
Q10	S5. 10	-32 ~ 31. 99902
Q9	S6. 9	-64 ~ 63. 99804
Q8	S7. 8	-128 ~ 127. 99609
Q7	S8. 7	-256 ~ 255. 99219
Q6	S9. 6	-512 ~ 511. 98044
Q5	S10. 5	-1024 ~ 1023. 96875
Q4	S11. 4	-2048 ~ 2047. 9375
Q3	S12. 3	-4096 ~ 4095. 875
Q2	S13. 2	-8192 ~ 8191. 75
Q1	S14. 1	-16384 ~ 16383. 5
Q0	S15. 0	-32768 ~ 32767

从表 1-2 可以看出，不同的 Q 值所表示的数不仅范围不同，而且精度也不同。Q 值越大，数值范围越小，但精度越高。反之，Q 值越小，数值范围越大，但精度越低。例如 Q0 的数值范围是 -32768 ~ +32767，精度为 1。Q15 的数值范围是 -1 ~ 0. 99997，精度为 1/32768 = 0. 00003。所以对定点数而言，数值范围与精度是一对矛盾，一个变量要能够表示比较大的数值范围，必须降低精度。而想提高精度，则数的表示范围就要相应减小。

浮点数（x）转换为定点数（x_q）的公式为

$$x_q = (\text{int})x \times 2^Q$$

式中，Q 表示定标值，(int) 表示取整。

定点数（x_q）转换为浮点数（x）的公式为

$$x = (\text{float})x_q / 2^Q$$

式中，(float) 表示浮点数。

例如，浮点数 x = 0. 5，定标值 Q = 15，则定点数 x_q = 0. 5 × 32768 = 16384。反之，一个用 Q = 15 表示的定点数为 16384，则其浮点数为 x = 16384/32768 = 0. 5。

3. 定点运算

在 DSP 的运算中多数为乘法和加法运算。通常采用全部以 Q15 格式（纯小数）或 Q0 格式（纯整数）表示。因为小数乘以小数得小数，整数乘以整数得整数。但有的情况下如动态范围和精度需要，必须使用带有整数与小数的混合表示法，如 Q10 格式有 10 位小数、5 位整数，表示的数值范围是 -32 ~ 31. 999，精度为 1/32 = 0. 03。

(1) 定点乘法

两个定点数相乘时，可以分为纯小数乘以纯小数、整数乘以整数及混合表示法三种

情况。

1）纯小数乘以纯小数。Q15 乘以 Q15，结果为 Q30 格式，即有两个符号位。一般情况下相乘后得到的满精度数不必全部保留，只需要保留 16 位精度数。可以将乘积左移一位，去掉一位符号位，得到 Q15 格式的数。

【例 1-3】 0.5 ×0.5 =0.25

0.100 0000 0000 0000B ×0.100 0000 0000 0000B =

00.01 0000 0000 0000 0000 0000 0000 0000B

乘积左移一位，可得到 Q15 格式的乘积 0.010 0000 0000 0000B。

2）整数乘以整数。Q0 乘以 Q0，结果仍为 Q0 格式。

【例 1-4】 2 × （-5） = -10

0000 0000 0000 0010B ×1111 1111 1111 1011B =

1111 1111 1111 1111 1111 1111 1111 0110B(-10)

按照二进制补码进行的有符号整数的乘法无需关注其符号，得到的乘积仍然是 Q0 格式的补码即 -10 的补码。

3）混合小数乘法。在定点乘法中，为了满足数值的动态范围并保证一定的精度，需要采用混合小数乘法。有下面的关系时成立：

$$Q_i \times Q_j = Q_{i+j}$$

式中，$0<i<15$，$0<j<15$。

相乘的两个数中，一个数的小数位为 i 位，整数位为 15 - i 位，另一个数的小数位为 j 位，整数位为 15 - j 位，则两数乘积的小数位为（i+j）位，整数位为（30 - i - j）位。乘积的高 16 位可表示的精度为（30 - i - j）位整数位和（i+j - 15）位小数位。

【例 1-5】 3.25 ×1.5 =4.875

在 Q13 格式下：3.25 =011.0 1000 0000 0000B

在 Q14 格式下：1.5 =01.10 0000 0000 0000B

3.25 ×1.5 =0010 0.111 0000 0000 0000 0000 0000 0000B；Q27 格式

将上式左移一位，若保留 15 位精度，则的结果 0100. 1110 0000 0000B = 4E00H，为 Q12 格式。

（2）定点加法

对于定点加法，首先要注意小数点的位置要对齐，即需要相加的两个数的格式要一样，否则要通过移位操作使它们一致。另一个问题是运算结果可能溢出。一般通过 CPU 状态寄存器的溢出标志来检查溢出，还可以使用溢出保护功能使累加结果溢出时，累加器饱和为绝对值最大的正数或负数。

1.7 思考题与习题

1. 与单片机及通用微处理器相比，DSP 芯片有哪些主要特点？
2. 简述典型 DSP 应用系统的构成。
3. 简述 DSP 应用系统的一般设计开发过程。如何选择 DSP 芯片？
4. 常用的 DSP 芯片有哪些？

5. TMS320LF2407A DSP 控制器主要有哪些特性？

6. TMS320F2812 DSP 控制器主要有哪些特性？

7. TMS320LF2407A－40 DSP 芯片的指令周期是多少纳秒？运算速度是多少 MIPS？1 秒内可执行多少个指令周期？

8. 什么是 DSP 控制器？DSP 控制器有哪些片内部件？

9. DSP 芯片的应用领域有哪些？DSP 控制器主要用于哪些场合？

10. 哈佛结构与冯·诺依曼结构计算机存储器组成有何不同？

11. 求下列 Q15 格式的十进制数的大小。

(1) 2000H　　(2) 4000H　　(3) 6000H　　(4) A000H

12. 一个十六进制数 2000H，若该数分别用 Q0、Q5、Q8、Q15 格式表示，求该数的大小。

13. 一个变量用 Q10 格式，求该变量所能表示的数值范围和精度。

14. 已知 $x=0.4567$，分别用 Q15、Q14、Q5 格式将该数表示为定点数。

15. 已知十进制数 $x=0.75$，$y=-0.75$，分别写出对应的 Q15 格式的十六进制数。

第 2 章　DSP 总体结构

本章知识要点：

1）TMS320LF2407A　DSP 片内硬件资源与引脚（On-chip Hardware Resources and Pins of TMS320LF2407A DSP）。

2）存储器与 I/O 空间（Memory and I/O Space）。

3）系统配置寄存器、时钟与低功耗模式（System Configuration Registers, Clock and Low Power Modes）。

4）看门狗定时器（Watchdog Timer）。

5）通用输入/输出（General Purpose Input/Output）。

6）中断系统（Interrupt System）。

2.1　TMS320LF2407A DSP 片内硬件资源与引脚

TMS320LF2407A 是 TMS320LF/LC240xA 系列芯片功能最强的一个，其内部功能结构如图 2-1 所示。DSP 控制器与单片机一样，也是由 CPU 内核（C2xx）、片内存储器、片内外设等组成。片内存储器包括 32KW 的 Flash 闪存、2.5KW 的 RAM（544W 的双访问 RAM、2KW 的单访问 RAM）。片内外设包括两个事件管理器（EVA、EVB）、16 路的 10 位 A - D 转换器、41 个通用数字 I/O、串行通信接口 SCI、SPI、CAN 等。

TMS320LF2407A 共有 144 个引脚，如图 2-2 所示。

引脚分布按功能划分见表 2-1，主要包括：

1）事件管理器 A（EVA）引脚。

2）事件管理器 B（EVB）引脚。

3）A - D 转换器引脚。

4）通信模块（CAN/SPI/SCI）引脚。

5）外部中断与时钟引脚。

6）振荡器/PLL/Flash 等引脚。

7）JTAG 仿真测试引脚。

8）地址、数据及存储器控制信号引脚。

9）电源引脚。

表 2-1　TMS320LF2407A 引脚功能说明

引　脚　名	引 脚 号	功　　能
（1）事件管理器 A（EVA）		
CAP1/QEP1/IOPA3	83	捕获输入 CAP1/正交编码脉冲输入 QEP1/通用 IO PA3

（续）

引 脚 名	引脚号	功 能
CAP2/QEP2/IOPA4	79	捕获输入 CAP2/正交编码脉冲输入 QEP2/通用 IO PA4
CAP3/IOPA5	75	捕获输入 CAP3/通用 IO PA5
PWM1/IOPA6	56	比较/PWM 输出 PWM1/通用 IO PA6
PWM2/IOPA7	54	比较/PWM 输出 PWM2/通用 IO PA7
PWM3/IOPB0	52	比较/PWM 输出 PWM3/通用 IO PB0
PWM4/IOPB1	47	比较/PWM 输出 PWM4/通用 IO PB1
PWM5/IOPB2	44	比较/PWM 输出 PWM5/通用 IO PB2
PWM6/IOPB3	40	比较/PWM 输出 PWM6/通用 IO PB3
T1PWM/T1CMP/IOPB4	16	T1 比较输出/通用 IO PB4
T2PWM/T2CMP/IOPB5	18	T2 比较输出/通用 IO PB5
TDIRA/IOPB6	14	通用定时器计数方向选择 A/通用 IO PB6。如果 TDIRA = 1，选择加计数，否则选择减计数
TCLKINA/IOPB7	37	通用定时器外部时钟输入 A/通用 IO PB7。定时器也可采用内部时钟
（2）事件管理器 B（EVB）		
CAP4/QEP3/IOPE7	88	捕获输入 CAP4/正交编码脉冲输入 QEP3/通用 IO PE7
CAP5/QEP4/IOPF0	81	捕获输入 CAP5/正交编码脉冲输入 QEP4/通用 IO PF0
CAP6/IOPF1	69	捕获输入 CAP6/通用 IO PF1
PWM7/IOPE1	65	比较/PWM 输出 PWM7/通用 IO PE1
PWM8/IOPE2	62	比较/PWM 输出 PWM8/通用 IO PE2
PWM9/IOPE3	59	比较/PWM 输出 PWM9/通用 IO PE3
PWM10/IOPE4	55	比较/PWM 输出 PWM10/通用 IO PE4
PWM11/IOPE5	46	比较/PWM 输出 PWM11/通用 IO PE5
PWM12/IOPE6	38	比较/PWM 输出 PWM12/通用 IO PE6
T3WM/T3CMP/IOPF2	8	T3 比较输出/通用 IO PF2
T4WM/T4CMP/IOPF3	6	T4 比较输出/通用 IO PF3
TDIRB/IOPF4	2	通用定时器计数方向选择 B/通用 IO PF4。如果 TDIRB = 1，选择加计数，否则选择减计数
TCLKINB/IOPF5	126	通用定时器外部时钟输入 B/通用 IO PF5。定时器也可采用内部时钟
（3）A－D 转换器		
ADCIN00	112	ADC 模拟输入 0
ADCIN01	110	ADC 模拟输入 1
ADCIN02	107	ADC 模拟输入 2
ADCIN03	105	ADC 模拟输入 3
ADCIN04	103	ADC 模拟输入 4
ADCIN05	102	ADC 模拟输入 5
ADCIN06	100	ADC 模拟输入 6

（续）

引　脚　名	引 脚 号	功　　能
ADCIN07	99	ADC 模拟输入 7
ADCIN08	113	ADC 模拟输入 8
ADCIN09	111	ADC 模拟输入 9
ADCIN10	109	ADC 模拟输入 10
ADCIN11	108	ADC 模拟输入 11
ADCIN12	106	ADC 模拟输入 12
ADCIN13	104	ADC 模拟输入 13
ADCIN14	101	ADC 模拟输入 14
ADCIN15	98	ADC 模拟输入 15
V_{REFHI}	115	ADC 模拟输入参考电压高电平输入端
V_{REFLO}	114	ADC 模拟输入参考电压低电平输入端
V_{CCA}	116	ADC 模拟供电电源电压（3.3 V）
V_{SSA}	117	ADC 模拟地
	（4）通信模块（CAN/SPI/SCI）	
CANRX/IOPC7	70	CAN 接收数据/通用 IO PC7
CANTX/IOPC6	72	CAN 发送数据/通用 IO PC6
SCITXD/IOPA0	25	SCI 异步串行接口发送数据/通用 IO PA0
SCIRXD/IOPA1	26	SCI 异步串行接口接收数据/通用 IO PA1
SPICLK/IOPC4	35	SPI 时钟/通用 IO PC4
SPISIMO/IOPC2	30	SPI 从输入、主输出/通用 IO PC2
SPISOMI/IOPC3	32	SPI 从输出、主输入/通用 IO PC3
$\overline{\text{SPISTE}}$/IOPC5	33	SPI 从发送使能/通用 IO PC5
	（5）外部中断与时钟	
$\overline{\text{RS}}$	133	芯片复位输入引脚。复位时，$\overline{\text{RS}}$为低电平，使器件终止运行。程序计数器 PC 指向地址 0000H。当$\overline{\text{RS}}$变为高时，程序从 PC 所指向的地址开始执行，影响寄存器和状态位。当看门狗溢出时，DSP 将该引脚拉为低电平，引起复位
$\overline{\text{PDPINTA}}$	7	功率驱动保护中断输入 A。当电动机驱动器/电源逆变器不正常时，比如出现过电压、过电流等，该中断有效，将 PWM（EVA）输出引脚置为高阻态。这是一个下降沿有效的中断
XINT1/IOPA2	23	外部中断 1/通用 IO PA2。外部中断 1 是边沿有效，极性可编程
XINT2/ADCSOC/IOPD0	21	外部中断 2/A－D 转换启动信号/通用 IO PD0。外部中断 2 是边沿有效，极性可编程
CLKOUT/IOPE0	73	时钟输出/通用 IO PE0。输出时钟为 CPU 时钟或 WD 时钟
$\overline{\text{PDPINTB}}$	137	功率驱动保护中断输入 B。当电动机驱动器/电源逆变器不正常时，比如出现过电压、过电流等，该中断有效，将 PWM（EVB）输出引脚置为高阻态。这是一个下降沿有效的中断

（续）

引　脚　名	引脚号	功　　能
（6）振荡器/PLL/Flash		
XTAL1/CLKIN	123	晶体振荡器输入。该引脚也可用来提供外部时钟
XTAL2	124	晶体振荡器输出。可与 XTAL1/CLKIN 引脚一起接外部无源晶振
PLV_{CCA}	12	锁相环（PLL）供电电压（3.3V）
$\overline{\text{BOOT\_EN}}$/XF	121	引导 ROM 使能/通用输入输出 XF 引脚。该引脚在复位期间被采样，以便更新 SCSR1.3（$\overline{\text{BOOT_EN}}$位），然后驱动 XF 作为输出信号。复位之后，XF 被置为高电平
IOPF6	131	通用 IO PF6
PLLF	11	锁相环外接滤波器输入 1
PLLF2	10	锁相环外接滤波器输入 2
V_{CCP}（5V）	58	Flash 编程电压输入。要对 Flash 编程，该引脚必须接 5 V。器件正常运行时，也可接地。无论何时，该引脚都不能悬空，且不要使用任何限流电阻
TP1（Flash）	60	Flash 阵列测试引脚，悬空
TP2（Flash）	63	Flash 阵列测试引脚，悬空
$\overline{\text{BIO}}$/IOPC1	119	分支跳转控制输入/通用 IO PC1。由 BCND pma，BIO 指令检测该引脚电平，若为低电平则执行分支程序。如果不用分支控制，必须将其拉为高电平。复位时，配置为分支跳转控制输入功能，如果不用此功能，就可用做通用 I/O
（7）JTAG 仿真测试		
EMU0	90	仿真器引脚 0，带内部上拉电阻。当$\overline{\text{TRST}}$为高电平时，这个引脚被用于来自或到仿真器的中断，通过 JTAG 扫描可定义为 I/O 引脚
EMU1/$\overline{\text{OFF}}$	91	仿真器引脚 1，当$\overline{\text{TRST}}$为高电平时，这个引脚被用于来自或到仿真器的中断，通过 JTAG 扫描可定义为 I/O 引脚。当$\overline{\text{TRST}}$为低电平时，这个引脚为$\overline{\text{OFF}}$引脚。当低电平有效时，所有输出引脚为高阻状态
TCK	135	JTAG 测试时钟，带内部上拉电阻
TDI	139	JTAG 测试数据输入，带内部上拉电阻。TDI 时钟信号在 TCK 的上升沿输入到所选寄存器（指令或数据）
TDO	142	JTAG 扫描输出，测试数据输出。在 TCK 的下降沿所选寄存器（指令或数据）的内容从 TDO 移出
TMS	144	JTAG 测试模式选择，带内部上拉电阻。这个串行时钟在 TCK 的上升沿输入到 TAP（Test Access Port，测试访问端口）控制器
TMS2	36	JTAG 测试模式选择 2，带内部上拉电阻。这个串行时钟在 TCK 的上升沿输入到 TAP 控制器，仅用于测试和仿真
$\overline{\text{TRST}}$	1	带内部下拉的 JTAG 测试复位。当$\overline{\text{TRST}}$为高电平时，扫描系统控制器的运行。若该信号引脚未接或者为低电平时，器件运行在功能模式，复位信号无效。不能在$\overline{\text{TRST}}$引脚上使用上拉电阻，因为芯片内部有下拉电阻。在干扰很小的环境中，$\overline{\text{TRST}}$可以悬空。干扰比较大时，可以附加一个 2.2kΩ 的下拉电阻

（续）

引 脚 名	引脚号	功 能
（8）地址、数据及存储器控制信号		
$\overline{DS}$	87	外部数据存储器空间选通信号。低电平有效。$\overline{IS}$、$\overline{DS}$和$\overline{PS}$总保持为高电平，除非要用低电平请求访问外部存储器或 I/O 空间。在复位、掉电和 EMU1 低电平有效期间，这些引脚为高阻态
$\overline{IS}$	82	外部 I/O 空间选通信号。低电平有效。$\overline{IS}$、$\overline{DS}$和$\overline{PS}$总保持为高电平，除非要用低电平请求访问外部存储器或 I/O 空间。在复位、掉电和 EMU1 低电平有效期间，这些引脚为高阻态
$\overline{PS}$	84	外部程序存储器空间选通信号。低电平有效。$\overline{IS}$、$\overline{DS}$和$\overline{PS}$总保持为高电平，除非要用低电平请求访问外部存储器或 I/O 空间。在复位、掉电和 EMU1 低电平有效期间，这些引脚为高阻态
$R/\overline{W}$	92	读/写选择信号。正常情况下为高电平。当 $R/\overline{W}$ 为低电平时表示写有效；当 $R/\overline{W}$ 为高电平时表示读有效
$W/\overline{R}$/IOPC0	19	写/读选择信号/通用 IO PC0。$R/\overline{W}$ 信号的反相。$W/\overline{R}$ 为高电平时表示写有效；为低电平时表示读有效
$\overline{RD}$	93	读使能信号。读使能表示一个有效的外部读周期，它对所有外部程序、数据和 I/O 读有效。当 EMU1/$\overline{OFF}$低电平有效时，该引脚被设置为高阻态
$\overline{WE}$	89	写使能信号。该信号下降沿表示驱动外部数据线（D15 ~ D0），它对所有外部程序、数据和 I/O 写有效。当 EMU1/$\overline{OFF}$低电平有效时，该引脚被置为高阻态
$\overline{STRB}$	96	外部数据存储器访问选通信号。该引脚总为高电平，除非插入一个低电平来表示一个外部总线周期，在访问外部空间时该信号有效。当 EMU1/$\overline{OFF}$低电平有效时和掉电期间，该引脚被置为高阻态
READY	120	准备好信号。当为高电平时，表示外设已经做好了访问的准备。若外设未准备好，需要插入等待状态，则应将该引脚拉为低电平（此时 CPU 将等待一个周期，并再次检测该信号）。如不需要等待，上拉即可。注意：如要 CPU 执行 READY 检测，为了满足时序要求，等待状态控制发生器（WSGR）至少要设置一个等待状态
MP/$\overline{MC}$	118	微处理器/微计算机方式选择信号。该引脚为高电平时，为微处理器方式，复位后，从外部扩展程序存储器的 0000H 地址开始执行程序，且将 MP/$\overline{MC}$（SCSR2.2）位置 1；低电平时为微计算机方式，复位后，从内部存储器（Flash）的 0000H 地址开始执行程序
ENA_144	122	外部接口使能信号。该引脚为高电平时，使能外部接口。若为低电平，则 2407 和 2406 一样没有外部存储器，如果$\overline{DS}$为低电平，则产生一个无效地址
$\overline{VIS\_OE}$	97	可视输出使能引脚（当数据总线输出时有效）。在可视输出方式下（设置寄存器 WSGR 的 BIVS 位），可以通过外部数据总线跟踪 DSP 内部数据总线的动作，外部数据总线驱动为输出时该引脚有效即为低电平。该引脚可用做外部编码逻辑，以防止数据总线冲突
A0	80	16 位外部地址总线的 A0

（续）

引　脚　名	引脚号	功　　能
A1	78	16 位外部地址总线的 A1
A2	74	16 位外部地址总线的 A2
A3	71	16 位外部地址总线的 A3
A4	68	16 位外部地址总线的 A4
A5	64	16 位外部地址总线的 A5
A6	61	16 位外部地址总线的 A6
A7	57	16 位外部地址总线的 A7
A8	53	16 位外部地址总线的 A8
A9	51	16 位外部地址总线的 A9
A10	48	16 位外部地址总线的 A10
A11	45	16 位外部地址总线的 A11
A12	43	16 位外部地址总线的 A12
A13	39	16 位外部地址总线的 A13
A14	34	16 位外部地址总线的 A14
A15	31	16 位外部地址总线的 A15
D0	127	16 位外部数据总线的 D0
D1	130	16 位外部数据总线的 D1
D2	132	16 位外部数据总线的 D2
D3	134	16 位外部数据总线的 D3
D4	136	16 位外部数据总线的 D4
D5	138	16 位外部数据总线的 D5
D6	143	16 位外部数据总线的 D6
D7	5	16 位外部数据总线的 D7
D8	9	16 位外部数据总线的 D8
D9	13	16 位外部数据总线的 D9
D10	15	16 位外部数据总线的 D10
D11	17	16 位外部数据总线的 D11
D12	20	16 位外部数据总线的 D12
D13	22	16 位外部数据总线的 D13
D14	24	16 位外部数据总线的 D14
D15	27	16 位外部数据总线的 D15
		（9）电源
V_{DD}	29、50、86、129	+3.3V 内核电源电压，数字逻辑电源电压。所有电源和电源地引脚必须正确连接且不能悬空
V_{DDO}	4、42、67、77、95、141	+3.3V I/O 缓冲器电源电压，数字逻辑和缓冲器电源电压
V_{SS}	28、49、85、128	内核以及数字参考地
V_{SSO}	3、41、66、76、95、125、140	I/O 缓冲器电源地，数字逻辑和缓冲器电源地

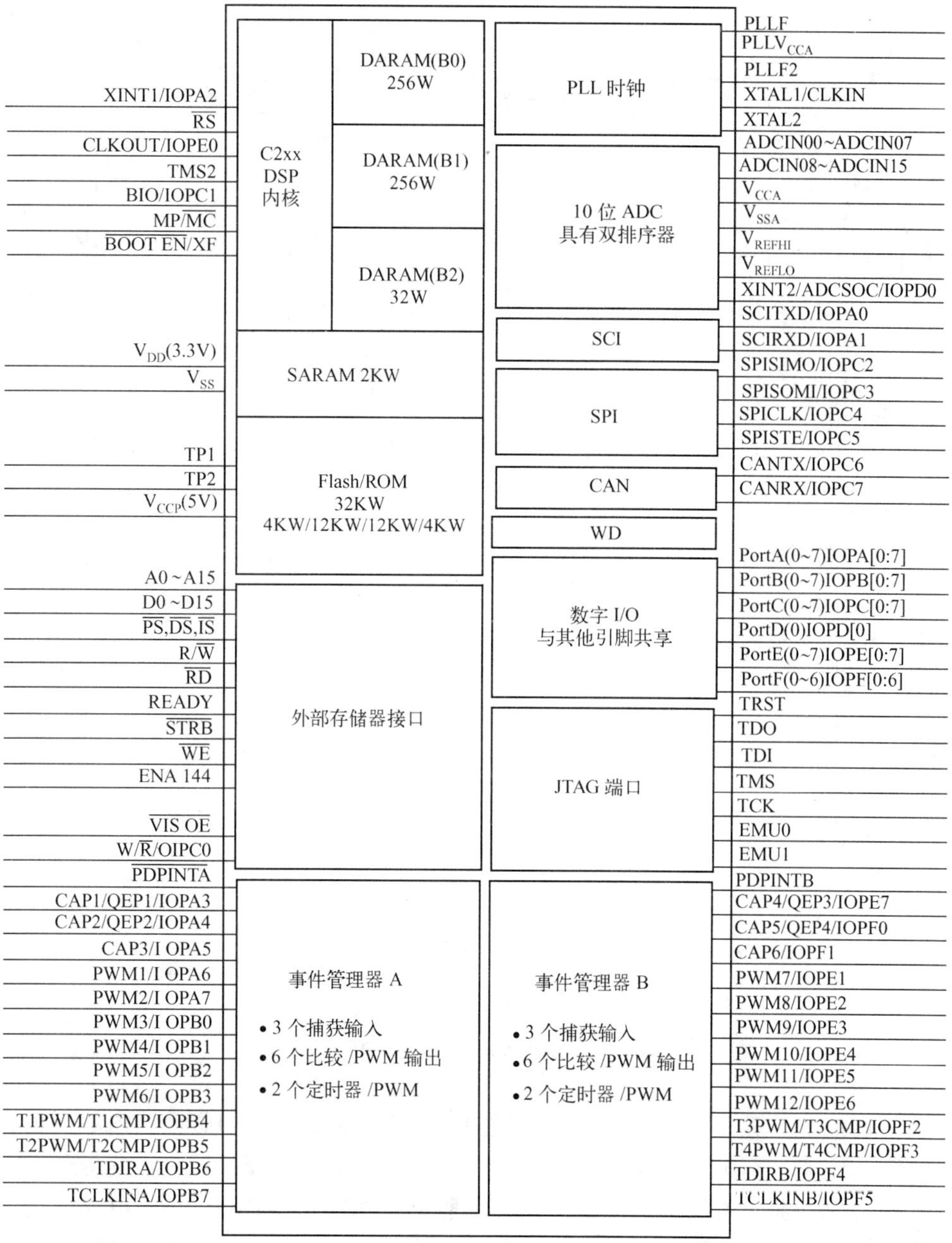

图 2-1　TMS320LF2407A DSP 控制器功能结构

TMS320LF2407A 有外部存储器接口（External Memory Interface，EMIF 或称 XINTF）即片外数据总线、地址总线和控制总线，而 TMS320LF2406A 没有。除了这两种常用的型号以外，TMS320LF/LC240x 系列 DSP 还有许多其他型号。型号中带“LC”（LC 系列）表示 DSP 不含 Flash 存储器，仅含只读存储器 ROM。型号中带“LF”（LF 系列）芯片的 Flash 存储器可以反复擦写、编程，在开发阶段使用起来比较方便。而 LC 系列芯片，需要芯片生产厂商固化程序，成本低，适用于批量生产。

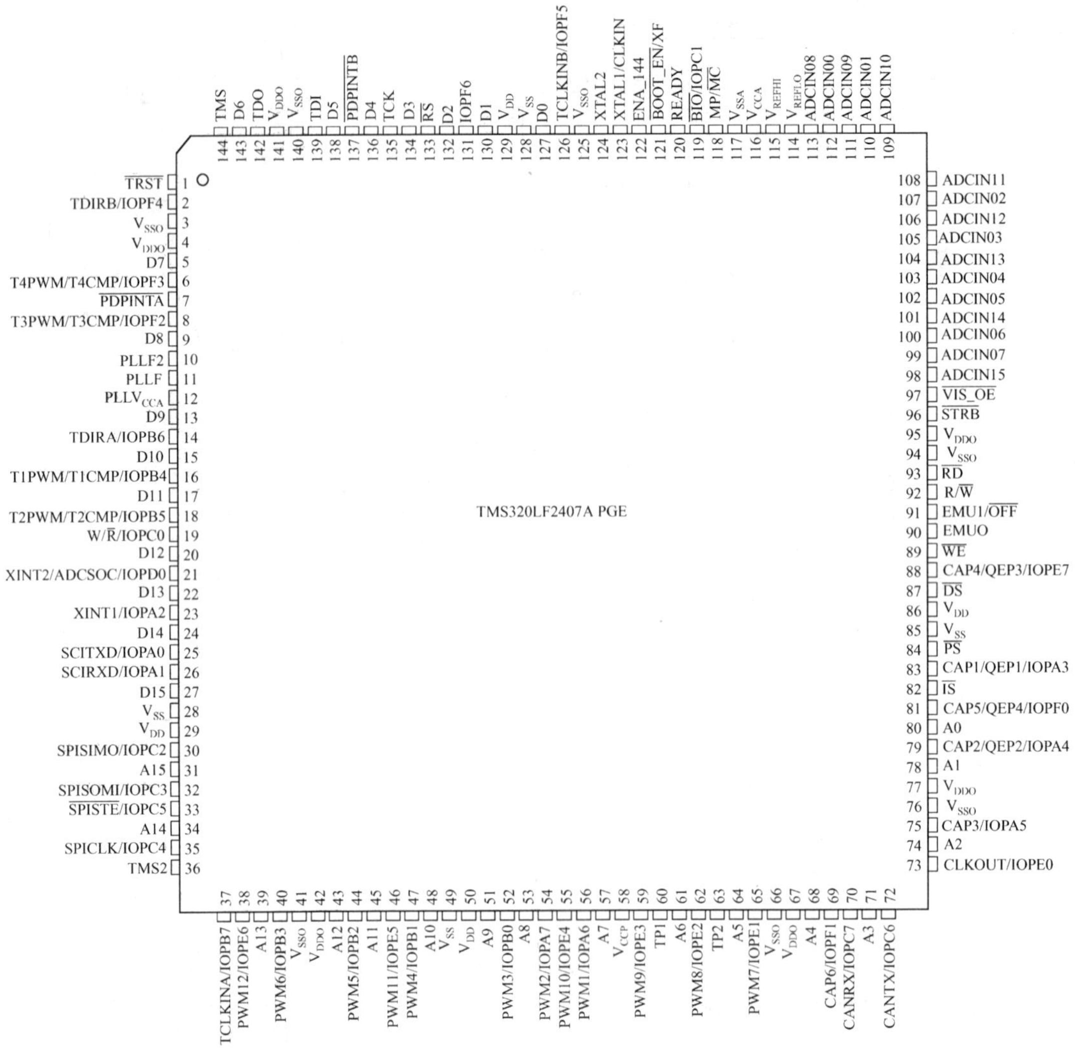

图 2-2　TMS320LF2407A 的 144 引脚封装图

TI 公司还推出了其他型号产品，其内部结构与 2407 类似，但引脚数、内部资源有所降低，以便降低成本。它们的内部资源情况见表 2-2，都具有 3.3V 电源电压、544W 的 DARAM、一个看门狗定时器、一个 SCI 接口、速度 40MIPS、256W 的引导 ROM。在表中的这些芯片中，只有 LF2407A 有外部存储器扩展接口。本书主要以 LF2407A 为例，介绍 TMS320C24x 系列 DSP 控制器。

表 2-2　LF240xA 系列部分 DSP 芯片内部资源

资源 \ 型号	LF2407A	LF2406A	LF2403A	LF2402A	LF2401A
SARAM/W	2048	2048	512	512	512
Flash/ KW	32	32	16	8	8
通用定时器	4	4	2	2	2
I/O 引脚数	41	41	21	21	21

（续）

资源 \ 型号	LF2407A	LF2406A	LF2403A	LF2402A	LF2401A
A－D 通道数	16	16	8	8	5
A－D 转换时间/ns	375	375	375	375	500
PWM	16	16	8	8	7
通信端口	SPI、SCI、CAN	SPI、SCI、CAN	SPI、SCI、CAN	SCI	SCI
封装	144 LQFP	100 LQFP	64 TQFP	64QFP	32 LQFP
每百片单价/美元	10.70	10.10	9.95	8.60	4.25

2.2 存储器与 I/O 空间

2407 DSP 具有 16 位地址总线，可分别访问三个独立的地址空间：程序存储器空间、数据存储器空间与 I/O 空间，每个空间的容量均为 64KW。2407 的存储器与 I/O 空间映射如图 2-3 所示。

如果 $MP/\overline{MC}=0$，运行片内 Flash 程序存储器。如果 $MP/\overline{MC}=1$，则运行外部程序存储器。如果使能引导 ROM，则程序存储器 0000H～00FFH 区域被引导 ROM 占用。

240x DSP 芯片型号中带有“LF”的表示片内有可达 32KW 的 Flash 存储器。带有“LC”则表示片内有 ROM 程序存储器。240x 片内有 544W 的双访问 RAM 和 2KW 的单访问 RAM。

2.2.1 片内存储器

1. 双访问 RAM（DARAM）

一个机器周期内可以访问 DARAM（Dual Access RAM）两次，即主相写入数据，从相读出数据，从而可大大提高运行速度。544 W 的 DARAM 分为三块：32 W 的 B2（地址 60H～7FH）、256 W 的 B1（地址 300H～3FFH）和 256W 的 B0。

DARAM 存储器空间主要用来保存数据，但是 B0 块也可以用来存放程序。B0 块配置成数据存储器空间还是程序存储器空间，要由状态寄存器 ST1 的 CNF 位来决定：

① CNF＝1，B0 映射到程序存储器空间（地址 FF00H～FFFFH）。

② CNF＝0，B0 映射到数据存储器空间（地址 200H～2FFH）。

2. 单访问 RAM（SARAM）

240x 片内有 2 KW 的单访问 RAM（Single Access RAM，SARAM），在一个机器周期内只能被访问 1 次。例如，如果要将累加器的值保存，且装载一个新值到累加器，在 SARAM 中，完成这个任务需要两个时钟周期，而在 DARAM 中只需要一个时钟周期。

利用软件通过系统控制和状态寄存器 SCSR2 可将 SARAM 配置到数据或/和程序空间，存放数据或/和程序。分配到片内数据存储器时，地址为 0800H～0FFFH。分配到片内程序存储器时，地址为 8000H～87FFH。SARAM 地址空间也可以不被映射，而该空间被分配到外部存储器。

图 2-3　2407 DSP 存储器及 I/O 空间映射

3. Flash 程序存储器

片内 32KW 的 Flash 存储器映射到程序存储器空间，地址为 0000H ~ 7FFFH。引脚 MP/$\overline{\text{MC}}$决定是访问片内的程序存储器（Flash），还是访问片外的程序存储器。该引脚为低电平时访问片内 Flash，为高电平则访问片外的程序存储器。对于没有片外存储器接口的芯片，Flash 存储器总是处于使能状态。

（1）Flash 程序存储器

Flash 可以被编程或者使用电擦除的方式进行程序的修改和开发。Flash 模块特点：

- 运行在 3.3 V 电压模式。
- 对 Flash 编程时需要在引脚 V_{CCP}上有 5 V（±5%）电源供电。
- Flash 分为多个块，可以在擦除时分块保护。
- Flash 的编程是由 CPU 来实现的。

（2）Flash 控制方式寄存器（FCMR）

Flash 模块有 4 个寄存器控制对 Flash 的操作。在任意时刻，用户可以访问 Flash 模块中的存储器阵列，也可以访问控制寄存器，但不能同时访问。Flash 模块有一个 Flash 控制方式寄存器（Flash Control Mode Register，FCMR）来选择两种访问模式。该寄存器映射在内部 I/O 空间的 FF0FH 地址，是一个不能读的特殊功能寄存器，它可在 Flash 的存储器阵列方式下使能 Flash，用来对 Flash 阵列编程。该寄存器的功能如下：

使用 OUT 指令，可以将 Flash 模块置于寄存器访问模式，被使用的数据操作数是无意义的。例如：

OUT　dummy, 0FF0Fh；选择寄存器访问方式。

使用 IN 指令，可将 Flash 模块置于存储器阵列访问模式，被使用的数据操作数是无意义的。例如：

IN　dummy, 0FF0Fh；　　选择存储器阵列访问方式

2.2.2　程序存储器

程序存储器空间用于存放程序代码与常数，其寻址范围为 64KW，包括了片内 Flash、DARAM 和 SARAM，也可以扩展片外程序存储器。图 2-4 给出了 2407 程序存储器空间映射图。

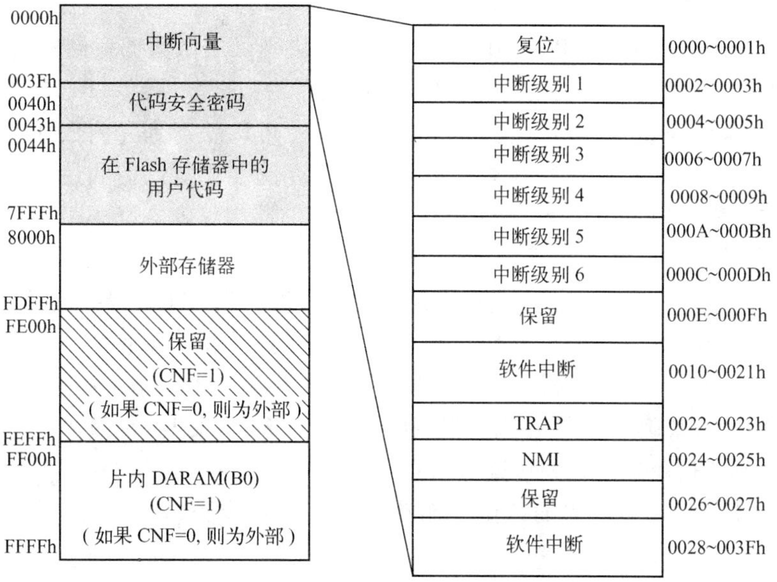

图 2-4　2407 程序存储器空间映射图

有两个因素可以决定程序存储器的配置：

（1）CNF 位

CNF 位是状态寄存器 ST1 的第 12 位，决定 DARAM 中的 B0 块配置在数据存储器空间，还是在程序存储器空间。该位为 0 时，256 W 的 B0 块被映射到数据存储器空间。该位为 1 时，256 W 的 B0 块被映射到程序存储器空间。复位时，CNF = 0，B0 块被映射到数据存储器空间。

(2) $MP/\overline{MC}$引脚

该引脚决定是从片内 Flash 读取指令，还是从外部程序存储器读取指令。该引脚为 0 时，选择微计算机（即微控制器）方式，此时访问的是片内程序存储器（片内 Flash）0000h ~ 7FFFh 的空间。该引脚为 1 时，选择微处理器方式，此时访问的是片外程序存储器的空间。

无论 $MP/\overline{MC}$引脚为何值，240x DSP 都是从程序存储器空间的 0000h 地址单元开始执行程序。

从图中还可以看出，程序存储器地址 0000h ~ 003Fh 单元，通常用于存放中断向量。而地址 0040 h ~ 0043 h 单元，只能用于存储代码安全密码。

通过系统控制和状态寄存器 SCSR2，可将 2 KW 的 SARAM 配置到程序空间，其地址为 8000H ~ 87FFH。

2.2.3 数据存储器与片内外设寄存器

数据存储器空间寻址范围为 64 KW，前 32 KW（0000h ~ 7FFFh）是内部数据存储器空间，包括了 DARAM、SARAM 和片内外设寄存器。后 32 KW（8000h ~ FFFFh）空间的存储器为外部扩展的数据存储器。

1. 数据存储器映射

片内有 3 个 DARAM 块：B0、B1 和 B2 块。B0 块既可用做数据存储器（地址为 200h ~ 2FFh），也可配置为程序存储器。B1、B2 块只能配置为数据存储器（B1 块的地址为 300h ~ 3FFh、B2 块的地址为 60h ~ 7Fh）。2KW 的 SARAM 也可以映射到片内数据存储器（地址为 800h ~ 0FFFh）。所有片内外设寄存器都映射到数据存储器，所以访问片内外设寄存器和访问数据存储器一样方便。图 2-5 为 2407 DSP 数据存储器与片内外设寄存器映射图。

2. 数据存储器的页面

数据存储器有两种寻址方式：直接寻址和间接寻址。当采用直接寻址时，按 128 W 为一页的数据块来对数据存储器进行寻址。图 2-6 显示了这些块是如何被寻址的。全部 64 KW 的数据存储器分为 512 个数据页，其标号为 0 ~ 511。当前页由状态寄存器 ST0 中的 9 位数据页面指针（DP）值来确定。因此当使用直接寻址指令时，用户必须事先指定数据页，并在访问数据存储器的指令中指定偏移量，偏移量为 7 位，即每页为 128W。

编程时要注意，访问保留的数据存储器地址空间是非法的，并会对非屏蔽中断（NMI）置位。

3. 第 0 页数据存储器地址映射

数据存储器中包括存储器映射寄存器，它们位于数据存储器的第 0 页（地址 0000h ~ 007Fh），表 2-3 对第 0 页数据地址映射进行了说明。应用中必须注意以下几点：

表 2-3 第 0 页数据地址映射

地址	名称	说明
0000h ~ 0003h	—	保留
0004h	IMR	中断屏蔽寄存器
0005h	—	保留
0006h	IFR	中断标志寄存器

（续）

地　　址	名　　称	说　　明
0023h～0027h	—	保留
002Bh～002Fh	—	保留用做测试和仿真
0060h～007Fh	B2	双访问 RAM 的 B2 块

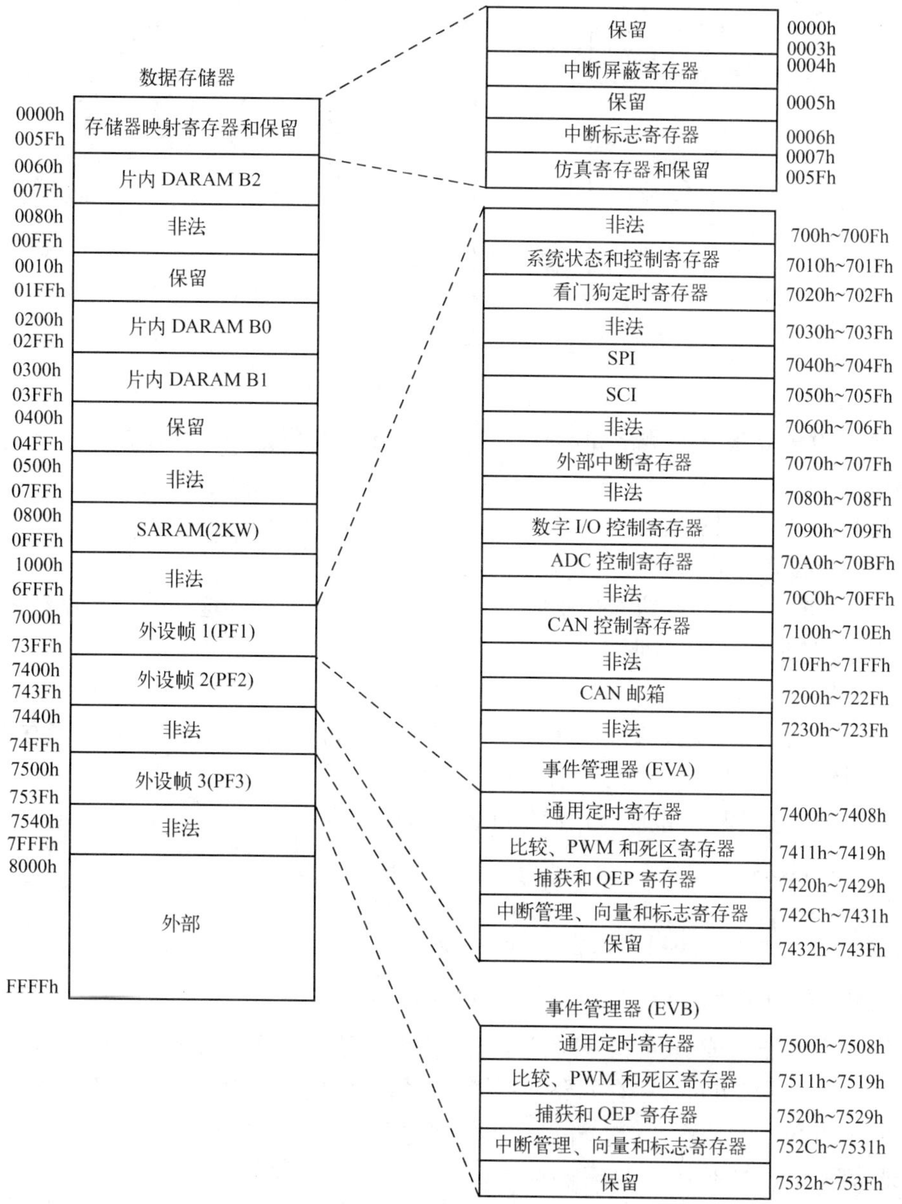

图 2-5　2407 DSP 数据存储器与片内外设寄存器映射图

① 以零等待状态访问两个存储器映射寄存器：中断屏蔽寄存器（IMR）和中断标志寄存器（IFR）。

DP 值	偏移量	数据存储器页
0000 00000 ⋮ 0000 00000	000 0000 ⋮ 111 1111	第 0 页：000h~007Fh
0000 00001 ⋮ 0000 00001	000 0000 ⋮ 111 1111	第 1 页：0080h~00FFh
0000 00010 ⋮ 0000 00011	000 0000 ⋮ 111 1111	第 2 页：0100h~017Fh
⋮ ⋮	⋮ ⋮	⋮ ⋮
1111 11111 ⋮ 1111 11111	000 0000 ⋮ 111 1111	第 511 页：FF80h~FFFFh

图 2-6　数据存储器的页面

② 测试/仿真保留区被测试和仿真系统用于特定信息发送。因此不能对测试/仿真地址进行操作。

③ 32W 的 B2 块用于变量的存储，B2 块支持双访问操作。

4. 片内外设寄存器的数据存储器映射区

DSP 控制器的片内外设功能是通过片内外设寄存器实现的。这些外设寄存器被安排在 3 个数据存储器地址空间，分别是：

① 外设帧 0（Peripheral Frame 0，PF0）。在这个地址空间有系统状态和控制寄存器、看门狗、SPI、SCI、CAN 模块的寄存器、数字 I/O 模块寄存器、A－D 转换模块寄存器等。

② 外设帧 1（PF1）。事件管理器 EVA 的相关寄存器。

③ 外设帧 2（PF2）。事件管理器 EVB 的相关寄存器。

2.2.4　I/O 空间

I/O 空间的寻址可达 64 KW。图 2-7 为 2407 的 I/O 空间地址映射。

I/O 空间访问的控制信号为$\overline{IS}$。所有 64 KW 的 I/O 空间均可以用 IN 指令和 OUT 指令来访问。当执行 IN 指令或 OUT 指令时，信号$\overline{IS}$变为有效，可作为外部 I/O 设备的片选信号。访问外部 I/O 端口与访问程序存储器、数据存储器复用相同的地址总线和数据总线。数据总线的宽度为 16 位，若使用 8 位的外设，既可使用高 8 位数据总线，也可使用低 8 位数据总线，以适应特定应用的需要。

当访问片内的 I/O 空间时，信号$\overline{IS}$和$\overline{STRB}$变成无效，外部地址和数据总线仅仅当访问外部 I/O 地址时才有效。

对所有的外部写操作，需要两个时钟周期。包括$\overline{WE}$变低电平之前的半个周期和$\overline{WE}$变高电平之后的半个周期，这样可以保护外部总线上的数据内容。

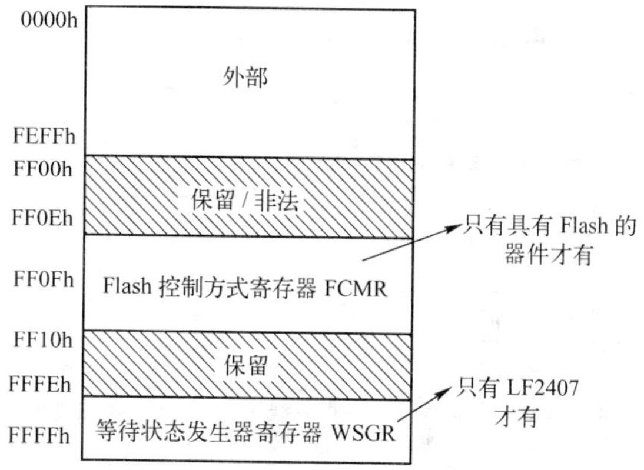

图 2-7　2407 的 I/O 空间地址映射

等待状态发生器寄存器 WSGR（口地址 0FFFFH）和 Flash 控制方式寄存器 FCMR（口地址 0FF0FH）都映射在 I/O 空间。

下面是使用汇编语言直接访问 I/O 空间的例子。

```
IN   DAT2,0AFEEh        ;从端口地址为 AFEEh 的外设读数据,并存入 DAT2 存储单元
OUT DAT2,0CFEFh         ;输出数据存储器 DAT2 的内容到端口地址为 CFEFh 的外设
```

下面是访问等待状态发生器寄存器 WSGR 的实例。

```
IN   DAT2,0FFFFh        ;从等待状态发生器寄存器读取数据到 DAT2 存储器单元
OUT DAT2, 0FFFFh        ;将 DAT2 存储器单元的数据写入等待状态发生器,使用等待状态发生器
```

2.2.5　外部存储器与外部 I/O 接口信号

典型的 DSP 应用系统多采用最小系统，即系统由一个 2406 DSP 芯片加上相应的电源、时钟、复位、JTAG 电路及应用电路构成，这种系统也称为单片系统方案（Single Chip Solution）。在程序调试过程中，可以先将程序放入 SARAM 中运行仿真调试，对于程序长度小于 2KW 的情况比较方便。调试完成后，再将程序写入 Flash 存储器中运行。

对于较复杂的 DSP 应用系统，程序可能较长或需要扩展一些外部存储器或外部接口，如 D－A 转换芯片、LCD 驱动器等，这时需要采用系统扩展外部接口。

2407 DSP 可以访问外部数据存储器、程序存储器和 I/O 空间，选通信号分别是$\overline{\text{DS}}$、$\overline{\text{PS}}$、$\overline{\text{IS}}$，三者寻址空间都可以达到 64 KW。当 DSP 外扩存储器和 I/O 时，需要将选通信号与外部存储器和 I/O 的使能引脚相连。

2407 DSP 的外部存储器和 I/O 接口信号的功能描述见表 2-4。

表 2-4　外部存储器和 I/O 接口信号

信　号	功 能 描 述
A0 ~ A15	外部 16 位单向地址总线
D0 ~ D15	外部 16 位双向数据总线
$\overline{\text{PS}}$	外部程序存储器空间选通信号
$\overline{\text{DS}}$	外部数据存储器空间选通信号

（续）

信　号	功能描述
$\overline{\text{IS}}$	外部I/O空间选通信号
$\overline{\text{STRB}}$	外部数据存储器访问选通信号
$\overline{\text{WE}}$	写选通信号
$\overline{\text{RD}}$	读选通信号
$\text{R}/\overline{\text{W}}$	读/写选择信号
$\text{MP}/\overline{\text{MC}}$	微处理器/微计算机方式选择信号
$\overline{\text{VIS\_OE}}$	可视输出使能信号（当数据总线输出时有效）。在可视输出方式下，可以通过外部数据总线跟踪DSP内部数据总线的动作
ENA_144	外部接口使能信号。该引脚为高电平时，使能外部接口。若为低电平，则2407和2406一样没有外部存储器

2.2.6　等待状态发生器

外部存储器或I/O接口访问速度差别可能较大，所以芯片提供了时序的延长或加等待机制来确保用户通过软件配置实现对这些存储器或I/O的正确接口。

CPU需要产生的等待状态以机器周期为单位，通过READY引脚可产生任意数目的等待状态（延长访问时间），使快速的CPU访问慢速的外部存储器或外设。

1. 用READY信号产生等待状态信号

若CPU所访问的存储器或外设没有准备好，则外设应保持READY引脚为低电平，此时2407等待一个CLKOUT周期（即插入一个等待状态），并再次检查READY引脚，当READY为高电平时，表示外设已经做好了访问的准备。若READY信号没有被使用，2407将在外部访问时把READY信号拉高。READY引脚可用来产生任意数目的等待状态。

但是当2407全速运行时，它不能对第一个周期作出快速响应来产生一个基于READY的等待状态。为了立即得到等待状态，应先使用片内等待状态发生器，然后用READY信号产生其余的等待状态。

2. 用等待状态发生器产生等待状态

等待状态发生器可编程为指定的片外空间（数据、程序或I/O）产生0~7个等待状态，而与READY信号的状态无关。为了控制等待状态发生器，就必须对映射到I/O空间的等待状态发生器控制寄存器（Wait-State Generator Control Register，WSGR，I/O空间地址为0FFFFh）访问。访问该寄存器时要使用访问I/O空间的OUT指令和IN指令。等待状态控制寄存器的格式如下：

15~11	10~9	8~6	5~3	2~0
Reserved	BVIS	ISWS	DSWS	PSWS
0	W-11	W-111	W-111	W-111

位15～11　保留位。

位10、9　BVIS：总线可视模式。提供了一种跟踪内部总线活动的方式。当运行片内的程序或数据存储器时，位10、9允许各种总线的可视模式。

- 00，01：总线可视模式关（降低功耗和噪声）。

- 10：数据存储器地址总线输出到外部地址总线，数据存储器数据总线输出到外部数据总线。
- 11：程序存储器地址总线输出到外部地址总线，程序存储器数据总线输出到外部数据总线。

位 8 ~ 6　ISWS：I/O 空间等待状态位。这三位决定了片外 I/O 空间等待状态（0 ~ 7）的数目。复位时，这三位置为 111，为片外 I/O 空间的读写设定了 7 个等待状态。

位 5 ~ 3　DSWS：数据空间等待状态位。这三位决定了片外数据空间等待状态（0 ~ 7）的数目。复位时，这三位置为 111，为片外数据空间的读写设定了 7 个等待状态。

位 2 ~ 0　PSWS：程序空间等待状态位。这三位决定了片外程序空间等待状态（0 ~ 7）的数目。复位时，这三位置为 111，为片外程序空间的读写设定了 7 个等待状态。

总之，不管 READY 信号的状态如何，等待状态发生器都将向给定的空间（数据、程序或 I/O）插入 0 ~ 7 个等待状态，等待状态的数目由 ISWS、DSWS、PSWS 位来确定。然后 READY 信号可以变为低电平，产生附加的等待状态。

如果 m 是一个特定的读写操作所要求的时钟周期（CLKOUT）的数目，w 是附加的等待状态数目，那么操作将会花费 m + w 个周期。复位时，WSGR 各位均置 1，且默认每个外部空间（数据、程序或 I/O）均产生 7 个等待状态。

2.3　系统配置寄存器、时钟与低功耗模式

2.3.1　系统配置寄存器

系统配置寄存器有两个：系统控制与状态寄存器 SCSR1 和 SCSR2。

(1) 系统控制与状态寄存器 1（System Control and Status Register1, SCSR1）

该寄存器格式如下：

15	14	13	12	11	10	9	8
Reserved	CLKSRC	LPM1	LPM0	CLK PS2	CLK PS1	CLK PS0	Reserved
R-0	RW-0	RW-0	RW-0	RW-1	RW-1	RW-1	R-0

7	6	5	4	3	2	1	0
ADC CLKEN	SCI CLKEN	SPI CLKEN	CAN CLKEN	EVB CLKEN	EVA CLKEN	Reserved	ILLADR
RW-0	RW-0	RW-0	RW-0	RW-0	RW-0	R-0	RC-0

位 D15　保留位。

位 14　CLKSRC：CLKOUT 引脚时钟源输出选择。

- 0：CLKOUT 引脚输出 CPU 时钟（复位值）。
- 1：CLKOUT 引脚输出 WDCLK 时钟。

位 13 ~ 12　LPM1、LPM0：低功耗选择位，指明在执行 IDLE 指令后进入哪一种低功耗模式。

- 00：进入 IDLE1（LPM0）模式。
- 01：进入 IDLE2（LPM1）模式。
- 1x：进入 HALT（LPM2）模式。

位 11～9　CLK　PS2～0：锁相环（PLL）时钟预定标位，是对输入时钟频率 f_{in} 的倍乘系数，见表 2-5。复位值为 111，即 CPU 时钟是输入时钟频率的 0.5 倍。

表 2-5　锁相环（PLL）倍频系数

CLKPS2	CLKPS1	CLKPS0	系统时钟倍频
0	0	0	$4\times f_{in}$
0	0	1	$2\times f_{in}$
0	1	0	$1.33\times f_{in}$
1	1	1	$1\times f_{in}$
1	0	0	$0.8\times f_{in}$
1	0	1	$0.66\times f_{in}$
1	1	0	$0.57\times f_{in}$
1	1	1	$0.5\times f_{in}$（复位值）

位 8　保留位。

位 7　ADC CLKEN：ADC 时钟使能控制位。该位设为 0，则禁止 ADC 时钟，使 ADC 模块停止工作，从而降低 DSP 功耗。该位设为 1，则使能 ADC 时钟，正常工作。上电复位后各片内外设时钟位均为 0，即默认状态为所有片内外设均不工作。

位 6　SCI CLKEN：SCI 时钟使能控制位。该位为 1，则使能 SCI 时钟。

位 5　SPI CLKEN：SPI 时钟使能控制位。该位为 1，则使能 SPI 时钟。

位 4　CAN CLKEN：CAN 时钟使能控制位。该位为 1，则使能 CAN 模块时钟。

位 3　EVB CLKEN：EVB 时钟使能控制位。该位为 1，则使能 EVB 模块时钟。

位 2　EVA CLKEN：EVA 时钟使能控制位。该位为 1，则使能 EVA 模块时钟。

位 1　保留位。

位 0　ILLADR：无效地址检测位。当检测到无效地址时，该位被置 1，会引起非屏蔽中断（NMI）。

【例 2-1】　时钟初始化 C 语言程序。

```
SCSR1 = 0x81fe          //初始化锁相环,若晶振频率 CLKIN = 10 MHz
                        //CPU 时钟 CLKOUT = 10 MHz ×4 = 40 MHz
                        //使能外设时钟,不用的外设可以不使能,以降低功耗
```

（2）系统控制与状态寄存器 2（SCSR2）

该寄存器格式如下：

15~7	6	5	4	3	2	1	0
Reserved	I/P QUAL	WD OVERRIDE	XMIF HI-Z	$\overline{\text{BOOT\_EN}}$	MP/$\overline{\text{MC}}$	DON	PON
	RW-0	RC-1	RW-0	RW-	RW-	RW-1	RW-1

位 15～7　保留位。

位 6　I/P QUAL：输入时钟限定（Qualifier）。它限定输入到 240x 的 CAP1～6、XINT1～2、ADCSOC、$\overline{\text{PDPINTA}}$/$\overline{\text{PDPINTB}}$引脚上的最小脉冲宽度。脉冲宽度只有达到这个宽度之后，内部的输入状态才会改变。

● 0：锁存脉冲至少需要 5 个时钟周期。

● 1：锁存脉冲至少需要 11 个时钟周期。

如果这些引脚作 I/O 使用，则不使用输入时钟限定电路。

位 5　WD OVERRIDE：看门狗保护位。复位后为 1，这时用户可以改变看门狗控制寄存器 WDCR 中 WDDIS 位的状态。该位是一个只能清除的位，通过向该位写 1 对其清零，这时用户不能改变 WDDIS 位的状态，这样可以防止看门狗 WD 被软件禁止。

位 4　XIMF HI-Z：控制 XMIF（External Memory Interface，外部存储器接口）信号的状态。

● 0：所有 XMIF 信号处于正常驱动模式。

● 1：所有 XMIF 信号处于高阻态。

位 3　$\overline{\text{BOOT\_EN}}$：引导 ROM 使能位 。反映了$\overline{\text{BOOT_EN}}$引脚在复位时的状态。

● 0：使能引导 ROM，地址 0000H ~ 00FFH 被片内引导 ROM 占用。

● 1：禁止引导 ROM。

位 2　MP/$\overline{\text{MC}}$位：MP/$\overline{\text{MC}}$（微处理器/微计算机方式选择）引脚的状态。

● 0：DSP 设置为微计算机（即微控制器）方式，片内 Flash 映射到程序存储器空间，地址为 0000h ~ 7FFFh。

● 1：DSP 设置为微处理器方式，程序空间 0000h ~ 7FFFh 被映射到片外程序存储器空间（必须外扩外部程序存储器）。

位 1 ~ 0　DON，PON：SARAM 的数据/程序空间选择位。

● 00：地址空间不被映射，该空间被分配到外部存储器。

● 01：SARAM 被映射到片内程序空间。

● 10：SARAM 被映射到片内数据空间。

● 11：SARAM 被映射到片内程序空间，又被映射到片内数据空间（复位值）。

2.3.2　时钟

240x DSP 片内集成有锁相环（Phase-locked Loop，PLL）电路。可从一个较低频率的外部时钟合成片内较高工作频率的时钟。

240x DSP 有 3 个引脚与时钟模块有关：

1）XTAL1/CLKIN：外接基准晶体（Crystal）到片内振荡器的输入引脚。如使用外部振荡器，外部振荡器的输出必须接到该引脚。

2）XTAL2：片内 PLL 振荡器驱动外部晶振的时钟输出引脚。

3）CLKOUT/IOPE0：时钟输出或通用 I/O 引脚。CLKOUT 可用来输出 CPU 时钟或看门狗定时器时钟，这由系统控制和状态寄存器 1（SCSR1）中的位 14（CLKSRC）决定。当该引脚不用于时钟输出时，可以作为通用输入/输出引脚 IOPE0。复位时，该引脚的功能配置为时钟输出 CLKOUT。

片内的锁相环（PLL）模块为片内所有功能模块提供必要的时钟信号，而且 PLL 还可以控制低功耗操作。

PLL 支持对输入时钟频率的 0.5 ~ 4 倍频，以得到 CPU 工作频率，倍率值由系统控制和状态寄存器 1（SCSR1）的位 11 ~ 9 来决定。

1. 锁相环的时钟模块电路

锁相环的时钟模块电路如图 2-8 所示。

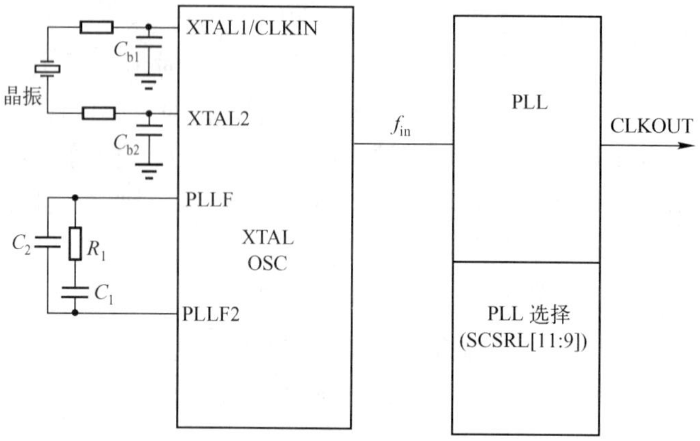

图 2-8　锁相环的时钟模块电路

240x 有两种时钟工作模式：

1）内部振荡电路外部晶振的工作方式。该模式下，外部无源晶振连接到 DSP 的 XTAL1/CLKIN 和 XTAL2 引脚，如图 2-9 所示。DSP 的振荡电路和无源晶振一起运行产生时钟，提供给 DSP 作为时间基准。通常两个对地连接的电容可以取 20～30 pF。

2）外部时钟工作方式。该模式下，不使用内部振荡器，即采用外部有源晶振，DSP 的时钟来自 XTAL1/CLKIN 引脚的外部时钟信号，XTAL2 引脚悬空（NC），如图 2-10 所示。

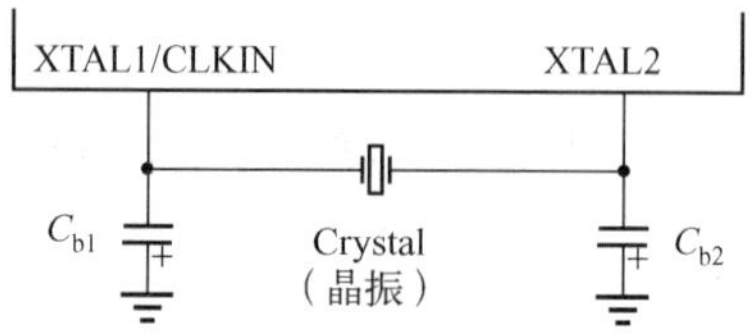

图 2-9　内部振荡电路外部晶振的连接

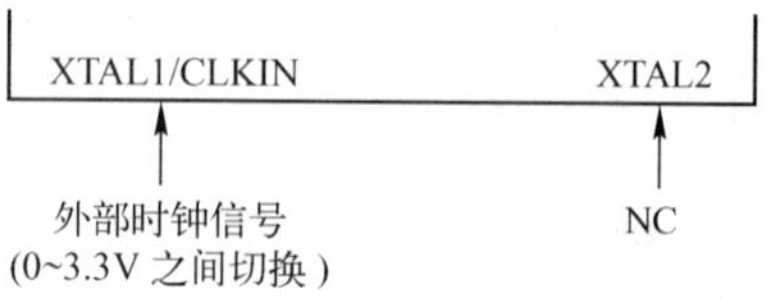

图 2-10　外部有源晶振的连接

2. 外部滤波器电路

PLL 模块使用外部滤波器电路来抑制信号抖动和电磁干扰，使信号抖动和干扰影响最小。通常电路中存在大量的噪声，在设计电路时，为提高滤波效果还需要通过实验来确定电路元件参数。滤波器电路的元件为 R_1、C_1 和 C_2，电容 C_1 和 C_2 必须是无极性的。滤波器电路连接到 240x DSP 芯片的 PLLF 和 PLLF2 引脚，如图 2-11 所示。

在不同振荡器（XTAL1）频率下具有阻尼系数 2.0 的 R_1、C_1 和 C_2 推荐参数见表 2-6。

表 2-6　具有阻尼系数 2.0 的滤波元件推荐参数

CLKIN 频率/MHz	R_1/Ω	$C_1/\mu F$	$C_2/\mu F$
4	4.7	3.9	0.082
5	5.6	2.7	0.056
6	6.8	1.8	0.039
8	9.1	1	0.022

（续）

CLKIN 频率/MHz	R_1/Ω	$C_1/\mu F$	$C_2/\mu F$
10	11	0.68	0.015
12	13	0.47	0.01
15	16	0.33	0.0068
16	18	0.27	0.0056
18	20	0.22	0.0047
20	24	0.15	0.0033

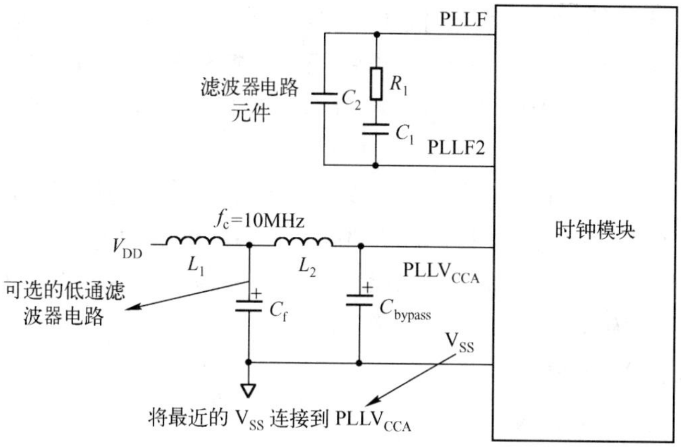

图 2-11 可选的滤波电路

所有连接 PLL 的印制电路板（PCB）导线必须尽可能短。一个旁路电容（0.01 pF ~ 0.1 μF的陶瓷电容）应该连接在 $PLLV_{CCA}$和 V_{SS}引脚之间，如图 2-11 所示在 $PLLV_{CCA}$和 V_{SS}引脚之间增加了一个可选的低通滤波电路。

当连接 PLL 引脚时，应注意以下几个方面：

1）使用短引线连接 $PLLV_{CCA}$引脚到低通滤波器。10 MHz 的截断滤波器不是必需的，但是可以消弱信号的抖动，并减少电磁干扰。

2）使导线尽可能短，保证 C_{bypass}（0.01 pF ~ 0.1 μF 的陶瓷电容）最近连接于 $PLLV_{CCA}$和 V_{SS}之间。

3）使导线、芯片和旁路电容形成的环路面积最小。面积越大，则电磁干扰越大。要避免附近具有噪声的导线连接到时钟模块的引脚上。

3. PLL 旁路方式

通过复位时拉低 TRST、TMS 和 TMS2 引脚，可以实现将 240x 设置为对片内 PLL 旁路的工作方式。在这种方式下，可以实现 PLL 旁路，改变系统控制和状态寄存器 SCSR1 的位 11 ~9 无效。此时改变系统时钟的唯一方法是改变输入时钟频率，系统的时钟与外输入时钟相同。例如，要获得一个 30 MHz 的 CPU 时钟速度，那么必须提供一个 30 MHz 输入时钟 CLKIN。在这种方式下，外部的滤波器元件是不需要的。

PLL 旁路方式下的时钟规范如下：

1）使用内部时钟方式，那么最小和最大的 CLKIN 频率分别为 4 MHz 和 20 MHz。

2）使用外部时钟方式，那么最小和最大的 CLKIN 频率分别为 4 MHz 和 40 MHz。

2.3.3 低功耗模式

240x 的 IDLE（空闲）指令，可关闭 CPU 时钟，进入空闲状态，节约能耗。当收到一个中断请求或复位时，CPU 退出空闲状态。

1. 时钟域

240x 有两个时钟域（Clock domains）：

1）CPU 时钟域：包含大部分 CPU 逻辑的时钟。

2）系统时钟域：包含外设时钟（来自 CLKOUT 分频）和用于 CPU 中断逻辑的时钟。

当 CPU 进入 IDLE1 模式空闲状态时，CPU 时钟域停止，系统时钟域继续运行。当 CPU 进入 IDLE2 模式空闲状态时，CPU 时钟域和系统时钟域均停止，进一步降低功耗。第三种模式是 HALT（暂停）模式，振荡器（即输入到 PLL 的时钟）和看门狗时钟 WDCLK 都被关闭。

低功耗模式并不改变通用 I/O 引脚的状态，引脚保持进入低功耗模式前的状态。低功耗模式工作情况下，通用 I/O 引脚也不会驱动到高阻状态，内部的上拉/下拉不会被关闭。

当执行 IDLE 指令时，系统控制与状态寄存器 1（SCSR1）的位 13、12 即 LPM（1 ~0）指明进入哪一种低功耗模式。

- 00—CPU 进入 IDLE1 模式。
- 01—CPU 进入 IDLE2 模式。
- 1x—CPU 进入 HALT 模式。

2407 正常工作情况下电源电流约为 110 mA，而在 IDLE1、IDLE2 及 HALT 三种低功耗模式下，则约为 75 mA、40 mA 和 300 μA。

表 2-7 给出了各种低功耗模式的特点。

表 2-7 240x 低功耗模式

功耗模式	LPM（1 ~0）	CPU 时钟	系统时钟	WDCLK 状态	PLL 状态	OSC 状态	退出条件
正常运行	x x	on	on	on	on	on	—
IDLE1 模式（LPM0）	00	off	on	on	on	on	外设中断、XINT1/2、复位、$\overline{\text{PDPINTA/B}}$
IDLE2 模式（LPM1）	01	off	off	on	on	on	唤醒中断 XINT1/2、看门狗复位、$\overline{\text{PDPINTA/B}}$
HALT 模式（LPM2）	1x	off	off	off	off	off	复位、$\overline{\text{PDPINTA/B}}$

其中，最后一列“退出条件”表示何种条件或何种信号可使 DSP 退出低功耗模式。这种信号必须保持足够长时间的低电平，以便 DSP 能响应它的中断申请。否则 DSP 不会退出该低功耗模式。

2. 唤醒低功耗模式

1）复位。复位信号可使器件退出低功耗模式。

2）外部中断。外部中断 XINT1 或 XINT2 可使器件退出 IDLE1、IDLE2 低功耗模式，但不能退出 HALT 模式。

3）唤醒中断。有些外设具有启动器件时钟的能力，然后产生一个中断去响应一定的外部事件。例如通信线路上的动作。再如即使没有时钟运行，CAN 唤醒中断也可以申请一个 CAN 错误中断请求。

3. 退出低功耗模式

外设中断可以用来唤醒处于低功耗模式工作的器件，立即退出低功耗模式。根据以下几种情况执行唤醒动作和随后的器件动作：

- 请求的外设中断是否在外设级使能。
- 与请求的外设中断相关的中断屏蔽寄存器 IMR 的某位是否已经被使能。
- ST0 寄存器 INTM 位的状态。

2.4 看门狗定时器

240x DSP 内设置了一个看门狗定时器（Watchdog Timer，WD，也称为监视定时器），用来监视 DSP 程序的运行状况。当系统进入不可预知的状态而造成“死机”时，WD 将产生一个复位操作，从而使 DSP 进入一个已知的起始位置重新运行。

图 2-12 为看门狗定时器模块框图。WD 所有寄存器都是 8 位的。WD 的时钟 WDCLK 是 CPU 时钟 CLKOUT 的 512 分频，即 WDCLK = CLKOUT/512。DSP 复位时，看门狗定时器自动工作。一旦 8 位的看门狗计数器（WDCNTR）达到最大计数值，就产生一个复位信号，使 DSP 复位。为了防止这种情况出现，用户可以禁止看门狗定时器工作，或者周期性地向看门狗复位关键字寄存器（WDKEY，也称为钥匙寄存器）中写入 0x55 和 0xAA。

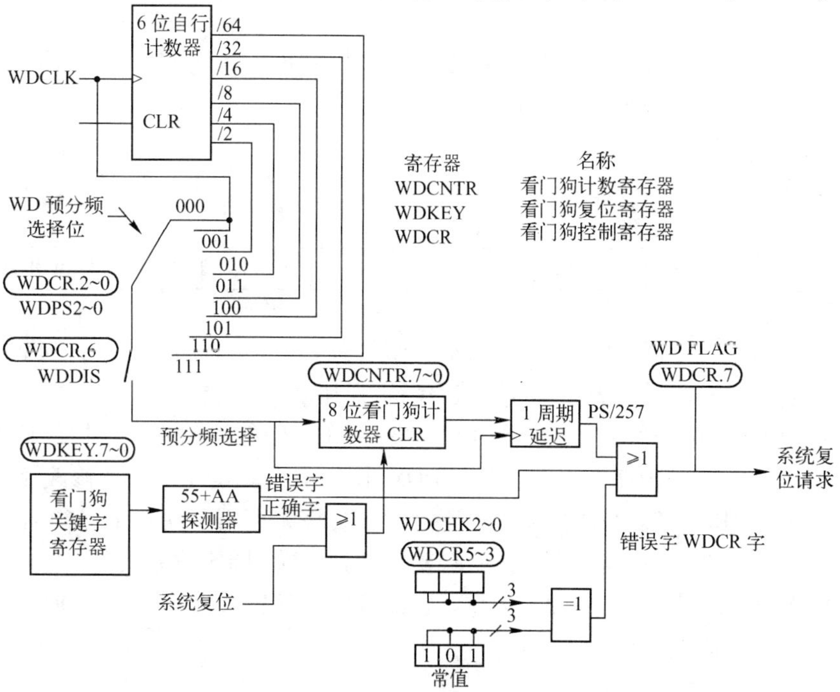

图 2-12　看门狗定时器模块框图

WD 模块具有如下特征：

① 8 位 WD 计数器，上溢时产生一个系统复位信号。

② 6 位的自行计数器，用于 WD 预定标，共 6 种选择。

③ 一个复位关键字寄存器（WDKEY）。当一个 55h 值后紧随着一个 AAh 值写入 WD-KEY 时，则 WD 计数器清零，当不正确的值写入时，则产生一个复位信号。

④ WD 定时器控制寄存器 WDCR 中有 3 个 WD 检验位即特征值。当不正确的特征值写入时，则启动系统复位。

⑤ 系统复位后，WD 定时器就自动启动。

看门狗模块的寄存器介绍如下：

(1) 8 位 WD 计数寄存器：WDCNTR

该寄存器格式如下：

7	6	5	4	3	2	1	0
D7	D6	D5	D4	D3	D2	D1	D0
R-0	R-0	R-0	R-0	R-0	R-0	R-0	R-0

位 7 ~ 0　反映当前 WD 计数寄存器的值。该 8 位计数器按 WDCLK 设定的时钟频率不断计数，如果溢出，则引起 DSP 复位。如果 WDKEY 寄存器写入了正确的数（即先写入 0x55，再写入 0xAA），则 WDCNTR 清零。

(2) WD 复位关键字寄存器：WDKEY

该寄存器格式如下：

7	6	5	4	3	2	1	0
D7	D6	D5	D4	D3	D2	D1	D0
RW-0	RW-0	RW-0	RW-0	RW-0	RW-0	RW-0	RW-0

位 7 ~ 0　如果先写入 0x55，再写入 0xAA 就会使 WDCNTR 清零。写入任何其他数值则马上使 DSP 复位。读操作返回的是 WDCR 寄存器的值。

(3) WD 定时器控制寄存器：WDCR

该寄存器格式如下：

7	6	5	4	3	2	1	0
WDFLAG	WDDIS	WDCHK2	WDCHK1	WDCHK0	WDPS2	WDPS1	WDPS0
RC-x	RWc-0	RW-0	RW-0	RW-0	RW-0	RW-0	RW-0

位 7　WDFLAG：看门狗复位状态标志位。如果为 1，表示看门狗复位；为 0，表示是外部复位或上电复位。该位写 1 清除，否则状态一直保持。

位 6　WDDIS：向该位写 1，禁止看门狗模块；写 0，使能看门狗模块。复位值为 0，看门狗模块使能。只有在 SCSR2 寄存器中的 WDOVERRIDE 位设为 1 后才能修改该位。

位 5 ~ 3　WDCHK2 ~ 0：WD 检验位。任何时候写该寄存器，用户都必须向这些位写入 101，即特征位。写入任何其他数值都会引起复位（如果看门狗使能）。

位 2 ~ 0　WDPS2 ~ 0：看门狗预分频位。这些位用来配置看门狗时钟 WDCLK。

- 000　　WDCLK/1；
- 001　　WDCLK/1；
- 010　　WDCLK/2；

- 011　　WDCLK/4；
- 100　　WDCLK/8；
- 101　　WDCLK/16；
- 110　　WDCLK/32；
- 111　　WDCLK/64。

在 CPU 时钟频率 CLKOUT = 40 MHz 时，WDCLK = 40 MHz/512 = 78125 Hz，那么溢出时间最小为 256/78125 s = 3. 28 ms，最大为 256 × 64/78125 s = 209. 7 ms（64 分频）。

【例 2-2】 看门狗定时器编程。

使用看门狗定时器的 C 语言程序段（喂狗）：

```
WDKEY = 0x55;
WDKEY = 0xAA;            //周期性写入 0x55,0xAA,使 WDCNTR 清零
```

使用看门狗定时器的汇编语言程序段：

```
LDP      #WDKEY >>7       ;即#0E0H
SPLK     #55H,WDKEY
SPLK     #AAH,WDKEY
```

禁止看门狗定时器的 C 语言程序段：

```
WDCR = 0x68;          //屏蔽看门狗
```

禁止看门狗定时器汇编语言程序段：

```
LDP      #0E0H            ;数据页指向 7000H ~ 707FH
SPLK     #68H,WDCR        ;禁止看门狗, D6 = WDDIS = 1
```

注意 240x DSP 上电时看门狗是工作的，所以应尽快屏蔽看门狗或向 WDKEY 寄存器周期性写入 0x55、0xAA，以免程序跑飞。

2.5　通用输入/输出

240x DSP 有多达 41 个可编程通用数字 I/O（General Purpose Digital Input/Output，GPIO）引脚，其中大多数是基本外设功能和通用数字 I/O 复用引脚。用户可以通过复用控制寄存器，将某个引脚配置为基本外设功能或通用数字 I/O 功能。

通用 I/O 引脚的结构如图 2-13 所示，从图中可以看出 I/O 复用引脚是如何实现引脚功能选择和数据传送方向选择的。通过数据方向寄存器，可以将通用数字 I/O 引脚配置为输入或输出功能，也可以传送数据。

通用 I/O 模块包括 3 个复用控制寄存器 MCRA、MCRB、MCRC，以及 6 个 I/O 端口数据方向寄存器 PxDATDIR，x = A、B、C、D、E、F。

1. I/O 端口复用控制寄存器 MCRA

寄存器 MCRA（I/O MUX Control Register A）用于设置端口 A、端口 B 的复用功能。某一位选择 1 表示该位是基本片内外设功能；选择 0 表示该位是通用 I/O 功能。其格式如下：

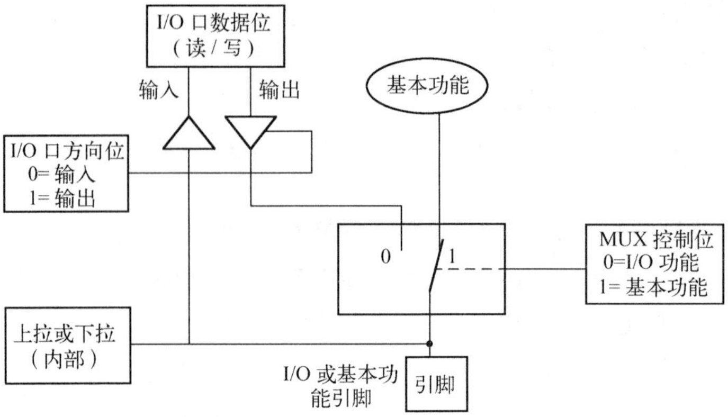

图 2-13　通用 I/O 引脚的结构

15	14	13	12	11	10	9	8
MCRA.15	MCRA.14	MCRA.13	MCRA.12	MCRA.11	MCRA.10	MCRA.9	MCRA.8
RW-0	RW-0	RW-0	RW-0	RW-0	RW-0	RW-0	RW-0
7	6	5	4	3	2	1	0
MCRA.7	MCRA.6	MCRA.5	MCRA.4	MCRA.3	MCRA.2	MCRA.1	MCRA.0
RW-0	RW-0	RW-0	RW-0	RW-0	RW-0	RW-0	RW-0

通用 I/O 端口复用控制寄存器 MCRA 配置见表 2-8。

表 2-8　MCRA 寄存器的配置

位	位名称	引脚功能选择	
		外设功能（MCRA. n = 1）	通用 I/O（MCRA. n = 0）
0	MCRA. 0	SCITXD	IOA0
1	MCRA. 1	SCIRXD	IOA1
2	MCRA. 2	XINT1	IOA2
3	MCRA. 3	CAP1/QEP1	IOA3
4	MCRA. 4	CAP2/QEP2	IOA4
5	MCRA. 5	CAP3	IOA5
6	MCRA. 6	PWM1	IOA6
7	MCRA. 7	PWM2	IOA7
8	MCRA. 8	PWM3	IOB0
9	MCRA. 9	PWM4	IOB1
10	MCRA. 10	PWM5	IOB2
11	MCRA. 11	PWM6	IOB3
12	MCRA. 12	T1PWM/T1CMP	IOB4
13	MCRA. 13	T2PWM/T2CMP	IOB5
14	MCRA. 14	TDIRA	IOB6
15	MCRA. 15	TCLKINA	IOB7

2. I/O 端口复用控制寄存器 MCRB

寄存器 MCRB 用于设置端口 C、端口 D 的复用功能。其格式如下：

15	14	13	12	11	10	9	8
MCRB.15	MCRB.14	MCRB.13	MCRB.12	MCRB.11	MCRB.10	MCRB.9	MCRB.8
RW-1	RW-1	RW-1	RW-1	RW-1	RW-1	RW-1	RW-0

7	6	5	4	3	2	1	0
MCRB.7	MCRB.6	MCRB.5	MCRB.4	MCRB.3	MCRB.2	MCRB.1	MCRB.0
RW-0	RW-0	RW-0	RW-0	RW-0	RW-0	RW-1	RW-1

通用 I/O 端口复用控制寄存器 MCRB 配置见表 2-9。

表 2-9　MCRB 寄存器的配置

位	位名称	引脚功能选择	
		外设功能（MCRB. n = 1）	通用 I/O（MCRB. n = 0）
0	MCRB. 0	$W/\overline{R}$	IOC0
1	MCRB. 1	$\overline{BIO}$	IOC1
2	MCRB. 2	SPISIMO	IOC2
3	MCRB. 3	SPISOMI	IOC3
4	MCRB. 4	SPICLK	IOC4
5	MCRB. 5	$\overline{SPISTE}$	IOC5
6	MCRB. 6	CANTX	IOC6
7	MCRB. 7	CANRX	IOC7
8	MCRB. 8	XINT2/ADCSOC	IOD0
9	MCRB. 9	EMU0	保留
10	MCRB. 10	EMU1	保留
11	MCRB. 11	TCK	保留
12	MCRB. 12	TDI	保留
13	MCRB. 13	TDO	保留
14	MCRB. 14	TMS	保留
15	MCRB. 15	TMS2	保留

3. I/O 端口复用控制寄存器 MCRC

寄存器 MCRC 用于设置端口 E、端口 F 的复用功能。其格式如下：

15	14	13	12	11	10	9	8
Reserved	Reserved	MCRC.13	MCRC.12	MCRC.11	MCRC.10	MCRC.9	MCRC.8
		RW-0	RW-0	RW-0	RW-0	RW-0	RW-0

7	6	5	4	3	2	1	0
MCRC.7	MCRC.6	MCRC.5	MCRC.4	MCRC.3	MCRC.2	MCRC.1	MCRC.0
RW-0	RW-0	RW-0	RW-0	RW-0	RW-0	RW-0	RW-1

通用 I/O 端口复用控制寄存器 MCRC 配置见表 2-10。

表 2-10　MCRC 寄存器的配置

位	位名称	引脚功能选择	
		外设功能（MCRC. n = 1）	通用 I/O（MCRC. n = 0）
0	MCRC. 0	CLKOUT	IOE0
1	MCRC. 1	PWM7	IOE1
2	MCRC. 2	PWM8	IOE2
3	MCRC. 3	PWM8	IOE3
4	MCRC. 4	PWM10	IOE4
5	MCRC. 5	PWM11	IOE5
6	MCRC. 6	PWM12	IOE6
7	MCRC. 7	CAP4/QEP3	IOE7
8	MCRC. 8	CAP5/QEP4	IOF0
9	MCRC. 9	CAP6	IOF1
10	MCRC. 10	T3PWM/T3CMP	IOF2
11	MCRC. 11	T4PWM/T4CMP	IOF3
12	MCRC. 12	TDIRB	IOF4
13	MCRC. 13	TCLKINB	IOF5
14	MCRC. 14	保留	IOF6
15	MCRC. 15	保留	保留

4. I/O 端口 A 数据方向寄存器 PADATDIR

2407 的 6 个 I/O 端口数据方向寄存器（Port x Data and Direction Control Register，PxDATDIR，x = A、B、C、D、E、F），用于控制传送的数据及其方向。

I/O 端口 A 数据方向寄存器 PADATDIR 的格式如下：

15	14	13	12	11	10	9	8
A7DIR	A6DIR	A5DIR	A4DIR	A3DIR	A2DIR	A1DIR	A0DIR
RW-0	RW-0	RW-0	RW-0	RW-0	RW-0	RW-0	RW-0

7	6	5	4	3	2	1	0
IOPA7	IOPA6	IOPA5	IOPA4	IOPA3	IOPA2	IOPA1	IOPA0
RW-	RW-	RW-	RW-	RW-	RW-	RW-	RW-

位 15 ~ 8　AnDIR（n = 7 ~ 0）：PA7 ~ PA0 的数据方向。

- 0：配置相应的引脚为输入方式。
- 1：配置相应的引脚为输出方式。

位 7 ~ 0　IOPAn。

如果 AnDIR = 0，引脚配置为输入。

- 0：读相应引脚的值为低电平。
- 1：读相应引脚的值为高电平。

如果 AnDIR = 1，引脚配置为输出。

- 0：设置相应引脚，使其输出为低电平。

● 1：设置相应引脚，使其输出为高电平。

如果 I/O 端口用做通用 I/O 端口时，则在对端口初始化时就必须对数据和方向控制寄存器进行设置，规定其为输入还是输出端口。其他端口的数据和方向寄存器的设置方法与端口 A 类似，下面只给出其寄存器的格式。

5. I/O 端口 B 数据方向寄存器 PBDATDIR

15	14	13	12	11	10	9	8
B7DIR	B6DIR	B5DIR	B4DIR	B3DIR	B2DIR	B1DIR	B0DIR
RW-0	RW-0	RW-0	RW-0	RW-0	RW-0	RW-0	RW-0

7	6	5	4	3	2	1	0
IOPB7	IOPB6	IOPB5	IOPB4	IOPB3	IOPB2	IOPB1	IOPB0
RW-	RW-	RW-	RW-	RW-	RW-	RW-	RW-

6. I/O 端口 C 数据方向寄存器 PCDATDIR

15	14	13	12	11	10	9	8
C7DIR	C6DIR	C5DIR	C4DIR	C3DIR	C2DIR	C1DIR	C0DIR
RW-0	RW-0	RW-0	RW-0	RW-0	RW-0	RW-0	RW-0

7	6	5	4	3	2	1	0
IOPC7	IOPC6	IOPC5	IOPC4	IOPC3	IOPC2	IOPC1	IOPC0
RW-	RW-	RW-	RW-	RW-	RW-	RW-	RW-

7. I/O 端口 D 数据方向寄存器 PDDATDIR

15~9	8
Reserved	D0DIR
	RW-0

7~1	0
Reserved	IOPD0
	RW-

8. I/O 端口 E 数据方向寄存器 PEDATDIR

15	14	13	12	11	10	9	8
E7DIR	E6DIR	E5DIR	E4DIR	E3DIR	E2DIR	E1DIR	E0DIR
RW-0	RW-0	RW-0	RW-0	RW-0	RW-0	RW-0	RW-0

7	6	5	4	3	2	1	0
IOPE7	IOPE6	IOPE5	IOPE4	IOPE3	IOPE2	IOPE1	IOPE0
RW-	RW-	RW-	RW-	RW-	RW-	RW-	RW-

9. I/O 端口 F 数据方向寄存器 PFDATDIR

15	14	13	12	11	10	9	8
Reserved	F6DIR	F5DIR	F4DIR	F3DIR	F2DIR	F1DIR	F0DIR
	RW-0	RW-0	RW-0	RW-0	RW-0	RW-0	RW-0

7	6	5	4	3	2	1	0
Reserved	IOPF6	IOPF5	IOPF4	IOPF3	IOPF2	IOPF1	IOPF0
	RW-	RW-	RW-	RW-	RW-	RW-	RW-

在使用数字 I/O 之前，需用软件对数字 I/O 进行配置，选择 I/O 引脚的功能，且设置 I/O 引脚的数据方向，然后才可以读取数据或输出数据。

【例 2-3】 数字 I/O 配置实例。

```
MCRA        .set 7090h      ;一般将这些寄存器地址定义语句放于头文件中
PADATDIR    .set 7098h
PBDATDIR    .set 709Ah
    LDP     #MCRA>>7        ;指向相应的数据页面#0E1h
    LACC    #0h             ;设置 MCRA 所有位均为 0
    SACL    MCRA            ;将引脚 IOPA0～7 和 IOPB0～7 配置为 I/O 引脚
    SACL    PADATDIR        ;引脚 IOPA0～7 配置为输入,低电平有效
    LACC    #0F00h          ;引脚 IOPB7～4 配置为输入,0000 1111
    SACL    PBDATDIR        ;引脚 IOPB3～0 配置为输出
    LACC    PBDATDIR        ;读取引脚 IOPB7～4 的输入状态
    AND     #00F0h          ;累加器 A 中为输入状态
```

【例 2-4】 通用数字 I/O 接口 IOPE1 引脚通过反相驱动器接一个 LED 指示灯，编程使指示灯闪烁。

下面分别给出用汇编语言和 C 语言编写的程序，编写方法分别参见第 4 章和第 5 章。

汇编语言程序：

```
        .include    "F2407REGS_A.h"     ;包含片内外设寄存器的汇编语言程序头文件
        .global     _c_int0             ;全局符号说明,程序入口
        .text                           ; text 段包含可执行代码
_c_int0:                                ;_c_int0 符号用于 DSP 的 C 程序规范
        LDP     #SCSR1>>7               ;取页面地址 0e0h,即 SCSR1 右移 7 位,取高 9 位
        SPLK    #0200h, SCSR1           ;2 倍频 CLKIN, D11～9=001,CPUCLK=40MHz
        SPLK    0e8h,WDCR               ;禁止看门狗定时器
        LDP     #MCRC                   ;取页面地址 0e1h
        SPLK    #0000h, MCRC            ;PE、PF 引脚设为通用 I/O, D1=0, PE1
        SPLK    #0200h, PEDATDIR        ;PE1 设为输出, D9=1
loop:
        SPLK    #0202h,PEDATDIR         ;PE1 输出 1,LED 亮
        CALL    delay                   ;调用延时程序
        SPLK    #0200h,PEDATDIR         ;PE1 输出 0,LED 灭
        CALL    delay                   ;延时
        B       loop                    ;循环闪烁
                                        ;延时子程序 0.5s (CPUCLK=40MHz)
delay:  LAR     AR2, #100               ;100*5ms=0.5s
delay0: LAR     AR1, #25000
delay1: NOP                             ;1T=0.025us, CPUCLK=40MHz
        NOP                             ;1T
        NOP                             ;1T
        MAR     *, AR1                  ;1T, AR1 设为当前 AR
        BANZ    delay1                  ;4T, 8T*25000*0.025us=5ms
        MAR     *, AR2                  ;AR2 设为当前 AR
```

```
        BANZ        delay0
        RET
        . end                                   ;汇编语言程序结束
```

C 语言程序：

```
#include "f2407_c. h"                    //包含片内外设寄存器的 C 程序头文件
void Delay( unsigned int nDelay) ;       //延时子程序,函数声明
main( )
{
    SCSR1 = 0x0200;                      //设置时钟为 2 倍频,并禁止外设时钟
    WDCR = 0xe8;                         //禁止看门狗定时器
while(1)  {
    PEDATDIR = 0x0202;                   //PE1 输出 1,LED 亮, 也可以用 PEDATDIR^ = 02
    Delay(500);                          //调用延时函数, 500 ms
    PEDATDIR = 0x0200;                   //PE1 输出 0, LED 灭
    Delay(500);                          //调用延时函数
    }
}
void Delay( unsigned int nDelay)   //延时程序,自定义函数,nDelay * 1 ms,CLKOUT = 40 MHz
{
int i, j, k = 0;
for ( i = 0; i < nDelay; i ++ )
    { for ( j = 0; j < 2200; j ++ )   k ++ ; }
}
```

2.6 中断系统

2.6.1 中断优先级和中断向量表

2407 DSP 的 CPU 有 6 个可屏蔽中断（INT1 ~ INT6）和 3 个不可屏蔽中断（复位、仿真、NMI）。对于多个外设（ADC、事件管理器、SCI、SPI、CAN 模块等）的中断需求采用了中断扩展设计来满足。每个可屏蔽中断中又有多个中断源，每个中断源有唯一的中断入口地址向量。表 2-11 为 2407 DSP 的不可屏蔽中断源的优先级和中断入口地址向量表。表 2-12 为 2407 DSP 的可屏蔽中断源的优先级和中断入口地址向量表。

表 2-11　2407 DSP 的不可屏蔽中断源的优先级和中断入口地址向量表

中断优先级	中断名称	CPU 中断向量地址	外设中断向量（PIVR）	中断源外设	描述
1	Reset	0000H	N/A	复位引脚看门狗	复位引脚信号看门狗溢出
2	保留	0026H	N/A	CPU	仿真
3	NMI	0024H	N/A	不可屏蔽中断	不可屏蔽中断只能是软件中断

表 2-12　2407 DSP 的可屏蔽中断源的优先级和中断入口地址向量表

中断优先级	中断名称	CPU 中断向量地址	外设中断向量（PIVR）	中断源外设	描述
INT1（级别 1）					
4	PDPINTA	0002H	0020H	EVA	功率驱动保护中断
5	PDPINTB	0002H	0019H	EVB	功率驱动保护中断
6	ADCINT	0002H	0004H	ADC	高优先级 ADC 中断
7	XINT1	0002H	0001H	外部中断 1	高优先级外部中断 1
8	XINT2	0002H	0011H	外部中断 2	高优先级外部中断 2
9	SPINT	0002H	0005H	SPI	高优先级 SPI 中断
10	RXINT	0002H	0006H	SCI	高优先级 SCI 接收中断
11	TXINT	0002H	0007H	SCI	高优先级 SCI 发送中断
12	CANMBINT	0002H	0040H	CAN	高优先级 CAN 邮箱中断
13	CANERINT	0002H	0041H	CAN	高优先级 CAN 错误中断
INT2（级别 2）					
14	CMP1INT	0004H	0021H	EVA	比较器 1 中断
15	CMP2INT	0004H	0022H	EVA	比较器 2 中断
16	CMP3INT	0004H	0023H	EVA	比较器 3 中断
17	T1PINT	0004H	0027H	EVA	T1 周期中断
18	T1CINT	0004H	0028H	EVA	T1 比较中断
19	T1UFINT	0004H	0029H	EVA	T1 下溢中断
20	T1OFINT	0004H	002AH	EVA	T1 上溢中断
21	CMP4INT	0004H	0024H	EVB	比较器 4 中断
22	CMP5INT	0004H	0025H	EVB	比较器 5 中断
23	CMP6INT	0004H	0026H	EVB	比较器 6 中断
24	T3PINT	0004H	002FH	EVB	T3 周期中断
25	T3CINT	0004H	0030H	EVB	T3 比较中断
26	T3UFINT	0004H	0031H	EVB	T3 下溢中断
27	T3OFINT	0004H	0032H	EVB	T3 上溢中断
INT3（级别 3）					
28	T2PINT	0006H	002BH	EVA	T2 周期中断
29	T2CINT	0006H	002CH	EVA	T2 比较中断
30	T2UFINT	0006H	002DH	EVA	T2 下溢中断
31	T2OFINT	0006H	002EH	EVA	T2 上溢中断
32	T4PINT	0006H	0039H	EVB	T4 周期中断
33	T4CINT	0006H	003AH	EVB	T4 比较中断
34	T4UFINT	0006H	003BH	EVB	T4 下溢中断
35	T4OFINT	0006H	003CH	EVB	T4 上溢中断

（续）

中断优先级	中断名称	CPU 中断向量地址	外设中断向量（PIVR）	中断源外设	描述
INT4（级别 4）					
36	CAP1INT	0008H	0033H	EVA	捕获 1 中断
37	CAP2INT	0008H	0034H	EVA	捕获 2 中断
38	CAP3INT	0008H	0035H	EVA	捕获 3 中断
39	CAP4INT	0008H	0036H	EVB	捕获 4 中断
40	CAP5INT	0008H	0037H	EVB	捕获 5 中断
41	CAP6INT	0008H	0048H	EVB	捕获 6 中断
INT5（级别 5）					
42	SPINT	000AH	0005H	SPI	低优先级 SPI 中断
43	RXINT	000AH	0006H	SCI	低优先级 SCI 接收中断
44	TXINT	000AH	0007H	SCI	低优先级 SCI 发送中断
45	CANMBINT	000AH	0040H	CAN	低优先级 CAN 邮箱中断
46	CANERINT	000AH	0041H	CAN	低优先级 CAN 错误中断
INT6（级别 6）					
47	ADCINT	000CH	0004H	ADC	低优先级 ADC 中断
48	XINT1	000CH	0001H	外部中断 1	低优先级外部中断 1
49	XINT2	000CH	0011H	外部中断 2	低优先级外部中断 2
N/A	保留	000EH	N/A	CPU	分析中断
N/A	TRAP	0022H	N/A	CPU	陷阱（TRAP 指令）中断
N/A	假中断向量	N/A	0000H	CPU	假中断向量

注：1. N/A 表示该功能是无效的。

2. 对于不是 2407 的某一具体型号芯片没有某些外设模块，所以缺少某外设模块的中断是不可用的。

2.6.2 外设中断扩展控制器

240x 的 CPU 内核提供给用户 6 个可屏蔽中断 INT1 ~6。而这 6 个中断级别的每 1 个都可以被很多外设中断请求共享，图 2-14 为外设中断扩展（Peripheral Interrupt Expansion，PIE）模块框图。PIE 专门管理来自各种外设或外部引脚的 40 多个中断请求。

1. 中断请求层次和结构

由于外设中断个数较多，所以用两级中断结构来扩展可响应的中断个数。中断请求/应答硬件逻辑和中断服务程序软件都有两级层次的中断。

在低层次中断中，从几个外设来的外设中断请求（PIRQ）在中断控制器处进行或运算，产生一个 INTn（n=1 ~6）中断请求。在高层次中断中，INTn 中断请求产生一个到 CPU 的中断请求。在外设寄存器中，对每一个产生外设中断请求的事件都有中断使能位和中断标志位。如果一个引起中断的外设事件发生且相应的中断使能位被置 1，则会产生一个外设到中断控制器的中断请求。这个中断请求反映了外设中断标志位和中断使能位的状态，当中断标志位被清零时，中断请求也被清零。对某些要设置中断优先级的外设事件，当这类事件发生时，其中断优先级的值也被送到中断控制器，而中断请求也保持到中断应答或者软件将其清零。

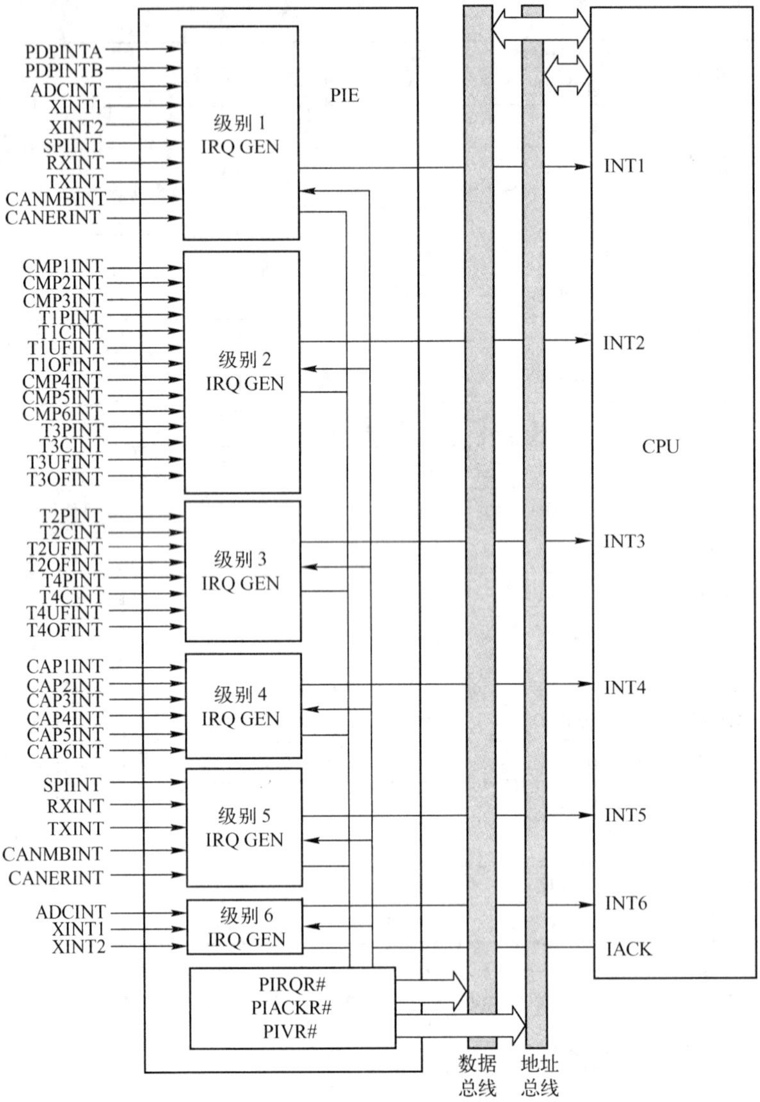

图 2-14 外设中断扩展（PIE）模块框图

如果一个外设既可产生高级的中断请求，又可产生低级中断请求（如 SCI、SPI、ADC 等），对应的中断优先级位的值将被送到外设中断扩展模块 PIE 来进行判断。

中断请求（PIRQ）标志位一直保持到中断应答自动清除或用软件将其清除。在高层次中断中，“或”逻辑运算的多个外设中断请求 INTn（n＝1～6）将产生一个到 CPU 的中断请求，它是两个 CPU 时钟脉冲宽的低电平脉冲。

当多个外设同时发出中断请求时，CPU 总是响应优先级高的中断请求。

注意：外设中断请求标志位在 CPU 响应中断时自动清除，即在高层次中断时清零，而不是在外设中断级即低层次中断时清零。

2. 中断向量

当 CPU 接受中断请求时，它并不知道是哪一个外设事件引起的中断请求。为了使 CPU 能够区别不同外设引起的中断事件，需经过 PIE 模块译码，判定哪个中断请求被响应。某个外设的中断请求有效时，会产生唯一的外设中断向量，被装载到外设中断向量寄存器（PIVR）中。CPU 应答外设中断请求时，从 PIVR 中读取相应的中断向量，并产生一个转到该通用中断服务子程序（General Interrupt Service Routine，GISR）入口地址的向量。

实际上 240x 程序设计一般有两个中断向量表：CPU 向量表和外设向量表。CPU 向量表用于得到响应中断请求的通用中断服务子程序。外设向量表用于获取响应某外设事件的特定中断服务子程序（Specific ISR，SISR）。对于中断申请数量比较少的情况，可以将通用与特定中断服务子程序合在一起。

在通用中断服务子程序 GISR 中可读出寄存器 PIVR 中的值，保护现场后，用 PIVR 中的值来产生一个转到 SISR 的向量。例如，可屏蔽中断 XINT1（高级模式级别为 INT1，优先级为 7）产生一个中断请求，CPU 对其响应。这时，0001h（XINT1 的外设中断向量）被装载到 PIVR 中，CPU 获取被装载到 PIVR 中的值之后，用这个值来判断是哪一个外设引起的中断请求，接着转移到相应的 SISR。将 PIVR 中的值装载入累加器时需先左移（每一条转移指令两个字节），再加上一个固定的偏移量，然后程序转到累加器指定的入口地址，这个地址将指向 SISR，从而执行 XINT1 的中断服务子程序。

（1）假中断（Phantom）向量

如果一个中断被响应，但没有获得相应的外设中断请求，那么就使用假中断。假中断向量特性可以保证中断系统的完整性，从而使中断系统一直可靠安全地运行，而不会进入无法预料的中断死循环中。

以下情况会产生假中断：

- CPU 执行一个软件中断指令 INTR，使用参数 1 ~ 6，用于请求服务 6 个可屏蔽中断（INT1 ~ INT6）之一。
- 当外设发出中断请求，但是其 INTn（n = 1 ~ 6）标志位却在 CPU 应答请求之前已经被清零。

在上述两种情况下，并没有外设中断请求送到中断控制器，因此中断控制器不知道哪个外设中断向量装入到 PIVR 中，此时向 PIVR 中装入假中断向量 0000h，从而避免程序进入中断死循环中。

（2）软件层次

中断服务子程序通常有两级：通用中断服务子程序（GISR）和特定中断服务子程序（SISR）。在 GISR 中保存必要的现场，从外设中断向量寄存器（PIVR）中读取外设中断向量，这个向量用来产生转移到 SISR 的地址入口。对每一个从外设来的中断都有一个特定的 SISR，在 SISR 中执行对该外设事件的响应。

程序一旦进入特定中断服务子程序后，所有的可屏蔽中断都被屏蔽。GISR 必须在中断被重新使能之前读取 PIVR 中的值，否则在另一个中断请求发生之后，PIVR 中将装入另一个中断请求的中断向量值，这将导致原外设中断向量参数的永久丢失。

外设中断扩展模块（PIE）不包括像复位和 NMI 这样的不可屏蔽中断。

（3）不可屏蔽中断（NMI）

240x DSP 无 NMI 引脚，在访问无效的地址时，不可屏蔽中断（NMI）就会发出请求。当 NMI 被响应后，程序将转到不可屏蔽中断向量入口地址 0024h 处。240x DSP 没有与 NMI 相对应的控制寄存器。

3. 全局中断使能

状态寄存器 ST0 中有一个全局中断使能位 INTM（ST0.9），在初始化程序和主程序中，常常需要使用该位对 DSP 的全局中断进行开放和关闭操作。初始化过程中，需要关全局中断，而在主程序开始执行时，需要开全局中断。

关全局中断和开全局中断的汇编语言指令如下：

```
SETC    INTM        ;把 INTM 位置 1,关全局中断
CLRC    INTM        ;把 INTM 位清零,开全局中断
```

C 语言编程：

```
asm(" CLRC INTM");        //开中断
asm("SETC INTM");         //关中断
```

执行完中断服务子程序后，一定要打开全局中断。因为进入中断服务程序时，系统自动关中断，不允许在中断服务程序中响应其他中断，即不允许中断嵌套。所以从中断返回时需要重新打开全局中断。

2.6.3 中断响应的过程

下面是某一外设中断请求的响应过程：

1）某一外设发出中断请求。

2）如果该外设的中断请求标志位（IF）为 1，且该外设的中断使能位（IE）为 1，则产生一个到 PIE 控制器的中断请求（PIRQ）；如果中断没有被使能，则中断请求标志位（IF）为 1 的状态保持到被软件清零。

3）如果不存在相同优先级（INTn）的中断请求，那么 PIRQ 会使 PIE 控制器产生一个到 CPU 的中断请求（INTn），为两个 CPU 时钟宽度的低电平脉冲。

4）CPU 的中断请求设定 CPU 的中断标志寄存器 IFR，如果通过设置中断屏蔽寄存器 IMR 使得 CPU 中断已被使能，CPU 会中止当前的任务，将 INTM 置 1，以屏蔽所有可屏蔽的中断，保存现场，并且为高优先级的中断（INTn）执行通用中断服务子程序（GISR）。CPU 自动产生一个中断应答，并向与被响应的高优先级中断的相应程序地址总线（PAB）送一个中断向量值。例如，如果 INT2 被响应了，它的中断向量 0004h 被装入 PAB。

5）外设中断扩展（PIE）控制器会对 PAB 的值进行译码，并产生一个外设响应应答，清除与被应答的 CPU 中断相关的中断请求位（PIRQ）。外设中断扩展控制器将相应的中断向量（或假中断向量）载入外设中断向量寄存器 PIVR。当 GISR 已经完成了现场保护时，就可读入 PIVR，并使用中断向量，使程序转入到特定中断服务子程序（SISR）的入口地址处去执行。

2.6.4 中断控制寄存器

1. CPU 中断控制寄存器

CPU 中断控制寄存器包括 CPU 中断标志寄存器（IFR）和 CPU 中断屏蔽寄存器（IMR）。

（1）CPU 中断标志寄存器（IFR）

CPU 中断标志寄存器（Interrupt Flag Register，IFR）是 16 位的 CPU 寄存器，地址为

0006H，它用于识别和清除挂起的中断。IFR 包含 CPU 级的所有可屏蔽中断（INT1 ~ INT6）的标志位。

当请求一个可屏蔽中断时，对应的外设模块控制寄存器的标志位置 1。如果对应的屏蔽位也为 1，则向 CPU 发出中断请求，设置 IFR 中的相应标志。这表示中断正被挂起或等待应答。

为了识别正挂起的中断，可用 PUSH IFR 指令，然后测试堆栈值。用 OR IFR 指令可以置位 IFR。用 AND IFR 指令用户程序可以清除挂起的中断。把 IFR 寄存器的内容写回 IFR 或通过硬件复位可以清除所有正挂起的中断。

CPU 应答中断或器件复位也可以清除 IFR 标志。

注：1）为了清除 IFR 位，必须向其写入 1，而不是 0。

2）当应答一个可屏蔽中断时，CPU 自动清零 IFR 位。对应的外设模块控制寄存器中的标志位不清零。如果需要清零外设控制寄存器中的标志位，则必须通过软件实现。

3）当中断是通过 INTR 指令请求且相应的 IFR 位置 1 时，CPU 不会自动清零该位。如果需要清零 IFR 位，则必须通过软件实现。

4）IFR 和 IMR 寄存器适用于 CPU 内核级中断。所有外设模块在其各自的控制/配置寄存器中都有自己的中断屏蔽和标志位。

5）一个内核级中断对应一组外设中断。

CPU 中断标志寄存器（IFR）的格式如下：

15~6	5	4	3	2	1	0
Reserved	INT6 flag	INT5 flag	INT4 flag	INT3 flag	INT2 flag	INT1 flag
0	RW1C-0	RW1C-0	RW1C-0	RW1C-0	RW1C-0	RW1C-0

位 15 ~ 6　保留位。

位 5 ~ 0　INT6　flag ~ INT1　flag：INT6 ~ INT1 中断的申请标志。某位为 0 时，该位无中断挂起。该位为 1 时，该位有中断挂起。向其写入 1 将清零该位和清除中断请求。

（2）CPU 中断屏蔽寄存器（IMR）

IMR（Interrupt Mask Register）是一个 16 位的 CPU 寄存器，地址为 0004H。IMR 包含所有可屏蔽的 CPU 中断（INT1 ~ INT6）的使能位，该寄存器也被称为中断使能寄存器。NMI（非屏蔽中断）和 RS（复位中断）都不包括在 IMR 中，因此 IMR 对它们无效。用户可以读 IMR 去识别已使能或禁止的中断，也可以写 IMR 来使能或禁止中断。为了使能一个中断，可以用 OR IMR 指令把对应的 IMR 位置 1。为了禁止一个中断，可以用 AND IMR 指令把对应的 IMR 位清零。当禁止一个中断时，不论 INTM 位的值是什么，都不响应它。当使能一个中断时，如果对应的 IFR 位为 1 和 INTM 位为 0，则中断会得到应答。

复位时，IMR = 0，禁止所有可屏蔽的 CPU 级中断。

CPU 中断屏蔽寄存器 IMR 的格式如下：

15~6	5	4	3	2	1	0
Reserved	INT6 mask	INT5 mask	INT4 mask	INT3 mask	INT2 mask	INT1 mask
0	RW	RW	RW	RW	RW	RW

位 15 ~ 6　保留位。

位 5 ~ 0　INT6　mask　~ INT1　mask：中断的使能位，可以使能或禁止相应的中断。某位设置为 0 时，禁止对应的中断；为 1 时，使能该中断。

2. 外设中断扩展模块寄存器

外设中断扩展模块寄存器包括外设中断向量寄存器（PIVR）、外设中断请求寄存器（PIRQR0、PIRQR1、PIRQR2）、外设中断应答寄存器（PIACKR0、PIACKR1、PIACKQR2）。

外设中断请求寄存器和外设中断应答寄存器都属于外设中断扩展模块用来向 CPU 产生 INT1 ~ INT6 中断请求的内部寄存器。这些寄存器主要用于测试，而不用于用户应用程序。

（1）中断向量寄存器（PIVR）

外设中断向量寄存器（Peripheral Interrupt Vector Register，PIVR）映射在数据存储器空间中的地址为 701Eh，该寄存器的 16 位 V15 ~ V0，为最近一次被应答的外设中断的地址向量。用户可以读取该向量值，以确定是哪一个中断。

（2）外设中断请求寄存器（PIRQR0）

外设中断请求寄存器 0（Peripheral Interrupt Request Register0，PIRQR0）映射在数据存储器空间中的地址为 7010h，寄存器的格式如下：

15	14	13	12	11	10	9	8
IRQ0.15	IRQ0.14	IRQ0.13	IRQ0.12	IRQ0.11	IRQ0.10	IRQ0.9	IRQ0.8
RW-0	RW-0	RW-0	RW-0	RW-0	RW-0	RW-0	RW-0

7	6	5	4	3	2	1	0
IRQ0.7	IRQ0.6	IRQ0.5	IRQ0.4	IRQ0.3	IRQ0.2	IRQ0.1	IRQ0.0
RW-0	RW-0	RW-0	RW-0	RW-0	RW-0	RW-0	RW-0

位 15 ~ 0　外设请求标志位 IRQ0. 15 ~ IRQ0. 0。

- 0：无相应外设的中断请求。
- 1：相应外设的中断请求被挂起。

注：写入 1 会发出一个中断请求到 DSP 核，写入 0 无影响。该寄存器 16 个位所对应的外设见表 2-13。

表 2-13　外设中断请求寄存器 0（PIRQR0）各位的定义

位	中断	中断描述	中断级别
IRQ0. 0	PDPINTA	功率驱动保护中断	INT1
IRQ0. 1	ADCINT	高优先级 ADC 中断	INT1
IRQ0. 2	XINT1	高优先级外部中断 1	INT1
IRQ0. 3	XINT2	高优先级外部中断 2	INT1
IRQ0. 4	SPINT	高优先级 SPI 中断	INT1
IRQ0. 5	RXINT	高优先级 SCI 接收中断	INT1
IRQ0. 6	TXINT	高优先级 SCI 发送中断	INT1
IRQ0. 7	CANMBINT	高优先级 CAN 邮箱中断	INT1
IRQ0. 8	CANERINT	高优先级 CAN 错误中断	INT2
IRQ0. 9	CMP1INT	比较器 1 中断	INT2
IRQ0. 10	CMP2INT	比较器 2 中断	INT2
IRQ0. 11	CMP3INT	比较器 3 中断	INT2
IRQ0. 12	T1PINT	T1 周期中断	INT2

（续）

位	中断	中断描述	中断级别
IRQ0. 13	T1CINT	T1 比较中断	INT2
IRQ0. 14	T1UFINT	T1 下溢中断	INT2
IRQ0. 15	T1OFINT	T1 上溢中断	INT2

（3）外设中断请求寄存器（PIRQR1 和 PIRQR2）

二者与外设中断请求寄存器（PIRQR0）类似，不再详述。

（4）外设中断应答寄存器（PIACKR0）

其格式如下：

15	14	13	12	11	10	9	8
IAK0.15	IAK0.14	IAK0.13	IAK0.12	IAK0.11	IAK0.10	IAK0.9	IAK0.8
RW-0	RW-0	RW-0	RW-0	RW-0	RW-0	RW-0	RW-0

7	6	5	4	3	2	1	0
IAK0.7	IAK0.6	IAK0.5	IAK0.4	IAK0.3	IAK0.2	IAK0.1	IAK0.0
RW-0	RW-0	RW-0	RW-0	RW-0	RW-0	RW-0	RW-0

外设中断应答寄存器 0（Peripheral Interrupt Acknowledge Register 0，PIACKR0）映射在数据存储器空间中的地址为 7014h。该寄存器 16 个位（IAK0. 15 ~ 0 位）为中断应答位，对应的中断见表 2-14。写 1 引起相应的中断应答被插入，从而将相应的中断请求位清零。

表 2-14 外设中断应答寄存器 0（PIACKR0）各位的定义

位	中断	中断描述	中断级别
IAK0. 0	PDPINTA	功率驱动保护中断	INT1
IAK0. 1	ADCINT	高优先级 ADC 中断	INT1
IAK0. 2	XINT1	高优先级外部中断 1	INT1
IAK0. 3	XINT2	高优先级外部中断 2	INT1
IAK0. 4	SPINT	高优先级 SPI 中断	INT1
IAK0. 5	RXINT	高优先级 SCI 接收中断	INT1
IAK0. 6	TXINT	高优先级 SCI 发送中断	INT1
IAK0. 7	CANMBINT	高优先级 CAN 邮箱中断	INT1
IAK0. 8	CANERINT	高优先级 CAN 错误中断	INT2
IAK0. 9	CMP1INT	比较器 1 中断	INT2
IAK0. 10	CMP2INT	比较器 2 中断	INT2
IAK0. 11	CMP3INT	比较器 3 中断	INT2
IAK0. 12	T1PINT	T1 周期中断	INT2
IAK0. 13	T1CINT	T1 比较中断	INT2
IAK0. 14	T1UFINT	T1 下溢中断	INT2
IAK0. 15	T1OFINT	T1 上溢中断	INT2

（5）外设中断应答寄存器（PIACKR1 和 PIACKR2）

二者与外设中断应答寄存器（PIACKR0）类似，不再详述。

3. 外部中断控制寄存器

240x 支持两个外部可屏蔽中断 XINT1、XINT2。这两个外部中断引脚都可以选择上升沿或下降沿触发，也可以被使能或禁止。外部中断控制寄存器包括：外部中断 1 控制寄存器 XINT1CR、外部中断 2 控制寄存器（XINT2CR）。

（1）外部中断 1 控制寄存器（XINT1CR）

其格式如下：

15	14~3	2	1	0
XINT1 flag	Reserved	XINT1 polarity	XINT1 priority	XINT1 enable
RC-0	R-0	RW-0	RW-0	RW-0

位 15　XINT1 flag：XINT1 标志位。在 XINT1 引脚上是否检测到一个所选择的中断跳变，无论中断是否使能，该位都可被置 1。

- 0：没有检测到跳变。
- 1：检测到跳变。

位 14 ~ 3　保留位。

位 2　XINT1 Polarity：极性位。写该位可决定引脚信号的上升沿或下降沿产生中断。

- 0：下降沿（高到低跳变）产生中断。
- 1：上升沿（低到高跳变）产生中断。

位 1　XINT1 priority：XINT1 优先级。读/写该位决定哪一个中断优先级被请求。

- 0：高优先级。
- 1：低优先级。

位 0　XINT1 enable，使能位。

- 0：禁止该中断。
- 1：允许 INT1 中断。

（2）外部中断 2 控制寄存器 XINT2CR

用法同外部中断 1 控制寄存器 XINT1CR。

【例 2-5】　定时器 T1 周期中断汇编语言程序实例。

```
0000h       B         _c_int0          ;复位中断,转移到_c_int0 地址

0004h       B         GISR2            ;INT2 中断,转移到 GISR2 地址
_c_int0:    …                          ;主程序
            CLRC      INTM             ;开放全局中断
WAIT        :NOP                       ;等中断,空操作
            B         WAIT

1000h       GISR2:
            …
            LACC      PIVR,1           ;读取外设中断向量
            ADD       #EV_VECTORS      ;加上外设中断入口地址
```

```
        BACC                          ;转到相应的中断服务子程序

T1PINT_ISR:                           ; T1 周期中断服务子程序
        ...
        CLRC        INTM              ;开总中断,因为一进入中断就自动关闭总中断
        RET
```

2.7 思考题与习题

1. TMS320LF2407 DSP 引脚可以分为哪几类？引脚 V_{CCP}、$MP/\overline{MC}$、$\overline{RS}$、ENA－144、$\overline{RD}$ 各有什么作用？

2. 简述 TMS320LF2407 DSP 的内部结构及其主要部分的功能。

3. 简述 2407 DSP 的片内存储器组成及其地址与用途是什么？

4. 存储器扩展外部接口 XINTF 的作用是什么？

5. 如何使用 DSP 片内 Flash 存储器？

6. DSP 的振荡电路是如何工作的？如何由外部晶振或外部时钟频率确定 CPU 时钟频率？

7. 什么是 DSP 的低功耗模式？

8. 看门狗的工作原理是什么？如何使用看门狗模块？

9. 240x DSP 的通用 I/O 接口有哪些引脚？有哪些功能？如何使用？

10. 片内外设寄存器的地址是如何安排的？如何访问？

11. 240x DSP 的中断是如何组织的？有哪些中断源？

12. 响应中断后，如何找到中断服务程序入口地址？

13. 240x DSP 复位后从哪里开始执行程序？

第3章　C24x DSP 的 CPU 与指令系统

本章知识要点：

1）中央处理器（Central Processing Unit）。
- CPU 总体结构（CPU Overall Architecture）。
- 总线结构（Bus Architecture）。
- CPU 内核结构（CPU Core Structure）。
- 状态寄存器 ST0 和 ST1（Status Register 0 and 1）。
- 辅助寄存器算术单元（Auxiliary Register Arithmetic Unit）。

2）寻址方式（Addressing Modes）。
- 立即寻址方式（Immediate Addressing Mode）。
- 直接寻址方式（Direct Addressing Mode）。
- 间接寻址方式（Indirect Addressing Mode）。

3）C24x DSP 指令系统（Instruction Set for C24x DSP）。
- 汇编指令格式（Format of Assembly Instructions）。
- 指令系统分类表（Instruction Set Classification）。
- 指令说明（Instruction Descriptions）。

4）汇编语言命令与程序举例（Directives and Program Examples for Assembly Language）。

3.1　中央处理器

3.1.1　CPU 总体结构

240x DSP 的 CPU 内部总体结构功能框图如图 3-1 所示，其中的功能模块符号说明见表3-1。可以看出，240x 的 CPU 主要由总线、CPU 寄存器、程序地址发生器和控制逻辑、辅助寄存器算术单元（ARAU）、中央算术逻辑单元（CALU）、乘法器和移位器等逻辑部件组成。

1）总线。主要完成 CPU 内部寄存器与各逻辑部件之间或者 CPU 与外部存储器之间的数据传递。

2）程序地址发生器和控制逻辑。用于自动产生指令地址，将其送往程序地址总线，并控制对应指令的读取。

3）ARAU。主要作用是产生指令操作数的地址并将其送往对应的数据地址总线。

4）CALU。执行二进制补码的算术运算和布尔运算。在运算之前，CALU 从寄存器、数据存储器或程序控制逻辑单元接收数据，然后进行运算，最后把结果存入寄存器或数据存储器中。

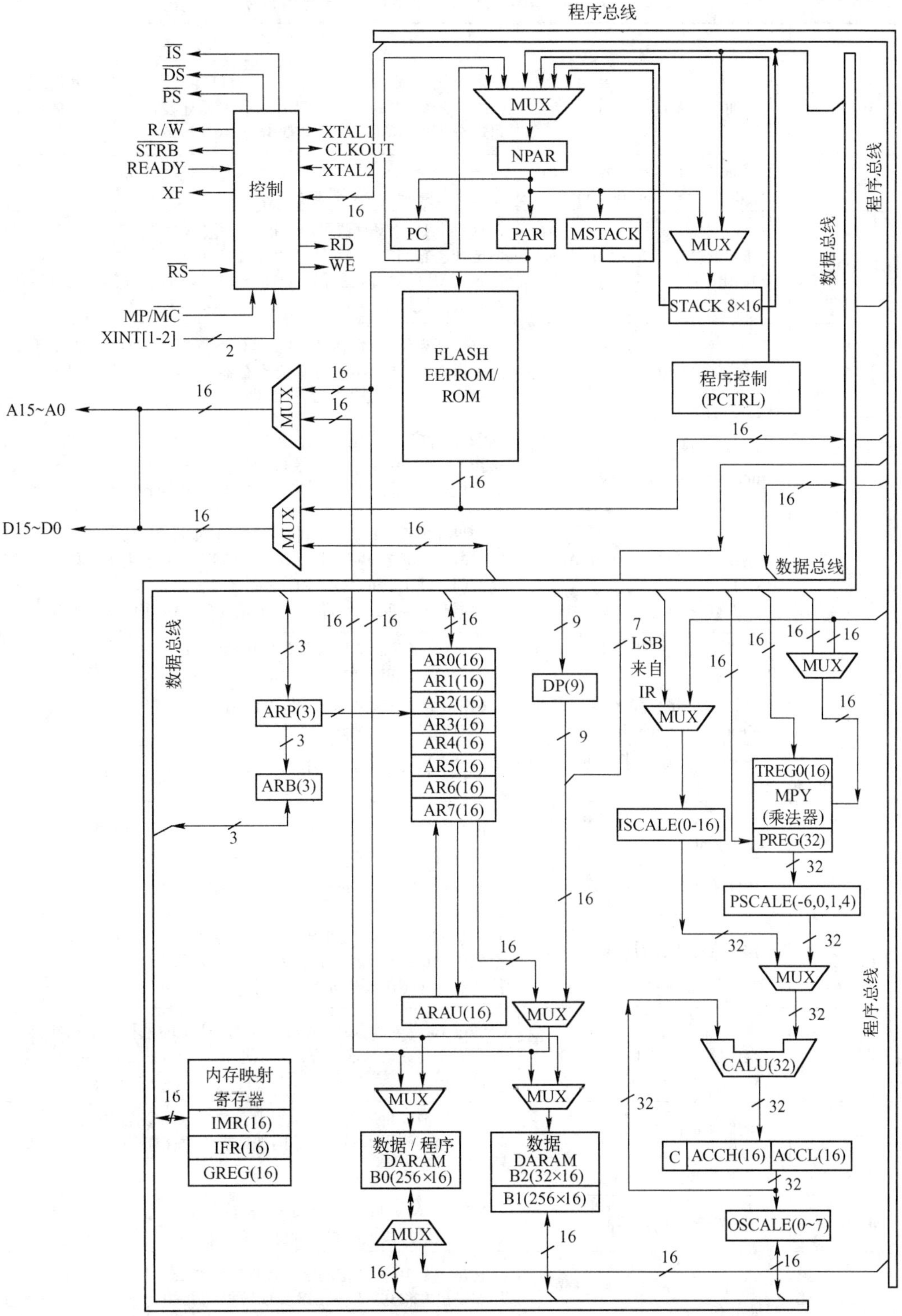

图 3-1　240x DSP CPU 内部结构功能框图

表 3-1 240x DSP 的 CPU 的功能模块符号说明

符号	名称	说明
ACC	累加器（Accumulator）	一个 32 位寄存器，用来保存 CALU 的计算结果，并为下一次 CALU 操作提供输入，它具有移位和循环操作功能。累加器 ACC 可以分为高 16 位 ACCH 和低 16 位 ACCL
ARAU	辅助寄存器算术单元（Auxiliary Register Arithmetic Unit）	一个无符号的 16 位算术单元，间接寻址时用辅助寄存器算术单元来计算辅助寄存器地址
AUX REGS	辅助寄存器（Auxiliary Register）AR0 ~ 7	这 8 个 16 位寄存器可用做指针，指向数据存储空间范围内的任何地址。它们面向 ARAU 单元操作，由辅助寄存器指针（ARP）选定，AR0 可用做更新 ARx（x = 1 ~ 7）的参考值，也可以作为 ARx 的比较值
C	进位位（Carry）	进位标志位，由 CALU 输出。C 被反馈到 CALU，以用于扩展运算操作，C 标志位位于状态寄存器（ST1），其状态可通过条件指令测试，该位也可用于累加器移位和循环
CALU	中央算术逻辑单元（Central Arithmetic Logic Unit）	C2xx 内核的 32 位算术逻辑单元，在一个机器周期内执行 32 位操作，CALU 对来自移位器 ISCALE 或 PSCALE 的数据和来自 ACC 的数据进行运算，并将运算后的状态结果存于程序控制器 PCTRL
DARAM	双访问 RAM（Dual Access RAM）	如果片内 RAM 配置控制位（CNF）被设置为 0，那么可配置的 DARAM 块 B0 被映射到数据存储空间，否则，则被映射到程序存储空间。块 B1 和 B2 分别映射到地址 300H ~ 3FFH 和 60H ~ 7FH 的数据存储空间。B0 和 B1 的容量为 256W，而 B2 为 32W
DP	数据页面指针（Data Page Pointer）	9 位 DP 寄存器位于状态寄存器 ST0。它与一个指令字的低 7 位一起形成一个 16 位的直接地址。DP 值可由 LST 和 LDP 指令改变
GREG	全局存储器配置寄存器（Global Memory Allocation Register）	GREG 指定全局存储器空间的大小。由于 240x 器件没有使用全局存储器空间，这个寄存器被保留不用
IMR	中断屏蔽寄存器（Interrupt Mask Register）	IMR 寄存器的各位分别屏蔽或使能对应的 6 个 CPU 中断
IFR	中断标志寄存器（Interrupt Flag Register）	IFR 寄存器的各位分别指示对应的 6 个 CPU 中断中的一个中断
INT #	中断陷阱（Interrupt Traps）	总共有 32 个可通过硬件或软件产生的中断
ISCALE	输入定标移位器（Input Scaling Shifter）	它是一个 16 ~ 32 位的滚动式向左移位器。能将输入的 16 位数据的 0 ~ 16 位在本周期内向左移位以得到 32 位的输出。输入定标移位器操作不需要额外的周期
MPY	乘法器（Multiplier）	经过 16 位 × 16 位乘法得到的一个 32 位的乘积。乘法器可以在一个周期内完成乘法运算。可以进行有符号的二进制补码运算或无符号运算
MSTACK	微堆栈（Micro Stack）	当程序地址生成逻辑电路用来在数据存储空间内生成连续的地址时，微堆栈为下一条指令的地址提供暂存空间
MUX	多路选择器（Multiplexer）	从多个总线输入中选择一个输入
NPAR	下一程序地址寄存器	NPAR（Next Program Address Register）保存下一指令周期出现在程序地址总线上的程序地址
OSCALE	输出定标移位器（Output Scaling Shifter）	它是一个 16 ~ 32 位的滚动式向左移位器。能将输入的 32 位累加器输出左移 0 ~ 7 位，以实现数据的归一化管理，并将移位后 32 位数据的高 16 位或低 16 位输出到数据写数据总线（DWEB）
PAR	程序地址寄存器（Program Address Register）	保存当前程序地址总线上出现的程序地址，保存多个指令周期，直到 CPU 完成当前的总线周期所排定的所有存储器操作

（续）

符　号	名　称	说　明
PC	程序计数器（Program Counter）	程序计数器每次将 NPAR 的值增 1，以便为下一次的取指令操作和数据传送操作提供地址
PCTRL	程序控制器（Program Controller）	程序控制器 PCTRL 对指令进行译码、管理流水线、储存状态位并对条件操作指令进行译码
PREG	乘积寄存器又称 P 寄存器（Product Register）	保存 16 位 ×16 位乘法结果的 32 位寄存器
PSCALE	乘积定标移位器（Product Scaling Shifter）	将乘积结果左移 0 位、1 位、4 位或右移 6 位。左移可以得到由二进制补码乘法运算产生的附加符号位。右移可用来将数字量按比例缩小，以防止 CALU 内的乘积累加溢出。乘积定标移位器输入连接到乘积寄存器，输出连接到 CALU 或者数据写数据总线（DWEB），移位操作不需要额外的指令周期
STACK	堆栈（Stack）	堆栈是一块存储单元，用来存储子程序和中断服务程序的返回地址或存储数据。该硬件堆栈为 16 位宽，8 级深度
TREG	暂存寄存器，又称 T 寄存器（Temporary Register）	它是一个 16 位的寄存器，保存乘法操作数中的一个。该寄存器保存 LACT、ADDT 和 SUBT 指令的移位次数，也可以保存 BITT 指令的测试位的位置

5）乘法器。可以执行 16 位 ×16 位的二进制补码乘法运算，并产生 32 位的计算结果。乘法器采用 16 位乘数寄存器（TREG）、32 位乘积寄存器（PREG）和 32 位累加器（ACC）。寄存器 TREG 提供乘法的一个乘数，乘积被送往 PREG 寄存器中。

6）移位器。CPU 的移位器实现对操作数的移位操作。

3.1.2　总线结构

C24x DSP 的总线结构如图 3-2 所示。CPU 与存储器的接口地址和数据总线共有 6 组，包括 3 组地址总线和 3 组数据总线。CPU 通过这 6 组独立的地址和数据总线来完成指令和数据的并行读写及处理。

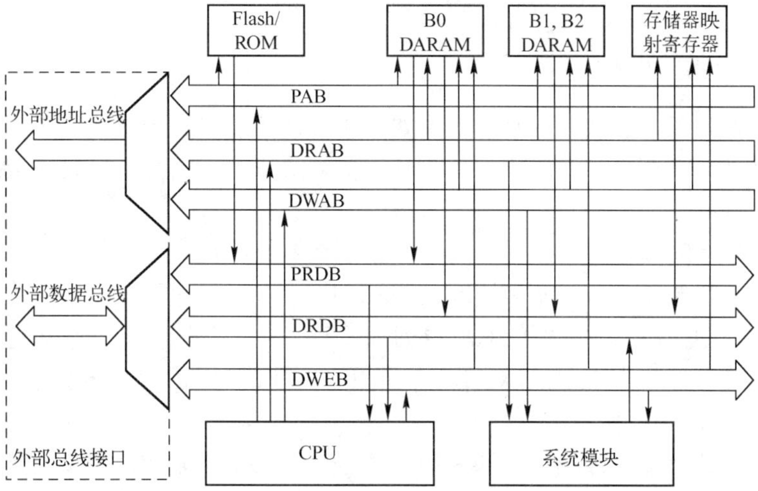

图 3-2　C24x DSP 总线结构

3 组独立的地址总线（Address Bus）包括：

1）程序地址总线（Program Address Bus，PAB）。PAB 用于传送来自程序空间的读写地址。

2）数据读地址总线（Data-Read Address Bus，DRAB）。DRAB 用于传送数据空间的读地址。

3）数据写地址总线（Data-Write Address Bus，DWAB）。DWAB 用于传送数据空间的写地址。

3 组独立的数据总线（Data Bus）包括：

1）程序读数据总线（Program-Read Data Bus，PRDB）。PRDB 在读取程序空间时用于传送指令或数据。

通常 CPU 自动产生指令的地址并将其通过 PAB 送往程序存储器，程序存储器中被读取的指令则通过 PRDB 总线进入 CPU 的指令队列，这个工作是由 CPU 硬件自动进行的。对程序空间的访问，被访问的存储器地址通过 PAB 传递，而被读取的数据通过 PRDB 来传递。

2）数据读数据总线（Data-Read Data Bus，DRDB）。DRDB 在读数据空间时用于传送数据。

3）数据/程序写数据总线（Data/Program Write Data Bus，DWEB）。DWEB 在对数据空间或程序空间进行写数据时用于传送数据。

通常数据存储器内存放用户定义的变量，由用户通过指令来访问。C24x 的 CPU 内部对数据存储器的读写地址总线是分开的，读写数据总线也是分开的。另外向程序空间和数据空间写操作均通过 DWEB 传递数据。需要指出的是程序空间的读和写不能同时发生，因为它们都要使用 PAB。程序空间的写和数据空间的写也不能同时发生，因为两者都要使用 DWEB。运用不同总线的传输是可以同时发生的，如 CPU 可以在程序空间完成读操作（使用 PAB 和 PRDB），而同时在数据空间完成读或写操作；或者在数据空间完成读操作（使用 DRAB 和 DRDB），同时在数据空间进行写操作（使用 DWAB 和 DWDB）。

DSP 芯片外部为 16 位数据总线和 16 位地址总线的单一形式。

3.1.3 CPU 内核结构

C24x DSP 的 CPU 内核模块的功能框图如图 3-3 所示。CPU 内核模块包括：输入定标移位器、32 位中央算术逻辑单元（CALU）、16 位 ×16 位乘法器、累加器和输出定标移位器等。

1. 输入定标移位器

输入定标移位器（Input Scale Shifter，ISCALE）将来自程序/数据存储器的 16 位数据调整为 32 位数据送到中央算术逻辑单元（CALU）。因此输入定标移位器的 16 位输入与数据总线相连，32 位输出与 CALU 单元相连。该移位器对算术定标及逻辑操作非常有用。

输入定标移位器对输入数据进行 0 ~ 15 位左移。左移时，输出的最低有效位（LSB）为 0，最高有效位（MSB）根据状态寄存器 ST1 的 SXM 位（符号扩展方式）的值来决定是否进行符号扩展。当 SXM = 1 时，则高位进行符号扩展。当 SXM = 0 时，则高位填 0。移位的次数由包含在指令中的常量或 T 寄存器（Temporary Register TREG，也称为临时寄存器）中的值来指定。

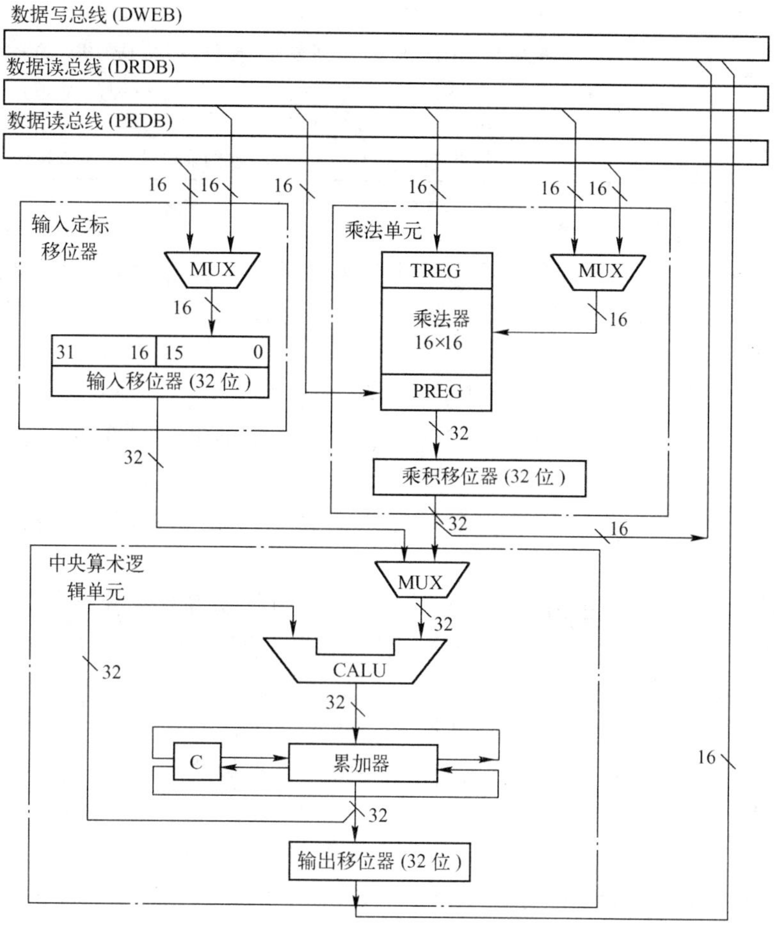

图 3-3 CPU 内核模块功能框图

2. 乘法器

C24x 的 16 位 ×16 位的硬件乘法器（Multiplier，MUL），在单个机器周期内可以产生一个 32 位的有符号或无符号乘积。除了执行无符号乘法指令（MPYU）外，所有的乘法指令均执行有符号的乘法操作，即相乘的两个数都作为二进制的补码数，而运算结果为一个 32 位的二进制的补码数。乘法器接收的两个乘数，一个来自 16 位的寄存器 T（Temporary Register，TREG），另一个通过数据读总线（DRDB）取自数据存储器或通过程序读总线（PRDB）取自程序存储器。两个输入值相乘后，32 位的乘积结果保存在 32 位的乘积寄存器 P（Product Register，PREG）中。P 寄存器的输出连接到乘积定标移位器（Product Scale Shifter），通过乘积定标移位器，乘积结果可以从乘积寄存器传送到 CALU 或数据存储器。

乘积定标移位器对乘积采用 4 种乘积移位方式，见表 3-2。移位方式由状态寄存器 ST1 的乘积移位方式位（Product Mode，PM）指定。移位对于执行乘法/累加操作、进行小数运算或者进行小数乘积的调整都很有用。

表 3-2　乘积定标移位器的乘积移位方式

PM	移　　位	作用和意义
00	无移位	乘积送 CALU 或数据写总线，不移位
01	左移 1 位	移去二进制补码乘法产生的额外符号位，产生 Q31 格式的乘积
10	左移 4 位	当与一个 13 位的常数相乘时，移去在 16 位 ×13 位（常数）二进制补码产生的额外的 4 位符号位，产生 Q31 格式（有 31 位二进制小数）的乘积
11	右移 6 位	对乘积结果定标，以使得运行 128 次的乘积累加而累加器不会溢出

3. 中央算术逻辑单元

中央算术逻辑单元（Central ALU，CALU）实现大部分算术和逻辑运算功能，而且大多数功能只需一个时钟周期，这些运算功能包括：16 位加、16 位减、逻辑运算、位测试以及移位和循环功能。

由于 CALU 可以执行布尔运算，因此使得控制器具有位操作功能。CALU 的移位和循环在累加器中完成。CALU 是一个独立的算术单元，它和辅助寄存器算术单元（ARAU）在程序执行时是完全不同的两个模块。

一旦操作在 CALU 中被执行，运算结果会被传送到累加器中，在累加器中再实现如移位等附加操作。

CALU 有两个输入，一个由累加器提供，另一个由乘积寄存器（P）或输入数据定标移位器的输出提供。当 CALU 执行完一次操作后将结果送至 32 位累加器，由累加器对其结果进行移位。累加器的输出送到 32 位输出数据定标移位器，经过输出数据定标移位器，累加器的高、低 16 位字可分别被移位或存入数据存储器。

CALU 的溢出饱和方式可以由状态寄存器 ST0 的溢出模式（OVM）位来使能或禁止。

根据 CALU 和累加器的状态，CALU 可执行各种分支转移指令。这些指令可以根据这些状态位有意义地结合、有条件地执行。为了溢出管理，这些条件包括 OV（根据溢出跳转）和 EQ（根据累加器是否为 0 跳转）等。另外 BACC（跳转到累加器指定的地址）指令可以跳转到由累加器所指定的程序存储器地址。不影响累加器的位测试指令（BIT 和 BITT），允许对数据存储器中的一个指定位进行测试。

对绝大多数的指令，状态寄存器 ST1 的第 10 位即符号扩展位（SXM）决定了在 CALU 计算时是否使用符号扩展。若 SXM =0，符号扩展无效；若 SXM =1，符号扩展有效。

4. 累加器（ACC）

当 CALU 中的运算完成后，其结果就被送至 32 位的累加器（ACC），并在累加器中执行单一的移位或循环操作。累加器的高位和低位字中的任意一个可以被送至输出数据定标移位器，在此定标移位后，再保存于数据存储器。32 位累加器（ACC）可以分为高 16 位 ACCH 和低 16 位 ACCL。下面是与累加器有关的状态位和转移指令：

（1）进位标志位 C

它是状态寄存器 ST1 的第 9 位。下述情况之一将影响进位标志位 C。

1）加到累加器或从累加器减。

- 当 C =0，减结果产生借位时或加结果未产生进位时。
- 当 C =1，加结果产生进位时或减结果未产生借位时。

2）将累加器数值移 1 位或循环移 1 位。

在左移或循环左移的过程中，累加器的最高有效位被送至 C 位。在右移或循环右移的过程中，累加器的最低有效位被送至 C 位。

(2) 溢出方式标志位（OVM）

它是状态寄存器 ST0 的第 11 位。OVM 位决定 ACC 如何反映算术运算的溢出。当累加器处于溢出方式，即 OVM =1，ACC 运算溢出，累加器被设定为下列两个特定值之一：

- 若正溢出，ACC 中填最大正数：7FFF FFFFh。
- 若负溢出，ACC 中填绝对值最大的负数：8000 0000h。

若 OVM =0，ACC 中的结果正常溢出。

(3) 溢出标志位（OV）

它是状态寄存器 ST0 的第 12 位。OV =0，累加器未溢出；OV =1，累加器溢出，且被锁存。

(4) 测试/控制标志位（TC）

它是状态寄存器 ST1 的第 11 位，根据被测位的值置 1 或清零。

与累加器有关的转移指令大都取决于 C、OV、TC 的状态和累加器的值。

5. 输出定标移位器

输出定标移位器（Output Scale Shifter，OSCALE）根据指令中指定的位数，将累加器输出的内容左移 0 ~ 7 位，然后将移位器的高位字或低位字存到数据存储器中（用 SACH 或 SACL 指令）。在此过程中，累加器的内容保持不变。

3.1.4 状态寄存器 ST0 和 ST1

C24x CPU 有两个重要的状态寄存器：ST0 和 ST1，其中包含着不同的标志位和控制位。内容可被读出并保存到数据存储器（用 SST 指令，Store ST）或从数据存储器读出加载到 ST0 和 ST1（用 LST 指令，Load ST），用于在子程序调用或进入中断时实现 CPU 各种状态的保存。可以用 SETC 或 CLRC 指令对 ST0 和 ST1 中的各个位单独置 1 或清零。

1. 状态寄存器 ST0

下面给出了 CPU 的状态寄存器 ST0 的格式：

15 14 13	12	11	10	9	8 7 6 5 4 3 2 1 0
ARP	OV	OVM	1	INTM	DP
R/W–x	R/W–0	R/W–x		R/W–1	R/W–x

位 15 ~ 13　ARP：当前辅助寄存器指针（Auxiliary Register Pointer）。这三位（000 ~ 111）用于选择 8 个 16 位辅助寄存器 AR0 ~ AR7 中的一个作为当前辅助寄存器。AR 被装载时，原来的 ARP 被复制到辅助寄存器指针缓冲器（ARB）中。

位 12　OV：溢出（Overflow）标志位。如果指令操作结果产生溢出时，则置位。如果没有溢出发生，则不改变。

位 11　OVM：溢出模式（Overflow Mode）位。

- 1：溢出时，A 中为最大或最小值。
- 0：按正常溢出。

位 10　保留位。

位 9　INTM：中断全局屏蔽（Interrupt Mode）位。该位可以全局使能和禁止所有的

CPU 可屏蔽中断，即为可屏蔽中断的“总开关”。

- 0：可屏蔽中断被使能。
- 1：可屏蔽中断被禁止。

对 INTM 的置位或清零可以分别通过两条汇编语句 SETC INTM 和 CLRC INTM 实现。

位 8 ~ 0　DP：9 位数据存储器页面指针（Data Page Pointer），用于直接寻址地址的高 9 位即页地址，与指令中的低 7 位即页内的偏移量（Offset）共同形成 16 位数据存储器地址。

2. 状态寄存器 ST1

下面给出了 CPU 的状态寄存器 ST1 的格式：

15 14 13	12	11	10	9	8	7	6	5	4	3	2	1 0
ARB	CNF	TC	SXM	C	1	1	1	1	XF	1	1	PM
R/W–x	R/W–0	R/W–x	R/W–1	R/W–1					R/W–1			R/W–00

位 15 ~ 13　ARB：辅助寄存器指针缓冲器（Auxiliary Register Pointer Buffer），即存放 ARP。

位 12　CNF：片内 DARAM B0 配置（Configuration）位。

- 0：B0 映射为数据存储器。
- 1：B0 映射为程序存储器。

位 11　TC：测试（Test/Control）标志位。该位表示位测试指令完成测试的结果。

位 10　SXM：符号扩展模式（Sign-extension mode）位。

- 1：允许符号扩展。
- 0：禁止符号扩展。

位 9　C：进位（Carry）位。该位为 1，表明一个加法或增量操作产生了进位，或者一个减法、比较或减量操作未产生借位。

位 8 ~ 5、位 3 ~ 2　保留位。

位 4　XF：XF 引脚状态位。复位时，XF = 1。

位 1 ~ 0　PM：乘积移位方式位（Product shift mode）。

- 00：没有移位，复位值。
- 01：左移 1 位。
- 10：左移 4 位。
- 11：右移 6 位。

详见上述表 3-2。

3.1.5　辅助寄存器算术单元

CPU 中还包括辅助寄存器算术单元（ARAU），该算术单元完全独立于中央算术逻辑单元（CALU），图 3-4 所示为 ARAU 和相关的逻辑。ARAU 的主要功能是在 CALU 操作的同时执行 8 个辅助寄存器 AR7 ~ AR0 中的算术运算，这 8 个辅助寄存器提供了强大而灵活的间接寻址功能，利用包含在辅助寄存器中的 16 位地址可以访问 64KW 数据空间中的任一存储单元。

为选择一个特定的辅助寄存器，需向状态寄存器 ST0 中的 3 位辅助寄存器指针（ARP）

中装入 0 ~ 7 的数值。可以通过 MAR 指令或 LST 指令把装载 ARP 作为主要操作来执行，也可以通过任何支持间接寻址的指令把装载 ARP 作为辅助操作来执行，其中 MAR 指令仅用于修改辅助寄存器和 ARP，而 LST 指令可通过数据读数据总线（DRDB）把一个数据存储器的值传送到状态寄存器 ST0 中。

辅助寄存器除了被用做数据存储器地址进行间接寻址外，还有以下用途：

1）通过 CMPR 指令，利用辅助寄存器支持条件转移、调用和返回。

2）将辅助寄存器作为暂存单元。

3）将辅助寄存器用做软件计数，根据需要将其加 1 或减 1。

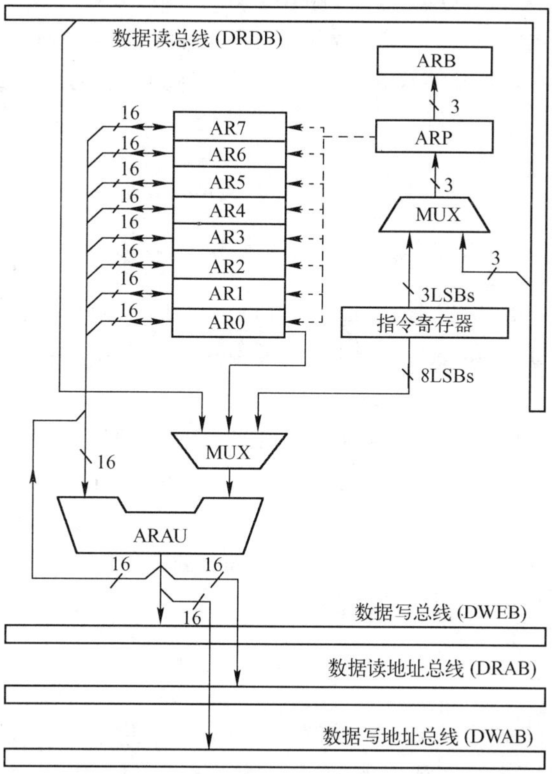

图 3-4　辅助寄存器算术单元

3.2 寻址方式

寻址方式是 CPU 根据指令中给出的地址信息来寻找指令操作数物理地址的方式，即获得操作数的方式。C24x DSP 支持三种基本寻址方式：立即寻址、直接寻址和间接寻址。

3.2.1 立即寻址方式

立即寻址（Immediate Addressing）的指令中包含一个立即数。立即数可分为短立即数（8、9、13 位）和长立即数（16 位）。

例如：

```
RPT     #k          ;下面的指令重复执行 k+1 次,#k 为 8 位短立即数
MPY     #k          ;P=T*k,#k 为 13 位短立即数
LDP     #k          ;数据页面指针 DP=k,k 为 9 位短立即数
ADD     #lk,shift   ;ACC=ACC+#lk 左移 shift 次,1k 为 16 位长立即数
LACC    #10h        ;ACC=#10H(长立即数),"#"号表示立即数
LACC    10h         ;直接寻址,当前 DP 的 10h 地址数据存储单元内容送累加器 ACC 中
```

3.2.2 直接寻址方式

直接寻址（Direct Addressing）方式操作数的16位物理地址被分成两部分。9位的数据页指针（Data Page Pointer，DP）寄存器作为固定的页指针，指令中提供7位的地址偏移量（Direct Memory Address，dma），偏移量与DP中的值一起确定操作数的16位地址。

例如：

```
LDP     #4          ;DP=#4=0000 0010 0B
ADD     9h          ;ACC=ACC+(209h),9=000 1001B
```

高9位DP与低7位dma共同形成地址：0000 0010 0 000 1001B=209h。

可见数据存储器（Data Memory，DM）地址由高9位数据页面指针DP和低7位地址共同组成。

由于9位数据页面指针DP的范围为0~511页，所以可以将64 KW数据存储器分为512页。7位地址偏移量dma的范围为0~127，所以每页可以访问128个单元。即DP指向了512页中的一页，而dma指向了128个单元中的一个，512页×128 W=64 KW。

采用直接寻址时，必须注意首先要对数据页面指针DP初始化，否则程序将无法正常工作。在访问一个不同的数据页之前，必须对DP进行设置。

3.2.3 间接寻址方式

在间接寻址（Indirect Addressing）方式中，数据存储单元可以通过当前辅助寄存器（Auxiliary Register，AR）内容所代表的16位地址进行访问。16位的辅助寄存器AR0~AR7作为数据指针，由3位的辅助寄存器指针ARP（Auxiliary Register Pointer）选择指令使用哪个辅助寄存器作为间接寻址寄存器。以间接寻址方式寻址时，辅助寄存器和地址可以有选择地进行增量、减量、偏移等修改，还提供反向进位寻址。

1. 当前辅助寄存器

间接寻址的符号‘*’表示当前使用的辅助寄存器（Current AR）即当前AR，它由寄存器ST0中的位15~13即ARP确定。ARP有3位，可以取值0~7，分别表示AR0~AR7。改变ARP的值就可以改变当前使用的辅助寄存器。

例如：

```
MAR *,AR4           ;将当前辅助寄存器设为 AR4
```

2. 间接寻址类型

间接寻址的当前辅助寄存器存放的是数据存储器单元的地址，还可以通过在指令中修改

辅助寄存器来改变寻址单元。具体的修改方式有：地址加 1 或减 1、用 AR0 作为偏移量等。间接寻址共有 7 种类型，见表 3-3。

表 3-3　间接寻址类型

间接寻址类型	地址修改功能	说　明
*	地址不变	当前 AR 包含数据存储器地址
* +	AR = AR + 1	当前 AR 地址增 1
* -	AR = AR - 1	当前 AR 地址减 1
*0 +	AR = AR + AR0	当前 AR 地址加上 AR0 的值
*0 -	AR = AR - AR0	当前 AR 地址减去 AR0 的值
* BR0 +	AR = B（AR + AR0）	当前 AR 地址按反向进位加上 AR0 的值，用于 FFT
* BR0 -	AR = B（AR - AR0）	当前 AR 地址按反向借位减去 AR0 的值，用于 FFT

3. 下一个辅助寄存器

除了可以修改当前辅助寄存器指令外，许多指令还可以指定下一个寄存器（Next AR），作为下一条指令的当前辅助寄存器。

例如：

```
MAR     * ,AR1      ;AR1 作为当前辅助寄存器
LT      * + ,AR2    ;T = (AR1),AR1 = AR1 + 1,ARP = 2,AR2 作为下一个当前辅助寄存器
MPY     *           ;P = T * (AR2)
```

4. 反向进位间接寻址

反向进位间接寻址通常用于 FFT 算法的数据重新排序，这种方式可以大大提高程序的执行速度和存储器的利用效率。通常使用时，AR0 被初始化为 FFT 点数之半，当前辅助寄存器指向存放 FFT 数据的地址。反向进位寻址将 AR0 加到当前辅助寄存器中，地址以反向进位方式产生。即两者相加时，进位是从左向右反向传递的。例如：1010 和 1100 的反向进位加法的结果为 0001。

考虑辅助寄存器的低 8 位，设当前辅助寄存器 AR1 的值为 0011 0000B，AR0 的值为 0000 1000B，下面的例子给出了反向进位寻址中 AR1 值修改的顺序和修改后 AR1 的值。

```
* BR0 +     ;AR1 =0011 0000B (第 0 值)
* BR0 +     ;AR1 =0011 1000B (第 1 值)
* BR0 +     ;AR1 =0011 0100B (第 2 值)
* BR0 +     ;AR1 =0011 1100B (第 3 值)
* BR0 +     ;AR1 =0011 0010B (第 4 值)
* BR0 +     ;AR1 =0011 1010B (第 5 值)
* BR0 +     ;AR1 =0011 0110B (第 6 值)
* BR0 +     ;AR1 =0011 1110B (第 7 值)
```

位模式和反向进位模式与 AR1 低 4 位的关系，见表 3-4。

表 3-4 反向进位寻址

原 顺 序	位 模 式	反向进位模式	反向进位后的顺序
0	0000	0000	0
1	0001	1000	8
2	0010	0100	4
3	0011	1100	12
4	0100	0010	2
5	0101	1010	10
6	0110	0110	6
7	0111	1110	14
8	1000	0001	1
9	1001	1001	9
10	1010	0101	5
11	1011	1101	13
12	1100	0011	3
13	1101	1011	11
14	1110	0111	7
15	1111	1111	15

5. 间接寻址举例

[例 3-1] 间接寻址指令。

```
MAR   *,AR1        ;选择 AR1 为当前辅助寄存器,ARP = 1
LAR   AR1,#208h    ;AR1 = #208h
ADD   *,8          ;ACC = ACC + (208h) * 2^8,间接寻址数据单元 208h 内容左移 8 位
```

[例 3-2] 间接寻址指令。

```
ADD   *,8          ;当前 AR 指定的数据存储单元的内容左移 8 位加到 ACC
ADD   *+,8,AR4     ;当前 AR 指定的数据存储单元的内容左移 8 位加到 ACC
                   ;当前 AR 内容加 1,且下一个当前 AR 指定为 AR4
ADD   *-,8         ;当前 AR 指定的数据存储单元的内容左移 8 位加到 ACC
                   ;当前 AR 内容减 1
ADD   *0+,8        ;当前 AR 指定的数据存储单元的内容左移 8 位加到 ACC
                   ;AR0 加到当前 AR
ADD   *0-,8        ;当前 AR 指定的数据存储单元的内容左移 8 位加到 ACC
                   ;当前 AR 减去 AR0
ADD   *BR0+,8      ;当前 AR 指定的数据存储单元的内容左移 8 位加到 ACC
                   ;AR0 反向进位加到当前 AR
ADD   *BR0-,8      ;当前 AR 指定的数据存储单元的内容左移 8 位加到 ACC
                   ;当前 AR 反向借位减去 AR0
```

3.3 C24x DSP 汇编指令

3.3.1 汇编指令格式

DSP 汇编语言源程序由源说明语句组成，包含汇编语言指令、汇编伪指令（即汇编命令）、宏指令和注释等。汇编语句格式包含 4 个部分：标号、指令、操作数和注释，以助记符指令为例，格式如下：

[标号][:] 指令 [操作数列表] [;注释]

其中[ ]内的部分是可选项。在编写汇编语言指令时，应遵循以下格式：

- 语句必须以标号、空格、星号或分号开始。
- 标号为可选项，若要使用标号，则必须从第 1 列开始。标号长度最多为 32 个字符，由字母 A ~ Z、a ~ z、下划线符号_ 、$ 和数字组成，但第 1 个字符不能为数字。标号后可以跟一个冒号（:），但不作为标号的一部分。
- 每个部分必须由 1 个或多个空格分开，制表符等效于空格。
- 注释为可选项，开始于第 1 列的注释须用星号或分号（ * 或;）标示，但其他列开始的注释只能用分号。
- 指令部分一定不能从第 1 列开始，否则将被视为标号。指令部分包括以下操作码之一：助记符指令、汇编命令、宏指令和宏调用。
- 操作数列表部分，允许指定常数、符号或表达式作为地址、立即数或间接寻址。当操作数为立即数时，使用#号为前缀；当操作数为间接寻址时，使用 * 号为前缀，将操作数的内容作为地址。

3.3.2 指令系统分类表

C24x DSP 指令系统有 86 条指令，按功能划分可分为 4 大类：数据传送、算术运算、逻辑运算和控制转移指令。按操作对象划分，可分为 6 大类：累加器、算术和逻辑操作指令；辅助寄存器操作指令；T 寄存器、P 寄存器和乘法操作指令；分支跳转指令；控制指令；I/O 及数据存储器操作指令。6 类指令分别见表 3-5 ~ 表 3-10。

表 3-5 累加器、算术、逻辑指令

指令符号	描述	字数	周期数
ABS	累加器求绝对值	1	1
ADD	累加器加直接或间接寻址数据存储单元中左移 0 ~ 15 位的数	1	1
	累加器加左移 0 ~ 15 位的立即数	2	2
	累加器加直接或间接寻址数据存储单元中左移 16 位的数	1	1
	累加器加短立即数	1	1
ADDC	累加器带进位加直接或间接寻址数据存储单元中的数	1	1
ADDS	累加器加直接或间接寻址数据存储单元中抑制符号扩展的数	1	1

（续）

指令符号	描　述	字数	周期数
ADDT	累加器加直接或间接寻址数据存储单元中由寄存器T指定左移0～15位的数	1	1
AND	累加器逻辑“与”直接或间接寻址数据存储单元中的数	1	1
	累加器逻辑“与”左移0～15位的长立即数	2	2
	累加器逻辑“与”左移16位的长立即数	2	2
CMPL	累加器取反	1	1
LACC	直接或间接寻址数据存储单元中左移0～15位的数装入累加器	1	1
	左移0～15位的立即数装入累加器	2	2
	直接或间接寻址数据存储单元中左移16位的数装入累加器	1	1
LACL	直接或间接寻址数据存储单元中的数装入累加器低字	1	1
	短立即数装入累加器低字		
LACT	直接或间接寻址数据存储单元中由寄存器T指定左移0～15位的数装入累加器	1	1
NEG	累加器取补码	1	1
NORM	累加器内容归格化，间接寻址	1	1
OR	累加器逻辑“或”直接或间接寻址数据存储单元中的数	1	1
	累加器逻辑“或”左移0～15位的长立即数	2	2
	累加器逻辑“或”左移16位的长立即数		
ROL	累加器内容循环左移	1	1
ROR	累加器内容循环右移	1	1
SACH	累加器高字左移0～7位的数存入直接或间接寻址的数据存储单元	1	1
SACL	累加器低字左移0～7位的数存入直接或间接寻址的数据存储单元	1	1
SFL	累加器左移	1	1
SFR	累加器右移	1	1
SUB	累加器减直接或间接寻址数据存储单元中左移0～15位的数	1	1
	累加器减左移0～15位的立即数	2	2
	累加器减直接或间接寻址数据存储单元中左移16位的数	1	1
	累加器减短立即数	1	1
SUBB	累加器带进位位减直接或间接寻址数据存储单元中的数	1	1
SUBC	累加器带进位位条件减直接或间接寻址数据存储单元中的数	1	1
SUBS	累加器减直接或间接寻址数据存储单元中抑制符号扩展的数	1	1
SUBT	累加器减直接或间接寻址数据存储单元中由寄存器T指定左移0～15位的数	1	1
XOR	累加器“异或”直接或间接寻址数据存储单元中的数	1	1
	累加器“异或”左移0～15位的长立即数	2	2
	累加器“异或”左移16位的长立即数	2	2
ZALR	直接或间接寻址数据存储单元中四舍五入的数装载累加器高字，累加器低字清零	1	1

表 3-6 辅助寄存器指令

指令符号	描 述	字数	周期数
ADRK	短立即数加到当前辅助寄存器	1	1
BANZ	当前辅助寄存器非零转移标号，当前 AR 内容减 1，间接寻址设置下一个 AR	2	4（条件真） 2（条件假）
CMPR	当前辅助寄存器内容与 AR0 内容比较	1	1
LAR	直接或间接寻址数据存储单元中的数装载到指定辅助寄存器	1	2
	短立即数装载到指定辅助寄存器	1	2
	长立即数装载到指定辅助寄存器	2	2
MAR	间接寻址修改当前辅助寄存器 AR，即 ARP（当直接寻址时，不执行任何操作）	1	1
SAR	指定辅助寄存器内容直接或间接寻址存储到指定数据存储单元	1	1
SBRK	当前辅助寄存器减短立即数	1	1

表 3-7 T、P 寄存器与乘法指令

指 令 符 号	描 述	字 数	周 期 数
APAC	32 位乘积寄存器 P 加到累加器	1	1
LPH	直接或间接寻址数据存储单元中的数装载到 P 寄存器高字	1	1
LT	直接或间接寻址数据存储单元中的数装载到 T 寄存器	1	1
LTA	直接或间接寻址数据存储单元中的数装载到 T 寄存器，然后累加器加上一次乘积	1	1
LTD	直接或间接寻址数据存储单元中的数装载到 T 寄存器，然后累加器加上一次乘积，且数据传送	1	1
LTP	直接或间接寻址数据存储单元中的数装载到 T 寄存器，然后传送 P 寄存器到累加器	1	1
LTS	直接或间接寻址数据存储单元中的数装载到 T 寄存器，然后累加器减去上一次乘积 P	1	1
MAC	有符号乘法。累加器加上一次乘积 P，然后将直接或间接寻址数据存储单元中的数装载到 T 寄存器，T 寄存器乘以直接或间接寻址数据存储单元中的数，乘积送 P 寄存器	2	3
MACD	有符号乘法。累加器加上一次乘积 P，然后将直接或间接寻址数据存储单元中的数装载到 T 寄存器，T 寄存器乘以直接或间接寻址数据存储单元中的数，乘积送 P，且数据传送	2	3
MPY	有符号乘法。T 寄存器乘以直接或间接寻址数据存储单元中的数，乘积送 P 有符号乘法。T 寄存器乘以短立即常数，乘积送 P	1	1
MPYA	有符号乘法。累加器加上一次乘积 P，T 寄存器乘以直接或间接寻址数据存储单元中的数，乘积送 P	1	1
MPYS	有符号乘法。累加器减去一次乘积 P，T 寄存器乘以直接或间接寻址数据存储单元中的数，乘积送 P	1	1
MPYU	无符号乘法。T 寄存器乘以直接或间接寻址数据存储单元中的数，乘积送 P	1	1
PAC	P 寄存器内容装入累加器	1	1
SPAC	累加器减去 P 寄存器内容	1	1
SPH	P 寄存器高字存储到直接或间接寻址数据存储单元	1	1
SPL	P 寄存器低字存储到直接或间接寻址数据存储单元	1	1
SPM	设置乘积移位模式	1	1
SQRA	累加器加上一次乘积 P，直接或间接寻址数据存储单元中的数装入 T 寄存器，T 乘以 T，乘积送 P，即平方运算并累加上一次乘积	1	1
SQRS	累加器减去一次乘积 P，直接或间接寻址数据存储单元中的数装入 T 寄存器，T 乘以 T，乘积送 P，即平方运算并累减去一次乘积	1	1

表 3-8 分支跳转指令

指令符号	描述	字数	周期数
B	无条件转移，可选间接寻址切换	2	4
BACC	转移到累加器内容代表的地址	1	4
BANZ	当前辅助寄存器内容不为零转移，可选间接寻址切换	2	4（条件真） 2（条件假）
BCND	条件跳转	1	2
CALA	以累加器低位字为子程序入口地址调用子程序	2	4
CALL	调用子程序，间接寻址切换	2	4
CC	条件调用子程序	2	4（条件真） 2（条件假）
INTR	软件中断	1	4
NMI	非屏蔽中断	1	4
RET	子程序返回	1	4
RETC	有条件子程序返回	1	4（条件真） 2（条件假）
TRAP	软件中断	1	4

表 3-9 控制指令

指令符号	描述	字数	周期数
BIT	直接或间接寻址测试存储单元中的指定位	1	1
BITT	直接或间接寻址测试由 T 寄存器确定的存储单元中的位	1	1
CLRC	清除 C 位 清除 CNF 位 清除 INTM 位 清除 OVM 位 清除 SXM 位 清除 TC 位 清除 XF 位	1	1
IDLE	处理器进入低功耗（IDLE，空闲）模式	1	1
LDP	直接或间接寻址装载数据页指针 短立即数装载数据页指针	1	2
LST	直接或间接寻址装载状态寄存器 ST0 直接或间接寻址装载状态寄存器 ST1	1	2
NOP	空操作	1	1
POP	弹出栈顶内容到累加器低字	1	1
POPD	弹出栈顶内容到直接或间接寻址数据存储器单元	1	1
PSHD	将直接或间接寻址数据存储器单元压入堆栈	1	1
PUSH	将累加器低字压入堆栈	1	1

（续）

指令符号	描　述	字　数	周　期　数
RPT	直接或间接寻址重复执行下一条指令	1	1
	短立即数寻址重复执行下一条指令		
SETC	置位 C 位	1	1
	置位 CNF 位		
	置位 INTM 位		
	置位 OVM 位		
	置位 SXM 位		
	置位 TC 位		
	置位 XF 位		
SPM	设置乘积移位模式	1	1
SST	直接或间接寻址存储寄存器 ST0	1	
	直接或间接寻址存储寄存器 ST1		

表 3-10　I/O 及数据存储器指令

指令符号	描　述	字　数	周　期　数
BLDD	带有长立即数源地址、直接或间接寻址的目的地址的数据存储器之间的块传送	2	3
	带有长立即数目的地址、直接或间接寻址的源地址的数据存储器之间的块传送		
BLPD	带有长立即数源地址、直接或间接寻址的目的地址的从程序存储器到数据存储器的块移动	2	3
DMOV	直接或间接寻址的数据存储器单元复制到下一个较高地址的数据存储器单元	1	1
IN	从 I/O 端口输入数据到直接或间接寻址存储器单元	2	2
OUT	将直接或间接寻址的存储器单元输出到到 I/O 端口	2	3
SPLK	存长立即数到直接或间接寻址的数据存储器单元	2	2
TBLR	读累加器低字为程序存储器单元地址的值到直接或间接寻址数据存储器单元	1	3
TBLW	直接或间接寻址的数据存储器单元的值写入到累加器低字为地址的程序存储器单元	1	3

3.3.3　指令说明

C24x DSP 指令系统所用符号的说明见表 3-11。

表 3-11 指令系统符号说明

符　　号	说　　明	符　　号	说　　明
AR	辅助寄存器	ACC	32 位累加器
ACCH	累加器高字	ACCL	累加器低字
ARn	辅助寄存器 AR0 ~ AR7，n = 0 ~ 7	ARP	3 位辅助寄存器指针 0 ~ 7
dma	数据存储器地址低 7 位（Data Memory Address）	DP	9 位数据页面指针
ind	间接寻址方式，有 7 种类型：*、*+、*-、*0+、*0-、*BR0+、*BR0-	pma	16 位程序地址（Program Memory Address）
shift	左移位数 0 ~ 15	shift2	左移位数 0 ~ 7
#	立即数	PA	16 位外部端口地址
T 或 TREG	16 位暂存寄存器	P 或 PREG	32 位乘积寄存器
PH	乘积寄存器高字	PL	乘积寄存器低字
k	8 位短立即数（个别指令为 9 位、13 位）	1k	16 位长立即数
PC	程序计数器	cond	条件指令的条件
PM	乘积移位模式	C	进位位
OV	溢出位	OVM	溢出模式位
INTM	中断屏蔽位	TC	测试/控制标志位
( )	存储单元内容	[ ]	可选项
→	数据传送方向		

为了便于学习和查阅方便，下面按英文字母顺序介绍汇编指令的语法与功能，并对一些有代表性的指令举例说明。更详细的资料，请参考英文手册。

(1) ABS：累加器求绝对值（Absolute Value of Accumulator）

语法及功能：

```
ABS                 ;|ACC|→ACC,0→C
```

说明：求累加器的绝对值，进位位 C 清零。指令受 OVM 标志位的影响，执行结果影响 C 和 OV。ACC = 8000 0000h 是一种特殊情况：若 OVM = 1，则 8000 0000h 的绝对值为 7FFF FFFFh；若 OVM = 0，则 8000 0000h 的绝对值为 8000 0000h。两种情况下，OV 位均置 1。

(2) ADD：加法指令（Add to Accumulator）

语法及功能：

ADD dma [,shift]　　　　;直接寻址，ACC + (dma) * 2^{shift}→ACC

ADD dma,16　　　　　　;左移 16 位直接寻址，ACC + (dma) * 2^{16}→ACC

ADD ind [,shift [,ARn]]　　;间接寻址，ACC + (AR) * 2^{shift}→ACC

```
ADD ind,16 [ ,ARn]          ;左移16位间接寻址,ACC + (AR) * 2^16→ACC
ADD #k                      ;短立即寻址,ACC + k→ ACC
ADD #lk [ ,shift]           ;长立即寻址,ACC + lk * 2^shift→ACC
```

说明：将被寻址的数据存储单元的内容或立即数左移0~16位后加到累加器，移位时低位填0，高位填0（SXM =0）或符号扩展（SXM =1）。指令影响进位位C和溢出位OV。一般情况下，产生进位C =1，不产生进位C =0。当左移16位作加法时，如果加法结果有进位，则C =1。结果无进位，则C不变。指令受SXM和OVM的影响。但短立即数寻址时，仅受OVM影响，不受SXM影响。

```
例如:指令 ADD  * +,0,AR0     ;ACC = ACC + (AR),AR = AR + 1,ARP = 0
   执行前:ARP = 4,AR4 = 302H,数据存储器单元:(302H) = 2 ,ACC = 2,C = x
   执行后:ARP = 0,AR4 = 303H,数据存储器单元:(302H) = 2 ,ACC = 4,C = 0
```

（3）ADDC：带进位的累加器加（Add to Accumulator with Carry）

语法及功能：

```
ADDC dma                    ;直接寻址,ACC = ACC + (dma) + C
ADDC ind [ ,ARn]            ;间接寻址,ACC = ACC + (AR) + C
```

说明：将被寻址的数据存储单元的内容及进位位C加到累加器，符号不扩展。该指令可实现多精度运算。指令受OVM的影响，影响C和OV。

（4）ADDS：抑制符号扩展的累加器加（Add to Accumulator With Sign Extension Suppressed）

语法及功能：

```
ADDS dma                    ;直接寻址,ACC = ACC + (dma)
ADDS ind [ ,ARn]            ;间接寻址,ACC = ACC + (AR)
```

说明：被寻址的数据存储单元的内容与累加器的内容（高位填0）相加，结果送累加器。当SXM =0，移位次数为0时，ADD指令与ADDS的结果相同。

（5）ADDT：T寄存器指定移位次数的累加器加（Add to Accumulator with Temporary register that specifies left shift times）

语法及功能：

```
ADDT dma                    ;直接寻址,ACC = ACC + (dma) * 2^T(3~0)
ADDT ind [ ,ARn]            ;间接寻址,ACC = ACC + (AR) * 2^T(3~0)
```

说明：将被寻址的数据存储单元的内容左移0~15位（由T的低4位确定）后加到累加器，移位时低位填0，高位填0（SXM =0）或符号扩展（SXM =1）。指令影响C和OV，如果加法结果有进位，则C =1。结果无进位，则C不变。指令受SXM和OVM的影响。

（6）ADRK：辅助寄存器加短立即数（Add Short - Immediate Value to Auxiliary Register）

语法及功能：

```
ADRK   #k                    ;8位短立即数k,AR = AR + k
```

说明：8 位短立即数加到当前辅助寄存器，当前辅助寄存器由 ARP 确定。对辅助寄存器的任何算术运算都是无符号的。

（7）AND：和累加器进行逻辑与操作（And with Accumulator）

语法及功能：

```
AND dma                      ;直接寻址，   ACC = ACC ∧ (dma)
ADD ind [,ARn]               ;间接寻址，   ACC = ACC ∧ (AR) * 2^shift
ADD #lk [,shift]             ;短立即寻址,ACC = ACC ∧ lk * 2^shift
ADD #lk,16                   ;长立即寻址,ACC = ACC ∧ lk * 2^16
```

说明：如果使用直接或间接寻址，累加器的低 16 位和被寻址的数据存储单元的内容进行逻辑与操作，结果送累加器低 16 位，累加器高 16 位清零。如果使用长立即数寻址，则 16 位的长立即数左移 0～16 位（移位时低位、高位均补 0）后和 32 位的累加器相与，结果送累加器。

```
例如:指令 AND   #00FFh,4       ;将#00FFh 左移 4 位后和 ACC 相与,结果送 ACC
     执行前:ACC = 1234 5678H
     执行后:ACC = 0000 0670H
```

（8）APAC：乘积寄存器 P 加到累加器 ACC（Add Product Register to Accumulator）

语法及功能：

```
APAC                         ;ACC = ACC + 按移位模式 PM 移位后的 P
```

说明：将累加器的内容与移位后的乘积寄存器 P 的内容相加，结果送累加器。P 的移位方式由状态寄存器 ST1 的 PM 位的值确定。

（9）B：无条件跳转（Branch Unconditionally）

语法及功能：

```
B pma [,ind[,ARn]]           ;PC = pma,可以修改当前 AR
```

说明：程序无条件转移到指令指定的程序存储器地址（Program Memory Address，pma），并按指令要求修该当前辅助寄存器和 ARP 的内容。

```
例如:B   _c_int0             ;标号_c_int0 是程序入口地址
```

（10）BACC：跳转到 ACCL 确定的地址（Branch to Location Specified by Accumulator）

语法及功能：

```
BACC                         ;PC = ACCL
```

说明：程序无条件转移到累加器的低 16 位 ACCL 指定的地址执行。

（11）BANZ：当前辅助寄存器非 0 跳转（Branch on Auxiliary Register Not Zero）

语法及功能：

```
BANZ pma [,ind[,ARn]]        ;若当前 AR 非 0,则 PC = pma,否则 PC = PC + 2
```

说明：如果当前辅助寄存器的内容不为0，则程序转移到 pma 指定的程序地址处继续执行。如果当前 AR 为0，则执行下一条指令。按要求修改当前 AR。若不指定当前 AR 的修改，则当前 AR 减1。

例:BANZ PGM191, * -, AR0 ;若当前 AR 非0,则转到地址 PGM191,否则往下顺序执行。

(12) BCND：条件跳转（Branch Conditionally）

语法及功能：

```
BCND   pma,cond1[,cond2][,…]
           ;如果 cond1、cond2、…均满足,则 PC = pma,否则 PC = PC + 2
```

说明：如果指令中指定的条件都满足，则程序转移到指令给出的程序存储器地址（pma），只要有一个条件不满足就顺序执行下面的指令。其中条件 cond 的说明见表3-12。

表3-12　条件 cond 的说明

cond	条件说明	cond	条件说明
EQ	ACC = 0	NEQ	ACC ≠ 0
LT	ACC < 0	LEQ	ACC ≤ 0
GT	ACC > 0	GEQ	ACC ≥ 0
NC	C = 0	C	C = 1
NOV	OV = 0	OV	OV = 1
BIO	$\overline{\text{BIO}}$引脚为低	NTC	TC = 0
TC	TC = 1	UNC	无条件

例如：BCND PGM191，LEQ，C；若 ACC≤0 且进位位 C = 1，则转到 PGM191，否则往下顺序执行。

(13) BIT：位测试（Test Bit）

语法及功能：

```
BIT dma,bit code            ;直接寻址,TC = (dma)bit number
BIT ind,bit code [,ARn]     ;间接寻址,TC = (AR)bit number
```

说明：把数据存储单元中被指定位（即测试位）的值送到状态寄存器 ST1 中的 TC 位，即如果测试该位为1，则 TC 就置1。指令中 bit code 的值与数据存储单元被指定的测试位 bit number（位号从右向左从0开始编号0～15）的关系是：

bit number = 15 - bit code

例如:BIT *,0,AR1　　;测试当前 AR 指向的数据存储单元中最高位(15 - 0 = 15),
　　　　　　　　　　;并指定下次 AR 为 AR1

执行前:ARP = 0,AR0 = 310H,数据存储器单元:(310H) = 8000h,TC = 0

执行后:ARP = 1,AR0 = 310H,数据存储器单元:(310H) = 8000h,TC = 1　(310H 单元内容的最高位)

(14) BITT：T 寄存器指定位测试（Test Bit Specified by Register T）

语法及功能：测试 T 指定的直接或间接寻址存储单元中的位。

```
BITT dma                ;直接寻址,TC = (dma)bit number
BITT ind[,ARn]          ;间接寻址,TC = (AR)bit number
```

说明：把数据存储单元中被指定位（即测试位）的值送到状态寄存器 ST1 中的 TC 位，即如果测试该位为 1，则 TC 就置 1。测试位 bit number 由 T 寄存器低 4 位确定，二者的关系是：

bit number = 15 - T 低 4 位

例如：BITT 0 ;设 DP = 6, T = 1, 则测试数据存储单元 300H 位 14

执行前：DP = 6, T = 1, 数据存储器单元：(300H) = 4DC8h, TC = 0

执行后：DP = 6, T = 1, 数据存储器单元：(300H) = 4DC8h, TC = 1(310H 单元内容的位 14)

(15) BLDD：数据存储器之间的块移动（Block Move From Data Memory to Data Memory）

语法及功能：

```
BLDD    源地址,目的地址        ;通用格式,数据存储器(源地址)→数据存储器(目的地址)
BLDD    #lk,dma               ;源地址为长立即数,直接寻址
BLDD    #lk,ind [,ARn]        ;源地址为长立即数,间接寻址
BLDD    dma,#lk               ;目的地址为长立即数,直接寻址
BLDD    ind,#lk [,ARn]        ;目的地址为长立即数,间接寻址
```

说明：该指令实现数据存储器到数据存储器的块移动，第一个数指定源地址，第二个数指定目的地址。一旦启动了流水线，它就成为单周期指令。

例如：BLDD #300h,20h ;(DP = 6)

执行前：数据存储器单元：(300h) = 05h, (320h) = 0fh

执行后：数据存储器单元：(300h) = 05h, (320h) = 05h

(16) BLPD：程序存储器到数据存储器的块移动（Block Move from Program Memory to Data Memory）

语法及功能：

```
BLPD    源地址,目的地址        ;通用格式,程序存储器(源地址)→数据存储器(目的地址)
BLPD    pma,dma               ;源地址为长立即数,直接寻址
BLPD    pma,ind [,ARn]        ;源地址为长立即数,间接寻址
```

说明：该指令实现程序存储器到数据存储器的块移动，第一个数指定源地址，第二个数指定目的地址。一旦启动了流水线，它就成为单周期指令。

例如：BLPD #800h, *, AR7 ;将当前指定的数据存储器 800H 单元的内容传送到当前 AR
;指定的数据存储单元中,并设置下次辅助寄存器为 AR7

执行前：ARP = 0, AR0 = 310H, 程序存储器单元：(800h) = 1111h, 数据存储器单元：(310h) = 100h

执行后：ARP = 7, AR0 = 310H, 程序存储器单元：(800h) = 1111h, 数据存储器单元：(310h) = 1111h

（17）CALA：调用累加器 ACC 低字指定的子程序（Call Subroutine at Location Specified by ACCL）

语法及功能：

```
CALA                              ;PC + 1 进入堆栈,PC = ACCL
```

说明：无条件调用由累加器低 16 位指定的子程序。利用该指令并根据计算结果调用子程序。

（18）CALL：无条件调用子程序（Call Unconditionally）

语法及功能：

```
CALL pma[ ,ind[ ,ARn] ]    ;PC + 2 进入堆栈,PC = pma,可修改当前 AR 和 ARP
```

说明：无条件调用由指令操作数指定的子程序，并按指令要求修改当前辅助寄存器和 ARP 的内容。

```
例如:CALL    191, * + ,AR0   ;无条件调用地址 191 处的子程序,当前 AR 加 1,并指定下次的辅
                             ;助寄存器为 AR0
```

（19）CC：条件调用（Call Conditionally）

语法及功能：

```
CC    pma,cond1[ ,cond2][ ,…]
;如果 cond1、cond2、…均满足,则 PC + 2 入栈,PC = pma,否则 PC = PC + 2,顺序执行
```

说明：如果指令中指定的条件都满足，则调用 pma 指定的子程序。只要有一个条件不满足就顺序执行下面的指令。其中的条件 cond 见 BCND 指令的说明。

```
例如:CC    191,LEQ,C   ;若 ACC≤0 且进位位 C = 1,则调用 191 处的子程序,否则往下顺序执行。
```

（20）CLRC：控制位清零（Clear Control Bit）

语法及功能：

```
CLRC control bit;control bit 清零
```

说明：清除状态寄存器 ST1 和 ST0 的 C、CNF、INTM、OVM、SXM、TC、XF 位。

```
例如:CLRC        INTM      ;将 ST0 中的 INTM(ST0.9)位清零,即开中断
```

（21）CMPL：ACC 取反（Complement Accumulator）

语法及功能：

```
CMPL
```

说明：将累加器逻辑按位逻辑取反。

```
例如:CMPL
    执行前:ACC = 0F798 2513H
    执行后:ACC = 0867 DAECH
```

(22) CMPR：当前辅助寄存器 AR 与 AR0 比较（Compare Auxiliary Register With AR0）

语法及功能：

```
CMPR CM
```

说明：根据 CM 值指定的比较条件，比较当前辅助寄存器 AR 与 AR0 的大小，比较结果存入状态寄存器 ST1 的 TC 位。如果比较条件成立，TC = 1，否则 TC = 0。注意，比较时，辅助寄存器中的数以无符号数的形式参与运算。表 3-13 给出了 CM 值所对应的比较条件。

表 3-13 CMPR 指令的比较条件

CM	说　明
0	判断当前 AR 是否等于 AR0
1	判断当前 AR 是否小于 AR0
2	判断当前 AR 是否大于 AR0
3	判断当前 AR 是否不等于 AR0

```
例如:CMPR  2      ;判断当前 AR 是否大于 AR0
    执行前:ARP =4,AR0 =0FFFFH,AR4 =7FFFh,TC =1
    执行后:ARP =4,AR0 =0FFFFH,AR4 =7FFFh,TC =0
```

(23) DMOV：数据存储器的数据复制到下一个单元（Data Move in Data Memory）

语法及功能：

```
DMOV    dma           ;直接寻址,(dma) →(dma +1)
DMOV    ind [,ARn]    ;间接寻址,(AR) →(AR +1)
```

说明：将指定的数据存储器单元复制到下一个较高地址的数据存储器单元中。该指令仅对片内的 DARAM 有效，对片外的数据存储器单元无效。该指令常用于数字滤波中的单位延迟。受标志位影响。

```
例如:DMOV   * ,AR1
    执行前:ARP =0,AR0 =30AH,数据存储器单元:(30AH) =40H,(30BH) =41H
    执行后:ARP =1,AR0 =30AH,数据存储器单元:(30AH) =40H,(30BH) =40H
```

(24) IDLE：空闲等待中断（Idle Until Interrupt）

语法及功能：

```
IDLE;PC =PC +1,等待硬件中断
```

说明：程序停止执行，进入低功耗模式，直到发生硬件复位、非屏蔽硬件中断等。

(25) IN：从 I/O 端口读入数据到数据存储单元（Input Data from Port）

语法及功能：

```
IN   dma,PA           ;直接寻址,端口(PA) →数据存储器(dma)
IN   ind,PA[,ARn]     ;间接寻址,端口(PA) →数据存储器(AR)
```

说明：指令用于从 I/O 端口将数据读入数据存储单元。指令中的 PA 是 16 位的端口或 I/O 映射寄存器的地址。

例如：IN *,6 ;从地址为 6 的 I/O 端口读入数据，并存到当前 AR 指定的数据存储单元

(26) INTR：软件中断（Software Interrupt）

语法及功能：

INTR k; k(0~31)为中断号，PC+1 进入堆栈，PC=k 对应的中断矢量单元

说明：执行软件中断指令，使程序转移到 k 对应的中断矢量单元。

例如：INTR 3 ; PC+1 进入堆栈，转移到 006h 单元

(27) LACC：带移位的累加器 ACC 装载（Load Accumulator with left shift times）

语法及功能：

```
LACC dma [, shift]              ;直接寻址,(dma) * 2^shift→ACC
LACC dma,16                     ;左移 16 位直接寻址，(dma) * 2^16→ACC
LACC ind [, shift [, ARn]]      ;间接寻址，(AR) * 2^shift→ACC
LACC ind, 16 [, ARn]            ;左移 16 位间接寻址，(AR) * 2^16→ACC
LACC #k                         ;短立即寻址，k→ ACC
LACC #lk [, shift]              ;长立即寻址，lk * 2^shift→ACC
```

说明：将被寻址的数据存储单元的内容或立即数左移 0~16 位后送到累加器，移位时低位填 0，高位填 0（SXM=0）或符号扩展（SXM=1）。指令受 SXM 的影响。

例如：指令 LACC *+, 0, AR0 ;ACC=(AR), AR=AR+1, ARP=0

执行前：ARP=4，AR4=302H，数据存储器单元：(302H)=4，ACC=2

执行后：ARP=0，AR4=303H，数据存储器单元：(302H)=4，ACC=4

(28) LACL：装载累加器低字 ACCL，高字 ACCH 清零（Load Accumulator low word and Accumulator high word to be cleared）

语法及功能：

```
LACC dma             ;直接寻址，(dma)→ACCL, 0→ACCH
LACC ind [,ARn]      ;间接寻址，(AR)→ACCL, 0→ACCH
LACC #k              ;短立即寻址，k→ ACCL, 0→ACCH
```

说明：指定的数据存储单元的内容或一个短立即数装入到累加器的低 16 位，累加器的高 16 位清零。操作数看作无符号数，指令不受 SXM 的影响，即不进行符号扩展。操作数为 8 位短立即数时，其他高位为 0。

例如：指令 LACL #10H ; ACC=10H

(29) LACT：由 T 指定移位次数的累加器 ACC 装载（Load Accumulator with Temporary Register That Specifies Left Shift Times）

语法及功能：

```
LACT dma              ;直接寻址，ACC = (dma) * 2^T(3~0)
LACT ind [, ARn]      ;间接寻址，ACC = (AR) * 2^T(3~0)
```

说明：将被寻址的数据存储单元的内容左移 0 ~ 15 位（由 T 的低 4 位确定）后送到累加器，移位时低位填0，高位填0（SXM =0）或符号扩展（SXM =1）。指令受 SXM 的影响。

例如：指令 LACT 1 ;DP =6，SXM =0

执行前：数据存储器单元：(301H) =1376H，T =14H，ACC =98F7 EC83H

执行后：数据存储器单元：(301H) =1376H，T =14H，ACC =13760H

（30）LAR：装载辅助寄存器（Load Auxiliary Register）

语法及功能：

```
LAR    ARx, dma          ;直接寻址，(dma)→ARx (x =0 ~7)
LAR    ARx, ind [,ARn]   ;间接寻址，(AR)→ARx
LAR    ARx, #k           ;短立即寻址，k→ARx
LAR    ARx, #lk          ;长立即寻址，lk→ARx
```

说明：指定的数据存储单元的内容或一个 8/16 位立即数装入到辅助寄存器 AR0 ~ AR7 中。操作数被看作无符号数，指令不受 SXM 的影响。

例如：指令 LAR AR6,#3FFFH ; AR6 =3FFFH

（31）LDP：装载数据页指针 DP（Load Data Page Pointer）

语法及功能：

```
LDP    dma            ;直接寻址，(dma)→DP
LDP    ind [,ARn]     ;间接寻址，(AR)→DP
LDP    #k             ;9 位短立即寻址，k→DP
```

说明：指定的数据存储单元的内容的低 9 位或一个 9 位立即数装入到数据页指针 DP（在状态寄存器 ST0）中。DP 也可以 LST 由指令装载。DP 用于直接寻址，9 位的 DP 和 7 位的 dma 值组成一个 16 位字，确定数据存储器单元地址。

例如：指令 LDP * , AR0 ;DP =(AR)

执行前：ARP =4，AR4 =300H，数据存储器单元：(300H) =6，DP =1FFH

执行后：ARP =0，AR4 =300H，数据存储器单元：(300H) =6，DP =6

（32）LPH：装载乘积寄存器高字 PH（Load Product Register High Word）

语法及功能：

```
LPH    dma            ;直接寻址，(dma)→PH
LPH    ind [,ARn]     ;间接寻址，(AR)→PH
```

说明：指定的数据存储单元的内容装入到装载乘积寄存器 P 的高 16 位，其低 16 位不变。

(33) LST：装载状态寄存器 ST0、ST1（Load Status Register）

语法及功能：

```
LST    #m, dma              ;直接寻址,(dma)→ST0/ST1,m=0/1
LST    #m, ind [,ARn]       ;间接寻址,(AR)→ST0/ST1, m=0/1
```

说明：指定的数据存储单元的内容装入到状态寄存器 ST0 或 ST1。m = 0 时，装入 ST0，m = 1 时，装入 ST1。指令影响 ARB、ARP、OV、OVM、DP、CNF、TC、SXM、C、XF 和 PM 状态位，但不影响 INTM 位。需要注意如下几点：

- LST #0 指令不影响 ST1 中的 ARB 位，即使在 ST0 装入新的 ARP 值。
- LST #1 指令执行时，装入到 ARB 的值同时装入到 ST0 中的 ARP 值。
- 在间接寻址中，如果操作数中指定下一个 AR，这个 AR 将被忽略。ARP 用指定的数据存储单元的内容的高 3 位装入。
- 状态寄存器中的保留位读出值为 1，对这些位进行写操作不起作用。

例如：指令 LST #0, * -, AR

执行前：ARP = 4, AR4 = 3FFH, 数据存储器单元：(3FFH) = EE04H, ST0 = EE00H, ST1 = F7ECH

执行后：ARP = 4, AR4 = 3FEH, 数据存储器单元：(3FFH) = EE04H, ST0 = EE04H, ST1 = F7ECH

(34) LT：装载 T 寄存器（Load T）

语法及功能：

```
LT     dma                  ;直接寻址,(dma)→T
LT     ind [,ARn]           ;间接寻址,(AR)→T
```

说明：指定的数据存储单元的内容装入到暂存寄存器 T。

例如：指令 LT 24 ;DP = 8

若执行前：数据存储器单元：(418H) = 62H, T = 3H

则执行后：数据存储器单元：(418H) = 62H, T = 62H

(35) LTA：装载 T 寄存器并累加乘积 P（Load T and Accumulate Previous Product）

语法及功能：

```
LTA    dma                  ;直接寻址,(dma)→T, ACC+ 根据 PM 移位 P→ACC
LTA    ind [,ARn]           ;间接寻址,(AR)→T, ACC+ 根据 PM 移位 P→ACC
```

说明：指定的数据存储单元的内容装入到暂存寄存器 T，乘积寄存器 P 的内容根据 PM 状态位移位后加到累加器 ACC。指令受 PM 和 OVM 的影响，结果影响 C 和 OV 位。如果累加结果产生进位，则 C = 1，否则 C = 0。

例如：指令 LTA *, AR5 ;PM = 0, 无乘积移位

执行前：ARP = 4, AR4 = 324H, 数据存储器单元：(324H) = 62H, T = 03H, P = 0FH, ACC = 5

执行后：ARP = 5, AR4 = 324H, 数据存储器单元：(324H) = 62H, T = 62H, P = 0FH, ACC

=14H

(36) LTD：装载 T 寄存器、累加前次乘积并移动数据（Load T, Accumulate Previous Product, and Move Data）

语法及功能：

LTD　dma　;直接寻址,(dma)→T, ACC + 根据 PM 移位 P→ACC, (dma)→(dma+1)
LTD　ind [,ARn]　;间接寻址,(AR)→T, ACC + 根据 PM 移位 P→ACC, (AR)→(AR+1)

说明：指定的数据存储单元的内容装载到暂存寄存器 T，乘积寄存器 P 的内容根据 PM 状态位移位后加到累加器 ACC。指定的数据存储单元的内容复制到下一个存储单元。指令受 PM 和 OVM 的影响，结果影响 C 和 OV 位。如果累加结果产生进位，则 C = 1，否则 C = 0。指令中的移动数据功能仅对片内的 RAM 有效，对片外的数据存储器单元和存储器映射寄存器无效。如果该指令用于片外的数据存储器单元的操作，则该指令等同于 LTA 指令，移动数据无效。

例如：指令 LTD　126　;设 DP = 7, PM = 0,无乘积移位
执行前：数据存储器单元：(3FEH) = 62H, (3FFH) = 00H, T = 03H, P = 0FH, ACC = 5
执行后：数据存储器单元：(3FEH) = 62H, (3FFH) = 62H, T = 62H, P = 0FH, ACC = 14H

(37) LTP：装载 T 寄存器并将乘积 P 送到 ACC（Load T and Store P in Accumulator）

语法及功能：

LTP　dma　;直接寻址,(dma)→T, 根据 PM 移位 P→ACC
LTP　ind [,ARn]　;间接寻址,(AR)→T, 根据 PM 移位 P→ACC

说明：指定的数据存储单元的内容装入到暂存寄存器 T，乘积寄存器 P 的内容根据 PM 状态位移位后送到累加器 ACC。指令受 PM 标志位的影响。

例如：指令 LT　36　;设 DP = 6, PM = 0
执行前：数据存储器单元：(324H) = 62H, T = 03H, P = 0FH, ACC = 5H
执行后：数据存储器单元：(324H) = 62H, T = 62H, P = 0FH, ACC = 0FH

(38) LTS：装载 T 寄存器并减去 P 寄存器（Load T and Subtract Previous Product）

语法及功能：

LTS　dma　;直接寻址,(dma)→T, ACC - 根据 PM 移位 P→ACC
LTS　ind [,ARn]　;间接寻址,(AR)→T, ACC - 根据 PM 移位 P→ACC

说明：指定的数据存储单元的内容装入到暂存寄存器 T，累加器 ACC 减去乘积寄存器 P 的内容根据 PM 状态位移位后的值。指令受 PM 和 OVM 的影响，结果影响 C 和 OV 位。如果运算结果产生借位，则 C = 0，否则 C = 1。

例如：指令 LTS　*, AR2　; PM = 0
执行前：ARP = 1, AR1 = 324H,数据存储器单元：(324H) = 62H, T = 03H, P = 0FH, ACC = 5, C = x

执行后：ARP=2，AR1=324H，数据存储器单元：（324H）=62H，T=62H，P=0FH，ACC=0FFFF FFF6H，C=0

（39）MAC：乘且累加（Multiply and Accumulate）

语法及功能：

MAC pma，dma ;直接寻址，移位后的 P+ACC→ACC，（dma）→T，（pma）*T→P

MAC pma，ind [，ARn] ;间接寻址，移位后的 P+ACC→ACC，（AR）→T，（pma）*T→P

说明：累加器加上一次根据 PM 移位的乘积 P，然后直接或间接寻址数据存储单元中的数装载到 T 寄存器，T 寄存器乘以直接或间接寻址数据存储单元中的数，乘积送 P 寄存器。指令中的 pma 表示程序存储器地址（Program Memory Address），dma 表示数据存储器地址（Data Memory Address）。指令受 PM 和 OVM 影响，影响 C 和 OV。

每重复 MAC 指令一次，在 PC 中的程序存储器地址加 1。因此可以访问程序存储器中的一串操作数。如果使用间接寻址指定数据存储器地址，则每次重复时就可能访问新的数据存储器地址。如果使用直接寻址，指定的数据存储器地址是常数，重复时不对其进行修改。重复执行 MAC 指令可对两组数据（或一组数据与一个常数）进行乘累加运算。重复时，RPT 流水线一旦启动，它就变成了单周期指令。

例如：MAC 0FF00H，08 ；DP=6，移位模式 PM=00

执行前：数据存储器单元：（308h）=23h，程序存储器单元：（FF00H）=4，T=45h，P=45 8972h，ACC=723 EC41h

执行后：数据存储器单元：（308h）=23h，程序存储器单元：（FF00H）=4，T=23h，P=8Ch，ACC=769 75B3h

（40）MACD：乘累加并移动数据（Multiply and Accumulate with Data Move）

语法及功能：

MACD pma，dma ;直接寻址，移位 P+ACC→ACC，（dma）→T，（pma）*T→P，（dma）→（dma+1）

MACD pma，ind [，ARn] ;间接寻址，移位 P+ACC→ACC，（AR）→T，（pma）*T→P，（AR）→（AR+1）

说明：该指令除了 MAC 指令的功能外，增加了片内数据移动功能，即将指定的数据单元复制到下一个高地址单元。注意指令中的移动数据功能仅对片内 RAM 有效，对片外的数据存储器单元和存储器映射寄存器无效。如果该指令用于片外的数据存储器单元的操作，则该指令等同于 MAC 指令，移动数据无效。MACD 指令可用于卷积、滤波器计算等。指令受 PM 和 OVM 影响，结果影响 C 和 OV。RPT 流水线一旦启动，它就变成了单周期指令。

例如：MACD 0FF00H，08 ；DP=6，移位模式 PM=00

执行前：数据存储器单元：（308h）=23h，（309H）=18H，程序存储器单元：（FF00H）=4. T=45h，P=45 8972h，ACC=723 EC41h

执行后：数据存储器单元：（308h）=23h，（309H）=23H，程序存储器单元（FF00H）=4. T=23h，P=8Ch，ACC=769 75B3h

(41) MAR：修改辅助寄存器（Modify Auxiliary Register）

语法及功能：

```
MAR     dma             ;直接寻址
MAR     ind [ , ARn]    ;间接寻址
```

说明：对于直接寻址，该指令等同于 NOP 指令。对于间接寻址，指令可以修改辅助寄存器和 ARP 的值。MAR 修改 ARP 后，原来的 ARP 复制到寄存器 ST1 的 ARB 中。

```
例如: MAR   * ,AR1
      设执行指令前:ARP =0, ARB =7
      执行后:ARP =1, ARB =0
```

(42) MPY：乘（Multiply）

语法及功能：

```
MPY     dma            ;直接寻址, T * (dma)→P
MPY     ind [ ,ARn]    ;间接寻址, T * (AR)→P
MPY     #k             ;立即寻址,13 位短立即数 k,T * k→P
```

说明：T 寄存器乘以直接、间接寻址数据存储单元中的数或 13 位短立即常数，乘积送 P 寄存器。无论 SXM 为何值，都进行符号扩展。

```
例如: MPY   13   ; DP =8, P =T * (dma)
      执行前:数据存储器单元:(40Dh) =7h, T =6h, P =36h
      执行后:数据存储器单元:(40Dh) =7h, T =6h,P =2Ah
```

(43) MPYA：乘且累加前次积（Multiply and Accumulate Previous Product）

语法及功能：

```
MPYA    dma            ;直接寻址, 移位 P + ACC→ACC, T * (dma)→P
MPYA    ind [ ,ARn]    ;间接寻址, 移位 P + ACC→ACC, T * (AR)→P
```

说明：将前次乘积（P 寄存器）按 PM 指定的方式移位后，与累加器相加，结果送累加器。然后将 T 寄存器内容乘以指定的数据存储单元的内容，结果送乘积寄存器 P。指令受 PM 和 OVM 的影响，结果影响 C 和 OV。

```
例如: MPYA   13   ; DP =8, 移位模式 PM =00, 累加器加上一次乘积 P,T 寄存器乘以数据存储
                  ;单元 40DH 中的数,乘积送 P
      执行前:数据存储器单元:(40Dh) =7h, T =6h, P =36h, ACC =54H, C =x
      执行后:数据存储器单元:(40Dh) =7h, T =6h, P =2Ah, ACC =8AH, C =0
```

(44) MPYS：乘且减去前次积（Multiply and Subtract Previous Product）

语法及功能：

```
MPYS    dma            ;直接寻址, ACC - 移位 P→ACC, T * (dma)→P
MPYS    ind [ ,ARn]    ;间接寻址, ACC - 移位 P→ACC, T * (AR)→P
```

说明：将累加器减去前次乘积寄存器 P 按 PM 指定的方式移位后的值，结果送累加器。然后将 T 寄存器内容乘以指定的数据存储单元的内容，结果送乘积寄存器 P。指令受 PM 和 OVM 的影响，结果影响 C 和 OV。

例如：MPYA 13 ；DP = 8，移位模式 PM = 0，累加器减去上一次乘积 P，T 寄存器乘以数据存储
;单元 40DH 中的数，乘积送 P

执行前：数据存储器单元：(40Dh) = 7h，T = 6h，P = 36h，ACC = 54H，C = x

执行后：数据存储器单元：(40Dh) = 7h，T = 6h，P = 2Ah，ACC = 1EH，C = 1

（45）MPYU：无符号乘（Multiply Unsigned）

语法及功能：

```
MPYU    dma              ;直接寻址，T *(dma)→P
MPYU    ind [ ,ARn]      ;间接寻址，T *(AR)→P
```

说明：T 寄存器中的无符号数乘以直接、间接寻址数据存储单元中的无符号数，乘积送 P 寄存器。指令不受 SXM 的影响。

例如，MPYU 16 ；DP = 4，无符号乘 P = T *(dma)

执行前：数据存储器单元：(210h) = FFFFH，T = FFFFh，P = 1h

执行后：数据存储器单元：(210h) = FFFFH，T = FFFFh，P = FFFE 0001H

（46）NEG：累加器 ACC 取补码（Negative Accumulator）

语法及功能：

```
NEG    ;ACC × ( -1)→ACC
```

说明：将累加器的内容取 2 的补码。如果累加器的值不为 0，则将进位 C 清零。如果累加器的值为 0，则将进位 C 置 1。如果 ACC = 8000 0000h，同时该指令计算其补码时超过了累加器允许的最大值。若 OVM = 1，则结果为 7FFF FFFFh。若 OVM = 0，则为 8000 0000h。两种情况下，OV 位均置 1，指示结果溢出。指令受 OVM 的影响，结果影响 C 和 OV。

例如：NEG ;OVM = x，

若执行前：ACC = 0FFFF F228H，C = x

则执行后：ACC = 0DD8H，C = 0，即将 -3544 转换为 +3544

（47）NMI：非屏蔽中断（Nonmaskable Interrupt）

语法及功能：

```
NMI;PC + 1 进入堆栈,PC = 24h，INTM = 1
```

说明：将非屏蔽中断向量地址 24h 送程序计数器 PC，执行非屏蔽中断服务程序。与硬件非屏蔽中断 NMI 效果相同。

（48）NOP：空操作（No Operation）

语法及功能：

```
NOP; PC = PC + 1
```

说明：NOP 指令仅影响 PC，不进行其他操作，可用于建立流水线和延时。

(49) NORM：累加器规格化（Normalize Contents of Accumulator）

语法及功能：

```
NORM ind;间接寻址
```

说明：将累加器中的有符号数规格化。把定点数规格化，就是把其分成尾数和指数两部分。方法如下：

1）将累计器的最高两位 D31 和 D30 作逻辑异或，如果两位相同，说明这是两个符号位（符号扩展），则累加器左移去掉多余的符号位。

2）按指定的方式修改当前辅助寄存器（AR）以确定指数的大小。对当前辅助寄存器（AR）默认的修改方式为加 1。

3）为了将累加器中的 32 位数规格化，可能需要多次执行 NORM 指令。NORM 指令可与 RPT 指令一起使用以实现多次执行 NORM 指令。NORM 指令对用 2 的补码表示的正数或负数均适用。

指令影响 TC 位。注意 NORM 指令在流水线的执行阶段完成对辅助寄存器的操作，而其他指令在流水线的译码阶段完成对辅助寄存器的操作。因此紧跟在 NORM 指令后的两条指令不能修改 NORM 指令所用的辅助寄存器的值和辅助寄存器指针（ARP）的值。

```
例如:15 位规格化程序
MAR     *, AR1          ; AR1 为当前辅助寄存器,用 AR1 保存指数
LAR     AR1, #0FH       ; 指数计数器初始化为 00FH
RPT     #14             ; 要求做 15 次规格化,产生 4 位指数和 16 位尾数
NORM    * -             ; 当找到第 1 个有效数值位时,NORM 自动停止移位
                        ; 仅重复 1→TC 操作，相当于执行 NOP 操作
```

(50) OR：与累加器逻辑或运算（OR with Accumulator）

语法及功能：

OR dma　　　　;直接寻址，ACC = ACC ∨ (dma)

OR ind [, ARn]　　;间接寻址，ACC = ACC ∨ (AR)

OR #lk [, shift]　　;短立即寻址，ACC = ACC ∨ lk * 2^{shift}

OR #lk , 16　　;长立即寻址，ACC = ACC ∨ lk * 2^{16}

说明：如果使用直接或间接寻址，累加器的低 16 位和被寻址的数据存储单元的内容进行逻辑或操作，结果送累加器低 16 位，累加器高 16 位清零。如果使用长立即数寻址，则 16 位的长立即数左移 0 ~ 16 位（移位时低位、高位均补 0）后和 32 位累加器相或，结果送累加器。

```
例如：指令 OR  #8111h, 8   ;将#8111h 左移 8 位后和 ACC 相或,结果送 ACC
      执行前:ACC = 0FF0 0000H
      执行后:ACC = 0FF1 1100H
```

（51）OUT：输出数据到外部 I/O 端口（Output Data to Port）

语法及功能：

```
OUT  dma, PA          ;直接寻址，数据存储器(dma)→端口(PA)
OUT  ind, PA[ ,ARn]   ;间接寻址，数据存储器(AR)→端口(PA)
```

说明：指令用于将指定数据存储单元的数据输出到 I/O 端口。指令中的 PA 是 16 位的端口或 I/O 映射寄存器的地址。

（52）PAC：用寄存器 P 装载累加器 ACC（Load Accumulator with Product Register）

语法及功能：

```
PAC
```

说明：寄存器 P 的内容根据 PM 位移位后装载到累加器 ACC 中。指令受 PM 位的影响。

例如：PAC;

执行前:P = 144H，ACC = 23H

执行后:P = 144H，ACC = 144H

（53）POP：栈顶内容弹出到累加器低字 ACCL（Pop Top of Stack to Low Accumulator）

语法及功能：

```
POP;栈顶内容→ACCL,0→ACCH,堆栈上弹一级
```

说明：C24x DSP 具有独立的 8 级硬件堆栈。硬件堆栈是后进先出的 8 个存储单元。执行该指令时，将栈顶（Top of stack，TOS）的内容弹出并送到累加器的低 16 位 ACCL，堆栈上弹一级。累加器高 16 位 ACCH 为 0。当出栈发生时，堆栈中的每个值都被复制到上一个高栈单元，栈项内容移出，栈底的两个字具有相同的值。如果连续弹出的次数多于 7 次（POP、POPD、RET、RETC 指令均弹出堆栈），那么堆栈中的所有值都将相同。没有检查堆栈是否下溢的措施。

例如：POP 指令

（54）POPD：栈顶内容弹出到数据存储器单元（Pop Top of Stack to Data memory）

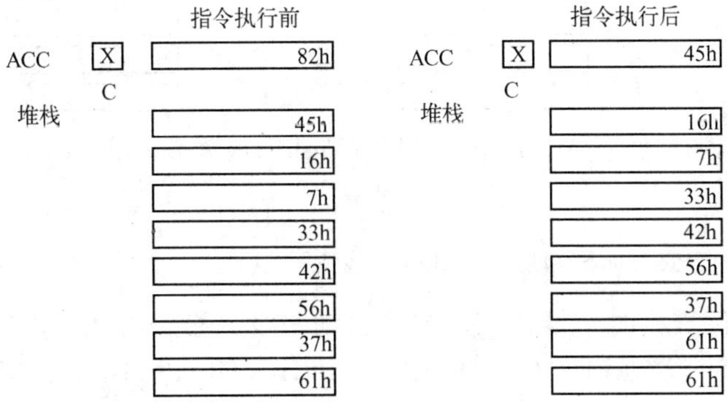

语法及功能：

```
POPD dma              ;栈顶内容→数据存储器(dma),堆栈上弹一级
```

POPD ind [, ARn] ;栈顶内容→数据存储器(AR),堆栈上弹一级

说明：栈顶的内容复制到数据存储器单元中。详细说明见 POP 指令。

例如：POPD 0Ah ;DP = 8

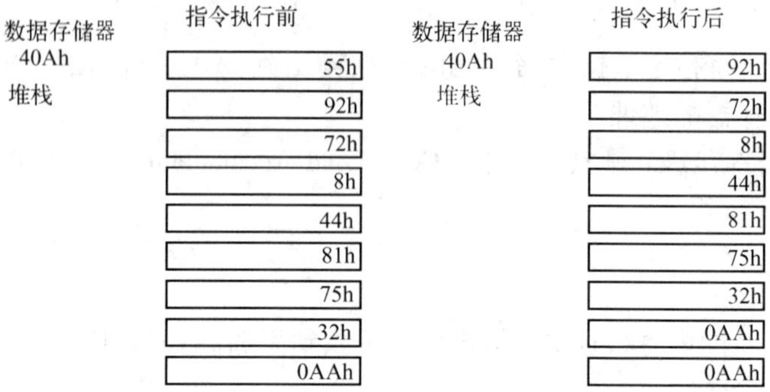

(55) PSHD：数据存储器单元压入堆栈（Push Data-Memory Value Onto Stack）

语法及功能：

PSHD dma ;堆栈内容向下移动一级,数据存储器(dma)→栈顶

PSHD ind [, ARn] ;堆栈内容向下移动一级,数据存储器(AR)→栈顶

说明：压入硬件堆栈时，堆栈依次向下移动一级，指定存储器单元的内容复制到栈顶。堆栈底部的值丢失。

例如：PSHD *, AR1

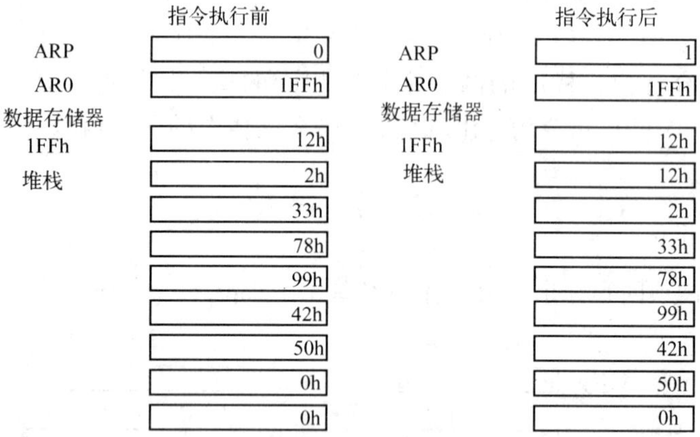

(56) PUSH：累加器低字 ACCL 压入堆栈（Push Low Accumulator Onto Stack）

语法及功能：

PUSH;堆栈内容依次向下移动一级,ACCL→栈顶

说明：压入硬件堆栈时，堆栈依次向下移动一级，累加器低字内容复制到栈顶。堆栈底部的值丢失。注意 CALL、CC、PSHD、PUSH、TRAP、INTR、NMI 指令均进行压栈操作。

例如：PUSH 指令

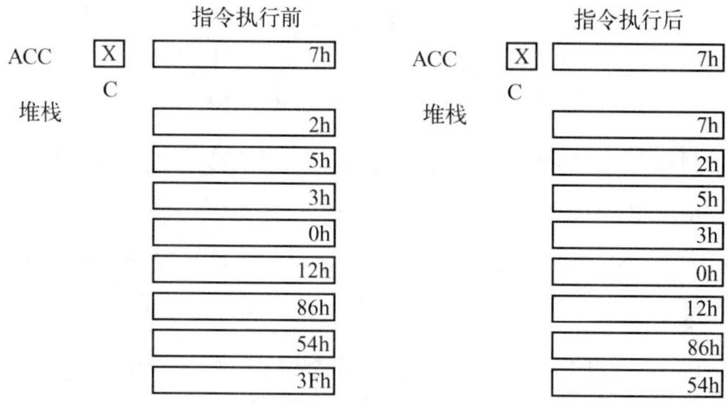

(57) RET：子程序返回（Return from Subroutine）

语法及功能：

RET；子程序和中断服务程序返回

说明：将栈顶的内容复制到程序计数器（PC）中，堆栈上弹一级。子程序和中断服务程序均以 RET 指令结束，并返回到原来调用子程序或中断的断点处。

(58) RETC：条件返回（Return Conditionally）

语法及功能：

RETC cond1[,cond2][,…]；条件满足返回

说明：操作数中的 cond 为需要满足的条件，其对应关系见 BCND 指令。如果指定的条件都满足，则执行 RETC 指令的操作。若不满足，执行 RETC 下面的指令。

(59) ROL：累加器循环左移（Rotate Accumulator Left）

语法及功能：

ROL

说明：将累加器的内容连同进位位 C 循环左移一位，进位位 C 移入累加器的最低有效位（LSB），最高有效位（MSB）移入进位位 C。

例如：ROL 指令

执行前：C = 0，ACC = B000 1234H

执行后：C = 1，ACC = 6000 2468H

(60) ROR：累加器循环右移（Rotate Accumulator Right）

语法及功能：

ROR

说明：将累加器的内容连同进位位 C 循环右移一位，进位位移入累加器的最高有效位（MSB），最低有效位（LSB）移入进位位。

例如：ROR 指令

执行前：C = 0，ACC = B000 1235H

执行后：C = 1，ACC = 5800 091AH

(61) RPT：重复执行下一条指令（Repeat Next Instruction）

语法及功能：

```
RPT    dma            ;直接寻址,数据存储器(dma)→RPTC
RPT    ind[,ARn]      ;间接寻址,数据存储器(AR)→RPTC
RPT    #k             ;短立即数寻址, 8位短立即数→RPTC
```

说明：将被寻址的数据存储单元的内容或8位立即数（假设均用N表示）装载到重复计数器（Repeat Counter，RPTC）中，RPT后面的那条指令将重复执行N+1次，且重复时是不可中断的。重复指令本身不重复。复位时RPTC清零。该指令特别适用于数据块的移动、乘且累加和规格化。

```
例如: RPT  127     ;设DP=31, 如果数据存储单元0FFFH地址单元的内容为0CH, 则执行该指
                   ;令后, 0CH送重复计数器RPTC,RPT后面的那条指令将重复执行13次
```

(62) SACH：带移位存储累加器高字（Store ACCH with Shift）

语法及功能：

```
SACH    dma [,shift2]            ;直接寻址,ACC*2^shift2的高16位→(dma)
SACH    ind [,shift2 [,ARn]]     ;间接寻址,ACC*2^shift2的高16位→(AR)
```

说明：将累加器的内容送到输出移位器后左移0~7位，移位时低位填0，高位丢失。shift2省略时，不移位。然后将移位后数值的高16位复制到指定的数据存储单元。注意指令执行后，累加器ACC保持不变。指令不受SXM的影响。

```
例如: 指令 SACH  0AH,1   ;设DP=4
      若执行前:ACC=420 8001H
      则执行后:ACC的数值左移1位,取高16位,送到数据存储器单元20AH,即(20AH)
      =0841H
```

(63) SACL：带移位存储累加器低字（Store ACCL with Shift）

语法及功能：

```
SACL    dma [,shift2]            ;直接寻址, ACC*2^shift2的低16位→(dma)
SACL    ind [,shift2 [,ARn]]     ;间接寻址,ACC*2^shift2的低16位→(AR)
```

说明：将累加器的内容送到输出移位器后左移0~7位，移位时低位填0，高位丢失。shift2省略时，不移位。然后将移位后数值的低16位复制到指定的数据存储单元。注意指令执行后，累加器ACC保持不变。指令不受SXM的影响。

```
例如: 指令 SACL  0BH,1   ;设DP=4
      若执行前:ACC=7C63 8421H
      则执行后:ACC的数值左移1位,取低16位,送到数据存储器单元20BH,即(20BH)
      =0842H
```

(64) SAR：存储辅助寄存器（Store Auxiliary Register）

语法及功能：

```
SAR    ARx, dma            ;直接寻址, ARx→(dma), x=0~7,表示8个辅助寄存器
SAR    ARx, ind [,ARn]     ;间接寻址, ARx→(AR)
```

说明：将指定的辅助寄存器ARx（x=0~7）的内容复制到被寻址的数据存储单元，然

后再按指令指定的方式修改当前辅助寄存器的内容和 ARP 的内容（间接寻址时）。

例如：指令 SAR　AR0,30　;设 DP =4，则执行后将 AR0 送到数据存储器单元 21EH 中

（65）SBRK：当前辅助寄存器减去短立即数（Subtract Short-Immediate Value from Auxiliary Register）

语法及功能：

```
SBRK  #k;立即寻址,8 位短立即数 k,AR-k→AR
```

说明：将当前辅助寄存器的内容减去 1 个 8 位正整数 k，结果存在当前辅助寄存器中。

例如：指令 SBRK　#0FFH　;设 ARP =7，AR7 =0，则将当前辅助寄存器 AR7 减去#0FFH，即 AR7 = FF01H

（66）SETC：控制位置位（Set Control Bit）

语法及功能：

```
SETC control bit; control bit 置 1
```

说明：清除状态寄存器 ST1 和 ST0 的 C、CNF、INTM、OVM、SXM、TC、XF 位。

例如:SETC　INTM　;将 ST0 中的 INTM(ST0.9)位置 1,即关中断

（67）SFL：累加器左移（Shift Accumulator Left）

语法及功能：

```
SFL
```

说明：将累加器的 32 位数值左移 1 位，累加器的最低位填 0，最高位移入进位位 C。

（68）SFR：累加器右移（Shift Accumulator Right）

语法及功能：

```
SFR
```

说明：将累加器的 32 位数右移 1 位，最低位移入进位位 C。若 SXM =0，指令进行逻辑右移，最高位填 0。若 SXM =1，指令进行算术右移，最高位（符号位）不变。

例如：SFR　; SXM =0，无符号扩展,逻辑右移
　　执行前：C = x，ACC = B000 1234H
　　执行后：C =0，ACC =5800 091AH

再例如：SFR　; SXM =1，符号扩展,算术右移
　　执行前：C = x，ACC = B000 1234H
　　执行后：C =0，ACC = D800 091AH

（69）SPAC：累加器减去乘积寄存器 P（Subtract P from Accumulator）

语法及功能：

```
SPAC; ACC - 移位后的 P→ACC
```

说明：将累加器的内容减去按移位方式 PM 移位后的乘积寄存器（P）的内容存入累加器。该指令受 PM 和 OVM 影响，影响 C 和 OV。

（70）SPH：存储乘积寄存器高字（Store PH）

语法及功能：

```
SPH dma             ;直接寻址，寄存器 P 移位后的高 16 位→(dma)
SPH ind [,ARn]      ;间接寻址，寄存器 P 移位后的高 16 位→(AR)
```

说明：将乘积寄存器 P 的内容按 PM 状态位指定的方式移位，把移位后的高 16 位数值存到被寻址的数据存储单元中。寄存器 P 和 ACC 中的内容保持不变。

```
例如：SPH *, AR7   ; 设 PM = 2，则 P 左移 4 位，高位丢失，低位填 0。将左移 4 位的 P 的高 16 位字
                   ;送当前 AR 指定的数据存储器中，AR7 为下次辅助寄存器
      执行前：ARP = 6，AR6 = 203H，P = FE07 9844H，数据存储器单元：(203H) = 4567H
      执行后：ARP = 7，AR6 = 203H，P = FE07 9844H，数据存储器单元：(203H) = E079H
```

(71) SPL：存储乘积寄存器低字（Store PL）

语法及功能：

```
SPL dma             ;直接寻址，寄存器 P 移位后的低 16 位→(dma)
SPL ind [,ARn]      ;间接寻址，寄存器 P 移位后的低 16 位→(AR)
```

说明：将乘积寄存器 P 的内容按 PM 状态位指定的方式移位，把移位后的低 16 位数值存在被寻址的数据存储单元中。寄存器 P 和 ACC 中的内容保持不变。

```
例如：SPL    5     ; 设 DP = 4，PM = 2，则 P 左移 4 位，高位丢失，低位填 0。将左移 4 位的 P
                   ;的低 16 位字送指定的数据存储器中
      执行前：P = FE07 9844H，数据存储器单元：(205H) = 4567H
      执行后：P = FE07 9844H，数据存储器单元：(205H) = 8440H
```

(72) SPLK：长立即数送到数据存储器单元（Store Long - Immediate Value to Data Memory）

语法及功能：

```
SPLK #lk, dma              ;直接寻址，长立即数→(dma)
SPLK #lk, ind [, ARn]      ;间接寻址，长立即数→(AR)
```

说明：将 16 位的长立即数送到直接寻址或间接寻址指定的数据存储器单元中。

```
例如：SPLK #1111H, * +, AR4
      执行前：ARP = 0，AR0 = 300H，数据存储器单元：(300H) = 07H
      执行后：ARP = 4，AR0 = 301H，数据存储器单元：(300H) = 1111H
```

(73) SPM：设置移位模式 PM（Set P Output Shift Mode）

语法及功能：

```
SPM  常数;常数 0 ~ 3→乘积移位模式 PM
```

说明：将常数 0 ~ 3 送到状态寄存器 ST1 的乘积移位模式 PM 位（ST1 的 D1 和 D0 位），以控制乘积寄存器 P 输出时的移位模式。乘积移位模式位 PM = 0：没有移位，复位值、1：左移 1 位、2：左移 4 位、3：右移 6 位。

(74) SQRA：乘方并累加前一次乘积（Square Value and Accumulate Previous Product）

语法及功能：

```
SQRA dma            ;直接寻址,移位的 P+ACC→ACC, (dam) →T, T*(dma) →P
SQRA ind [,ARn]  ;间接寻址,移位的 P+ACC→ACC, (AR) →T, T*(AR) →P
```

说明：累加器加按 PM 方式移位后的上一次乘积 P，结果存入累加器中。将直接或间接寻址数据存储单元中的数装入 T 寄存器，T 乘以 T 即求平方，乘积送寄存器 P。指令受 OVM 和 PM 影响，影响 OV 和 C。

```
例如: SQRA    30  ; 设 DP=4, PM=0,P 不移位。则将 ACC 的内容与 P 的内容相加后送 ACC,
                  ;再将数据单元 31Eh 的内容求平方后送寄存器 P
    执行前:数据存储器单元:(31EH) =0FH,T=03H, P=12CH,C=x, ACC=1F4H
    执行后:数据存储器单元:(31EH) =0FH,T=0FH, P=0E1H,C=0, ACC=320H
```

(75) SQRS：乘方并减去前一次乘积（Square Value and Subtract Previous Product）

语法及功能：

```
SQRS dma            ;直接寻址,移位的 P-ACC→ACC, (dam) →T, T*(dma) →P
SQRS ind [,ARn]  ;间接寻址,移位的 P+ACC→ACC, (AR) →T, T*(AR) →P
```

说明：累加器减去按 PM 方式移位后的上一次乘积 P，结果存入累加器中。将直接或间接寻址数据存储单元中的数装入 T 寄存器，T 乘以 T 即求平方，乘积送寄存器 P。指令受 OVM 和 PM 影响，影响 OV 和 C。

```
例如: SQRS   *,AR5  ; 设 PM=0,P 不移位。则将 ACC 的内容与 P 的内容相减后送 ACC,
                    ;再将数据单元的内容求平方后送寄存器 P
    执行前:ARP=3, AR3=309H, 数据存储器单元:(309H) =08H,T=1124H, P=190H,C=
    x, ACC=1450H
    执行后:ARP=5, AR3=309H, 数据存储器单元:(309H) =08H,T=08H,   P=40H,   C=
    1, ACC=12C0H
```

(76) SST：存储状态寄存器（Store Status Register）

语法及功能：

```
SST    #m, dma              ;直接寻址,ST0/ST1→(dma), m=0/1
SST    #m, ind [,ARn]     ;间接寻址,ST0/ST1→(AR) , m=0/1
```

说明：将状态寄存器 ST0 或 ST1 的值保存到指定的数据存储单元。m=0 时，保存 ST0；m=1 时，保存 ST1。直接寻址时，不论 ST0 中的数据页面指针 DP 为何值，指定的状态寄存器的内容总是被保存在 0 页，并由 dma 给出低 7 位地址。间接寻址时，由当前 AR 指定数据存储器的地址，此时状态寄存器的值可以保存到数据存储器的任何页面内。

```
例如: 指令 SST   #0,96            ; 将状态寄存器 ST0 的值保存到数据存储 60H 单元
再例如: 指令 SST   #1, *, AR7   ; 将状态寄存器 ST1 的值保存到当前 AR 指定的数据存储单元
    执行前:ARP=0,AR0=300H, ST1=2580H,数据存储器单元: (300H) =0H
    执行后:ARP=0,AR0=300H, ST1=2580H,数据存储器单元: (300H) =2580H
```

(77) SUB：累加器减（Subtract from Accumulator）

语法及功能：

```
SUB dma [ , shift]            ;直接寻址,ACC - (dma) * 2^shift→ACC
SUB dma, 16                   ;左移 16 位直接寻址, ACC - (dma) * 2^16→ACC
SUB ind [ , shift [ , ARn]]   ;间接寻址, ACC - (AR) * 2^shift→ACC
SUB ind, 16 [ , ARn]          ;左移 16 位间接寻址, ACC - (AR) * 2^16→ACC
SUB #k                        ;短立即寻址, ACC - k→ACC
SUB #lk [ , shift]            ;长立即寻址, ACC - lk * 2^shift→ACC
```

说明：将累加器减去被寻址的数据存储单元的内容或立即数左移 0 ~ 16 位后，移位时低位填 0，高位填 0（SXM = 0）或符号扩展（SXM = 1）。指令影响 C 和 OV。一般情况下，产生借位 C = 0，不产生借位 C = 1。当左移 16 位作减法时，如果减法结果没有借位，则 C = 1。结果无借位，则 C 不变。指令受 SXM 和 OVM 的影响。但短立即数寻址时，仅受 OVM 影响，不受 SXM 影响。

例如：指令 SUB　* - , 1, AR0　;ACC = ACC - (AR) * 2, AR = AR + 1, ARP = 0

执行前：ARP = 7, AR7 = 301H，数据存储器单元：(301H) = 4, ACC = 9, C = x

执行后：ARP = 0, AR4 = 300H，数据存储器单元：(301H) = 4, ACC = 1, C = 1

(78) SUBB：带借位的累加器减（Subtract from Accumulator with Borrow）

语法及功能：

```
SUBB dma              ;直接寻址,ACC = ACC - (dma) - /C
SUBB ind [ ,ARn]      ;间接寻址, ACC = ACC - (AR) - /C
```

说明：将累加器减去被寻址的数据存储单元的内容及进位位 C 的相反值，符号不扩展。该指令可实现多精度运算。指令受 OVM 的影响，影响 C 和 OV。

(79) SUBC：条件减（Conditional Subtract）

语法及功能：

```
SUBC dma              ;直接寻址
SUBC ind [ ,ARn]      ;间接寻址
```

执行：　若 ACC > = 0，且（数据存储器单元）> = 0，则 ALU 输出 = ACC - (数据存储器单元) $\times 2^{15}$

若 ALU 输出 > = 0，则 ACC = ALU 输出 × 2 + 1，否则 ACC = ACC × 2

说明：如果累加器的内容和被寻址的数据存储单元的内容均为正数时，SUBC 用做减法运算，将累加器的内容减去数据单元的内容。若减法结果大于或等于 0，则结果乘 2 并加 1 送累加器。若减法结果小于 0，则将原累加器的内容乘以 2 送累加器。

重复执行 16 次 SUBC 条件减指令（移位相减）可实现 16 位正数的除法运算。方法如下：将正的 16 位被除数放在累加器的低 16 位，累加器的高 16 位清零。正的 16 位除数放在被寻址的数据存储单元中，执行 SUBC 指令 16 次，指令完成后，所得的商放在累加器的低 16 位，余数放在累加器的高 16 位。即移位相减的方法实现除法运算。

本指令影响 C 和 OV。若累加器和数据单元的内容为负数，则不能用 SUBC 指令实现除法。SUBC 指令不受 OVM 的影响，执行该指令时累加器不会因正溢或负溢而饱和。进位位 C 按正常方式变化，若相减结果产生借位，则 C = 0；若没有借位，则 C = 1。

例如：RPT #15 ;重复计数器 RPTC = 15

SUBC * ; SUBC 指令执行 16 次，累加器的内容除以当前 AR 指定的数据存储器的

;内容，

;结果送累加器(低 16 位为商，高 16 位为余数)，65/7 = 9 余数 2

执行前：ARP = 3，AR3 = 1000H，数据存储器单元：(1000H) = 7，ACCH = 0，ACCL = 41H = 65

执行后：ARP = 3，AR3 = 1000H，数据存储器单元：(1000H) = 7，ACCH = 2，ACCL = 0009H

(80) SUBS：抑制符号扩展的累加器减（Subtract from ACC with Sign Extension Suppressed）

语法及功能：

```
SUBS dma              ;直接寻址，ACC = ACC -(dma)
SUBS ind [ , ARn]     ;间接寻址，ACC = ACC -(AR)
```

说明：累加器的内容（高位填 0）减去被寻址的数据存储单元的内容，结果送累加器。当 SXM = 0，移位次数为 0 时，SUB 指令与 SUBS 的结果相同。

(81) SUBT：T 确定移位位数的累加器减（Subtract from ACC with Shift Specified by T）

语法及功能：

SUBT dma ;直接寻址，ACC = ACC -(dma) $* 2^{T(3\sim0)}$

SUBT ind [, ARn] ;间接寻址，ACC = ACC -(AR) $* 2^{T(3\sim0)}$

说明：将累加器减去被寻址的数据存储单元的内容左移 0 ~ 15 位（由 T 的低 4 位确定）后，移位时低位填 0，高位填 0（SXM = 0）或符号扩展（SXM = 1）。指令影响 C 和 OV，如果减法结果有借位，则 C = 0。否则 C = 1。指令受 SXM 和 OVM 的影响。

(82) TBLR：程序存储器表读（Table Read）

语法及功能：

```
TBLR dma;             ; 直接寻址，数据存储器(dma) = 程序存储器(ACCL)
TBLR ind [ , ARn]     ; 间接寻址，数据存储器(AR) = 程序存储器(ACCL)
```

说明：将累加器低字为地址的程序存储器单元中的内容复制到指定的直接或间接寻址数据存储器单元中，属于查表指令。当用 RPT 指令重复时，TBLR 指令成为单周期指令，可传送一组数据。

例如：TBLR *，AR7 ;将累加器指定的程序存储单元 24h 的内容送到当前 AR 指定的

;数据存储单元 300h 中，并指定下次 AR 为 AR7

执行前：ARP = 0，AR0 = 300H，ACC = 24H，程序存储器单元：(24H) = 307H，数据存储器单元：(300H) = 75H

执行后：ARP = 7，AR0 = 300H，ACC = 24H，程序存储器单元：(24H) = 307H，数据存储器单元：(300H) = 307H

(83) TBLW：程序存储器表写（Table Write）

```
TBLW dma;             ; 直接寻址，程序存储器(ACCL) = 数据存储器(dma)
TBLW ind [ , ARn]     ; 间接寻址，程序存储器(ACCL) = 数据存储器(AR)
```

说明：将指定的直接或间接寻址数据存储器单元的内容复制到累加器低字为地址的程序存储器单元中。当用 RRT 指令重复时，TBLW 指令成为单周期指令，可传送一组数据。

例如：TBLW　　5　;将数据存储单元 1005h 的内容送到累加器指定的程序存储单元 257h 中
　　执行前：DP = 20H，ACC = 257H，数据存储器单元：(1005H) = 4339H，程序存储器单元：(257H) = 306H
　　执行后：DP = 20H，ACC = 257H，数据存储器单元：(1005H) = 4339H，程序存储器单元：(257H) = 4339H

(84) TRAP：陷阱软件中断（Trap Software Interrupt）

语法及功能：

```
TRAP;PC + 1 进入堆栈,PC = 22 h
```

说明：执行陷阱软件中断，使程序转移到存储单元 22 h，TRAP 指令是不可屏蔽的。

(85) XOR：与累加器进行异或操作（Exclusive OR With Accumulator）

语法及功能：

```
XOR dma              ;直接寻址，  ACC = ACC ⊕(dma)
XOR ind [, ARn]      ;间接寻址，  ACC = ACC ⊕(AR)
XOR #lk [, shift]    ;短立即寻址，ACC = ACC ⊕ lk * 2^shift
XOR #lk , 16         ;长立即寻址，ACC = ACC ⊕ lk * 2^16
```

说明：如果使用直接或间接寻址，累加器的低 16 位和被寻址的数据存储单元的内存进行逻辑异或操作，结果送累加器低 16 位，累加器高 16 位清零。如果使用长立即数寻址，则 16 位的长立即数左移 0 ~ 16 位后（移位时低位、高位均补 0）和 32 位的累加器相异或，结果送累加器。

例如：指令 XOR　#0F0F0h, 4　;将 0F0F0h 左移 4 位后和 ACC 相异或,结果送 ACC
　　执行前：ACC = 1111 1010H
　　执行后：ACC = 111E 1F10H

(86) ZALR：累加器低位字清零，高位字带舍入装载（Zero Low Accumulator and Load High Accumulator With Rounding）

语法及功能：

```
ZALR dma             ;直接寻址，  ACCH = (dma), ACCL = 8000H
ZALR ind [, ARn]     ;间接寻址，  ACCH = (AR), ACCL = 8000H
```

说明：将数据存储单元的内容送到累加器的高 16 位，8000H 送到累加器的低 16 位。

3.4 汇编语言命令与程序举例

3.4.1 常用汇编语言命令

1. 段定义命令

汇编与链接程序建立的目标文件采用共用目标文件格式（COFF），便于模块化编程、管理代码段和存储，即不必为程序代码或变量指定目标地址，这为程序编写、移植和升级提供了很大方便。汇编器根据汇编命令（也称为伪指令）用适当的段将各部分程序代码和数据连在一起，构成目标文件。链接器分配存储单元，即把各个段重新定位到目标存储器中。段（Section）是目标文件的最小单位，是在存储器中占据连续空间的代码和数据块，各段相互独立。

有如下段定义命令：

1）. text 命令。定义 text 段，即程序段，该段通常包含可执行代码即程序。该段是系统的默认段。

2）. data 命令。定义 data 段，即数据段，该段通常包含已初始化的常数数据。该段是系统的默认段。

3）. bss 命令。定义 bss 段，即保留数据空间段，该段通常为未初始化的数据保留空间。该段是系统的默认段。该命令的格式为：. bss 符号，字数

4）. sect 命令。用户可以自行定义已初始化段。该命令的格式为：. sect　“段名”

5）. usect 命令。用户可以自行定义未初始化段，为变量保留空间。该命令的格式为：符号 . usect　“段名”，字数

2. 常数初始化命令

1）. word：将一个或多个 16 位的值，放入当前段中的连续字中。

2）. byte：将一个或多个 8 位的值，放入当前段中的连续字中。

3）. bes，. space：在当前段内保留特定的二进制位数。

4）. float：计算单精度 32 位 IEEE 浮点数值，并将其存入当前段中的两个连续的字中。

5）. int：将一个或多个 16 位的数，放入当前段中的连续字中。

6）. long：将 32 位的数，放入当前段的连续字中。

7）. string：将一个或多个 8 位的字符放入当前段。

【例 3–3】 汇编命令 . word、. byte、. float、. int、. long、. string 的使用。

```
0000    aa        .byte   0AAH,0BBH
0001    bb
0002    cccc      .word   0CCCCH
0003    dddd      .int    0DDDDH
0004    ffff      .long   0EEEEFFFFH
0005    eeee
0006    6865      .string "help"
0007    6c70
0008    ffa8      .float  1.99999
0009    3fff
```

3. 其他汇编命令

1）. include：告诉汇编器从其他文件读入源语句。例如：include “F2407REGS_ A. h”，表示将寄存器定义头文件 F2407REGS_ A. h 包含到汇编语言源程序中。

2）. global、. def、. ref：定义全局符号，在连接时可供其他模块使用。外部符号是指在一个模块中定义，在另一个模块中使用的符号。可使用 . def、. ref 或 . global 汇编伪指

令将符号定义为外部符号。. def 用于在当前模块中定义，可以在别的模块中使用的符号。. ref 用于在当前模块中引用，但在别的模块中定义的符号。. global 可用于以上任何一种情况。例如：

```
.ref    _c_int0     ;说明在别的模块中定义的符号_c_int0
B       _c_int0
```

3）. if/. elseif/ . else/. endif：条件汇编命令。

4）. set 和 . equ ：为一个符号设置一个常数值，二者是等价的。该符号存在符号表中，不能再定义。

例如：

```
IMR      .set  0004H   ;中断屏蔽寄存器
IFR      .set  0006H   ;中断标志寄存器
SCSR1    .set  7018H   ;系统是控制与状态寄存器 SCSR1
WDKEY    .set  7025H   ;看门狗寄存器 WDKEY
```

通常将片内外设寄存器地址的定义等做成一个头文件例如：F2407REGS_ A. h，然后用 . include 命令将该文件包含到汇编语言程序中。

5）. end：汇编语言程序结束。

3.4.2 汇编语言程序举例

【例 3-4】 查表程序。用查表法求 y 值，$y=\sqrt[5]{x}$，x = 0, 1, 2, …, 9，采用 Q14 格式。

x	0	1	2	3	4	5	6	7	8	9
y	0000	4000H	4984H	4FBAH	5472H	5E73H	5B94H	5E73H	6101H	6351H

设 x 值在 402H 单元，查表 y 值送 404H 单元。

```
LDP     #8
LACC    2               ;(402H)→ACC, x
ADD     #TAB            ; 表首地址#TAB,  ACC = #TAB + (402H)
TBLR    4               ; (ACC)→(404H), y
RET
TAB:    .WORD 0000, 4000H,  …, 6101H, 6351H     ; 伪指令 .WORD 定义 16 位常数
```

【例 3-5】 求 w = 5x + 10y − 3z。

```
        x   .set     2f96h          ;伪指令 .set 定义符号常数
        y   .set     18f5h
        z   .set     053ah
        w   .usect   "sum", 2       ;定义一个段 sum,符号 w 占 2 个字
            .text                   ;建立一个段为 .text 的代码段
START:  MAR      *, AR2             ;AR2 为当前 AR
        LAR      AR2, #x            ;x 的地址
```

```
LT      *              ;T←x
MPY     #5             ;P←5x
LAR     AR2, #y        ;y 的地址
LTP     *              ;y→T,P→ACC
MPY     #10
LAR     AR2, #z
LTA     *              ;z→T,ACC + P→ACC
LAR     AR2, #w
SACL    * +
SACH    *
. end
```

【例 3-6】 将数据存储器 60H ~ 69H 单元内容求和。

```
        MAR    * ,AR0              ;设 AR0 为当前 AR
        LAR    AR1,#09H            ;10 个单元,计数器
        LAR    AR0,#60H            ;初始单元 AR0 = #60H,地址指针
        LACC   #0                  ;和初值  ACC = 0
PGM191:ADD     * + ,AR1            ;累加,AR0 + 1,下一当前 AR 为 AR1
        BANZ   PGM191, * - ,AR0    ;AR1≠0 则循环,且 AR1 = AR1 - 1
                                   ;下一当前 AR 为 AR0, ACC = 0 + (60H) + (61H) + … +
                                   ;(69H)
```

【例 3-7】 用汇编语言编程实现坐标变换 $i_\alpha = i_a$, $i_\beta = (2i_b + i_a)/\sqrt{3}$。

```
LACC    ia          ; ia,Q12 格式
SACL    ialpha      ; ialpha = ia
LACC    ib,1        ; ibeta = (2 * ib + ia) * 1/sqrt(3) , ib, Q12 格式
ADD     ia
SACL    tmp
LT      tmp
MPY     SQRT3inv    ;SQRT3inv = 1/sqrt(3) = 0.57737 = 093dh   Q12 格式
PAC
SACH    ibeta,4     ;左移 4 位, Q12 格式
```

【例 3-8】 DSP 的 XF 引脚指示灯闪烁汇编语言程序。

```
        . include    "F2407REGS_A. h"     ;汇编语言程序寄存器地址定义头文件
        . global     _c_int0              ;伪指令 . global 定义全局符号,程序入口地址
        . text                            ; text 段包含可执行代码
_c_int0:
        LDP          # SCSR1 > >7         ;取页面地址 0e0h,SCSR1 右移 7 位取高 9 位
        SPLK         #0200h, SCSR1         ; 2407 设置 2 倍频, D11,10,9 = 001, CLKIN
= 10MHz,
                                          ; CLKOUT = 10MHz,并禁止外设时钟
        SPLK         0068h,WDCR           ;禁止看门狗定时器
```

```
         CLRC    xf              ;LED 亮
         SETC    xf              ;xf = 1, LED 灭,用于单步调试
_start:  CLRC    xf              ;LED 亮
         CALL    delay           ;调用延时程序
         SETC    xf              ;LED 灭
         CALL    delay           ;延时
         B       _start          ;循环闪烁
                                 ;延时子程序
delay:   LAR     AR2,#50         ;延时常数, 延时 50 * 10ms = 500ms
delay0:  LAR     AR1, #25000
delay1:  NOP                     ;1T = 50ns, CLKOUT = 20 MHz
         NOP                     ;1T,零等待状态情况下,执行时间为 1 个机器
                                 ;周期
         NOP                     ;1T
         MAR     *,AR1           ;1T, AR1 设为当前 AR
         BANZ    delay1          ;4T, 内循环 8T * 25000 = 10ms
         MAR     *,AR2           ;AR2 设为当前 AR
         BANZ    delay0
         RET
         .end                    ;汇编语言程序结束
```

3.5 思考题与习题

1. 简述 C24x DSP CPU 的组成。
2. C24x 的 CPU 有哪些寄存器?
3. 简述 C24x DSP 的总线结构。
4. 辅助寄存器有哪些? 其作用是什么?
5. 如何确定当前辅助寄存器?
6. 状态寄存器 ST0、ST1 的作用是什么?
7. C24x DSP 有哪些寻址方式?
8. 直接寻址方式中, 数据存储单元的地址是如何形成的?
9. 访问片内外设寄存器可以采用哪些寻址方式?
10. C24x DSP 有哪些类型的指令?
11. 用汇编语言编程对数据存储器单元 300H ~ 30AH 的内容求和。
12. 如何用汇编语言编写查表程序?

第 4 章　DSP 软件开发与 C 语言编程

本章主要内容：

1）DSP 开发工具与软件开发流程（DSP Development Tools and Software Development Flow）。

2）集成开发环境 CCS（IDE Code Composer Studio）。

3）DSP 的 C 工程文件（DSP C Project Files）。

● 公共目标文件格式 COFF（The Common Object File Format）。

● 链接命令文件（Linking Command Files）。

4）DSP C 语言程序设计基础（DSP C Programming Fundamentals）。

● 数据类型（Data Types）。

● 运算符与基本语句（Operators and Statements）。

● 函数（Functions）。

● 指针（Pointers）。

● 编译预处理命令（Preprocessor Directives）。

● C 语言与汇编语言混合编程（Hybrid Programming with C and Assembly）。

● C24x DSP 编译器的关键字（Keywords for the C24x DSP Compiler）。

5）DSP C 程序举例（DSP C Program Examples）。

4.1　DSP 开发工具与软件开发流程

1. DSP 开发工具

DSP 开发工具包括硬件与软件两部分，即 DSP 开发系统与集成开发环境 CCS（Code Composer Studio）。DSP 开发系统称为硬件仿真器（Emualtor），有计算机插卡式（PCI 总线）、并行接口式、USB 接口式等。目前广泛采用 USB 接口式，即 DSP 开发系统通过 USB 接口与计算机相连，DSP 开发系统再通过 JTAG（Joint Test Action Group）接口与用户目标板相连，实现 DSP 软硬件调试与程序烧写。

TI 公司及其第三方提供的开发工具有 XDS510（Extended Development System）硬件仿真器、DSP 教学实验系统、DSP 初学者工具 DSK（DSP Starter Kit）、DSP 评估板（Evaluation Module，也称为 EVM 板、DEMO 板、目标板等）。

DSP 评估板除了包括基本的 DSP 芯片及必要的电源、时钟、复位电路外，通常还包括用于程序调试的片外扩展程序存储器、扩展的 A－D、D－A 转换器、键盘显示电路、E^2PROM 芯片、RS－232 串行接口、SPI 接口、CAN 接口的驱动电路、简单应用电路等。

图 4－1 给出了一个典型的 2407 EVM 板的电路组成示意图。可以看出除了 TMS320LF2407A 芯片及其电源、时钟、复位电路外，还扩展了 64 KW RAM、D－A 转换芯片 DAC7617 等，增加了 CAN 驱动器、SCI 驱动器、CPLD 电路等，设置了 JTAG 接口、串行

接口、CAN 接口及扩展接口插座。

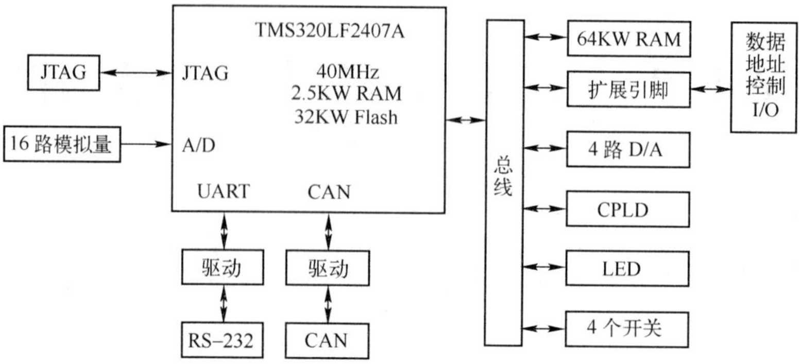

图 4-1　TMS320LF2407A EVM 原理框图

该 2407 EVM 板的主要性能指标如下：

1）TMS320LF2407A，运行速度 40MIPS。

2）片内 RAM 2.5 KW。

3）扩展 RAM 64 KW。

4）片内 16 路 10 位 A-D 转换器，采样时间 375 ns。

5）扩展的 4 路 12 位 D-A 转换器 DAC7617。

6）UART 串行接口，符合 RS-232C 标准。

7）16 路 PWM 输出。

8）CAN 总线接口。

9）用户开关与指示灯。

10）片内 32KW Flash 存储器。

11）具有与 IEEE1149.1 标准兼容的逻辑扫描电路即 JTAG 接口，用于仿真调试与 Flash 程序烧写。

12）+5 V 电源输入，板上 3.3 V 电源管理。

2. 软件开发流程

软件开发流程图如图 4-2 所示，主要有以下步骤：

1）编辑：生成源程序（*.asm，*.c）、头文件（*.h）与命令文件（*.cmd）。

2）编译与汇编：生成目标文件（*.obj）及列表文件（*.lst）。

3）链接：生成可执行代码文件（*.out）及用于存储器分配的映射文件（*.map）。

4）调试：通过 JTAG 接口将程序下载到目标系统的程序存储器并调试。

5）通过 JTAG 接口将程序烧写到 Flash 存储器。

3. 软件工具

软件开发工具主要有源程序编辑器（Editor）、编译器（Compiler）、汇编器（Assembler）、链接器（Linker）、归档器（Archiver）、运行时支持库（Run-Time-Support Library）、库建立程序（Library-build Utility）、HEX 转换程序（Hex Conversion Utility）、绝对列表器（Absolute Lister）及调试工具（Debugging Tools）等。

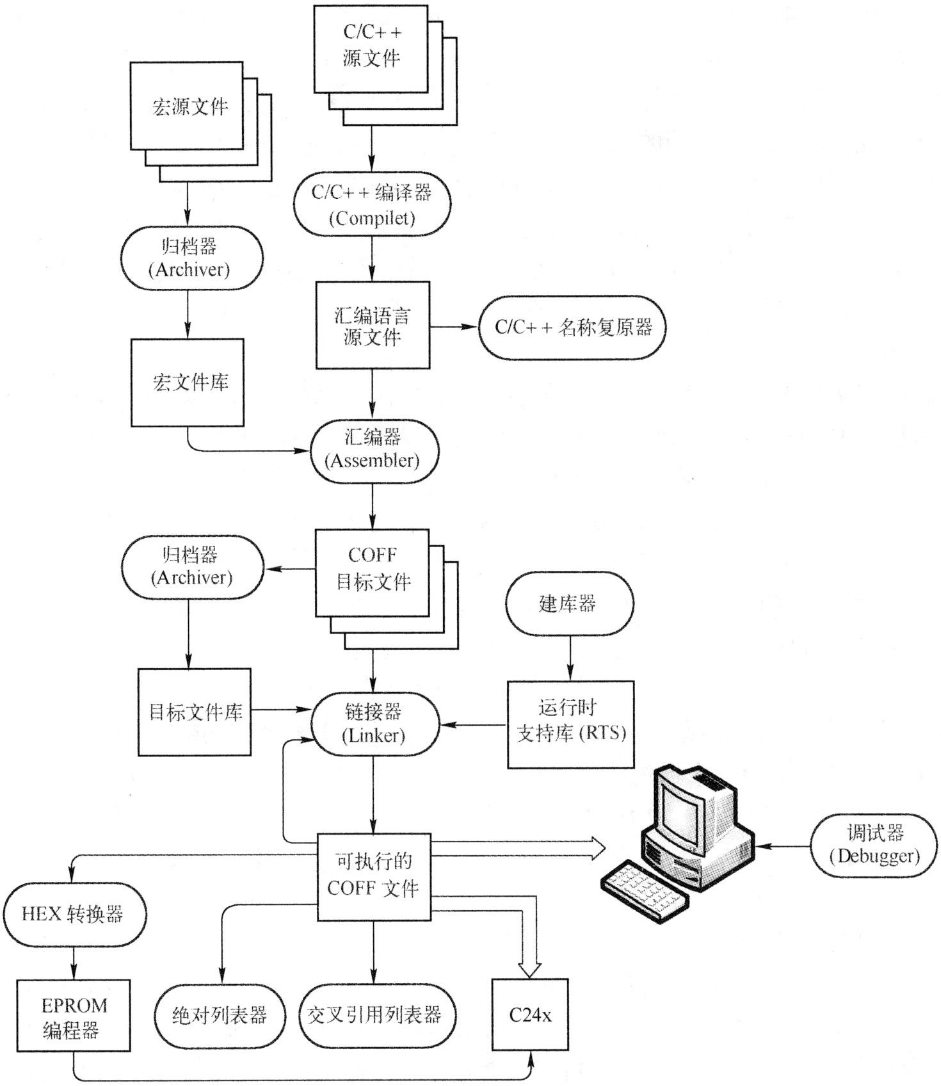

图 4-2　软件开发流程框图

（1）编译器

CCS 的 C/C ++编译器接收标准 ANSI C 源文件（.c），并将其编译成 C24x 的汇编语言源文件。编译器是整个 CCS 的外壳程序（Shell Program）的组成部分之一。外壳程序是 CCS 的基本组成部分，它由编译器、汇编器和链接器组成，可使用户一次完成对源程序的编译、汇编以及链接等工作。CCS 的 C 编译器由三个软件包组成：编译器本体、优化器（Optimizer）以及交互列表器（Interlist Utility）。优化器用于对编译生成的汇编代码进行优化和修改，以提高 C 程序的运行效率。交互列表器用于将 C 表达式编译后的汇编指令输出，借助这个工具，用户可以查看 C 语句所对应的汇编语句。

（2）汇编器

CCS 的汇编器是其外壳程序的第二部分，用以将汇编语言源文件（扩展名为 .asm）翻译成机器语言 COFF 的目标文件（.obj）。汇编语言源文件可以来自 C 编译器，也可以由用户直接编辑生成。汇编语言源文件除了包含程序指令，也包含汇编器命令（Assembler Directive）和宏命令（Micro Directive）。汇编器命令采用一种指令形式的描述性语言来对汇编过程进行编程和控制。宏命令则提供了一种用户可以自定义指令的方式，用户可以将一个复杂的汇编语言代码块或重复使用的代码块定义为一个宏，在源文件中，通过引用宏不仅可以简化文件的编写，也可减小文件的长度。COFF（Common Objective File Format，公共目标文件格式）是一种二进制目标文件格式，这种格式的特色是将程序代码和数据块分成段（Section）。段是目标文件中的最小单位，每个段的代码和数据最终占用连续的存储器地址，一个目标文件中的各段都是互相独立和有区别的。

（3）链接器

CCS 的链接器是其外壳程序的第三部分，用以将汇编器生成的多个 COFF 目标文件组合成一个可执行的 COFF 输出文件（. out）。通常汇编器生成的 COFF 目标文件中各代码段或数据段（如 . text、. data 和 . bss）只具有相对地址，它与系统的物理存储器地址之间没有任何关系，必须对其进行地址定位和分配后，这些目标文件才能变成可执行的文件。CCS 的链接器有三个主要的作用：

1）支持用户将 COFF 文件中的各代码段和数据段分配到实际目标系统的物理存储器中。

2）根据用户的分配要求，对各代码段和符号重新进行安排，并赋予其最后确定的物理地址。

3）处理多个文件之间那些没有被定义的外部引用（变量名或函数名等）。用户可以通过链接命令文件（. cmd）来描述实际目标系统的物理存储器地址并进行段的分配，链接器将调用该命令文件实现对目标文件的链接工作。

（4）归档器

为了重复利用源代码，减小源代码的编写工作量，使用宏是一种有效的办法，而大量的宏可以被组织在一起形成一个专门的库。同样通用函数的编写也会节省代码量。例如，将一个算法程序写成专门的函数，这是实现模块化编程采用的方法，大量这样的函数被组织在一起形成一个库文件。当编写一个新的用户程序时，有效地利用这些宏库或者函数库不仅可以大大节省程序的开发工作量，而且还可以方便地实现程序移植。归档器就是用于建立这样的宏库或函数库的非常有用的软件工具。归档器可以帮助用户将许多单个的文件组成一个库文件，这些文件可以是源文件，也可以是汇编后的目标文件。无论是汇编器或者是链接器都接受由归档器建立的库文件作为输入，汇编器接受源文件库作为输入，而链接器则接受目标文件库作为输入。例如，当汇编器对用户源程序进行汇编时，它遇到一个宏引用，则汇编器会搜索归档器建立的宏库以找到被引用的宏并将其嵌入引用宏的位置。同理用链接器对用户程序进行链接的时候，当它遇到一个外部函数的调用，它会解析这个函数名，并且到归档器建立的目标文件库中去寻找这个同名函数，并为其安排相同的物理地址。归档器除了可以创建库，还可以对库进行修改，比如对库成员进行删除、替换、提取和添加等操作。

（5）运行时支持库

运行时支持函数是 C 编译器的一个重要组成部分。C 用户经常调用一些标准 ANSI 函数来执行一个任务，如动态内存分配、对字符串的操作、数学运算（如求绝对值、计算三角函数和指数函数等）以及一些标准的输入/输出操作等，这些函数并不是 C 语言的一部分，但是却像内部函数一样，只要在源程序中加入对应的头文件（如 stdlib. h、string. h、math. h

和 stdio. h 等）就可以调用和使用。这些标准的 ANSI 函数就是 C 编译器的运行时支持函数。C24x 的 C 编译器所有的运行时支持函数，其源代码均被存放在一个库文件 rts. src 内，这个源库文件被 C 编译器编译后可生成运行时支持目标库文件。C24x 的 C 编译器包含了经过编译的运行时支持目标文件库 rts2xx. lib。由包含在文件 rts. src 中的源代码所创建。在 rts2xx. lib 中，除了标准的 ANSI C 运行时支持函数外，还包含一个系统启动子程序_ c_ int0。运行时支持目标文件库作为链接器的输入，必须与用户程序一起被链接，才可以生成正确的可执行代码。

（6）库建立程序

C24x 的 C 编译器允许用户对标准的运行时支持函数进行查看和修改，也可以创建自己的运行时支持库，这通过归档器或建库器来完成。比如，用户可以利用归档器从 rts. src 中提取某个运行时支持函数的源代码进行修改，然后调用编译器对其进行编译和汇编，最后再利用归档器将汇编后的目标文件写入运行时支持目标库中。按照同样的步骤，用户也可以创建新的运行时支持库。不过，通过建库器来创建新的运行时支持库有时更加方便和灵活。比如，编译器的不同配置条件和编译选项有时会对生成的运行时支持库有影响，不同条件下生成的运行时支持库未必能完全兼容，此时为了建立合适自己的运行时支持库，经常不需要改变源代码，而仅仅是修改编译器的配置和选项，这样在使用建库器时就更加方便了。

（7）HEX 转换程序

用户程序经过 C24x 的编译器和链接器生成可执行的 COFF 文件，可以将该文件下载到目标系统的 SRAM 中运行和调试，或直接烧写到 DSP 的片内 Flash 或者片外可编程存储器 EPROM 中。CCS 提供一个 Flash 烧写程序，该程序接受标准 COFF 格式的可执行文件并通过 JTAG 接口仿真器实现对 DSP 片内 Flash 的编程。不过要将程序写入片外 EPROM 中，在一般情况下需要采用通用编程器来进行。尽管 COFF 这种格式非常有利于模块化编程并具有强大、灵活的管理代码段和目标存储器的能力，但是多数的 EPROM 编程器并不能识别这种格式，因此 CCS 提供了 HEX 转换程序，用于把 COFF 目标文件转换成可被通用 EPROM 编程器识别的十六进制目标文件格式。HEX 转换程序还可以被用于其他需要将 COFF 文件转换为十六进制目标文件的场合，如调试器和上电引导加载（Boot loader）应用等。

（8）绝对列表器和交叉引用列表器

绝对列表器（Absolute Lister）和交叉引用列表器（Cross – Reference Lister）均为调试工具，其中绝对列表器接受链接后的目标文件作为输入，生成一些列表文件（扩展名为 . abs），这些文件列举了链接后的目标代码的绝对地址，这个工作如果采用手工完成，将需要很多操作，非常烦琐。绝对列表器可以帮助自动完成这个工作。交叉引用列表器也接受链接后的目标文件作为输入，生成一些交叉引用列表文件（扩展名为 . xrf），这些列表文件中列举了所有的符号名、它们的定义以及在被链接的源文件中的引用位置。

（9）C ++ 名称复原程序

一个 C ++ 源程序中的函数，在编译过程中其函数名会被编译器修改成链接层的名称，当用户直接查看编译器生成的汇编语言文件时，往往不能将其和源文件中的名称对应起来，此时借助 C ++ 名称复原程序（C ++ Name Demangling Utility），则可将修改后的名称复原成源文件中的名称。

（10）调试器

除了提供代码生成的功能，CCS 的另外一个重要的功能就是在线调试。CCS 可以将链接生成的可执行的 COFF 文件通过 JTAG 仿真器下载到目标系统的 RAM 存储器中运行，通过调试器（Debugger）来控制程序的运行。CCS 的调试器提供了丰富的调试功能用以帮助用户对其程序进行调试和修改。这些调试功能包括单步运行、设置断点、变量跟踪、查看寄存器和存储器内容、反汇编等基本功能。另外还有一些高级功能，如图形工具（Graphic Tool）和探测点（Probe Point）工具。CCS 调试器的图形工具，可以对保存在连续存储器区域的数据进行绘图处理。使用探测点工具可实现程序调试过程中数据的导入和导出，当遇到探测点时，可设定从计算机将某原始数据文件导入到 DSP 的相应存储器，或者将存储器中的数据处理结果存储成某一个文本文件。利用探测点工具和断点工具配合可及时更新显示图形和动画。

（11）GEL 语言

CCS 还提供了一种 GEL 语言，GEL（General Extension Language，通用扩展语言）是一种类似于 C 语言的解释性语言，它被用来创建 GEL 函数，用以扩展 CCS 的功能和用途。GEL 是 C 语言的一个子集，其语法结构遵从标准 C 的规定，不过它不能定义和声明变量，所有的变量必须在 DSP 的源程序中被定义。用户创建的 GEL 函数及其参数可用于对这些 DSP 源程序中定义的变量进行操作，比如进行赋值以及运算等。GEL 函数的这个作用对于用户执行一个调试任务非常有用。例如，用户在调试程序时经常需要在线修改一个变量的值以测试程序的运行是否正常，如果在源程序里对这个变量进行赋值，则每次都要停止当前调试，修改变量值，然后对源程序重新进行编译、链接和下载，显然这种方法对于调试工作非常不利。采用 GEL 函数则可灵活实现上述调试任务，当用户在调试中需要修改变量值的时候，不用停止当前调试，只要编写一个 GEL 函数并运行（该函数实现对变量的赋值操作），即可完成修改操作，然后可继续执行用户后面的调试任务。GEL 函数还可以用于在调试状态下的动态控制和修改目标系统的配置（如对目标系统进行复位、禁止或使能看门狗、配置 CPU 时钟以及修改其各种外设的配置等），使用户对程序的调试更容易。另外 GEL 函数可以用于创建不同风格的输出窗口，并且在窗口内显示变量内容。通过 GEL 函数用户能够在调试中访问存储器，创建输出窗口并显示寄存器、变量或者存储器的内容等。

GEL 函数可在任何能键入 C 表达式的地方调用，既可以在对话框中调用，也可以在其他 GEL 函数中调用。通常 GEL 函数可写到一个 GEL 文件（扩展名 . gel）中，然后利用 CCS 的 GEL 文件载入功能将其加载到 CCS 环境中，在加载的过程中，该 GEL 函数会被执行。还可以直接将 GEL 函数键入一个 GEL 命令窗口（在 CCS 的 View 菜单下打开 GEL 工具条即可显示该窗口），然后点击执行。

（12）DSP/BIOS

CCS 中还集成了一个嵌入式实时多任务操作系统内核 DSP/BIOS。它为用户提供了更加便捷和面向对象的软件开发途径，用户可以基于此操作系统内核开发自己的嵌入式 DSP 程序。DSP/BIOS 具备一般操作系统的重要特征。其由三个重要部分组成：应用程序接口（API）、对象配置工具以及实时分析工具（Real-Time Analysis Tool）。API 是 DSP/BIOS 的核心，用户程序通过调用 API 来使用 DSP/BIOS。DSP/BIOS 的 API 被分成许多对象模块，用户可以根据自己的需要选择使用这些模块，从而实现对 DSP/BIOS 尺寸的裁剪和定制。DSP/

BIOS 的对象配置工具主要用于静态创建 API 对象并设置其属性，创建的 API 对象将被用户程序调用。静态 API 对象在程序运行期间都是存在的，不能在运行时删除。但 API 对象可以在运行时被动态创建和删除。静态创建 API 对象可以减小用户代码的长度，还可以减少动态创建对象的时间，不影响用户程序的实时性。此外，只有静态创建的 API 对象其运行特性才能够由实时分析工具监测。DSP/BIOS 的实时分析工具采用可视化的方法对目标系统中用户程序的运行情况进行实时监测，这包括程序的跟踪（显示程序运行中发生的各种事件、被执行的进程及其动态变化）、性能监控（统计目标系统的资源消耗，如 CPU 的负荷和时间消耗）、数据流记录（将目标系统驻留的 I/O 对象的数据流记录到计算机的文件中）等。与传统的调试工具不同，DSP/BIOS 的实时分析工具利用 API 对象，在程序运行过程中采集数据并上传到计算机，该工具对用户程序的实时性几乎没有影响。而传统的调试工具需要暂停程序的运行，然后收集寄存器或变量内容等信息进行上传。

4.2 集成开发环境 CCS

TI DSP 的集成开发环境为 CCS（Code Composer Studio，代码创作者工作室），有 CCS v2.2、CCS v3.3 等版本。CCS 具有可视化的代码编辑界面，可以直接编辑 C 语言、汇编语言程序源文件、链接命令文件和头文件等。CCS 集成了代码生成工具，包括编辑器、编译器和链接器等。具有强大的调试能力，可以查看寄存器值、跟踪和显示变量值、设置断点与探测点以及显示波形与图形等。

1. 软件安装与设置

下面以北京瑞泰创新科技公司的 ICETEK-5100 USB 接口仿真器为例，说明 CCS v2.2 软件的安装与设置。

1）双击 CCS2000.exe 文件。将压缩文件展开，默认的路径为 c:\temp。在安装过程中安装软件会提示用户设置安装路径，可任意设置一个安装路径，例如 d:\ti。安装完毕后在桌面会出现两个图标，一个是 CCS2'(C2000)，另一个是 Setup CCS2'(C2000)。

2）双击驱动文件 usbdrv28x.exe 进行驱动程序的安装。在安装过程中安装软件会提示用户设置安装路径。注意，此时选择安装路径应与 CCS 一样，例如本例为 d:\ti。

3）将仿真器的 USB 电缆插入计算机 USB 接口，计算机会自动搜索到新的 USB 设备。新硬件向导会多次询问用户在哪里可以找到驱动程序，用户在提示路径填入 d:\ti\ICETEK 即可。

4）在驱动程序安装好后，双击 Setup CCS2'(C2000)图标，进行软件设置。如果是第 1 次设置，可以先关掉弹出的窗口，并删除 My System 列表下的原有配置。单击右侧的菜单 Import a Configuration File，在列表框中选择 ICETEK-5100 USB Emulator for TMS320F24xx 并单击 Import，再单击 Save and quit，即可实现硬件仿真器（Emulator）配置。如果在列表框中选择 Device Simulator，还可以配置软件仿真器（Simulator）。

5）可以测试 CCS 硬件仿真软件安装是否正确。将仿真器的 14 引脚 JTAG 仿真插头连接到用户目标板上，仿真器通过 USB 接口连接到计算机，接通目标板 +5V 电源。如果软件安装成功，单击 CCS2('C2000)，则计算机屏幕上会出现如图 4-3 所示画面。

6）安装固化 Flash 用的插件 C2000-2[1].00-SA-to-UA-TI-FLASH2X.rar。运行插件程序，

该文件会自动寻找安装路径，并自行安装。如果安装成功，则在 CCS2.2 软件的 Tools 菜单下会增加一个 On-Chip Flash Programmer 下拉菜单命令。用户可以通过该命令将设计调试好的可执行程序（.out）烧写到目标板，该板即可脱离仿真器运行。在 Flash 固化与独立运行时，DSP 的 $MP/\overline{MC}$引脚应接低电平即工作于微控制器方式。要对 Flash 编程，引脚 V_{CCP}必须接 5 V，器件正常运行时，该引脚也可以直接接地。

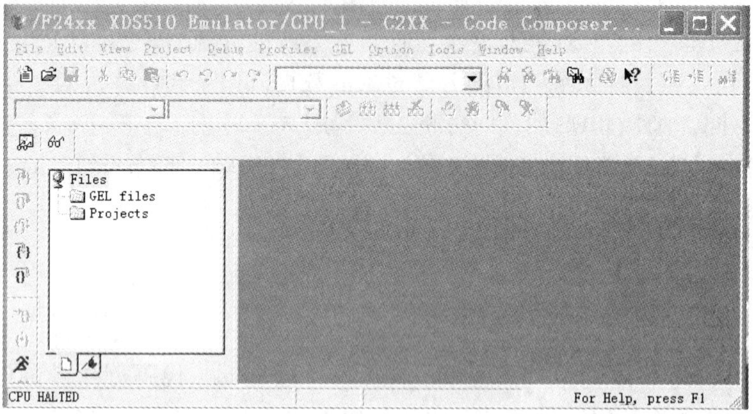

图 4-3　CCS 运行主窗口

2. CCS 主要菜单与功能

典型的 CCS 运行界面如图 4-4 所示。CCS 的功能可以通过菜单或工具条按钮实现。主要的菜单项有 File、Edit、View、Project、Debug 等。这些菜单的使用与常用的集成开发软件 Visual C ++ 等使用方法基本一样。

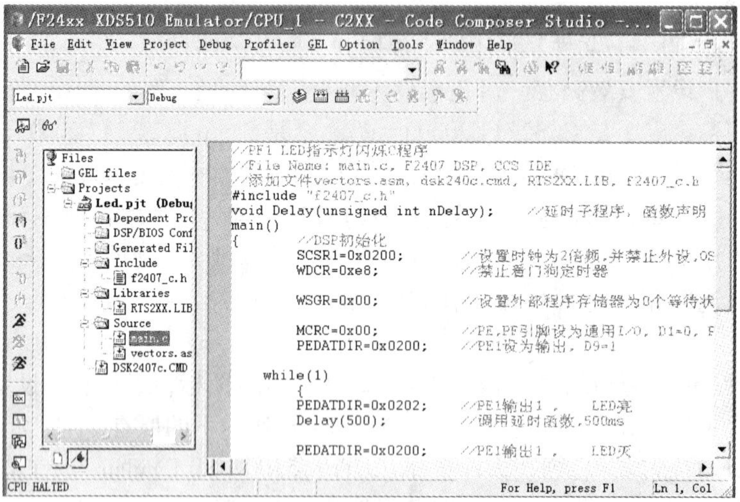

图 4-4　典型 CCS 运行界面

（1）File 菜单

File（文件）菜单用于文件管理，装载可执行程序及符号与数据，执行文件的输入/输出功能等。File 菜单命令的主要功能见表 4-1。

表 4-1　File 菜单命令

菜 单 命 令		功　能
New	Source File	新建一个源文（. c、. asm、. h、. cmd、. gel、. map、. inc 等）
	DSP/BIOS Config	新建一个 DSP/BIOS 配置文件
	Visual Linker Recipe	打开一个 Visual Linker Recipe 向导
Load Program		将 COFF(. out)文件中的数据和符号加载到目标板（实际目标板或 Simulator）
Reload Program		重新加载 COFF 文件，如果程序未作更改则只加载程序代码而不加载符号表
Data	Load	将计算机文件中的数据加载到目标板，可以指定存放的地址和数据长度，数据文件可以是 COFF 文件格式，也可以是 CCS 支持的数据格式
	Save	将目标板存储器数据存储到一个计算机数据文件中
Workspace	Load Workspace	装入工作空间
	Save Workspace	保存当前的工作环境，即工作空间，如父窗、子窗、断点、探测点、文件输入/输出、当前的工程等。
	Save WorkspacAs	用另外一个不同的名字保存工作空间
File I/O		CCS 允许在计算机文件和目标 DSP 之间传送数据。File I/O 功能应与 Probe Point 配合使用。Probe Point 将告诉调试器在何时从计算机文件中输入或输出数据。 File I/O 功能并不支持实时数据交换，实时数据交换应使用 RTDX

（2）View 菜单

View（查看）菜单用于工具条的显示控制，DSP 的存储器、寄存器内容查看，以及对存储器区域进行绘图显示等。View 菜单命令见表 4-2。

表 4-2　View 菜单命令

菜 单 命 令		功　能
Dis-Assembly		当将程序加载到目标板后，CCS 将自动打开一个反汇编窗口。反汇编窗口根据存储器的内容显示反汇编指令和调试所需的符号信息
Memory		显示指定存储器的内容
CPU	CPU Register	显示 DSP 的寄存器内容
Registers	Peripheral Regs	显示外设寄存器内容。Simulator 不支持此功能
Graph	Time/Frequency （时间/频率图形）	在时域或频域显示信号波形。频域分析时将对数据进行 FFT 变换，时域分析时数据无须进行预处理。显示缓冲的大小由 Display Data Size 定义
	Constellation （星座图形）	使用星座图显示信号波形。输入信号被分解为 X、Y 两个分量，采用笛卡尔坐标显示波形。显示缓冲的大小由 Constellation Points 定义
	Eye Diagram （眼图）	使用眼图来量化信号失真度。在指定的显示范围内，输入信号被连续叠加并显示为眼睛的形状
	Image （图像）	使用 Image 图来测试图像处理算法。图像数据基于 RGB 和 YUV 数据流显示
Watch Window		用来检查和编辑变量或 C 表达式，可以以不同格式显示变量值，还可显示数组、结构或指针等包含多个元素的变量
Project		CCS 启动后将自动打开工程视图。在工程视图中，文件按其性质分为源文件、头文件、库文件及命令文件
Mixed Source/Asm		同时显示 C 代码及相关的反汇编代码（位于 C 代码下方）

(3) Project 菜单

Project（工程）菜单用于工程管理，包括创建、打开和关闭工程，在工程中添加和删除文件以及对工程进行编译和链接，对编译器和链接器进行配置等。Project 菜单的主要命令见表 4-3。

表 4-3 Project 菜单命令

菜单命令	功能
Add Files to Project	CCS 根据文件的扩展名将文件添加到工程的相应子目录中。工程中支持 C 源文件（.c*）、汇编源文件（.a*、.s*）、库文件（.o*、.lib）、头文件（.h）和链接命令文件（.cmd）。其中 C 和汇编源文件可被编译和链接，库文件和链接命令文件只能被链接，头文件会被 CCS 自动添加到工程中
Compile File	对 C 或汇编源文件进行编译
Build	编译和链接。对于没有修改的源文件，CCS 不重新编译
Rebuild All	对工程中所有文件重新编译和链接，生成输出文件
Stop Build	停止正在建立的进程
Show Dependencies Scan All Dependencies	为了判别哪些文件应重新编译，CCS 在 Build 一个程序时会生成一棵关系树（Dependency Tree），以判别工程中各文件的依赖关系。使用这两个菜单命令则可观察工程的关系树
Build Options	用来设定编译器、汇编器和链接器的参数
Recent Project Files	加载最近打开的工程文件

(4) Debug 菜单

Debug（调试）菜单用于执行调试功能，如运行、设置断点、设置探测点、单步执行等。Debug 菜单的主要命令见表 4-4。

表 4-4 Debug 菜单命令

菜单命令	功能
Breakpoints	断点。程序在执行到断点时将停止运行
Step Into	单步运行。如果运行到调用函数处将跳入函数单步执行
Step Over	执行一条 C 指令或汇编指令。与 StepInto 不同的是，为了保护处理器流水线，该指令后的若干条延迟分支或调用将同时被执行
Step Out	如果程序运行在一个子程序中，执行 Step Out 将使程序执行完该子程序后回到调用该函数的地方
Run	从当前程序计数器（计算机）处执行程序，碰到断点时程序暂停执行
Halt	中止程序运行
Animate	运行程序。碰到断点时程序暂停运行，更新未与任何 Probe Point 相关联的窗口后程序继续运行
Run Free	忽略所有断点（包括 Probe Point 和 Profile Point），从当前计算机处开始执行程序。此命令在 Simulator 下无效
Run to Cursor	执行到光标处，光标所在行必须为有效代码行
Multiple Operation	设置单步执行的次数
Reset DSP	复位 DSP，初始化所有寄存器到其上电状态并中止程序运行
Restart	将计算机的值恢复到程序的入口。此命令并不开始程序的执行
Go Main	在程序的 main 符号处设置一个临时断点。此命令在调试 C 程序时起作用

3. 采用 CCS 开发应用程序的步骤

利用 CCS 集成开发环境，用户可以完成工程（Project）的创建、应用程序的代码编辑、编译、链接及数据分析等工作。采用 CCS 开发应用程序的一般步骤如下：

1）用 Project 菜单创建或打开一个工程。工程用于管理用户的各种文件。

2）编辑源程序（. c、. asm）、链接命令（. cmd）、头文件等文件（. h），并将它们添加到该工程中。

3）对于 C24x 的 C 语言程序，需要添加标准运行时支持库文件 rts2xx. lib。

4）编译、汇编、链接程序。如果有语法或链接错误，将在信息显示窗口显示出来。可以根据显示的信息定位错误位置，并改正错误。

5）排除语法和链接错误后，CCS 将生成可执行文件（. out）。可以通过菜单 File > Load Program 命令，将可执行程序装载到目标系统的存储器中运行调试。

CCS 的程序调试功能有：

1）连续运行（Run）与暂停（Halt），运行到光标位置。

2）单步（Step）运行。

3）设置断点（Break Point）与设置探测点（Probe Point）。

4）查看与修改存储单元。

5）查看与修改寄存器内容。

6）观察和编辑变量。

7）程序动画（Animate）运行和数据图形显示。

4.3 DSP 的 C 工程文件

采用 CCS 软件开发平台，C24x DSP 的工程文件通常包括如下文件：

1）CCS 工程文件（扩展名为 . pjt）。由 CCS 自动生成。在 CC（Code Composer）软件环境中，工程文件扩展名为 . mak。

2）源程序文件。包含程序源代码，可以是汇编语言文件（. asm）或 C 程序文件（. c），也可以采用二者混合编程。通常将中断向量跳转表编写到一个汇编语言文件 vectors. asm。

3）头文件（. h）。用于定义片内外设寄存器映射地址、用户自定义的常量等。例如用于 C 程序的片内外设寄存器地址定义头文件 f2407_c. h，用于汇编语言程序的片内外设寄存器定义头文件 F2407REGS_A. h 等。

4）链接命令文件（. cmd）。包含链接器选项、对程序和数据存储器空间的分配。

5）库文件（. lib）。提供 ANSI 标准 C 运行时支持函数、编译器公用程序函数、浮点运行函数和 C 输入/输出函数。C24x 运行时支持库为 rts2xx. lib。

6）目标文件（. obj）。由汇编器生成，COFF 格式。

7）可执行代码文件（. out）。由链接器生成，COFF 格式。该文件可以装入存储器进行调试与执行。

8）列表文件（. lst）。汇编器生成的文件。

9）映射文件（. map）。汇编器生成的变量与符号存储器地址分配文件。

这些文件中，用户需要编写源程序文件（. c、. asm）、链接命令文件（. cmd）和头文件（.h）等。

4.3.1 公共目标文件格式

编译、汇编与链接程序建立的目标文件采用共用目标文件格式（Common Object File Format，COFF)，便于模块化编程、管理代码段和存储器，即不必为程序代码或变量指定目标地址，这为程序编写、移植和升级提供了很大方便。

汇编器根据命令用适当的段将各部分程序代码和数据连在一起，构成目标文件。链接器分配存储单元，即把各个段重新定位到目标存储器中。

段（section，也称为块）是目标文件的最小单位，是在存储器中占据连续空间的代码和数据块，各段相互独立。

汇编器的 COFF 文件格式包括三个默认的段：

1）.text 段，即程序段，该段通常包含可执行代码即程序。

2）.data 段，即数据段，该段通常包含已初始化的数据。

3）.bss 段，即保留数据空间段，该段通常为未初始化的数据保留空间。

图 4-5 给出了一个包含 .text、.data 和 .bss 段的目标文件，也给出了目标文件中的段与目标存储器之间的关系。

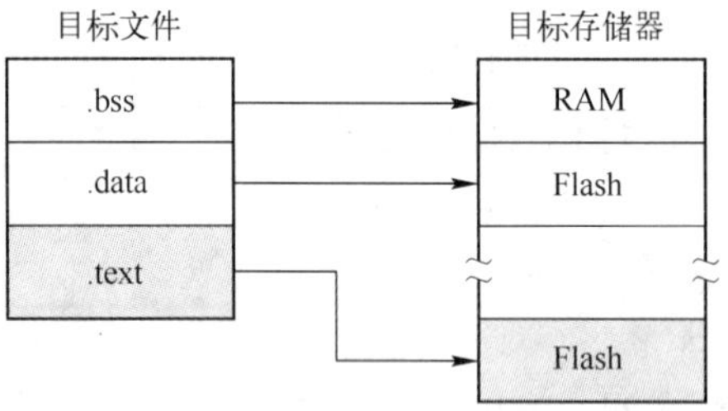

图 4-5　目标文件中的段与目标存储器之间的关系

汇编器和链接器允许用户建立和链接自定义段。所有段可以分为初始化段和未初始化段两类。初始化段包含程序代码和数据。未初始化段则为未初始化的数据保留存储空间。汇编命令 .sect 和 .usect 可以分别用来创建自定义的初始化段和未初始化段。

C 编译器对 C 程序编译后也产生初始化段和未初始化段两类，具体的段名稍有不同，除了不使用 .data 段之外，还产生一些新的段。C24x 的 C 编译器产生的两类基本段的链接分别见表 4-5、表 4-6。

表 4-5　初始化段链接

段 名 称	描　　述	限　　制
.text	可执行代码和常量	程序
.cint	已初始化的全局与静态变量的 C 初始化记录	64KW 数据
.pint	全局构造器（C++ constructor）表	程序
.switch	实现 C 语言的 switch 语句表	程序/ 64 KW 数据
.const	已初始化的全局与静态 const 修饰变量，串常量	64 KW 数据

表 4-6　未初始化段链接

段名称	内　容	限　制
. bss	全局与静态变量	64 KW 数据
. stack	堆栈空间	64 KW 数据
. sysmem	malloc 等函数动态存储区	64 KW 数据

C24x 编译器将存储器处理为程序存储器和数据存储器。程序存储器包含可执行代码、初始化数据和开关表。数据存储器则主要包含外部变量、静态变量和系统堆栈。链接器确定存储器地址映射。

C 编译器的任务是产生可重定位的代码，允许链接器将代码和数据定位到合适的存储空间。编译器对 C 语言编译后除了生成两个基本段，即 . text、. bss 外，还生成 . cinit、. pint、. const、. switch、. stack、. sysmem. 段。这些段可分为初始化段和未初始化段。

初始化段包含可执行代码或常数表。C 编译器产生的初始化段有 . pint、. const、. text、. cinit、. switch。

1）. text 段，包含可执行代码和常量（constant）。

2）. cinit 段和 . pint 段，包含初始化变量和常量。

3）. const 段，包含串常量，全局变量、静态变量的声明和初始化。

4）. switch 段，包含 switch 语句表。

未初始化段用于保留存储器（通常为 RAM）空间。C 编译器产生的未初始化段有 . bss、. stack 和 . sysmem 段。

1）. bss 段，为全局和静态变量保留空间。

2）. stack 段，为 C 系统堆栈。用于保护函数的返回地址、分配局部变量、调用函数时传递参数。. stack 不同于 DSP 汇编指令的硬件堆栈。DSP 汇编程序中要将堆栈指针 SP 指向一块 RAM，用于保存中断、调用时的返回地址。. stack 定义的段大小（堆栈大小）可用链接器选项 -stack size 设定，链接器还产生一个全局符号_STACK_SIZE，并赋给它等于堆栈长度的值，以字为单位，默认值为 1 KW。

3）. sysmem 段，为动态存储器分配保留空间，由 malloc 函数使用。

各种段在程序中的映射见表 4-7。链接器从不同的模块取出段并将这些段用同一个名称联合起来产生输出段，全部的程序就是由这些输出段组成的。可以根据需要将这些输出段放置到地址空间的任何位置，以满足系统的要求。. tcxt、. cinit 和 . switch 段通常链接到 ROM 或 RAM 中，且必须链接到程序存储器（Page 0）中。. const 段可以链接到 ROM 或 RAM 中，但必须链接到数据存储空间（Page 1）中。. bss、. stack 和 . sysmem 段必须链接到 RAM 中，且必须链接到数据存储器（Page 1）中。

表 4-7　存储器映射表

段（Section）	存储器类型（Type of Memory）	页面（Page）
. text	ROM 或 RAM	0
. cint	ROM 或 RAM	0
. pint	ROM 或 RAM	0

（续）

段（Section）	存储器类型（Type of Memory）	页面（Page）
. switch	ROM 或 RAM	0，1
. const	ROM 或 RAM	1
. bss	RAM	1
. stack	RAM	1
. sysmem	RAM	1

4.3.2 链接命令文件

CCS 的链接器可以有很多选项，如 -l（包含库文件）、-stack（定义堆栈）、-o（定义输出文件）等，并且将用户软件定义的段与目标系统存储器物理地址的对应关系定义清楚。

链接器选项的实现通常采用下面两种方法：

① 利用工程选项菜单实现。在 CCS 菜单 Project > Build Option > Linker 页面中可以对链接器选项进行设置。

② 利用链接器命令文件（. cmd）实现。即编写一个链接器命令文件，将所有链接器选项写在文件中，并将此文件加入工程，这样 CCS 在进行编译链接时，会自动按照链接器命令文件中的选项进行。

有两条链接器命令 MEMORY 和 SECTIONS 可以实现对程序存储器和数据存储器空间的分配。MEMORY 命令定义目标存储器的配置，SECTIONS 命令定义编程段与目标存储器的关系。

1. MEMORY 命令

MEMORY 命令定义目标系统中可以使用的存储器地址空间范围，每个存储器范围具有名字、起始地址和长度。一般形式为：

```
MEMORY
{
  PAGE 0：name：origin = constant,length = constant;
  …
  PAGE n：name：origin = constant,length = constant;
}
```

其中，PAGE n 用于定义存储器空间，n =0 ~255。通常 PAGE 0 定义程序存储器，PAGE 1 定义数据存储器。name 用于定义存储器范围的名字，可以是 1 ~8 个字符。origin 或简写为 o，用于定义存储器范围的起始地址。length 或简写为 l，用于定义存储器范围的长度。

2. SECTIONS 命令

SECTIONS 命令用于将输出各段定位到所定义的存储器。一般形式为：

```
SECTIONS
{
  name：[property,property,…]
```

```
  name: [property,property,…]
  …
}
```

其中，name 是段名。property 是段的特性，用于定义段的内容以及是怎样分配的。段的特性（property）包括装载位置、运行位置、输入段、段类型等。通常的特性符号“ > ”表示输出段的装载位置。

【例 4-1】 链接命令文件 1。

```
a.obj   b.ob   c.obj                          //输入被链接的文件名 a.obj,b.obj 和 c.obj
-l rts2xx.lib                                 //链接库文件 rts2xx.lib
-o prog.out                                   //选择输出的可执行文件名 prog.out
-m prog.map                                   //选择 map 文件名 prog.map
MEMORY                                        //MEMORY 命令
{
PAGE 0:                                       //程序存储器
      VECS:    origin =0000,length =0040H     //中断向量,起始地址与长度
      PVECS:   o =0044H,l =0100H              //外设中断向量
      PROG:    o =1000H,l =7000H              //存放程序
PAGE1:                                        //数据存储器
      MMRS:    o =0000H,length =005FH         //存储器映射的寄存器
      B2:      o =0060H,length =0020H         //数据存储器 DARAM B2
      B0:      o =0200H,length =0100H         //数据存储器 DARAM B0
      B1:      o =0300H,length =0100H         //数据存储器 DARAM B1
      EXTDM:   o =8000H,length =8000H         //片外扩展的数据存储器
}
SECTIONS                                      //SECTIONS 命令
{
    .vectors:        >VECS   AGE 0            //中断向量表
    .pvecs:          >PVECS  PAGE 0           //外设中断向量表
    .text:           >PROG   PAGE 0           //将.text 段程序代码分配到 PROG 存储器区
    .bss:            >B2     PAGE 1           //将.bss 段分配到 B2
    .data:           >B0     PAGE 1           //将.data 段分配到 B0
    .stack           >B1     PAGE 1           //将.stack 段用户堆栈分配到 B1
}
```

在汇编程序的段中，除了系统默认的段.text、.bss、.data 外，其他的段为用户自定义段。

【例 4-2】 链接命令文件 2。

```
MEMORY                                        //MEMORY 命令,存储器定义
{
PAGE 0:                                       //程序存储器
      VECS:    o =0x0000,l =0x 0040           //中断向量,起始地址与长度
```

```
        PROG:      o = 0x0800, l = 0x7800         //存放程序、Flash 或片外扩展的程序存储器
        SARAM_P    o = 0x8000, l = 0x800          //SARAM 可作为程序存储器
        EXT_PM:    o = 0x8800, l = 0x7800         //片外扩展的程序存储器
    PAGE1:                                        //数据存储器
        B2:        o = 0x60, l = 0x20             //数据存储器 DARAM B2
        B0:        o  = 0x200, length = 0x 100    //数据存储器 DARAM B0
        B1:        o  = 0x300, length = 0x100     //数据存储器 DARAM B1
        SARAM_D    o = 0x800, l = 0x800           //SARAM 可作为数据存储器
        EXT_DM:    o  = 0x8000, length = 0x8000H  //片外扩展的数据存储器
    }
    SECTIONS                                      //SECTIONS 命令
    {
      . vectors: {}      > VECS     PAGE 0        //中断向量表
      . text: {}         > PROG     PAGE 0        //将 . text 段程序代码分配到 PROG 存储器区
      . cinit: {}        > PROG     PAGE 0
      . switch: {}       > PROG     PAGE 0        //包含 . switch 语句建立的表格
      . data: {}         > B2       PAGE 1        //初始化变量和常数表
      . bss: {}          > B0       PAGE 1        //保留全局变量和静态变量空间
      . const: {}        > B0       PAGE 1        //字符串和 switch 表
      . stack: {}        > B1       PAGE 1        //将系统堆栈分配到 B1
      . sysmem: {}       > B1       PAGE 1        //为动态存储器函数分配存储器空间
    }
```

一般为方便调试，先将 DSP 的引脚 MP/$\overline{\text{MC}}$设为微处理器工作方式（高电平），用户程序存放到扩展的程序存储器 RAM（例如 0000H ~ 7FFFH）中。调试完成后，再将引脚 MP/$\overline{\text{MC}}$设为微控制器工作方式（低电平），用户程序烧写到片内 32 KW 的 Flash 存储器（地址为 0x0000 ~ 0x7FFF）中运行。

上电复位时，2407 DSP 从 0000 地址单元开始执行程序。通常跳转指令转移到位于 C 编译器运行时支持库 rts2xx. lib 中的初始化子程序的开始处。这个子程序的入口符号为_c_int0。只有运行该设置子程序后，其他 C 代码才可以被执行。工程文件中有一个名为 vectors. asm 的中断向量表汇编语言程序文件，可以实现此功能，其内容有：

```
          . ref     _c_int0         ;声明一个全局符号_c_int0,为 C 语言程序入口
          . sect    ". vectors"     ;定一个段,名为 . vectors
RESET     B         _c_int0         ;跳转指令,跳转到_c_int0 上
```

值得一提的是，在调试过程中，用户程序也可存放于片内 SARAM 或地址为 8000H ~ FFFFH 的片外扩展存储器中。改写上述命令文件及中断向量表汇编语言文件，即可实现此要求。

4.4 DSP C 语言程序设计基础

汇编语言程序执行速度快，但设计开发周期长、移植性和可读性较差。C 语言程序设计

开发周期短、移植性和可读性较好，执行速度通常可以满足要求。

C24x DSP 具有优化的 C 编译器，它支持 ANSI C 标准。还具有一些不同于标准 C 的特征。

4.4.1 数据类型

C24x DSP C 语言的数据类型见表 4-8。

表 4-8 C24x DSP C 语言的数据类型

类型		长度（位）	表示方法	数值范围	
				最小值	最大值
字符型	char，signed char unsigned char	16 16	ASCII ASCII	-32768 0	32767 65535
整型	short unsigned short int，signed int unsigned int long，signed long unsigned long	16 16 16 16 32 32	补码 二进制 补码 二进制 补码 二进制	-32768 0 -32768 0 -2147483648 0	32767 65535 32767 65535 2147483647 4294967295
实型	float double long double	32	IEEE 32-bit	±1.19209290E-38	±3.4028235E+38
枚举	enum	16	补码	-32768	32767
指针	pointer	16	二进制	0	0xFFFF

由于 C24x DSP 中数据最小长度为 16 位，因此所有的字符（char）型数据，包括有符号字符（signed char）和无符号字符（unsigned char），长度均为 16 位，即用一个字的长度表示。

数据类型的其他特点有：

1）所有的整型（char、short、int 以及对应的无符号类型）都是等效的，用 16 位二进制表示。

2）长整型和无符号长整型用 32 位二进制表示。

3）有符号数用补码表示。

4）字符（char）型是有符号数，等效于 int。

5）枚举（enum）类型代表 16 位数值，等效于 int。

6）所有的浮点类型（float、double 及 long double）等效，表示为 IEEE 单精度格式。

除了基本数据类型外，还具有数组、结构、联合等构造类型数据。

4.4.2 C 语言运算符与基本语句

1. C 语言运算符

C 语言运算符有算术运算符、关系运算符、逻辑运算符、位操作运算符等。不同的运算符可以有不同的优先级、运算对象个数与结合方向。

（1）算术运算符

+（加或正号）、-（减或负号）、*（乘号）、/（除号）、%（求余）。

优先级为：先乘除，后加减。先括号内，再括号外。

（2）关系运算符

<（小于）、>（大于）、<=（小于等于）、>=（大于等于）、==（相等）、!=（不相等）。

（3）逻辑运算符

&&（逻辑与）、||（逻辑或）、!（逻辑非）。逻辑表达式和关系表达式的值相同，以0代表假，以1代表真。

（4）位操作运算符

&（按位与）、|（按位或）、^（按位异或）、~（按位取反）、<<（位左移）、>>（位右移）。位操作运算符在嵌入式系统程序中应用广泛。

（5）递增（++）、递减（--）运算符

例如：++i和--i，表示在使用i之前，先使i值加1或减1，i++和i--，表示在使用i之后，再使i值加1或减1。

（6）赋值与复合赋值运算符

=（赋值）运算表示将=右边的值赋给左边的变量。

复合赋值运算符有+=、-=、*=、/=、%=、<<=、>>=、&=、^=、|=。

例如：a+=b相当于a=a+b。a>>=7相当于a=a>>7。

（7）对指针操作的运算符

&（取地址运算符）和*（间接地址运算符）。

例如：a=&b表示取b变量的地址送指针变量a。c=*b表示将以指针变量b的值为地址的单元的内容送变量c。

（8）其他运算符

?:（条件运算符）、,（逗号运算符）、()（圆括号运算符）、·（点）和→（箭头）（分量运算符）、[ ]（中括号、数组下标运算符）、()（小括号、函数调用运算符）等。

2. C语言基本语句

C语言有控制语句、表达式语句、函数调用语句、空语句和复合语句五类。控制语句有如下9种：

① if() ~ else ~条件语句。if语句用来实现条件分支，其一般形式为：

```
if(表达式)语句1
else 语句2
```

else语句2部分有时可以省略。其中的语句可以是单语句、复合语句（用大括号括起来的若干语句）和空语句（即只有一个分号）。

② while() ~循环语句。while语句用来实现“当型”循环，其一般形式为：

```
while(表达式)语句
```

当表达式的值为非0即条件成立时，执行while语句中的内嵌语句。其特点是先判断表达式，后执行语句。

③ do ~ while()循环语句。do while语句用来实现“直到型”循环，其一般形式为：

```
do 语句
while(表达式)
```

先执行内嵌语句，然后判断表达式，直到表达式的值为0时，才结束循环。其特点是先执行语句，后判断表达式。

④ for( ) ~ 循环语句。for 语句用来实现循环程序，其一般形式为：

```
for(表达式1;表达式2;表达式3)语句
```

其最简单的形式为：

```
for(循环变量初值;循环条件;循环变量修改)循环体语句
```

for 语句使用最灵活，不仅可以用于循环次数已知的情况，而且可以用于循环次数不确定而只给出循环结束条件的情况。

⑤ switch( ){ } 多分支语句。switch 语句用来解决多分支的选择问题，其一般形式为：

```
switch(表达式)
{ case      常数1: 语句1;break;
  case      常数2: 语句2;break;
  …
  default:语句n;break;
}
```

其中，表达式只能是整型表达式和字符表达式。

⑥ continue 结束本次循环语句。

⑦ break 中止执行 switch 语句或循环语句。

⑧ goto 转向语句。

⑨ return 从函数返回语句，可以带回函数值。

4.4.3 函数

与普通 C 语言程序一样，DSP 的 C 程序也是由若干函数构成的，其中有且仅有一个名为 main 的函数即主函数。主函数是程序的入口，主函数中的所有语句执行完毕，则程序执行结束。用户可以根据需要定义自己的功能函数，也可以调用 C 编译器提供的标准函数（库函数）来完成某种特定的功能。

C 函数的一般格式为：

```
类型函数名(形式参数及其类型表)
{
变量声明部分;
执行语句部分;
}
```

一个函数在程序中可以三种形态出现：函数定义（Definition）、函数调用和函数声明（Declaration）。函数定义相当于汇编语言中的一般子程序。函数调用相当于调用子程序。函数定义和函数调用不分先后，但若调用在定义之前，那么在调用前必须先进行函数声明。函数声明是一个没有函数体的函数定义，而函数调用则要求有函数名和实际参数表。

4.4.4 指针

可以用指针（Pointer）的方法访问变量，用指针访问数组、结构、联合变量非常方便。

C 语言中访问片内外数据存储器或外设寄存器，可以用指针的方法实现。例如：一种方法定义：

```
volatile  unsigned int * IMR = (volatile  unsigned int * )0x0004
```

这时 IMR 为指针，则给寄存器 IMR 赋值可以用以下语句：

```
* IMR = 0x0010
```

或者用另一种方法定义：

```
define  IMR * (volatile  unsigned int * )0x0004
```

这时 IMR 为宏名，则给寄存器 IMR 赋值可以用以下语句：

```
IMR = 0x0010
```

一般将这些定义存放到一个头文件例如：f2407_c. h 中，详见附录 C。编程时，用编译预处理命令#include "f2407_c. h. h"将该头文件包含到程序中。

【例4-3】 将 DSP 的数据存储器 300H 地址开始的 16 个单元复制到 200H 开始的单元。

```
main( )
{
    int i;
    unsigned int * p1, * p2, * p3;          //定义 3 个指向无符号整型的指针
    p1 = (unsigned int * )0x300;            //用指针方式访问存储单元
    p2 = (unsigned int * )0x200;
    for (i = 0, p3 = p1; i < 16; i ++ , p3 ++ )
        * p3 = i;                           //0x300 ~ 0x30F 单元分别赋值 0 ~ 15
    for (i = 0, p3 = p2; i < 16; i ++ , p3 ++ )
        * p3 = 0x1234;                      //0x200 ~ 0x20F 单元均赋值 0x1234
    for (i = 0; i < 16; i ++ , p1 ++ , p2 ++ )
        * p2 = * p1;                        //将 300H 开始的 16 个单元复制到 200H 开始的单元
    while(1) {;}
}
```

4.4.5 编译预处理命令

在一个 C 源程序中，除了变量和函数的定义、声明以及表达式等基本程序语句外，还包括一些#号开始的编译预处理命令（Preprocessor Directive）。这些预处理命令由编译器正式编译之前调用相应的预编译函数来解释和执行。主要的编译预处理功能有宏定义、文件包含、条件编译及 pragma 命令等。

1. 宏定义、文件包含与条件编译

(1) 宏定义

宏（Macro）定义是指用一个指定的名字来代表一个常量表达式或字符串，其复杂性形式是带参数的宏。宏定义的一般格式为：

```
#define 标识符    常量表达式或字符串
```

例如：

```
#define   PI    3.14159                                  //定义一个符号常量 PI 代表常数 3.14159
#define   Uint16   unsigned int                          //定义一个类型符号 Uint16 代表无符号整型
#define   EINT   asm("clrc INTM")                        //定义一个符号 EINT 代表一条开中断汇编指令
#define   IMR    *(volatile unsigned int *)0x0004        //定义一个宏代表中断屏蔽寄存器 IMR
```

通常#define 出现在源程序的首部，使用宏名之前一定要用#define 进行宏定义。宏定义不是 C 语句，不能在行末尾加分号。也可以将常用的宏定义放到头文件中。

(2) 文件包含

文件包含是指一个程序文件将另一个指定文件的内容全部包含进来。一般格式为：

```
#include  "被包含文件名"   或   #include  <被包含文件名>
```

其中“被包含文件名”是一个已经存在于系统中的文件名字。被包含文件通常称为头文件，通常以 .h 作为后缀，例如：

```
#include <math.h>
```

其功能是将头文件“math.h”的内容嵌入到该命令行处，使它成为源程序的一部分。当用一对尖括号时，编译系统按设定的标准目录搜索头文件。当用一对双引号时，编译系统先在源文件所在的目录中搜索，搜索不到，再按设定的标准目录搜索头文件。

文件包含预处理命令行通常放在文件的开头，被包含的文件内容通常是一些公用的宏定义如片内外设寄存器定义或外部变量说明等。例如：#include“f2407_c.h”。

使用包含文件应注意以下几点：

1）调用标准库函数例如数学函数时，一定要包含所要用到的库文件。

2）头文件只能是 ASCII 文件，不能是目标代码文件。

3）一个#include 命令只能包含一个头文件。如要包含多个头文件，则必须用多个# include 命令。

4）文件包含可以嵌套，即被包含的文件可以再包含另外的头文件。

(3) 条件编译

条件编译是指在编译 C 文件之前，根据条件决定编译的范围。其格式有：

1）条件编译格式 1。

```
#ifdef 标识符
程序段 1
#else
程序段 2
#endif
```

其功能是若标识符已被定义过，则对程序段 1 进行编译；否则对程序段 2 进行编译。可以简化为：

```
#ifdef 标识符
程序段 1
#endif
```

值得说明的是，只要条件编译之前有命令行“#define 标识符”就可以了，无论该宏的值是什么都无关紧要。

2）条件编译格式 2。

```
#ifndef  标识符
程序段 1
#else
程序段 2
#endif
```

其功能是若标识符未被定义过，则对程序段 1 进行编译。否则对程序段 2 进行编译。

例如：

```
#ifndef    DSP24_DATA_TYPES
#define    DSP24_DATA_TYPES
typedef    int       int16
typedef    long      int32
…
#endif
```

2. pragma 命令

pragma 是一类编译预处理命令，通知编译预处理器如何处理函数。C24x C/C++ 支持如下 5 个 pragma 预处理命令：CODE_SECTION、DATA_SECTION、INTERRUPT、FUNC_EXT_CALLED 和 FAST_CALL。

（1）CODE_SECTION

该命令的 C 语法格式为：

```
#pragma CODE_SECTION(func,"section name")
```

该命令为函数 func 在一个名为 section name 的自定义段中指定空间。将一个代码对象链接到一个不同于程序段 . text 的空间时，该命令非常有用。例如：

```
char bufferA[80];
#pragma CODE_SECTION(funA,"codeA")
char funA(int i);
void main( )
{
    char c;
    c = funA(1);
```

```
}
char funA(int i)
{
    return bufferA[i];
}
```

(2) DATA_SECTION

该命令的 C 语法格式为：

```
#pragma DATA_SECTION(symbol,"section name")
```

该命令为符号 symbol 在一个名为 section name 的自定义数据段中指定空间。将一个数据对象链接到一个不同于保留数据空间段 . bss 的空间时，该命令非常有用。例如：

```
#pragma DATA_SECTION(bufferB,"my_sect")
char bufferB[512];  //字符数组 bufferB
```

数据块 bufferB 被定位于 my_sect 段中，my_sect 段在命令文件（. cmd）中规定了物理地址。

(3) INTERRUPT

该命令的 C 语法格式为：

```
#pragma INTERRUPT(func)
```

参数 func 为 C 函数名。该命令允许用户直接采用 C/C ++ 代码处理中断。

(4) FUNC_EXT_CALLED

该命令的 C 语法格式为：

```
#pragma FUNC_EXT_CALLED(func)
```

参数 func 为 C 函数名。编译器有一个优化器，该优化器有一种优化方法，即将从未在 main()函数中被直接或间接调用过的函数去掉。若采用 C 与汇编混合编程，某函数可能在汇编语言中被调用，此时为了防止优化器将这些函数去掉，可以在 C 程序中采用该命令告诉编译器保留该函数。

(5) FAST_CALL

该命令的 C 语法格式为：

```
#pragma FAST_CALL(func)
```

该命令允许在 C/C ++ 中直接调用汇编语言编写函数 func。

4.4.6 C 语言与汇编语言混合编程

C 语言与汇编语言混合编程通常有如下三种方法：在 C 程序中直接嵌入汇编语句；独立的 C 模块和汇编模块接口；C 程序中访问汇编程序变量。

1. 在 C 程序中直接嵌入汇编语句

在 C 程序中嵌入汇编语句是一种直接的 C 模块和汇编模块接口方法。这种方法一方面可以在 C 程序中实现用 C 语言难以实现的一些硬件控制功能；另一方面也可以用这种方法在 C 程序中的关键部分用汇编语句代替 C 语句以优化程序。

这种方法的一个缺点是它比较容易破坏 C 环境，因为 C 编译器在编译嵌入了汇编语句的 C 程序时并不检查或分析所嵌入的汇编语句。

直接在 C 语言程序中相应位置嵌入汇编语句，只需在汇编语句上加上双引号和小括号，前面加上 asm 标识符号即可，称为 ASM 语句（ASM Statement）。一般格式为：

```
asm("  汇编语句")
```

例如：

```
asm("  NOP");
asm("  clrc INTM")        //开放中断
```

注意双引号内第一个字符必须是空格，这与汇编语言程序的要求是一样的。

2. 独立的 C 模块和汇编模块接口

独立编写 C 程序与汇编程序，分别编译、汇编生成目标代码模块，然后用链接器连接起来。C 程序可以调用汇编子程序，可以访问汇编程序中定义的变量。同样汇编程序也可以调用 C 函数或访问 C 程序中定义的变量。

在编写独立的汇编程序时，必须注意以下几点：

1）不论是用 C 语言编写的函数还是用汇编语言编写的函数，都必须遵循寄存器使用规则。

2）必须保护 C 函数要用到的几个特定寄存器（AR0、AR1、AR6、AR7）。

3）中断程序必须保护所有用到的寄存器。

4）从汇编程序调用 C 函数时，参数按自右向左的顺序（倒序）压入堆栈，函数调用后弹出堆栈。

5）调用 C 函数时，注意 C 函数只保护了几个特定的寄存器，而其他的可以自由使用。

6）长整型和浮点数在存储器中存放的顺序是低位字在高地址，高位字在低地址。

7）如果函数有返回值，返回值存放在累加器中。

8）汇编语言模块不能改变由 C 模块产生的 .cinit 段，如果改变其内容将会引起不可预测的后果。

9）编译器在所有标识符（函数名、变量名等）前加下划线“_”。因此在编写汇编程序时，必须在 C 程序可以访问的标识符前加“_”。

10）任何在汇编程序中定义的对象或函数，如果需要在 C 程序中访问或调用，则必须用汇编命令 .global（表示全局符号）定义。

3. C 程序访问汇编程序的变量

从 C 程序中访问在汇编程序中定义的变量或常数，可以分为访问在或不在 .bss 块中定义的变量两种情况。

对于访问在 .bss 段中定义的变量，可以采用如下方法实现：

1）采用 .bss 命令定义变量。

2）采用 .global 命令将命令声明为全局变量。

3）在汇编程序变量名前加下划线“_”。

4）在 C 程序中将变量声明为外部变量，然后进行正常的访问。

【例 4-4】 在 C 程序中访问在 .bss 段中定义的变量。

汇编程序：

```
.bss      _var,1                ;定义变量
.global   _var                  ;声明为全局变量
```

C 程序：

```
extern int var                  //声明为外部变量
var = 1                         //访问变量
```

对于访问不在 .bss 块中定义的变量，例如访问汇编程序的常数表，可以定义一个指向该变量的指针，然后在程序中间接访问该变量。

【例 4-5】 在 C 程序中访问不在 .bss 段中定义的变量。

汇编程序：

```
    .global    _sine         ;声明为全局变量
    .sect      "sine_tab"    ;建立一个独立的段
_sine:                       ;常数表起始地址
    .float     0.0
    .float     0.015987
    .float     0.022145
```

C 程序：

```
extern    float sine[ ]          //声明为外部变量
float     * sine_p = sine;       //声明一个指针指向该变量
f = sine_p[4];                   //作为普通数组访问 sine 数组
```

4.4.7 C24x DSP 编译器的几个关键字

C24x DSP 的 C 编译器，支持标准的 const、register、volatile 等关键字，还扩展了 interrupt、ioport（I/O 端口）等关键字。

1. 关键字 const

该关键字可以优化存储器的分配。加关键字 const 到任何变量的定义中可以确保其内的值不变。

2. 关键字 volatile

该关键字所定义的变量是可变的，可以被其他硬件修改，而不仅仅只能由 C 程序修改。优化器会尽量减少存储器的访问，所以有时必须禁止优化，特别是循环控制变量。例如：

```
volatile  unsigned  int  * ctrl;
while     ( * ctrl ! = 0xff);
```

如果没有关键字 volatile，ctrl 指针所指向地址单元的内容在循环过程中不会发生变化，循环被编译优化成单次读，造成死循环。增加了关键字 volatile 后，则 ctrl 指针所指向的地址不会优化成单次读，可以读取外部事件引起的单元内容的变化。

3. 关键字 ioport

该关键字允许访问 DSP 的 I/O 空间，其一般形式为：

```
ioport type porthexnum
```

其中，ioport 指示这是定义一个端口变量的关键字。type（类型）必须是 char（字符型）、short（短整型）、int（整型）或对应的无符号类型。porthexnum 为定义的端口变量，其格式必须是“port”后面跟一个十六进制数，如“port0A”是定义访问空间地址 0Ah 的变量。

例如：下面的程序段声明了一个无符号 I/O 端口变量 10h，将 a 写到端口变量 10h，再从端口 10h 读入 b。

```
ioport unsigned port10;          //访问 I/O 空间地址 10h 的变量
…
port10 = a;                      //将 a 写到端口变量 10h
…
b = port10;                      //从端口 10h 读入 b
```

再例如：访问地址映射到 I/O 空间 0xFFFF 的等待状态控制寄存器 WSGR。在头文件中有如下定义：

```
#define    WSGR portFFFF
ioport     unsigned portFFFF;
```

此时访问等待状态控制寄存器，既可以用 portFFFF，也可以用 WSGR，比如：

```
WSGR =0;
```

【例 4-6】 DSP 扩展外部 I/O 接口，4 个拨码开关连接的输入端口的 I/O 地址为 0xC001，4 个 LED 指示灯的连接的输出端口 I/O 地址为 0xC000，编程将 4 个开关的状态反应到 4 个指示灯。

```
#include "f2407_c. h"              //240x DSP 头文件,寄存器定义等
ioport unsigned portC000;          //访问 I/O 空间地址 C000h 的变量
#define LEDS    portC000           //扩展的外设寄存器,LED 指示灯
ioport unsigned portC001;          //访问 I/O 空间地址 C001h 的变量
#define DIPS    portC001           //扩展的外设寄存器,拨码开关
main( )
{
    SCSR1 =0x0200;                 //设置时钟为 2 倍频,并禁止外设时钟
    WDCR =0xe8;                    //禁止看门狗定时器
    while ( 1 )                    //循环运行
    LEDS = DIPS;                   //读取拨码开关状态直接送指示灯指示
}
```

4. 关键字 interrupt

该扩展关键字用来说明定义的函数是一个中断函数。中断函数被定义成返回 void 类型，而且无参数调用。interrupt 关键字告诉编译器，以生成必需的寄存器保护和程序返回机制的

代码。例如：

```
interrupt void int_handler( )
{
    unsigned   int flags;
    …
}
```

有一个特殊的名为 c_int0 的中断程序（汇编语言中名称为_c_int0），用于 DSP 复位中断的处理。它完成系统初始化并调用主函数 main( )，是用户 C 程序的入口。

4.5 DSP C 程序举例

【例 4-7】 将 1 个 LED 指示灯连接到 DSP 的 XF 引脚。用 C 语言编程使指示灯闪烁。

```
//XF 指示灯闪烁 C 程序,xfdemo.c
#include  "f2407_c.h"                //2407 DSP 片内外设寄存器定义头文件
void Delay(unsigned int nDelay);     //延时子程序,函数声明
main( )
{
SCSR1 = 0x0200;                      //设置时钟为 2 倍频,CLKIN = 10MHz,CLKOUT = 20MHz
                                     //并禁止外设
WDCR = 0xe8;                         //禁止看门狗定时器
while(1){
    asm("   clrc   xf");             //LED 亮
    Delay(500);                      //调用延时函数,延时 500ms
    asm("   setc   xf");             //LED 灭
    Delay(500);                      //调用延时函数
    }
}
void Delay(unsigned int nDelay)      //自定义延时函数,CLKOUT = 20MHz,延时约 nDelay * 1ms
{
int i,j,k = 0;
for (i = 0;i < nDelay;i ++)
    for (j = 0;j < 1100;j ++)   k ++;
}
```

【例 4-8】 通过扩展的外部简单接口电路将 4 个 LED 指示灯连接到 DSP，其 I/O 地址为 0xC000。用 C 语言编程通过软件延时使指示灯闪烁。

```
#include "f2407_c.h"                 //2407 DSP 片内外设寄存器定义头文件
ioport unsigned portC000;            //访问 I/O 空间地址 C000h 的变量
#define LEDS   portC000              //扩展的外设寄存器,LED 指示灯
void Delay(unsigned int nDelay);     //延时函数声明
main( )
```

```
{
SCSR1 = 0x0200;                     //设置时钟为 2 倍频,CLKOUT = 40 MHz,并禁止外设
WDCR = 0xe8;                        //禁止看门狗定时器
unsigned int uLED[4] = {1,2,4,8}; //控制字 0001、0010、0100、1000
int i;
while (1)
    {
        for (i = 0;i < 4;i ++ )
        {
        LEDS = uLED[i];             //正向顺序送控制字
        Delay(200);                 //调用延时函数,延时 200 ms
        }
        for (i = 3;i >= 0;i -- )
        {
        LEDS = uLED[i];             //反向顺序送控制字
        Delay(200);                 //延时
        }
    }
}
void Delay(unsigned int nDelay)     //自定义延时函数,CLKOUT = 40MHz,延时约 nDelay * 1ms
{
    inti,j,k = 0;
    for (i = 0;i < nDelay;i ++ )
        for (j = 0;j < 2200;j ++ )   k ++ ;
}
```

【例 4-9】 将 1 个 LED 指示灯连接到 DSP 的通用输入输出接口 IOPE1。用 C 语言编程通过软件延时使之闪烁。

```
#include "f2407_c. h"               //2407 DSP 片内外设寄存器定义头文件
void Delay(unsigned int nDelay);    //延时函数声明
main( )
{
SCSR1 = 0x0200;                     //设置时钟为 2 倍频,CLKOUT = 40MHz,并禁止外设时钟
WDCR = 0xe8;                        //禁止看门狗定时器
WSGR = 0x00;                        //设置外部程序存储器为 0 个等待状态(复位值为 7 个)
MCRC = 0x00                         //PE1 设置为通用 I/O 口
while(1)
{
    PEDATDIR = 0x0202;              //PE1 输出 1 ,LED 亮,PEDATDIR^ = 02
    Delay(500);                     //调用延时函数,500 ms
    PEDATDIR = 0x0200;              //PE1 输出 0 ,LED 灭
    Delay(500);                     //调用延时函数
    }
```

```
}
void Delay(unsigned int nDelay)      //自定义延时函数,CLKOUT = 40 MHz,延时约 nDelay * 1 ms
{
    int i,j,k = 0;
    for (i = 0;i < nDelay;i ++ )
        { for (j = 0;j < 2200;j ++ )   k ++ ;}
}
                                     //直接返回的中断服务程序
void interrupt nothing( )
{return;}
                                     ;复位和中断向量定义文件 vectors. asm
        .title "vectors. asm"
        .ref _nothing                ;直接返回的中断服务程序符号
        .ref _c_int0                 ;复位中断向量符号
        .sect ".vectors"
RESET:    B    _c_int0               ;复位向量
INT1:     B    _nothing              ;INT1 中断
INT2:     B    _nothing              ;INT2 中断
INT3:     B    _nothing              ;INT3 中断
INT4:     B    _nothing              ;INT4 中断
INT5:     B    _nothing              ;INT5 中断
INT6:     B    _nothing              ;INT6 中断
```

【例 4-10】 利用通用定时器 1 中断定时 1 ms，使 IOPE1 引脚上产生周期为 1 s 的方波，令一个 LED 闪烁 ，CLKIN = 20 MHz，CLKOUT = 40 MHz。

```
#include  "f2407_c. h"             //包含头文件
void interrupt gptimer1( );        //中断服务函数声明
void gpt1_init ( );                //定时器 T1 初始化函数声明
unsigned int nCount = 0;           //变量声明
main ( )
{
  WDCR = 0xe8;                     //关闭看门狗
  SCSR1 = 0x02fc;                  //设置 DSP 运行频率为 40 MHz,2 倍频,使能外设时钟
  MCRC& = 0xff00;                  //配置 PE 口为 I/O 口
 gpt1_init( );                     //初始化定时器 T1
  IMR = 0x02;                      //使能定时器 T1 周期中断对应的 CPU 中断 INT2
  IFR = 0xffff;                    //清除中断标志
  asm("clrc INTM");                //开中断
 PEDATDIR = 0x0202;                //输出 PE1 = 1
  while (1)  {;}                   //等中断
}
void gpt1_init (void)              //T1 初始化函数
{
```

```
  EVAIMRA = 0x80;                     //使能 T1PINT 定时器 1 周期中断
  EVAIFRA = 0xffff;                   //清除中断标志
  GPTCONA = 0x0000;
  T1PR = 40000 - 1;                   //周期寄存器值 40000 - 1,25 ns * 40000 = 1 ms
  T1CNT = 0;                          //计数初值 = 0
  T1CON = 0x1040;                     //T1 初始化,连续增方式,定标 TPS = 1,40 MHz,启动定时器
}
void interrupt gptimer1( )            //T1 中断服务函数
{
if (PIVR = = 0x27)                    //读外设中断向量寄存器,0x27 为 T1 周期中断向量值
{
EVAIFRA = 0x80;                       //清除中断标志 T1PINT
nCount ++ ;
T1CNT = 0;
if( nCount >= 500)                    //计数 500 次,500 ms = 500 * 1 ms = 0.5 s
      {
      PEDATDIR^ = 0x02;               //PE1 指示灯状态翻转一次
      nCount = 0;
      }
}
asm( " CLRCINTM" );
}
                                      //直接返回的中断服务程序
void interrupt nothing( )
{ return;}


                                      ;复位和中断向量定义文件 vectors. asm
          . title " vectors. asm"
          . ref _nothing              ;直接返回的中断服务程序符号
          . ref _c_int0               ;复位中断向量符号
          . ref _gptimer1             ;定时器 T1 周期中断服务程序入口地址
          . sect ". vectors"
RESET:      B       _c_int0           ;复位向量
INT1:       B       _nothing          ;INT1 中断
INT2:       B       _gptimer1         ;INT2 中断,定时器 T1 周期中断连接 CPU 中断 INT2
INT3:       B       _nothing          ;INT3 中断
INT4:       B       _nothing          ;INT4 中断
INT5:       B       _nothing          ;INT5 中断
INT6:       B       _nothing          ;INT6 中断
```

4.6 思考题与习题

1. DSP 应用系统的软件开发流程是什么？

2. 采用 CCS 集成开发环境进行软件开发调试的步骤是什么?

3. DSP 的硬件仿真器（Emulator）和软件仿真器（Simulator）有何异同点?

4. 什么是 COFF 文件格式? 它有什么特点?

5. 说明 . text 段、. data 段、. bss 段分别包含什么内容?

6. DSP 汇编语言有哪些常用汇编命令?

7. 链接命令文件包括哪些主要内容? 如何编写?

8. MEMORY 命令和 SECTION 命令分别有什么作用?

9. DSP C 语言有哪些特点?

10. C24x DSP 编译器有哪些数据类型?

11. 如何访问片内外设寄存器的某些位?

12. 如何直接访问存储器单元?

13. pragma 编译预处理命令有什么用途?

14. C 语言与汇编语言混合编程有哪些方法?

15. C24x DSP 的 C 编译器扩展了哪几个关键字?

16. 将 1 个 LED 指示灯接到 DSP 的通用 I/O 引脚 IOPB4。采用通用定时器 T1 中断方式定时 200 ms，用 C 语言编程使之闪烁，CLKIN = 10 MHz，CLKOUT = 40 MHz。

第5章 DSP的A-D转换器

本章知识要点：

1）240xA的A-D转换器的特点（Features of 240xA ADC）。
2）自动排序器原理（Autoconversion Sequencer Principle）。
3）自动排序模式（Autosequenced Modes）。
4）ADC时钟定标（ADC Clock Prescaler）。
5）ADC寄存器（ADC Registers）。
6）ADC的C语言编程实例（ADC C Programing Examples）。

5.1 240xA的A-D转换器的特点

240xA DSP内部有一个10位模-数转换器（Analog to Digital Converter，ADC）模块，可有16路模拟输入信号，转换时间可以在375 ns以内。16个结果寄存器（RESULT0 ~ RESULT15）存储转换结果。

ADC模块可以设置为两个独立的8状态转换器，将一系列转换自动排序，每个转换器可以从8个输入通道中任意选择输入。ADC模块也可以工作在级联模式（Cascaded Sequencer Mode），自动排序器（Sequencer）就变成一个单16状态排序器。

该A-D转换器的功能包括：

- 10位ADC模块，内含采样/保持（Sample/Hold、S/H）电路。
- 16路模拟量输入（ADCIN0 ~ ADCIN15）。
- 可在一次采样中同时实现16路自动转换的自动排序。每个转换可以从1 ~ 16路输入通道中任意选择。
- 排序器可以作为两个独立的8状态排序器或一个16状态排序器即级联模式使用。
- 16个结果寄存器存储转换结果，每个寄存器可单独访问。
- 在给定的排序模式下，4个通道选择控制寄存器（CHSELSEQ1 ~ 4）决定模拟转换通道的顺序。
- 多个触发源可以启动A-D转换。包括软件（Software、S/W）启动、事件管理器EVA/EVB（比较匹配、周期匹配、下溢、捕获）启动、外部引脚触发启动。
- 灵活的中断控制，允许每个排序的结束（End of Sequence，EOS）或每两次EOS申请中断一次。
- 排序器可以工作在启动/停止模式，允许多个按时间排序的触发源同步转换。
- 事件管理器EVA、EVB触发源可以分别独立触发两个排序器。
- 采样保持时间有单独的预分频时钟。
- 240x的ADC模块具有校准和自测试功能，而240xA的ADC模块则不具有校准和自测试功能。

- 由于240xA器件的ADC模块和24x器件ADC模块不兼容，因此24x器件的ADC程序代码不能被移植到240xA DSP中。

A－D转换器的全部操作都通过ADC寄存器进行。ADC寄存器映射到片内外设帧1（PF1）的地址空间，地址为0x7100～0x711F，由ADC控制寄存器1（ADCTRL1）、ADC控制寄存器2（ADCTRL2）、最大转换通道数寄存器（MAXCONV）、通道选择排序控制寄存器（CHSELSEQ1～4）、自动排序状态寄存器（AUTO_SEQ_SR）、转换结果寄存器（RESULT0～15）、校准寄存器（CALIBRATION）等组成，它们都是16位寄存器。

5.2 自动排序器原理

自动排序器可以对模拟通道的转换顺序进行排序。ADC排序器由两个8状态（State）排序器SEQ1和SEQ2组成，也可以级联成一个16状态排序器SEQ。这里的状态指排序器中自动转换的数量，而不是指引脚。即排序器有两种工作模式：单排序器模式（又称级联模式）和双排序器模式。

单排序器可以有16个转换通道，如图5-1所示。双排序器模式（Dual Sequencer Mode）为两个独立的8状态或8通道转换，如图5-2所示。

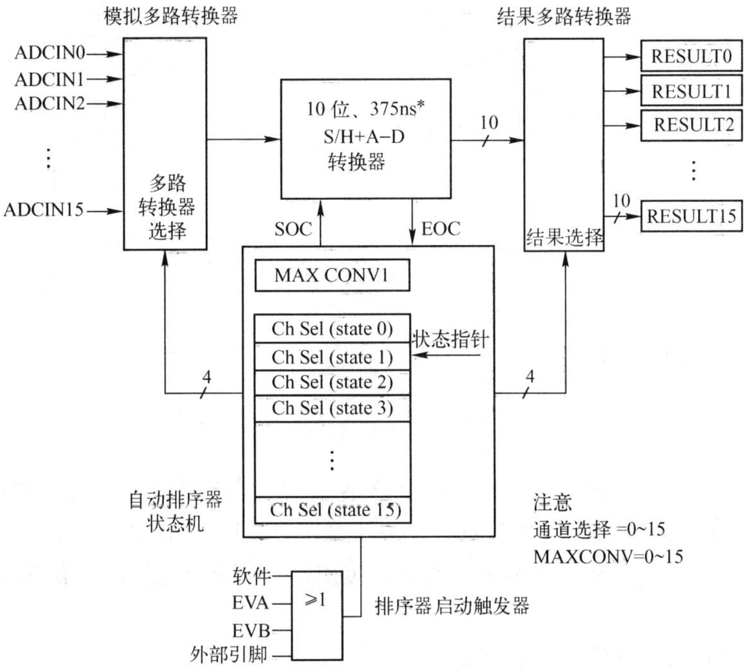

图5-1 单排序器模式的ADC框图

两种排序器都有能力对一系列的转换进行自动排序。就是说每次ADC收到开始转换SOC（Start of Conversion）的请求，就可自动启动多个转换。每次转换可选择16个输入通道中的任意一个。转换完毕后，通道的A－D转换结果就保存在相应的结果寄存器（RE-

SULTn）（n = 0 ~ 15）中（第一个结果放在 RESULT0，第二个结果放在 RESULT1，依此类推）。而且用户可以对同一个通道进行多次采样，即对某一通道实行“过采样”，这样得到的采样结果比传统的采样结果分辨率高。

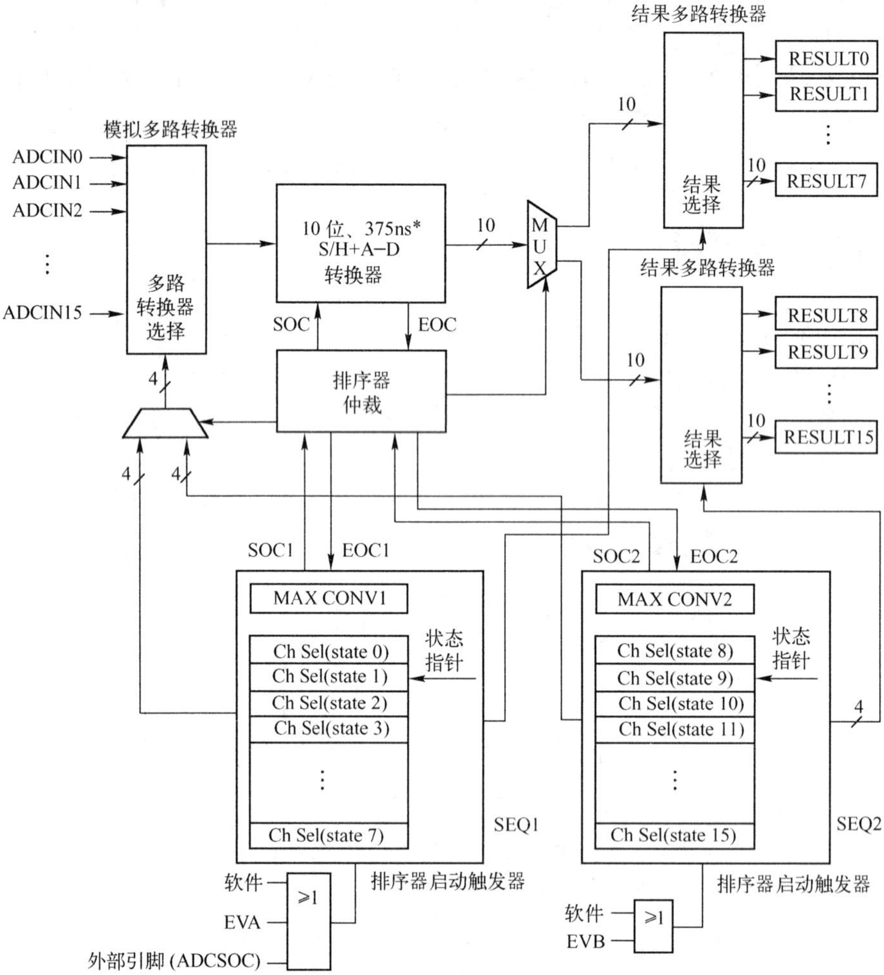

图 5-2　双排序器模式的 ADC 框图

注意：在双排序器模式下，来自“未被激活”的排序器的 A − D 启动请求（SOC）将在“被激活”的排序器完成采样之后自动开始执行。即假设 A − D 转换正在忙于处理 SEQ2 的操作，当 SEQ1 启动一个 SOC 信号后，A − D 转换器在完成 SEQ2 的操作之后立即开始响应 SEQ1 的请求。

为了方便，下面描述排序器时规定：

SEQ1 指的是 CONV00 ~ CONV07。

SEQ2 指的是 CONV08 ~ CONV15。

级联排序器 SEQ 指 CONV00 ~ CONV15。

双 8 状态与单 16 状态排序器的操作基本相同，不同之处见表 5-1。

表 5-1　ADC 单操作模式和级联操作模式比较

特　　点	单 8 状态 排序器 1（SEQ1）	单 8 状态 排序器 2（SEQ2）	级联 16 状态 排序器（SEQ）
开始转换触发信号（SOC）	EVA、软件、外部引脚	EVB、软件	EVA、EVB、软件、外部引脚
最大转换数（即排序器长度）	8	8	16
自动停在排序器的结尾（EOS）	是	是	是
触发优先级	高	低	无效
ADC 转换结果寄存器	0 ~ 7	8 ~ 15	0 ~ 15
CHSELSEQn 位的分配	CONV00 ~ CONV07	CONV08 ~ CONV15	CONV00 ~ CONV15

每一个被排序的转换都对应一个模拟输入通道，该输入通道可以在 ADC 输入通道选择排序寄存器 CHSELSEQ1 ~ 4 中的 CONVnn 位中定义。CONVnn 由 4 个二进制位组成，可在 16 个通道的任一个通道进行设置。因为在级联排序器下最大可有 16 个转换，因此一共要有 16 个通道选择位（CONV00 ~ CONV15），这些位分布于寄存器 CHSELSEQ1 ~ 4 中。CONVnn 中的值可在 0 ~ 15 之间变化，允许 ADC 输入通道在任何顺序下被采样，同一个通道可以多次采样。

5.3　自动排序模式

排序器有两种工作模式：不间断自动排序模式和启动/停止模式。工作在前一模式时，当收到一个 SOC 信号后，会将整个序列转换完，转换过程不间断。而工作在后一种模式时，可以有多个 SOC 信号，这些 SOC 信号是按时间顺序排列的，一个 SOC 信号将所定义的输入通道转换完成后，可以不回到初始状态，而是等待另一个 SOC 信号，当另一个 SOC 信号到来后继续转换。

1. 不间断自动排序模式

不间断自动排序模式（Uninterrupted Autosequenced Mode）即连续转换模式，在该模式下 SEQ1/SEQ2 能在一次排序过程中，对多达 8 个转换通道进行自动排序。

下面的描述适用于双 8 状态排序器。连续转换模式下，SEQ1/SEQ2 可一次对 8 个转换进行排序。SEQ1 的转换结果保存在 RESULT0 ~ RESULT7 中，SEQ2 的转换结果保存在 RESULT8 ~ RESULT15 中。在 MAXCONV 寄存器中的 MAX CONVn 位置存放了每次转换的数量。在每次转换的开始，该值就被自动装载到自动排序状态寄存器 AUTO_SEQ_SR 中（SEQ CNTRn 位）。MAX CONVn 共有 3 位（或 4 位，与工作模式有关），变化范围从 0 ~ 7（或 0 ~ 15）。寄存器 AUTO_SEQ_SR 中的 SEQ CNTRn 位在载入初始值后，每转换完一路就减 1，减到 0 意味着转换全部完成。一次自动转换完成的转换数为 MAX CONVn + 1。

【例 5-1】　采用 SEQ1 的双排序模式下的转换。

设在 SEQ1 中有 7 路（状态）转换，即 ADCIN2 和 ADCIN3 各两次，ADCIN6、ADCINA7 和 ADCIN12 各 1 次。则 MAX CONV1 =6，CHSELSEQn 各寄存器中按表 5-2 所示内容放入数值。

在 SOC 触发信号到来后，AUTO_SEQ_SR 中的 SEQ CNTRn 位自动载入 6，转换开始后，每转换完一路就减 1。一旦 SEQ CNTRn =0，就会发生如下情况：

表 5-2　例 5-1 寄存器 CHSELSEQn 中的数值表

寄 存 器	位 5 ~ 12	位 11 ~ 8	位 7 ~ 4	位 3 ~ 0
CHSELSEQ1	3	2	3	2
CHSELSEQ2	x	0C	7	6
CHSELSEQ3	x	x	x	x
CHSELSEQ4	x	x	x	x

1）如果 ADCTRL1 寄存器中的 CONT RUN 位为 1，那么转换又自动开始，即 SEQ CNTRn 重新载入 6，且 SEQ1 指向 CONV00。这种情况下，必须在下一个转换序列开始前读出结果寄存器中的数据，以免数据被下次转换结果覆盖。

2）如果 CONT RUN 位为 0，那么排序器停止在最后的状态 CONV06，SEQ CNTRn 保持 0 不变。为了在下次 SOC 时可重复上述采样过程，必须使用 ADCTRL2 寄存器中的 RST SEQ1 位来复位排序器。

如果每次 SEQ CNTRn 减到 0 时，中断标志位被设置 1，可以在中断服务子程序 ISR 中对排序器通过软件复位（用 RST SEQ1 位）。这在排序器的启动/停止操作模式下很有用。

例 5-1 也可用于 SEQ2 和级联模式下的 16 状态排序器 SEQ。

2. 排序器的启动/停止模式

除了不间断的自动排序模式外，排序器还可以工作在启动/停止模式，并可由时间上分离的多个 SOC 触发源同步。该模式和连续转换类似，但是在完成了第一次转换后，排序器可被重新触发而不用在 ISR 中复位到初始的 CONV00 状态。所以当一次排序转换结束后，排序器停在当前状态。该模式下寄存器 ADCTRL1 中的 CONT RUN 位必须设置成 0，即禁止连续转换。

【例 5-2】　排序器的启动/停止操作。

如图 5-3 所示，要求触发 1（定时器下溢即计数到 0）到来时，开始 3 个自动转换（I_1、I_2、I_3）。触发 2（定时器周期匹配即计数达到周期值）到来时，开始另外 3 个自动转换（V_1、V_2、V_3）。触发事件 1、2 在时间上相差 25 μs，由事件管理器 A 提供。这里仅用到 SEQ1。

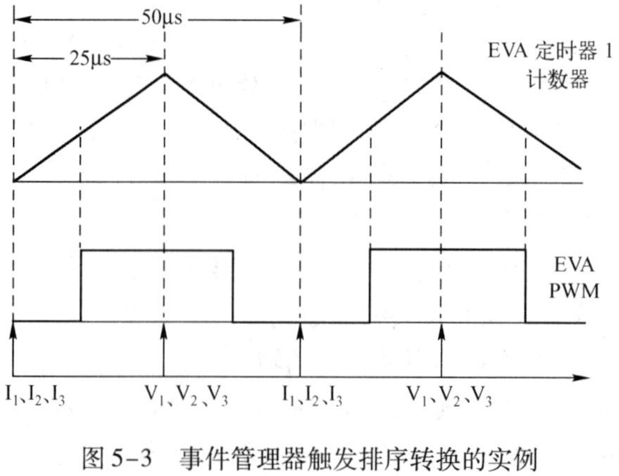

图 5-3　事件管理器触发排序转换的实例

这里 MAX CONV1 设置成 2，ADC 输入通道选择控制寄存器 CHSELSEQn 按表 5-3 设置。

表 5-3　例 5-2 寄存器 CHSELSEQn 中的数值表

寄　存　器	位 5 ~ 12	位 11 ~ 8	位 7 ~ 4	位 3 ~ 0
CHSELSEQ1	V_1	I_3	I_2	I_1
CHSELSEQ2	x	x	V_3	V_2
CHSELSEQ3	x	x	x	x
CHSELSEQ4	x	x	x	x

在复位和初始化后，SEQ1 等待触发。当第一个触发到来时，先执行通道选择值为 CONV00（I_1）、CONV01（I_2）、CONV02（I_3）的 3 个 A－D 转换，然后 SEQ1 在现有状态下等待第二个触发。25 μs 后，第二个触发信号到来，接着执行通道选择值为 CONV03（V_1）、CONV04（V_2）、CONV05（V_3）的 3 个 A－D 转换。

两次转换中，MAX CONV1 的值都自动装载进 SEQ CNTRn 中。如果第二次触发时要完成的 A－D 转换的数量和第一次不同，则需要在第二次触发到来前的适当时间改变 MAXCONV1 的值，否则前面的值将继续使用。可以在中断服务程序（ISR）中修改 MAX CONV1 的值。

在第二次 A－D 转换结束时，ADC 结果寄存器中的结果见表 5-4。

表 5-4　例 5-2　ADC 转换结果寄存器中的结果

ADC 结果寄存器	ADC 转换结果	ADC 结果寄存器	ADC 转换结果
RESULT0	I_1	RESULT8	x
RESULT1	I_2	RESULT9	x
RESULT2	I_3	RESULT10	x
RESULT3	V_1	RESULT11	x
RESULT4	V_2	RESULT12	x
RESULT5	V_3	RESULT13	x
RESULT6	x	RESULT14	x
RESULT7	x	RESULT15	x

3. 输入触发描述

每个排序器都有一组触发源，触发源可以被使能或禁止。SEQ1、SEQ2、SEQ 的触发源见表 5-5。

表 5-5　不同排序器下的不同触发源

SEQ1（排序器 1）	SEQ2（排序器 2）	级联排序器 SEQ
软件触发（软件 SOC）	软件触发（软件 SOC）	软件触发（软件 SOC）
事件管理器 A（EVA SOC）	事件管理器 B（EVB SOC）	事件管理器 A（EVA SOC）
外部 SOC 引脚		事件管理器 B（EVB SOC）
		外部 SOC 引脚

值得注意的是排序器处于空闲时，SOC 可以触发一次自动转换。空闲指在 SOC 到来前排序器指向 CONV00 或者指排序器完成了一次转换，即 SEQ CNTRn 到达 0 值。

如果 SOC 到来时，ADC 正在进行转换，则 ADCTRL2 寄存器中的 SOC SEQn 位被设置(该位在开始一个转换前被清零)。如果又来了一个 SOC，则这一次的 SOC 就会丢失掉，因为 SOC SEQn 已经为 1 了。

一旦触发，排序器就不能中途停止。程序必须等待排序器结束信号（EOS）到来或者使排序器复位，才能令排序器立即回到空闲状态。

当 SEQ1/2 用于级联模式时，忽略通向 SEQ2 的触发，只有 SEQ1 触发有效。级联模式可以看成 16 状态转换而不是 8 状态的 SEQ1。

4. 排序器转换中的中断操作

排序器可以产生两种中断模式，这由 ADCTRL2 寄存器中的中断模式使能控制位决定。将例 5-2 做一些改变，可以用来说明不同条件下如何利用两种中断模式完成任务。如图 5-4 所示，有三种情形，两种中断模式。

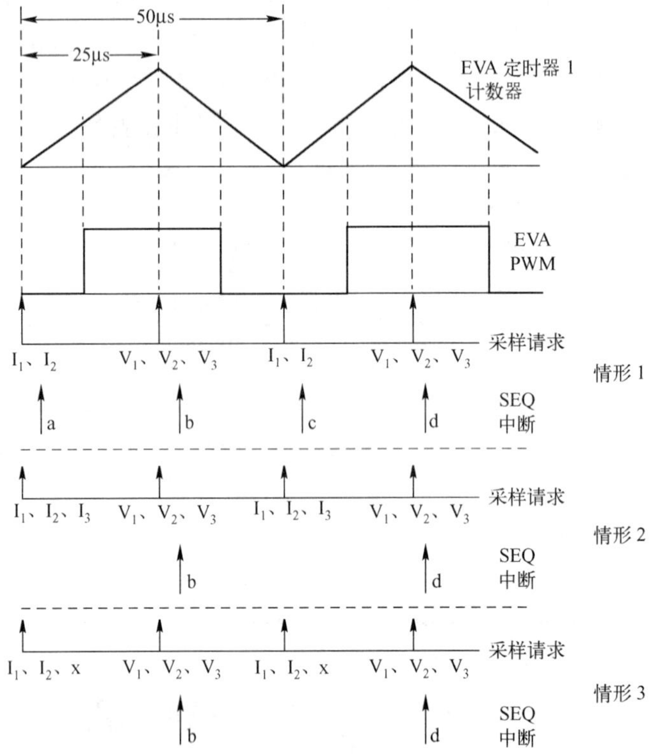

图 5-4　排序转换中的中断操作模式

（1）第一种情形

两次采样的采样数不一样。模式 1 中断操作（即每次 EOS 都产生中断）。

1）排序器被初始化成 MAX CONVn = 1，先转换 I_1、I_2。

2）在 ISR（中断服务程序）“a”中，用户软件将 MAX CONVn 改成 2，转换 V_1、V_2、V_3。

3）在 ISR“b”中，将 MAX CONVn 改回 1，从 ADC 结果寄存器中读出 I_1、I_2、V_1、V_2、V_3的值，随后复位排序器。

4）重复 2）和 3）的过程。注意每次 SEQ CNTRn 计到 0 时中断标志位都变成 1，因而有两次中断响应。

(2）第二种情形

两次采样的采样数一样。模式 2 中断操作（即每两次 EOS 产生 1 个中断）。

1）排序器被初始化成 MAX CONVn =2，以转换 I_1、I_2、I_3或 V_1、V_2、V_3。

2）在 ISR“b”中，从 ADC 结果寄存器中读出 I_1、I_2、I_3、V_1、V_2、V_3的值，随后复位排序器。

3）重复 2）的过程。

(3）第三种情形

两次采样的采样数一样（虚读)。模式 2 中断操作（即每两次 EOS 产生一个中断）

1）排序器被初始化成 MAX CONVn =2，以转换 I_1、I_2、x。

2）在 ISR“b”中，从 ADC 结果寄存器中读出 I_1、I_2、x、V_1、V_2、V_3的值，随后复位排序器。

3）重复 2）的过程。注意采样 x 是一个假采样，并不真要采样此值，只不过是为了减小 ISR 和 CPU 的负担，不在 ISR 中修改 MAX CONVn。

5.4　ADC 时钟定标

模数转换可以被分成两个时间段，如图 5-5 所示。可以调整 240xA 器件 ADC 的采样/保持模块来适应输入信号阻抗的变化。这可以通过改变 ADCTRL1 寄存器中的 ACQ PS3 ~ ACQ PS0 位和 CPS 位来实现。

如果 ACQ PS3 ~ ACQ PS0 位的值全为 0 即预定标器的值为 1，并且 CPS 为 0 时，预定标时钟（PS）将和 CPU 时钟一样。对于预定标器的任何其他值，PS 都会被放大（即增加了采样/保持窗口的时间）。PS 具体的放大倍数由 ACQ PS3 ~ ACQ PS0 位确定。如果 CPS 为 1，则 S/H 窗口长度为原来的两倍。被扩大为原来的 S/H 窗口再加上被预定标器拉长的倍数才是最后的 PS。图 5-6 表明了各个时钟预定标器的作用，注意：在 CPS 为 0 时，PS 和 A_{CLK}将和 CPU 时钟相等。

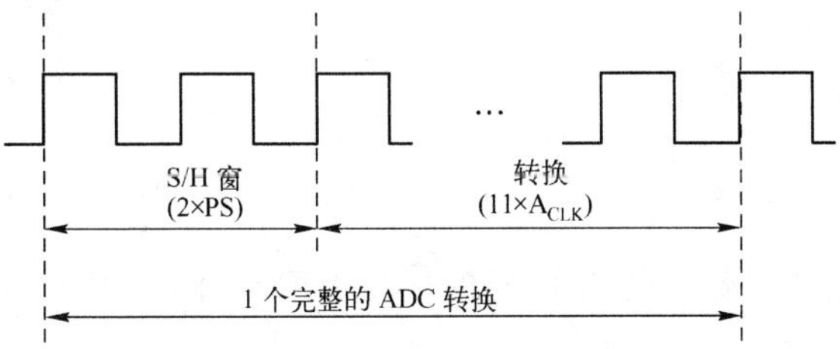

图 5-5　ADC 转换时间

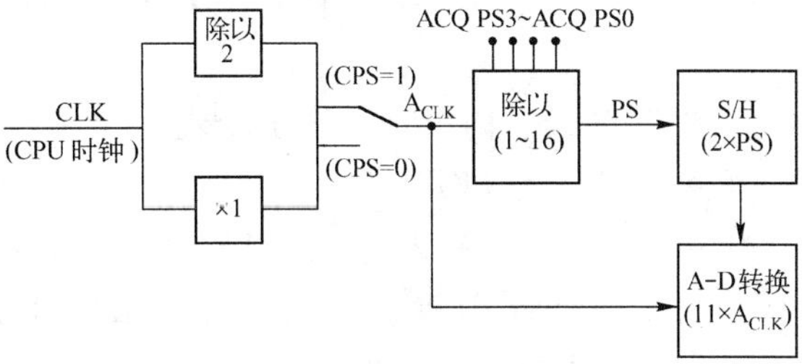

图 5-6　ADC 模块的时钟预定标器

5.5　ADC 寄存器

模数转换器（ADC）包括如下片内外设寄存器：

- ADC 控制寄存器 1（ADCTRL1）。

- ADC 控制寄存器 2（ADCTRL2）。
- 最大转换通道寄存器（MAXCONV）。
- 自动排序状态寄存器（AUTO_SEQ_SR）。
- ADC 通道选择排序控制寄存器（CHSELSEQ1 ~4）。
- ADC 转换结果缓冲寄存器（RESULT0 ~15）。
- 校准结果寄存器（CALIBRATION）。

1. ADC 控制寄存器 1（ADC Control Register 1，ADCTRL1）

其格式如下：

15	14	13	12	11	10	9	8
Reserved	RESET	SOFT	FREE	ACQ PS3	ACQ PS2	ACQ PS1	ACQ PS0
	RS-0	RW-0	RW-0	RW-0	RW-0	RW-0	RW-0

7	6	5	4	3	2	1	0
CPS	CONT RUN	INT PRI	SEQ CASC	CAL ENA	BRG ENA	HI/LO	STEST ENA
RW-0	RW-0	RW-0	RW-0				

位 15　保留位。

位 14　RESET：模数转换模块软件复位位。这一位引起对整个 ADC 模块的主动复位。所有的寄存器位和排序器指针都复位到上电复位或者复位引脚被拉低时的初始状态。该位设置为 1 后马上自动清零。读该位则总是返回 0。

- 0：无影响。
- 1：复位整个模数转换模块（由模数转换逻辑自动返回 0）。

位 13 ~12　SOFT、FREE：仿真悬挂模式。这两位设定仿真悬挂时模数转换模块的工作情况（例如仿真器运行遇到了断点）。

00：一旦仿真悬挂，模数转换模块立即停止。

10：在停止前，完成当前转换。锁存结果，更新状态。

x1：忽略仿真悬挂，全速运行。

位 11 ~8　ACQ PS3 ~ACQ PS0：采样时间窗宽度位。设置 SOC 脉冲的宽度。这个宽度决定了采样开关闭合多长时间。SOC 脉冲宽度是 ADCCLK 周期的（ACQ PS3 ~ACQ PS0）+1 倍。

位 7　CPS：内核时钟预分频器。

- 0：A_{clk} = CLK/1。
- 1：A_{clk} = CLK/2。其中 CLK 为 CPU 时钟频率。

位 6　CONT RUN：连续运行位。设定排序器工作在连续转换模式或者启动/停止模式。用户可以在当前转换序列执行时，向这一位写数值，但是只有在当前转换序列完成之后才生效。即软件可在 EOS 信号到来之后，对这一位清零或置位。在连续模式下，用户不用对排序器复位，而在启动/停止模式下，必须复位排序器以使排序器指针指到 CONV00。

- 0：启动/停止模式。排序器在 EOS 信号到来时停止。如果不执行排序器复位，在下一个 SOC 启动时，排序器将从上次结束的地方开始。
- 1：连续转换模式。EOS 信号到来时，排序器又从 CONV00 开始（对 SEQ1 和级联而言）或从 CONV08 开始（对 SEQ2 而言）。

位 5　INT PRI：ADC 中断优先级位。

- 0：高优先级。
- 1：低优先级。

位 4　SEQ CASC：级联排序器（Cascaded Sequencer）工作模式位。

- 0：双排序器工作模式，SEQ1 和 SEQ2 作为两个最多可选择 8 个转换通道的排序器。
- 1：级联模式，SEQ1 和 SEQ2 级联起来作为一个最多可选择 16 个转换通道的排序器 SEQ。

位 3　CAL ENA：该位设置为 1 时，禁止模拟多路转换器，将 HI/LO 位和 BRG ENA 位选择的校准参考连接到 ADC 内核输入端。

- 0：禁止偏差校准模式。
- 1：使能偏差校准模式。

位 2　BRG ENA：桥使能位。见表 5-6。

- 0：满度参考电压被接到 ADC 输入。
- 1：中点参考电压被接到 ADC 输入。

位 1　HI/LO：V_{REFHI}或 V_{REFLO}选择位。

- 0：用 V_{REFLO}作为 ADC 输入。
- 1：用 V_{REFHI}作为 ADC 输入。

表 5-6　参考电压位选择

BRG ENA	HI/LO	CAL ENA = 1 参考电压/V	STEST ENA = 1 参考电压/V
0	0	V_{REFLO}	V_{REFLO}
0	1	V_{REFHI}	V_{REFHI}
1	0	$\|(V_{REFHI}-V_{REFLO})/2\|$	V_{REFLO}
1	1	$\|(V_{REFLO}-V_{REFHI})/2\|$	V_{REFHI}

位 0　STEST ENA：自测功能使能位。自测功能可以用于检查 ADC 模块能否正常工作。

- 0：禁止自测试模式。
- 1：使能自测试模式。

2. ADC 控制寄存器 2（ADC Control Register 2，ADCTRL2）

其格式如下：

15	14	13	12	11	10	9	8
EVB SOC SEQ	RST SEQ1	SOC SEQ1	Reserved	INT ENA SEQ1	INT MOD SEQ1	Reserved	EVA SOC SEQ1
R/W-0	R/W-0	R/W-0	R-0	R/W-0	R/W-0	R-0	R/W-0

7	6	5	4	3	2	1	0
EVT SOC SEQ1	RST SEQ2	SOC SEQ2	Reserved	INT ENA SEQ2	INT MOD SEQ2	Reserved	EVA SOC SEQ2
R/W-0	R/W-0	R/W-0	R-0	R/W-0	R/W-0	R-0	R/W-0

位 15　EVB SOC SEQ：级联排序器模式下 EVB SOC 使能位（该位只能在级联模式下有效）。

- 0：禁止。
- 1：使能事件管理 EVB 的信号启动级联的排序器 SEQ，事件管理器 EVB 有多个事件可以通过编程来启动转换。

位 14　RST SEQ1：复位排序器 1 位。对该位置 1，立即复位排序器 1，使排序器指针返回而指到 CONV00。将中止当前正在进行的转换。

- 0：禁止。
- 1：立即将排序器复位到 CONV00。

位 13　SOC SEQ1：开始转换 SOC 触发排序器 1。以下触发信号源可以使这一位置 1：

- S/W：软件向这一位写入 1。
- EVA：事件管理器 EVA。
- EVB：事件管理器 EVB（仅在级联模式下）。
- EXT：外部引脚（即 ADCSOC 引脚）。

当一个触发信号源到来时，有 3 种情况可能发生：

情况 1：SEQ1 处于空闲状态且清零 SOC 位时，SEQ1 立即启动，该位置 1 后立即清零，允许后来的触发信号源被悬挂。

情况 2：SEQ1 处于忙状态但 SOC 位为 0 时，该位置 1 表示正悬挂一个触发信号源请求，当 SEQ1 完成当前的转换又重新开始时，该位清零。

情况 3：SEQ1 处于忙状态且 SOC 位已经置 1 时，忽略此时到来的触发信号源。

- 0：清除一个悬挂的 SOC 请求。

注：如果排序器已经启动，该位自动清零，因此对该位写入 0 没有作用。也就是说，不能通过清零该位来停止已经启动的排序器。

- 1：软件触发启动 SEQ1。从当前停止位置启动 SEQ1（即空闲模式）。

注：RST SEQ1 位（ADCTRL2. 14）和 SOC SEQ1 位（ADCTRL2. 13）不应在同一个指令中设置，否则将复位排序器而不会启动排序器。正确的操作顺序应该是先设置 RST SEQ1 位，再在下一条指令中设置 SOC SEQ1 位，这样可以保证对排序器复位并可以重新启动它。该操作对 RST SEQ2 位（ADCTRL2. 6）和 SOC SEQ2 位（ADCTRL2. 5）也是如此。

位 12　保留位。

位 11　INT ENA SEQ1：排序器 SEQ1 的中断使能位。

- 0：禁止 INT SEQ1 的中断请求。
- 1：使能 INT SEQ1 的中断请求。

位 10　INT MOD SEQ1：排序器 SEQ1 的中断模式控制位。在 SEQ1 转换排序结束时影响 INT SEQ1 的设置。

- 0：中断 INT SEQ1 在每个 SEQ1 排序结束时置 1。
- 1：中断 INT SEQl 在每隔一个 SEQ1 排序结束时置 1。

位 9　保留位。

位 8　EVA SOC SEQ1：事件管理器 EVA 对 SEQ1 产生 SOC 信号的屏蔽位。

- 0：EVA 的触发信号源不能启动 SEQ1。
- 1：使能 EVA 的触发信号源启动 SEQ1/SEQ。EVA 有多个事件可以通过编程来启动转换。

位 7　EXT SOC SEQ1：外部信号启动 SEQ1 转换位。

- 0：禁止。
- 1：使能来自 ADCSOC 引脚上的信号启动模数转换自动转换排序。

位 6　RST SEQ2：复位排序器 2。

● 0：禁止。

● 1：中止当前正在进行的转换，立即复位 SEQ2，使排序器指针指到 CONV08。

位 5　SOC SEQ2：启动 SEQ2 转换位（仅适用于双排序器模式，级联模式中忽略该位）。以下触发信号源可以引起 SOC SEQ2 置 1：

● S/W：软件向这一位写入 1。

● EVB：事件管理器 EVB。

当一个触发信号源到来时，有 3 种情况可能发生：

情况 1：SEQ2 处于空闲状态，且 SOC 位清零时，SEQ2 立即启动，该位置 1 后立即清零，允许悬挂后来的触发信号源。

情况 2：SEQ2 处于忙状态，但 SOC 位为 0 时，该位置 1，以表示正悬挂一个触发信号源请求，当 SEQ2 完成当前的转换又重新开始时，该位清零。

情况 3：SEQ2 处于忙状态，且 SOC 位已经置 1 时，忽略此时来到的触发信号源。

● 0：清除一个悬挂的 SOC 请求。

注：如果一个排序器已经启动，此位自动清零。写入 0 时无效。即对此位清零不能停止一个已经启动的排序器。

● 1：从当前停止位置启动 SEQ2（即空闲模式）。

位 4　保留位。

位 3　INT ENA SEQ2：SEQ2 的中断使能控制位。

● 0：禁止 INT SEQ2 的中断请求。

● 1：使能 INT SEQ2 的中断请求。

位 2　INT MOD SEQ2：SEQ2 的中断模式控制位。这一位选择中断的模式，在 SEQ2 转换排序结束时影响中断 INT SEQ2 的设置。

● 0：中断 INT SEQ2 在每个 SEQ2 转换序列结束时置 1。

● 1：中断 INT SEQ2 在每隔一个 SEQ2 转换序列结束时置 1。

位 1　保留位。

位 0　EVB SOC SEQ2：事件管理器 EVB 对 SEQ2 产生 SOC 信号的屏蔽位。

● 0：禁止。

● 1：使能 EVB 的信号启动排序器 SEQ2。EVB 有多个事件可以通过编程来启动转换。

3. 最大转换通道寄存器（Maximum Conversion Channels Register，MAXCONV）

其格式如下：

15 ~ 8
Reserved
R-0

7	6	5	4	3	2	1	0
Reserved	MAX CONV2_2	MAX CONV2_1	MAX CONV2_0	MAX CONV1_3	MAX CONV1_2	MAX CONV1_1	MAX CONV1_0
R-0	RW-0	RW-0	RW-0	RW-0	RW-0	RW-0	RW-0

位 15 ~ 7　保留位。

位 6 ~ 0　MAX CONVn：这些位定义一次自动转换最多可以转换的通道个数。对这些位操作随排序器工作模式的变化而变化（双排序或级联）。

- 对 SEQ1 操作，使用位 MAX CONV1_2 ~ MAX CONV1_0。取值 0 ~ 7，转换 1 ~ 8 个通道。
- 对 SEQ2 操作，使用位 MAX CONV2_2 ~ MAX CONV2_0。取值 0 ~ 7，转换 1 ~ 8 个通道。
- 对 SEQ 操作，使用位 MAX CONV1_3 ~ MAX CONV1_0。取值 0 ~ 15，转换 1 ~ 16 个通道。

如果条件允许，一次自动转换总是由初始指针开始，连续执行直到结束。转换结果顺序装入结果寄存器中。一次转换的个数可以通过编程选择 1 到 MAX CONVn + 1 之间的数。

【例 5-3】 MAXCONV 寄存器位的编程。

如果需要进行 5 个转换，则 MAX CONVn 设置为 4。

情况 1：双排序器模式使用 SEQ1 或者级联模式 SEQ。

排序器指针依次从 CONV00 指到 CONV04，并且这 5 个转换结果依次存放在结果寄存器 00 ~ 04 单元中。

情况 2：双排序器模式使用 SEQ2。

排序器指针依次从 CONV08 ~ CONV12，而且这 5 个转换结果依次存放在结果寄存器 08 ~ 12 单元中。

当 SEQ1 工作在双排序器模式下，而写入 MAX CONV1 中的值超过 7 时，SEQ CNTRn 超过 7 之后继续计数，使排序指针重新指到 CONV00 并继续计数。MAX CONV1 的位 3 ~ 0 的数值（0 ~ 15）加 1 就是转换个数。

4. 自动排序状态寄存器（Autosequence Status Register，AUTO_SEQ_SR）

其格式如下：

15 ~ 12	11	10	9	8
Reserved	SEQ CNTR 3	SEQ CNTR 2	SEQ CNTR 1	SEQ CNTR 0
R-0	R-0	R-0	R-0	R-0

7	6	5	4	3	2	1	0
Reserved	SEQ2 STATE2	SEQ2 STATE1	SEQ2 STATE0	SEQ1 STATE3	SEQ1 STATE2	SEQ1 STATE1	SEQ1 STATE0
R-0	R-1	R-0	R-0	R-0	R-0	R-0	R-0

位 15 ~ 12　保留位。

位 11 ~ 8　SEQ CNTR［3 ~ 0］：排序计数器状态位。SEQ CNTRn（n = 0 ~ 3）4 位状态可用于 SEQ1、SEQ2 和 SEQ 模式。在级联模式中 SEQ2 是不相关的。在转换排序开始时，SEQ CNTR［3 ~ 0］初始化为 MAXCONV 中的值。在自动转换排序的每一个转换（或同时采样模式中的一对转换）之后，排序器的计数器减 1。在递减计数过程中的任何时候，可以读 SEQ CNTRn 的值。这个值结合 SEQ1、SEQ2 中的忙状态位，就可以在任何时间及时唯一地激活排序器的指针和进程，其位定义见表 5-7。

表 5-7　SEQ CNTRn 位定义

SEQ CNTRn（只读）	剩余的转换数
0000	1 或 0，取决于忙状态位
0001	2
0010	3
…	…
1110	15
1111	16

位 7　保留位。

位 6 ~ 0　这些位是排序器 SEQ2 和 SEQ1 的指针。作为 TI 公司测试用，用户不要使用。

5. ADC 状态和标志寄存器（ADC Status and Flag Register，ADCST）

其格式如下：

15							8
Reserved							
R-0							

7	6	5	4	3	2	1	0
EOS BUF2	EOS BUF1	INT SEQ2 CLR	INT SEQ1 CLR	SEQ2 BSY	SEQ1 BSY	INT SEQ2	INT SEQ1
R-0	R-0	R/W-0	R/W-0	R-0	R-0	R-0	R-0

位 15 ~ 8　保留位。

位 7　EOS BUF2：SEQ2 的排序缓冲器结束位。在中断模式 0（即 ADCTRL2. 2 = 0）下，该位不能使用且保持 0 值。在中断模式 1（即 ADCTRL2. 2 = 1）下，每一个 SEQ2 转换序列结束时该位置 1。该位在器件复位时清零，且不受排序器复位或相应中断标志清零的影响。

位 6　EOS BUF1：SEQ1 的排序缓冲器结束位。在中断模式 0（即 ADCTRL2. 10 = 0）下，该位不能使用且保持 0 值。在中断模式 1（即 ADCTRL2. 10 = 1）下，每一个 SEQ1 转换序列结束时该位置 1。该位在器件复位时清零，且不受排序器复位或相应中断标志清零的影响。

位 5　INT SEQ2 CLR：SEQ2 中断清零位。读出值为 0。写入 1 清零。

- 0：向该位写入 0 无效。
- 1：向该位写入 1，对 SEQ2 中断标志位（INT_SEQ2）清零。

位 4　INT SEQ1 CLR：SEQ1 中断清零位。读出值为 0。写入 1 清零。

- 0：向该位写入 0 无效。
- 1：向该位写入 1，对 SEQ1 中断标志位（INT_SEQ1）清零。

位 3　SEQ2 BSY：SEQ2 忙状态位。写入操作无效。

- 0：SEQ2 空闲，等待触发。
- 1：SEQ2 忙。

位 2　SEQ1 BSY：SEQ1 忙状态位。写入操作无效。

- 0：SEQ1 空闲，等待触发。
- 1：SEQ1 忙。

位 1　INT SEQ2：SEQ2 中断标志位，写入操作无效。在中断模式 0（ADCTRL2. 2 = 0）下，该位在每一个 SEQ2 排序结束时置 1；在中断模式 1（ADCTRL2. 2 = 1）下，如果 EOS BUF2 = 1，该位在 SEQ2 排序结束后置 1。

- 0：无 SEQ2 中断事件。
- 1：发生了 SEQ2 中断事件。

位 0　INT SEQ1：SEQ1 中断标志位，写入操作无效。在中断模式 0（ADCTRL2. 10 = 0）下，该位在每一个 SEQ1 排序结束时置 1；在中断模式 1（ADCTRL2. 10 = 1）下，如果 EOS BUF1 = 1，该位在 SEQ1 排序结束后置 1。

- 0：无 SEQ1 中断事件。

- 1：发生了 SEQ1 中断事件。

6. ADC 输入通道选择排序控制寄存器 1～4（ADC Input Channel Select Sequencing Control Register，CHSELSEQ1～4）

其格式如下：

15～12	11～8	7～4	3～0
CONV03	CONV02	CONV01	CONV00
R/W-0	R/W-0	R/W-0	R/W-0

15～12	11～8	7～4	3～0
CONV07	CONV06	CONV05	CONV04
R/W-0	R/W-0	R/W-0	R/W-0

15～12	11～8	7～4	3～0
CONV11	CONV10	CONV09	CONV08
R/W-0	R/W-0	R/W-0	R/W-0

15～12	11～8	7～4	3～0
CONV15	CONV14	CONV13	CONV12
R/W-0	R/W-0	R/W-0	R/W-0

ADC 输入通道选择排序寄存器 1～4 中的每 4 位的 CONVnn（nn＝00～15）选择 16 路模拟输入通道中的一个作为自动排序的转换通道，见表 5-8。

表 5-8　CONVnn 位的取值和 ADC 输入选择通道的关系

CONVnn	ADC 输入通道	CONVnn	ADC 输入通道
0000	ADCIN0	1000	ADCIN8
0001	ADCIN1	1001	ADCIN9
0010	ADCIN2	1010	ADCIN10
0011	ADCIN3	1011	ADCIN11
0100	ADCIN4	1100	ADCIN12
0101	ADCIN5	1101	ADCIN13
0110	ADCIN6	1110	ADCIN14
0111	ADCIN7	1111	ADCIN15

7. ADC 转换结果缓冲寄存器（ADC Conversion Result Buffer Register，n＝0～15）

其格式如下：

15	14	13	12	11	10	9	8
D9	D8	D7	D6	D5	D4	D3	D2

7	6	5	4	3	2	1	0
D1	D0	0	0	0	0	0	0

ADC 转换结果缓冲寄存器（RESULTn）可以保存 16 个通道的转换结果。10 位转换结果是左对齐的，即存放在 16 位寄存器的高 10 位。

8. ADC 校准结果寄存器（CALIBRATION）

校准结果寄存器用来校正其转换结果。240x 的 ADC 模块具有校准模式，CALIBRATION 寄存器可用。而 240xA 的 ADC 模块则不具有校准模式，CALIBRATION 寄存器不可用。

在校准方式下，ADCIN0～15 引脚没有接到 A－D 转换器，且排序器不工作。接到 A－D

转换器输入端的信号由位 BRG ENA（桥使能）和位 HI/LO（V_{REFHI}/V_{REFLO}）选择。这两位将 V_{REFHI}、V_{REFLO}或者它们的中间值送到 A－D 转换器的输入端，ADC 模块完成一次转换。校准模式可以计算 ADC 模块的零点、中点和最大值时的偏移误差。该偏移误差值的二进制补码被保存在 CALIBRATION 寄存器（二进制补码操作只适用于误差值为负的情况）。在这个基础上，ADC 硬件自动将偏移误差量加到转换结果上。

校准结果寄存器的格式如下：

15	14	13	12	11	10	9	8
D9	D8	D7	D6	D5	D4	D3	D2

7	6	5	4	3	2	1	0
D1	D0	0	0	0	0	0	0

校准结果寄存器中 10 位的校准值也是左对齐的，即存放在 16 位寄存器的高 10 位。

5.6 ADC 的 C 语言编程实例

【例 5-4】 A－D 转换程序。采用双排序器模式，排序器 SEQ1 对两个模拟输入通道 ADCIN0 和 ADCIN1 的幅度在 0～3.3V 范围的电压信号进行自动转换。排序器采用定时器 T1 的周期中断标志作为触发启动转换信号。读取模拟量的转换结果并存储到两个长度为 256 的数组 nADCIn0［］和 nADCIn1［］中。

```
#include  "f2407_c.h"                      //2407 头文件
#define  ADCN  256                         //数组长度
void  interrupt gptimer1( );               //T1 中断服务程序,设置保存标志
void ADT1Init(void);                       //初始化 ADC 和 T1
unsigned int uWork, nADCount;              //全局变量定义
int nNewConvert;                           //转换次数计数
unsigned int nADCIn0[ADCN];                //通道 ADCIN0 转换结果数组
unsigned int nADCIn1[ADCN];                //通道 ADCIN1 转换结果数组
main( )                                    //主函数
{
    nNewConvert = 0;
    WDCR = 0x6f;                           //关闭看门狗
    SCSR1 = 0x02fe;                        //设置时钟频率 40 MHz,2 倍频，打开所有外设
    WSGR& = 0xfe3f;                        //设置 I/O 等待状态为 0
    ADT1Init( );                           //初始化 ADC 和 T1
    IMR = 2;                               //使能定时器周期中断,INT2
    IFR = 0xffff;                          //清除中断标志
    asm(" CLRC INTM");                     //开中断
 while  (1)
    {
    if(nNewConvert)                        //若标志为 1,则转换
    {
```

```
            nNewConvert = 0;                     //清转换标志
            uWork = RESULT0;                     //取 ADCIN0 通道转换结果 RESULT0
            uWork > >6;                          //移位去掉低 6 位
            nADCIn0[nADCount] = uWork;           //保存结果
            uWork =  RESULT1;                    //取 ADCIN1 通道转换结果 RESULT1
            uWork > >6;                          //移位去掉低 6 位
            nADCIn1[nADCount] = uWork;           //保存结果
            if(nADCount > = ADCN)
                nADCount = 0;                    //缓冲区满后,重新设置
            }
        }
}
void ADT1Init(void)                              //初始化 ADC 和 T1 函数
{
int i;
for (i = 0; i < ADCN; i + + )
    nADCIn0[i] = nADCIn1[i] = 0;                 //缓冲区清零
ADCTRL1 = 0x2040;                                //设置连续转换模式, D6 = 1
MAX_CONV = 0x01;                                 //每次转换两个通道
CHSELSEQ1 = 0x10;                                //先转换 ADCIN0,再 ADCIN1
ADCTRL2 = 0x2000;                                //启动转换
nADCount  = 0;
EVAIMRA = 0x80;                                  //使能定时器中断 T1PINT
EVAIFRA =  0xffff;                               //清除中断标志
GPTCONA = 0x0100;                                //D8D7 = 10,用 T1PINT 启动 ADC
T1PR = 2000;                                     //周期 2000 * 25 ns = 50 μs
T1CNT = 0;
T1CON = 0x1040;                                  //连续增计数模式,启动计数器
}
void   interrupt gptimer1( )                     //T1 周期中断服务函数
{
switch(PIVR)
{
    case0x27:                                    //0x27 为 T1 周期中断向量
    {
    nNewConvert = 1;                             //设置保存标志
    EVAIFRA = 0x80;                              //清中断标志
    T1CNT = 0;
    break;
    }
}
asm(" CLRC INTM");                               //开中断
}
```

该实例的模拟输入通道 ADCIN0 和 ADCIN1 信号如果为正弦波、方波等波形，可以通过 CCS 的数据图形显示功能，执行菜单命令“View→Graph→Time/Frequency”，设置弹出的“Graph Property”对话框，其中“Start Adress”分别设为 nADCIn0 和 nADCIn1，可以观察到相应的信号波形。另外 DSP 的 A-D 转换也可以采用查询与延时方式编程。

5.7 思考题与习题

1. 简述 240xA DSP 的 A-D 转换器的特点。
2. 简述 240xA 自动排序器的原理。
3. 240xA ADC 模块的时钟是如何确定的？
4. 240xA A-D 转换器有哪些寄存器？如何使用？
5. 编程。采用双排序器模式，排序器 SEQ1 对两个模拟输入通道 ADCIN5 和 ADCIN6 的电压信号进行自动转换。排序器采用事件管理器 EVA（T1）的周期匹配中断标志作为触发启动信号，T1 定时 50 μs。使用 ADC 模块的中断方式，每次排序结束（EOS）都产生中断。在中断服务程序中，读取模拟量的转换结果并存储到两个长度为 200 的数组 Voltage1 和 Voltage2 中。设 CPU 时钟频率为 40 MHz。

第 6 章　事件管理器

本章知识要点：

1）事件管理器功能概述（Event Manager Functions）。

2）通用定时器（General-Purpose Timers）。

3）比较单元与 PWM 电路（Compare Units and PWM Circuits）。

4）空间矢量 PWM（Space Vector PWM）。

5）捕获单元（Capture Unit）。

6）正交编码脉冲 QEP 电路（Quadrature Encoder Pulse Circuit）。

7）事件管理器的中断（EV Interrupts）。

8）事件管理器的应用实例（Application Examples of Event Managers）。

事件管理器模块提供了强大的控制功能，非常适用于运动控制和电动机控制等领域。240x 数字信号处理器有两个事件管理器模块即 EVA 和 EVB，每个事件管理器包括通用定时器（GPT）、比较器、PWM（Pulse Width Modulation）单元、捕获单元以及正交编码脉冲（QEP）电路。EVA 和 EVB 两个模块有相同的外设，可以实现多轴运动控制。在电动机控制应用中，当功率管需要互补控制时，每个事件管理器能够控制一个三相桥式电路（6 路 PWM 输出），同时每个事件管理器还提供另外两路单独的 PWM 信号输出。

6.1　事件管理器功能概述

事件管理器模块 EVA 和 EVB 的定时器、比较单元以及捕获单元的功能都相同。二者有相同的外设模块寄存器组，EVA 寄存器组的起始地址是 7400h，EVB 寄存器组的起始地址是 7500h。本章主要介绍 EVA 的通用定时器、比较单元、捕获单元以及正交脉冲编码电路的功能。这些功能描述对事件管理器 EVB 也适用，只是模块和信号的名称不同。

表 6-1 为事件管理器 EVA 和 EVB 模块的引脚信号。图 6-1 为 EVA 的功能模块框图，EVB 与之类似。

表 6-1　EVA 和 EVB 模块及其信号名称

事件管理器模块	EVA		EVB	
	模块	信号	模块	信号
通用定时器	通用定时器 1 通用定时器 2	T1PWM/T1CMP T2PWM/T2CMP	通用定时器 3 通用定时器 4	T3PWM/T3CMP T4PWM/T4CMP
比较单元	比较单元 1 比较单元 2 比较单元 3	PWM1/2 PWM3/4 PWM5/6	比较单元 4 比较单元 5 比较单元 6	PWM7/8 PWM9/10 PWM11/12

（续）

事件管理器模块	EVA		EVB	
	模块	信号	模块	信号
捕获单元	捕获单元 1 捕获单元 2 捕获单元 3	CAP1 CAP2 CAP3	捕获单元 4 捕获单元 5 捕获单元 6	CAP4 CAP5 CAP6
正交脉冲编码电路	QEP	QEP1 QEP2 QEPI1	QEP	QEP3 QEP4 QEPI2
定时器外部输入	计数方向 外部时钟	TDIRA TCLKINA	计数方向 外部时钟	TDIRB TCLKINB

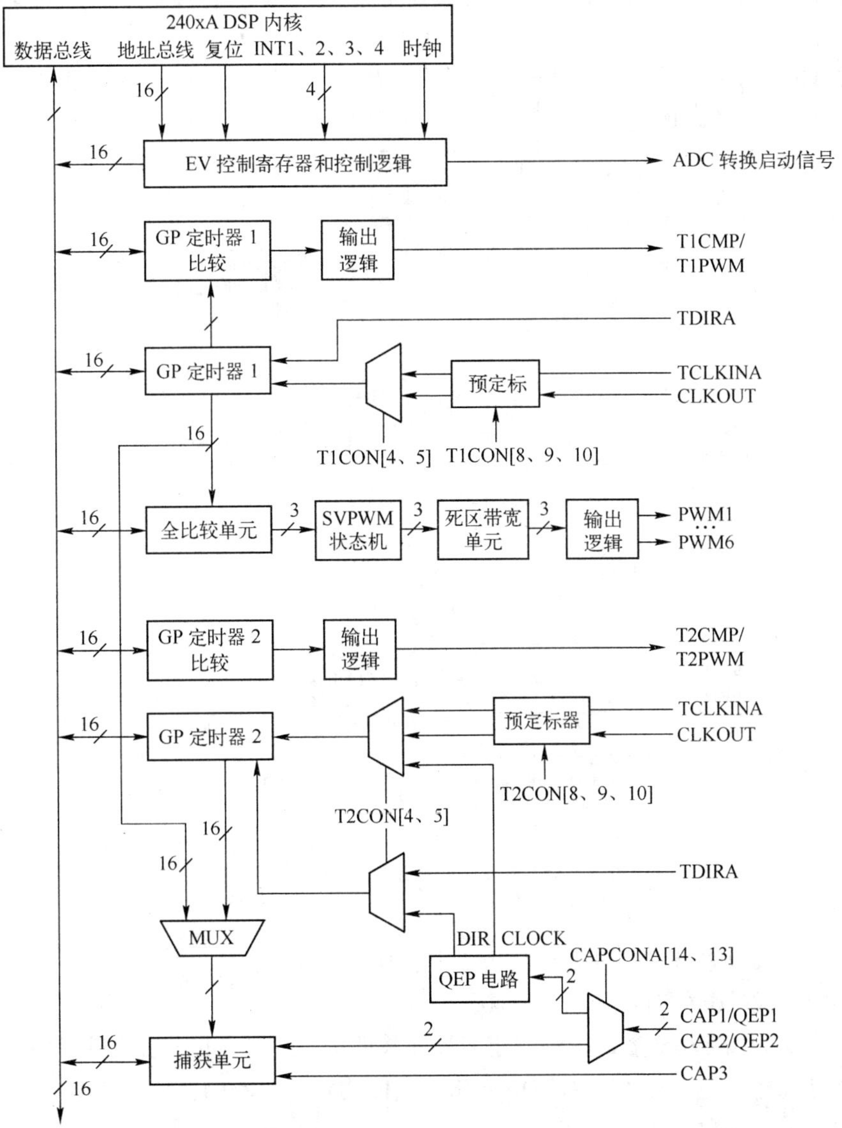

图 6-1　事件管理器 A 功能框图

事件管理器包含通用定时器 1、2、3、4，全比较单元，可编程的死区发生器，PWM 波形发生器，捕获单元，正交编码器电路，A－D 转换器的外部启动信号，功率驱动保护中断，事件管理器寄存器及事件管理器中断等多个部分。

6.2 通用定时器

1. 通用定时器的功能

每个事件管理器模块有两个通用定时器（General Purpose Timer，GPT），定时器功能框图如图 6-2 所示。每个通用定时器 x（EVA：x＝1、2；EVB：x＝3、4）包括以下部件：

- 一个 16 位可读写的定时器计数器 TxCNT。
- 一个 16 位可读写的定时器周期寄存器 TxPR，使用影子寄存器（Shadow Register）双缓冲。
- 一个 16 位可读写的定时器比较寄存器 TxCMPR，使用影子寄存器双缓冲。
- 一个 16 位可读写的定时器控制寄存器 TxCON。

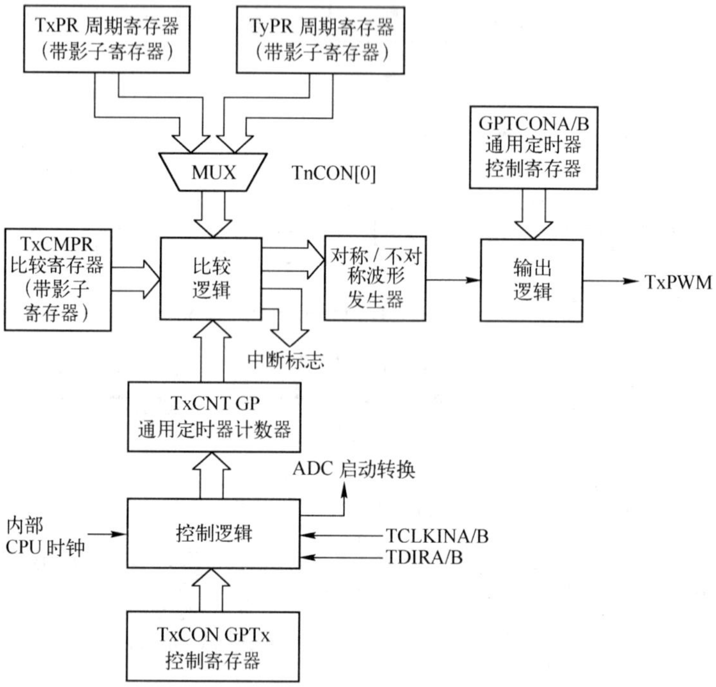

图 6-2　通用定时器框图

（当 x＝2 时，y＝1，n＝2；当 x＝4 时，y＝3，n＝4）

- 定时器时钟可以选择内部时钟，也可以选择外部时钟。
- 可对内部或外部的时钟输入预分频。
- 4 个可屏蔽中断（下溢、上溢、定时器比较匹配、周期中断）的控制和中断逻辑。
- 一个可选择方向的输入引脚 TDIRA/B。当使用定向增/减计数模式时，用于选择是增计数还是减计数。
- 一个通用定时器比较输出引脚 TxCMP。

每个通用定时器都可以独立使用，两个定时器也可以同步使用。每个通用定时器的比较寄存器可用于比较功能，产生 PWM 波形。当定时器工作在增/减模式时，有 3 种连续工作方式。每个定时器都可以使用可预定标的内部或外部输入时钟。通用定时器还为别的事件管理器子模块提供时钟基准：通用定时器 1 为比较单元和 PWM 电路提供时钟基准，通用定时器 2/1 为捕获单元和正交编码电路提供时钟基准。周期寄存器和比较寄存器有双缓冲功能，允许用户根据需要改变定时器周期和 PWM 脉冲宽度。

2. 通用定时器的输入与输出

通用定时器的输入包括：

- 内部 CPU 时钟。
- 外部时钟 TCLKINA/B，最高频率不超过 CPU 时钟的 1/4。
- 方向输入 TDIRA/B，控制定时器增/减计数的方向。
- 复位信号 RESET。

当定时器用于 QEP 电路时，QEP 产生定时器的时钟和方向。

通用定时器的输出包括：

- 通用定时器比较输出 TxCMP，x＝1、2、3、4。
- 为 ADC 模块提供 ADC 转换启动信号。
- 为自身比较逻辑和比较单元提供下溢、上溢、比较匹配和周期匹配信号。
- 计数方向指示位。

3. 通用定时器的寄存器

（1）通用定时器的控制寄存器（TxCON，x＝1、2、3、4）

通用定时器的控制寄存器（Timer x Control Register，TxCON）设定定时器的操作模式，通过该寄存器设置通用定时器为以下不同的工作方式：

- 选择通用定时器 4 种计数模式中的一种。
- 确定通用定时器使用内部时钟还是外部时钟。
- 确定通用定时器输入时钟使用的预定标参数（范围 1～1/128）。
- 确定通用定时器比较寄存器重新装载的条件。
- 使能或禁止通用定时器。
- 使能或禁止通用定时器的比较操作。
- 确定通用定时器 2/4 使用的周期寄存器是本身的还是通用定时器 1/3 的。

通用定时器 x（x＝1、2、3、4）控制寄存器 TxCON 各位的定义及使用方法叙述如下：

15	14	13	12	11	10	9	8
Free	Soft	Reserved	TMODE1	TMODE0	TPS2	TPS1	TPS0
RW-0	RW-0	RW-0	RW-0	RW-0	RW-0	RW-0	RW-0

7	6	5	4	3	2	1	0
T2SWT1/ T4SWT3	TENABLE	TCLKS1	TCLKS0	TCLD1	TCLD0	TECMPR	SELT1PR/ SELT3PR
RW-0	RW-0	RW-0	RW-0	RW-0	RW-0	RW-0	RW-0

位 15～14　Free，Soft：仿真控制位。

- 00：一旦仿真悬挂（Emulation Suspend），立即停止。
- 01：一旦仿真悬挂，在当前定时器周期结束后停止。
- 10，11：操作不受仿真悬挂影响。

位 13　保留位。

位 12 ~ 11　TMODE1，TMODE0：计数模式选择。

- 00：停止/保持。
- 01：连续增/减计数模式（Continuous up/down count mode）。
- 10：连续增计数模式（Continuous up count mode）。
- 11：定向增/减计数模式（Directional up/down count mode）。

位 10 ~ 8　TPS2 ~ TPS0：输入时钟预分频（Prescaler）系数。

- 000：x/1。
- 001：x/2。
- 010：x/4。
- 011：x/8。
- 100：x/16。
- 101：x/32。
- 110：x/64。
- 111：x/128。

x 为时钟频率，既可以是 CPU 时钟，也可以是外部时钟。

位 7　T2SWT1/T4SWT3：对于事件管理器 EVA，该位起 T2SWT1 的作用，用定时器 1 的定时器使能位来启动定时器 2。在 T1CON 中，这一位是保留位。对于事件管理器 EVB，该位起 T4SWT3 的作用，用通用定时器 3 的定时器使能位来启动通用定时器 4。在 T3CON 中，这一位是保留位。

- 0：使用自身的定时器使能位（TENABLE）。
- 1：使用 T1CON（对于 EVA）或 T3CON（对于 EVB）中的定时器使能位来使能或禁止操作，忽略自身的定时器使能位。

位 6　TENABLE：定时器使能位。

- 0：禁止定时器操作（即定时器置于保持状态且复位预分频器）。
- 1：使能定时器操作。

位 5 ~ 4　TCLKS1 ~ TCLKS0：时钟源。

- 00：内部（CLKOUT）。
- 01：外部（TCLKINA/B）。
- 10：保留。
- 11：正交脉冲编码电路（QEP）。

位 3 ~ 2　TCLD1 ~ TCLD0：定时器比较寄存器重装载（Reload）条件。

- 00：计数器值为 0 时，重装载。
- 01：计数器值为 0 或等于周期寄存器值时，重装载。
- 10：立即重装载。
- 11：保留。

位 1　TECMPR：定时器比较使能位。

- 0：禁止定时器比较操作。
- 1：使能定时器比较操作。

位 0　SELT1PR/SELT3PR：对 EVA，该位为 SELT1PR（周期寄存器选择位）。当 T2CON 中该位设置为 1 时，定时器 1 的周期寄存器对定时器 2 有效，忽略定时器 2 的周期定时器。在 T1CON 中，该位保留。对 EVB，该位为 SELT3PR（周期寄存器选择位）。当 T4CON 中该位设置为 1 时，定时器 3 的周期寄存器对定时器 4 有效，忽略定时器 4 的周期定时器。在 T3CON 中，该位保留。

- 0：使用自身的周期寄存器。
- 1：使用 T1PR（在 EVA 模块）或 T3PR（在 EVB 模块）作为周期寄存器，而忽略自身的周期寄存器。

（2）通用定时器的全局控制寄存器（GPTCONA/B）

全局控制寄存器（GP Timer Control Register，GPTCONA/B）确定通用定时器实现具体任务需要采取的操作方式，并指明通用定时器的计数方向。GPTCONNA/B 是可读/写寄存器，向状态位写数据时没有影响。全局通用定时器控制寄存器 B（GPTCONB）和全局通用定时器控制寄存器 A（GPTCONA）的功能相同，只是控制的定时器不同。

全局控制寄存器 GPTCONA 的格式如下：

15	14	13	12～11	10～9	8～7
Reserved	T2STAT	T1STAT	Reserved	T2TOADC	T1TOADC
RW-0	R-1	R-1	RW-0	RW-0	RW-0

6	5～4	3～2	1～0
TCOMPOE	Reserved	T2PIN	T1PIN
RW-0	RW-0	RW-0	RW-0

位 15　保留位。

位 14　T2STAT：通用定时器 2 的状态，只读。

- 0：减计数。
- 1：增计数。

位 13　T1STAT：通用定时器 1 的状态，只读。

- 0：减计数。
- 1：增计数。

位 12～11　保留位。

位 10～9　T2TOADC：定时器 2 事件启动模数转换。

- 00：不启动模数转换。
- 01：下溢中断标志启动模数转换。
- 10：周期匹配中断标志启动模数转换。
- 11：比较匹配中断标志启动模数转换。

位 8～7　T1TOADC：定时器 1 事件启动模数转换。

- 00：不启动模数转换。
- 01：下溢中断标志启动模数转换。
- 10：周期匹配中断标志启动模数转换。
- 11：比较匹配中断标志启动模数转换。

位 6　TCMPOE：定时器比较输出使能。该位有效时，使能或禁止定时器比较输出。

- 0：定时器比较输出（T1PWM/T1CMP、T2PWM/T2CMP）置成高阻态。

• 1：定时器比较输出由独立定时器比较逻辑驱动。

位 5 ~4　保留位。

位 3 ~2　T2PIN：通用定时器 2 比较输出极性。

• 00：强制低电平。

• 01：低电平有效。

• 10：高电平有效。

• 11：强制高电平。

位 1 ~0　T1PIN：通用定时器 1 比较输出极性。

• 00：强制低电平。

• 01：低电平有效。

• 10：高电平有效。

• 11：强制高电平。

通用定时器全局控制寄存器 GPTCONB 的位定义与 GPTCONA 相似，格式如下：

15	14	13	12～11	10～9	8～7
Reserved	T4STAT	T3STAT	Reserved	T4TOADC	T3TOADC
RW-0	R-1	R-1	RW-0	RW-0	RW-0

6	5～4	3～2	1～0
TCOMPOE	Reserved	T4PIN	T3PIN
RW-0	RW-0	RW-0	RW-0

（3）通用定时器的比较寄存器（TxCMPR，x =1 ~4）

比较寄存器中存放了一个数值，它和通用定时器的计数器值不断比较，当比较匹配时，将产生下列事件：

• 根据 GPTCONA/B 设置的模式，相关的比较输出引脚将产生跳变。

• 相应的中断标志位置位。

• 如果中断未被屏蔽，则产生一个外设中断请求。

通过设置 TxCON 的相关位，可以使能或禁止比较操作。在任何定时器工作模式下，比较操作和输出都可以被使能或禁止。

（4）通用定时器的周期寄存器（TxPR，x =1 ~4）

周期寄存器的值决定了定时器的周期。当周期寄存器的值和定时器的计数器值相等时，根据计数器所使用的计数方式，通用定时器复位为 0，或继续向下递减计数。

（5）通用定时器的比较寄存器和周期寄存器的双缓冲

通用定时器的比较寄存器（TxCMPR）和周期寄存器（TxPR）都带有影子寄存器，在一个周期的任何时刻都可以对这两个寄存器进行读/写。然而当进行写操作时，新值写到影子寄存器。对于比较寄存器，只有当 TxCON 寄存器指定的特定定时器事件发生时，影子寄存器中的值才加载到比较寄存器中。对于周期寄存器，只有当计数寄存器 TxCNT 为 0 时，影子寄存器的值才能重新加载到周期寄存器。比较寄存器重载的条件可以是下面条件中的一个：

• 影子缓冲寄存器被写入之后立即加载。

• 下溢时，即通用定时器计数器值为 0 时。

• 下溢或周期匹配时，即当计数值为 0 或计数值与周期寄存器的值相等时。

周期寄存器和比较寄存器的双缓冲特点允许应用程序在一个周期的任何时刻都可以更新

它们，从而可以在下一周期改变定时器的周期和 PWM 的脉冲宽度。如果使用定时器产生 PWM 信号，那么快速地改变定时器周期就可快速改变 PWM 的载波频率。

此外，通用定时器的周期寄存器初始化应该在计数器初始化为非 0 值前进行，否则其值会一直保持不变，直到定时器产生溢出。

当禁止相应的比较操作时，比较寄存器是透明的，即新装载的值直接进入工作寄存器，事件管理器的所有比较寄存器都是这样。

4. 通用定时器的比较输出

通用定时器的比较输出可以是高电平有效、低电平有效、强制高或强制低，由 GPTCONA/B 控制寄存器设置。当比较输出高（低）电平有效同时在第一次比较匹配时，比较输出由低变为高（由高变为低）。如果通用定时器配置为递增/递减计数模式，则在第二次比较匹配或周期匹配时，比较输出从高至低（由低至高）。当定时器的比较输出设置为强制高（低）时，它立即变为高（低）电平。

5. 定时器计数方向

在所有的定时器使用过程中，寄存器 GPTCONA/B 中的相应位反映了通用定时器的计数方向：

- 1 代表递增计数。
- 0 代表递减计数。

当通用定时器工作在增/减计数模式时，输入引脚 TDIRA/B 决定计数方向。如果 TDIRA/B 引脚为高电平，则采用递增计数模式；如果 TDIRA/B 引脚为低电平，则采用递减计数模式。

6. 通用定时器的时钟

通用定时器可以采用内部 CPU 时钟或外部时钟作为时钟源，外部时钟通过 TCLKINA/B 引脚提供。外部时钟的频率必须小于或等于内部 CPU 频率的 1/4。在定向增/减计数模式下，通用定时器 2（EVA）和通用定时器 4（EVB）可以使用 QEP 电路，此时 QEP 电路为定时器提供时钟和方向输入。每个定时器都可以为输入时钟配置宽范围的预定标系数。

在定向增/减计数模式下使用正交编码电路（QEP）时，QEP 能为通用定时器 1 ~4 提供输入时钟和计数方向控制信号。QEP CLK 作为定时器 1 的一个时钟源时，时钟不能通过通用定时器的预定标电路设置预定标参数，也就是 QEP 提供输入时，预定标参数总是 1。由于选定定时器的计数器在 QEP 电路的上升沿和下降沿都进行计数，QEP 电路产生的时钟频率是每个 QEP 输入通道频率的 4 倍，因此 QEP 输入频率必须小于或等于内部时钟频的 1/4。

7. 通用定时器的同步

适当地配置 T2CON 和 T4CON 控制寄存器，可实现通用定时器 2 与通用定时器 1 的同步、通用定时器 4 与通用定时器 3 的同步。具体的实现方法如下：

（1）事件管理器 A（EVA）

- 将 T2CON 中的 T2SWT1 位置 1，使定时器 2 使用定时器 1 的使能位 TENABLE 启动定时器，这样即可实现两个计数器的同步启动。
- 在启动同步操作之前，用不同的初始化值初始化通用定时器 1 和定时器 2 中的计数器。
- 通过将寄存器 T2CON 的 SELT1PR 位置位，使通用定时器 2 使用通用定时器 1 的周期寄存器作为自己的周期寄存器，而不使用自己本身的周期寄存器。

（2）事件管理器 B（EVB）

- 将 T4CON 中的 T4SWT3 位置 1，使定时器 4 使用定时器 3 的使能位 TENABLE 启动定时器，这样即可实现两个计数器的同步启动。
- 在启动同步操作之前，用不同的初始化值初始化 T3 和 T4 中的计数器。
- 通过将寄存器 T4CON 的 SELT3PR 位置位，使 T4 使用 T3 的周期寄存器作为自己的周期寄存器，而不使用自己本身的周期寄存器。

使用上述方法就可以实现通用定时器事件之间的同步。由于每个通用定时器都是从它的计数寄存器中的当前值开始计数，因此一个通用定时器可以设计成延时其他通用定时器一个已知的时间后启动。

8. 用一个定时器事件启动 A－D 转换

在 GPTCONA/B 寄存器中可设置 A－D 转换器的启动信号由哪个通用定时器事件提供，例如，下溢中断、周期匹配中断和比较匹配中断，这样就可以在没有 CPU 干预的情况下，实现通用定时器事件和 A－D 转换器开始转换之间的同步。

9. 仿真悬挂时的通用定时器操作

在仿真悬挂时，通用定时器的控制寄存器定义了通用定时器的操作。当在线仿真产生仿真中断时，设置相关的控制位可以使通用计数器继续计数，也可以设置成使计数立即停止或当前计数周期结束后停止。

当 DSP 时钟被仿真器停止时，将产生仿真悬挂。例如，当仿真器遇到一个断点时，将会产生仿真悬挂。

10. 通用定时器中断

在通用定时器的 EVAIFRA、EVAIFRB、EVBIFRA 和 EVBIFRB 寄存器中有 16 个中断标志，当发生下列事件时，每个通用定时器可产生 4 个中断。

- 上溢（Overflow），TxOFINT（x＝1～4）。
- 下溢（Underflow），TxUFINT（x＝1～4）。
- 比较匹配（Compare match），TxCINT（x＝1～4）。
- 周期匹配（Period match），TxPINT（x＝1～4）。

当通用定时器的值与比较寄存器中的值相同时，产生一个定时器比较匹配事件。如果比较操作被使能，则匹配发生的一个时钟周期后，相应的比较中断标志置位。

当计数器的值达到 FFFFH 时，就产生上溢事件。当计数器计数值达到 0000H 时，就产生下溢事件。类似地，当定时器计数器的值与周期寄存器的值相同时，就产生一个周期匹配事件。在事件发生一个时钟周期后，定时器的上溢、下溢和周期中断标志位将置位。

11. 通用定时器的计数操作

每个通用定时器有 4 种工作模式：

- 停止/保持模式（Stop/Hold mode）。
- 连续增计数模式（Continuous up count mode）。
- 定向增/减计数模式（Directional up/down count mode）。
- 连续增/减计数模式（Continuous up/down count mode）。

定时器对应的控制寄存器 TxCON 中的 TMODE1 和 TMODE0 位确定通用定时器使用的计数模式。定时器使能位 TENABLE（TxCON.6）可以使能或禁止定时器的计数操作。当定时器禁止时，定时器的计数器操作禁止，并且定时器的预定标器被复位为 x/1。当使能定时器时，定时器按照寄存器 TxCON 中的 TMODE1 和 TMODE0 位确定的工作模式工作，并开始计数。

（1）停止/保持模式

在这种模式下，通用定时器停止并保持在当前的状态，定时器的计数器、比较输出和预定标计数器都保持不变。

（2）连续增计数模式

在连续增计数模式下，定时器将按照预定标的输入时钟计数，在计数器值和周期寄存器值匹配后的下一个输入时钟的上升沿，计数值复位为 0，并开始下一个计数周期。

定时器计数器与周期寄存器匹配一个时钟周期后，周期中断标志位置位。如果外设中断未被屏蔽，将产生一个外设中断请求。如果该周期中断已由 GPTCONA/B 寄存器中的相应位选定用来启动 ADC，则中断标志位置位的同时会将 A－D 转换启动信号送到 A－D 转换模块中。

在通用定时器的值变为 0 的一个时钟周期后，定时器的下溢中断标志位置位。如果该位未被屏蔽，则产生一个外设中断请求。如果该周期中断已由 GPTCONA/B 寄存器中的相应位选定用来启动 ADC，则中断标志位置位的同时会将 A－D 转换启动信号送到 A－D 转换模块中。

在 TxCNT 的值与 FFFFH 匹配的一个时钟周期后，上溢中断标志位置位。如果该位未屏蔽，则会产生一个外设中断请求。

除第一个计数周期外，定时器周期的时间为 TxPR＋1 个定标的时钟输入周期。如果定时器的计数器开始计数时为 0，则第一个周期也和以后的周期相同。

通用定时器的计数初始值可以是 0～FFFFH 中的任意值。如果计数器的初始值大于周期寄存器的值，则定时器计数器将计数到 FFFFH，计数器清零后继续计数操作，与初始值为 0 一样。当计数器的初始值等于周期寄存器的值时，定时器产生周期中断标志，并复位到 0，置位下溢中断标志位，然后继续增计数，就好像初始值是 0 一样。如果定时器的初始值在 0 和周期寄存器的值之间，定时器就计数到周期寄存器，完成该计数周期。

在连续增计数模式下，GPTCONA/B 寄存器中的计数方向标志位为 1，内部 CPU 时钟和外部时钟均可作为定时器的输入时钟。在连续增计数模式下，TDIRA/B 引脚输入的时钟不起作用。

通用定时器的连续增计数模式特别适用于边沿触发或异步 PWM 波形产生等应用，也适用于许多电动机和运动控制系统采样周期的产生。图 6－3 给出了通用定时器连续增计数模式的计数工作方式。

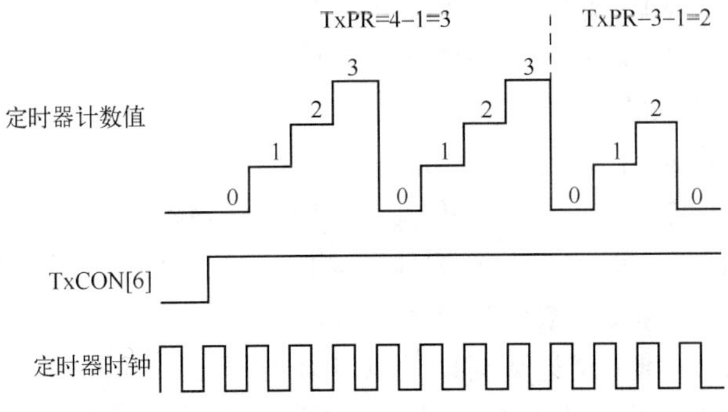

图 6－3　通用定时器连续增计数模式

(3) 定向增/减计数模式

通用定时器在定向增/减计数模式中，根据定标后的时钟和计数方向（TDIRA/B）引脚来进行递增或递减计数。当 TDIRA/B 保持为高电平时，通用定时器增计数，直到其等于周期寄存器的值（如果初始值大于周期寄存器的值，就计数到 FFFFH）。当通用定时器的值等于周期寄存器的值（或等于 FFFFH）时，定时器的计数器清零，继续重新增计数到周期寄存器的值。当 TDIRA/B 引脚保持为低电平时，通用定时器计数器则递减计数，直到等于 0。当定时器的值减计数到 0 时，定时器重新装载周期寄存器中的值，并继续计数。

通用定时器的初始值可以是 0 ~ FFFFH 的任意值。如果计数器的初始值大于周期寄存器的值，则定时器计数器将在计数到 FFFFH 后自动清零，然后继续计数直到等于周期寄存器的值。如果 TDIRA/B 引脚为低电平且定时器的初始值大于周期寄存器的值，定时器将递减计数到周期寄存器的值后再继续递减计数到 0，在计数器的值计数到 0 后，定时器重新装载周期寄存器的值再正常递减计数。

周期、下溢、上溢的中断标志位、中断请求以及相关的操作都由各自事件产生，其产生与连续增计数模式相同。引脚（TDIRA/B）的电平变化后，定时器的计数方向相应改变，延时时间为当前计数周期完成后一个时钟。

定时器在这种工作模式下，计数方向由 GPTCONA/B 寄存器中的方向标志位确定：1 代表递增计数，0 代表递减计数。TCLKINA/B 引脚的外部时钟和内部 CPU 时钟均可作为定时器的输入时钟。通用定时器定向增/减计数模式工作方式如图 6-4 所示。

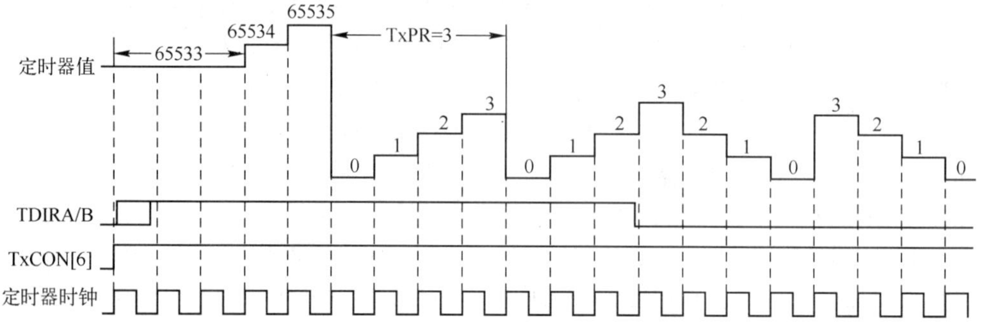

图 6-4　通用定时器定向增/减计数模式

在事件管理器模块中，通用定时器 2/4 的定向增/减计数模式可以用于 QEP 电路。这时 QEP 电路为通用定时器 2/4 提供计数时钟和计数方向。这种模式可以在运动控制、电动机控制和电力电子应用领域用来确定外部事件发生的时间。

(4) 连续增/减计数模式

这种计数模式与定向增/减计数模式基本相同，只是在连续增/减计数模式下，引脚 TDIRA/B 不再影响计数方向。当计数器的值达到周期寄存器的值（或 FFFFH，定时器的初始值大于周期寄存器的值）时，定时器的计数方向才从递增计数变为递减计数。当计数器到 0 时，计数器的方向从递减计数变为递增计数。

在这种模式下，除了第一个计数周期外，定时器的计数周期都是 2 × TxPR 个输入时钟定标后的周期。如果定时器计数的初始值是 0，则第一个计数周期的时间与其他的周期相同。

通用定时器的初始值可以是 0 ~ FFFFH 中的任意值。如果初始值大于周期寄存器的值，则定时器计数器将计数到 FFFFH 后清零，然后继续计数如同初始值为 0 一样。当初始值和周期寄存器的值相同时，计数器就减计数至 0，再继续增计数如同初始值为 0 一样。当计数器的初始值在 0 与周期寄存器的值之间时，定时器就增计数至周期寄存器的值，并完成该周期，就像初始值与周期寄存器相同的情况。

周期、下溢、上溢匹配中断标志位、中断请求以及相关的操作都由各自的事件产生，与连续增计数模式相同。

通用定时器连续增/减计数模式的计数方式如图 6-5 所示。

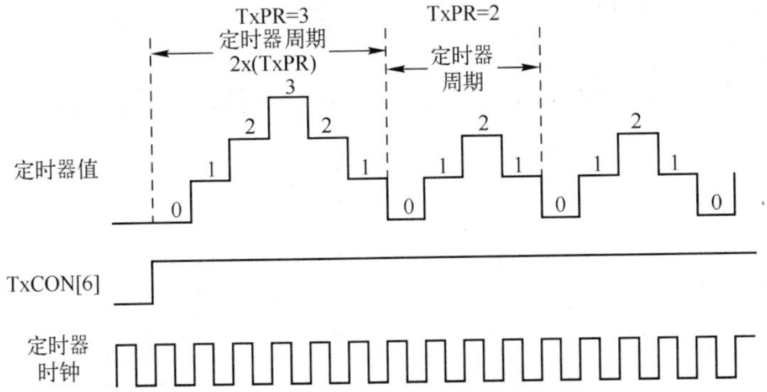

图 6-5　通用定时器连续增/减计数模式

定时器中 GPTCONA/B 的计数方向指示位在定时器增计数时为 1，减计数时为 0。TCLKINA/B 引脚提供的外部时钟和内部 CPU 时钟均可作为该模式下的定时器输入时钟，只是在该模式中方向控制引脚 TDIRA/B 不起作用。

通用定时器连续增/减计数模式特别适用于产生运动控制、电动机控制和电力电子应用领域中常用的中心对称的 PWM 波形。

12. 通用定时器的比较操作

每个通用定时器都有一个比较寄存器 TxCMPR 和一个 PWM 输出引脚 TxPWM。通用定时器计数器的值一直与相关比较寄存器的值比较，当计数器的值与比较寄存器的值相等时，产生比较匹配。可通过 TECMPR（TxCON. 1）位使能比较操作。如果比较操作被使能，则比较匹配时将发生下列事件：

- 匹配一个时钟周期后，定时器的比较中断标志位置位。
- 匹配一个 CPU 时钟周期后，根据 GPTCONA/B 寄存器的相应位的配置情况，PWM 的输出将产生跳变。
- 如果比较中断标志位已通过设置 GPTCONA/B 寄存器中的相应位启动 A－D 转换器，则比较中断位置位的同时将产生 A－D 转换启动信号。如果比较中断未被屏蔽，则将产生一个外设中断请求。

PWM 输出的转换由非对称或对称的波形发生器和相关的输出逻辑控制，并与下面的设置有关：

- GPTCONA/B 寄存器的设置。
- 定时器的计数模式。

● 采用连续增/减模式时的计数方向。

根据通用定时器使用的计数模式，非对称/对称波形发生器会产生一个非对称或对称的 PWM 波形。

(1) 非对称波形的产生

当通用定时器处于连续增计数模式时，产生非对称波形，如图 6-6 所示。在这种模式下，波形发生器的输出将根据下面的顺序变化：

● 计数操作开始前为 0。
● 在匹配发生前一直保持不变。
● 在比较匹配时产生翻转。
● 保持不变直到周期结束。

如果下一周期新的比较寄存器的值不是 0，则在周期结束时复位到 0。

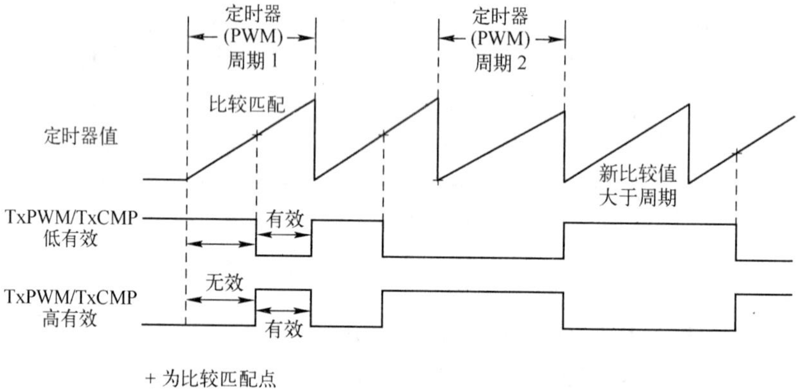

图 6-6 通用定时器连续增计数模式下的比较/PWM 输出

在周期开始时，如果比较值是 0，则整个计数周期内输出保持为 1 不变。如果下一周期的比较值还是 0，则输出也不会被复位为 0。这一点很重要，因为它允许产生占空比为 0% ~100% 的 PWM 无毛刺脉冲。如果比较值大于周期寄存器中的值，则整个周期内输出为 0。如果比较值等于周期寄存器的值，则输出是 1 并只保持一个定标的时钟输入周期。

对于非对称 PWM 波形，改变比较寄存器的值仅影响 PWM 脉冲的一侧。

(2) 对称波形的产生

当通用定时器处于连续增/减计数模式时，产生对称波形，如图 6-7 所示。在这种计数模式下，波形发生器的输出状态由下述情况决定：

● 计数操作开始前为 0。
● 保持不变直到第一次比较匹配。
● 第一次比较匹配时产生翻转。
● 保持不变直到第二次比较匹配。
● 第二次比较匹配时产生翻转。
● 保持不变直到周期结束。
● 如果没有第二次匹配且下一个周期的新比较值不为 0，则在周期结束时复位到 0。

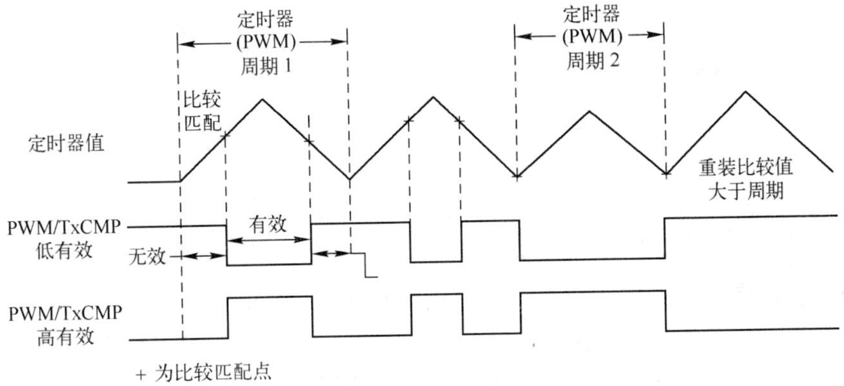

图 6-7　通用定时器连续增/减计数模式下的比较/PWM 输出

如果比较值为0，则周期开始时输出为1，并一直保持不变直到第二次比较匹配发生。如果此时比较值仍是0，则输出保持为1。在这种情况下，如果下一周期新的比较值仍然为0，则输出不会复位为0。这将保证能够产生占空比为0% ~100%的无毛刺 PWM 脉冲。如果在前半周期，比较值大于或等于周期寄存器的值，则不会产生第一次跳变。然而在后半周期发生比较匹配时，输出仍将翻转。这种错误的输出跳变经常是由应用程序计算不正确引起的，它将会在周期结束时被纠正过来，因为此时输出将复位到0。但如果此时下一周期的比较值为0，那么输出将保持为1，这将把波形发生器的输出重新设置为正确的状态。

(3) 输出逻辑

输出逻辑进一步调整波形发生器的输出，以形成最后的 PWM 输出去控制不同的电源设备。适当地设置 GPTCONA/B 寄存器，可以规定 PWM 的输出为高电平有效、低电平有效、强制低或强制高。

当 PWM 输出为高电平有效时，它的极性与相关的非对称/对称波形发生器的极性相同。当 PWM 输出为低电平有效时，它的极性与相关的非对称/对称波形发生器的极性相反。

如果 GPTCONA/B 寄存器相应的控制位规定 PWM 输出为强制高（低）后，PWM 输出才会立即置1（或0）。

总之，在正常的计数模式下，如果比较已经被使能，则通用定时器的 PWM 输出会按表 6-2、表 6-3 所示情况发生变化。

表 6-2　连续增计数模式下的定时器比较输出

时间段	状态变化
在一个周期的时间里	比较输出的状态
比较匹配之前	不变
比较匹配时	置位有效
周期比较匹配时	置位无效

表 6-3　连续增/减计数模式下的定时器比较输出

时间段	状态变化
在一个周期的时间里	比较输出的状态
第一次比较匹配之前	不变
第一次比较匹配时	置位有效
第二次比较匹配时	置位无效
第二次比较匹配之后	不变

置位有效指高有效时置高，低有效时置低。置位无效则相反。

基于定时器计数模式和输出逻辑的非对称/对称波形发生器同样适用于比较单元。当出现下列情况之一时，所有通用定时器的 PWM 输出都被置成高阻状态。

- 软件将比较输出使能位 TCMPOE（GPTCONA/B. 6）清零。
- PDPINTx 引脚被拉低而且未屏蔽。
- 任何一个复位信号产生。
- 软件将比较使能位 TECMPR（TxCON. 1）清零。

1）有效/无效时间计算。对于连续增计数模式，比较寄存器中的值代表了从计数周期开始到第一次匹配发生之间花费的时间（即无效相位的长度）。这段时间等于定标的输入时钟周期乘以寄存器 TxCMPR 的值。因此有效相位的长度等于 TxPR - TxCMPR + 1 个定标的输入时钟周期，也就是输出脉冲的宽度。

对于连续增/减计数模式，比较寄存器在减计数和增计数状态下可以有不同的值。连续增/减计数模式下的有效相位长度，等于（TxPR）-（TxCMPR）up +（TxPR）-（TxCMPR）dn 个定标输入时钟周期，也就是输出脉冲宽度。这里（TxCMPR）up 指增计数模式下的比较值，（TxCMPR）dn 指减计数模式下的比较值。

如果定时器处于连续增计数模式，当 TxCMPR 中的值为 0 时，通用定时器比较输出在整个周期有效。对于连续增/减计数模式，如果（TxCMPR）up 的值为 0，则比较输出在周期开始时就有效。如果（TxCMPR）up 和（TxCMPR）dn 的值都是 0，则比较输出在整个周期有效。

对于连续增计数模式，如果 TxCMPR 的值大于 TxPR 的值，则有效相位长度（输出脉冲宽度）为 0。对于连续增/减计数模式，如果（TxCMPR）up 大于或等于 TxPR，则将不会产生第一次跳变。同样，如果（TxCMPR）dn 的值大于或等于 TxPR 的值，则也不会产生第二次跳变。

如果（TxCMPR）up 和（TxCMPR）dn 的值都大于 TxPR 的值，则通用定时器的比较输出在整个周期内都无效。

2）使用通用定时器产生 PWM 信号。每个通用定时器都可以独立提供一路 PWM 输出通道，因此事件管理器的 4 路个通用定时器可提供 4 路通道的 PWM 输出。

用通用定时器产生 PWM 输出，可以采用连续增或连续增/减计数模式。当选用连续增计数模式时，可以产生边沿触发或非对称 PWM 波形。当选用连续增/减计数模式时，可产生对称 PWM 波形。可以通过下列操作产生 PWM 信号：

- 根据所需的 PWM（载波）周期设置周期寄存器 TxPR。

● 设置控制寄存器 TxCON，确定计数器模式和时钟源，并启动 PWM 输出操作。
● 将软件计算出来的 PWM 脉冲宽度（占空比）装载到比较寄存器 TxCMPR 中。

如果选用连续增计数模式来产生非对称 PWM 波形，则把所需要的 PWM 周期除以通用定时器输入时钟的周期，然后减 1，便得到定时器的周期数。如果选用连续增/减计数模式产生对称 PWM 波形，则把所需要的 PWM 周期除以 2 倍的通用定时器输入时钟周期，就得到定时器的周期数。在程序运行的过程中，软件可以计算 PWM 的占空比，并实时刷新比较寄存器的值。

13. 通用定时器的复位

任何复位事件发生时，都会产生下列结果：

● 除了寄存器 GPTCONA/B 中的计数方向指示位外，所有通用定时器寄存器的值复位为 0。因此所有通用定时器的操作被禁止，计数方向指示位被全部置 1。
● 所有定时器中断标志位清零。
● 除了功率驱动保护中断 $\overline{\text{PDPINTx}}$（x = A、B），所有定时器的中断屏蔽位清零。因此除了 $\overline{\text{PDPINTx}}$，所有通用定时器的中断都被屏蔽。
● 所有通用定时器的比较输出被置为高阻状态。

【例 6-1】 已知通用 I/O 引脚 IOPE1 ~4 通过驱动电路连接 4 个 LED 指示灯。编程利用定时器 T1 中断方式定时 1ms，令 4 个指示灯循环亮灭，每 200ms 切换 1 次。CLKIN = 20MHz，CLKOUT = 40MHz。

```
#include  "f2407_c.h"                //包含头文件
void interrupt gpt1( );              //中断服务函数声明
void gpt1_init( );                   //定时器 T1 初始化函数声明
void Led( );                         //指示亮灭函数声明
unsigned int nCount = 1;             //全局变量声明

main( )
{
SCSR1 = 0x02FC;                      //CPU 系统时钟 CLKOUT = 20 * 2 = 40MHz, CLKIN =
                                     //20MHz
WDCR = 0x006F;                       //关闭看门狗
IFR = 0xFFFF;                        //清除中断标志
IMR = 0x0002;                        //使能中断 2
MCRC = MCRC & 0xFF00;                //IOPE0 ~7 配置为 I/O 口模式
PEDATDIR = 0xFF00;                   //所有 LED = 0
asm(" CLRC INTM ");                  //允许中断
gpt1_init( );                        //定时器 T1 初始化
while(1)  Led( );                    //循环
}

void Led( )                          //指示亮灭函数
{
```

```
if(nCount = =400)                    //400ms
     {
     PEDATDIR = PEDATDIR & 0xFF00;  //IOPE1、2、3、4 =0;LED 全灭
     }
if(nCount = =600)                    //600ms
     {
     PEDATDIR = PEDATDIR & 0xFF00;  //IOPE1、2、3、4 =0;LED 全灭
     PEDATDIR = PEDATDIR | 0x0002;  //IOPE =1;LED1 亮
     }
if(nCount = =800)                    //800ms
     {
     PEDATDIR = PEDATDIR & 0xFF00;  //IOPE1、2、3、4 =0;LED 全灭
     PEDATDIR = PEDATDIR | 0x4;     //IOPE2 =1;LED2 亮
     }
if(nCount = =1000)                   //1000ms
     {
     PEDATDIR = PEDATDIR & 0xFF00;  //IOPE1、2、3、4 =0;LED 全灭
     PEDATDIR = PEDATDIR | 0x8;     //IOPE3 =1;LED3 亮
     }
if(nCount = =1200)                   //1200ms
     {
     PEDATDIR = PEDATDIR & 0xFF00;  //IOPE1、2、3、4 =0;LED 全灭
     PEDATDIR = PEDATDIR | 0x10;    //IOPE3 =1;LED4 亮
     }
if(nCount = =1400)                   //1400ms
     PEDATDIR = PEDATDIR | 0xFF;    //IOPE1,2,3,4 =1;LED 全亮
if(nCount > =1400)    nCount =1;
}

void gpt1_init()                     //定时器 T1 初始化函数定义
{
EVAIMRA =0x0080;                     //定时器 1 周期中断使能
EVAIFRA =0xFFFF;                     //清除中断标志
GPTCONA =0x0000;
T1PR =2500;                          //定时器 1 周期寄存器值,定时 0.4us * 2500 =1ms
T1CNT =0;                            //计数初值 =0
T1CON =0x144E;                       //连续增模式, TPS 定标系数 1/16,2.5MHz,T1 启动
}

void interruptgpt1()                 //定时器 1 中断服务函数
{
     if (PIVR ==0x27)
     {
```

```
        T1CNT = 0;
        nCount ++ ;
        EVAIFRA = 0x80;
        }
    asm(" CLRC   INTM ");
    }

    //直接返回的中断服务函数
    void interrupt nothing( )
    { return; }

    ;复位和中断向量定义文件 vectors. asm
                .title      "vectors. asm"
                .ref        _nothing            ;直接返回的中断服务程序符号
                .ref        _c_int0             ;复位向量符号
                .ref        _gpt1               ;T1PINT 中断向量符号
                sect        ". vectors"
    RESET:      B           _c_int0             ; 复位向量
    INT1:       B           _nothing            ; 中断 INT1
    INT2:       B           _gpt1               ; 中断 INT2
    INT3:       B           _nothing            ; 中断 INT3
    INT4:       B           _nothing            ; 中断 INT4
    INT5:       B           _nothing            ; 中断 INT5
    INT6:       B           _nothing            ; 中断 INT6
```

6.3 比较单元与 PWM 电路

1. 比较单元

事件管理器 EVA 模块中有 3 个全比较单元（1、2、3），EVB 模块也有 3 个全比较单元（4、5、6）。每个比较单元都有两个相关的 PWM 输出，其死区和输出极性可编程。比较单元的时间基准由通用定时器 1（用于 EVA）和通用定时器 3（用于 EVB）产生。比较单元包括：

- 3 个 16 位全比较寄存器（对于 EVA 是 CMPR1、CMPR2、CMPR3；对于 EVB 是 CMPR4、CMPR5、CMPR6），它们各带一个影子寄存器。
- 1 个 16 位的比较控制寄存器（对于 EVA 是 COMCONA；对于 EVB 是 COMCONB）。
- 1 个 16 位的比较方式控制寄存器（对于 EVA 是 ACTRA；对于 EVB 是 ACTRB）。
- 6 个 PWM 输出脚，对于 EVA 是 PWMy，y = 1 ~ 6。对于 EVB 是 PWMz，z = 7 ~ 12。
- 控制和中断逻辑。

比较单元框图如图 6-8 所示。比较单元和相关 PWM 电路的时间基准为通用定时器 1（EVA）和通用定时器 3（EVB）。

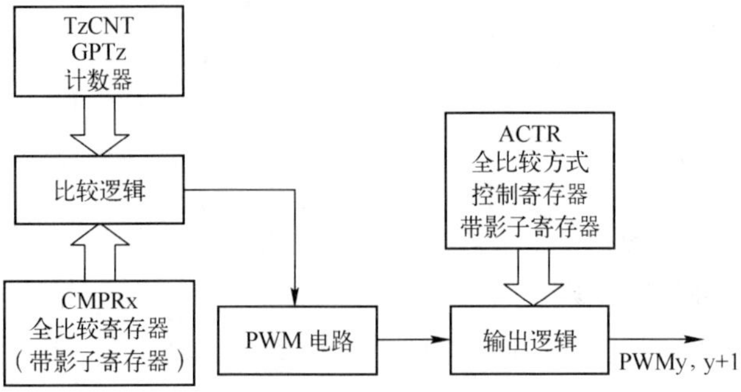

图 6-8　比较单元框图

（对 EVA：x = 1、2、3；y = 1、3、5；z = 1）（对 EVB：x = 4、5、6；y = 7、9、11；z = 2）

（1）比较单元的输入/输出

通常比较单元的输入包括：

- 来自控制寄存器的控制信号。
- 通用定时器 1/3（T1CNT、T3CNT）以及它们的下溢和周期匹配信号。
- 复位信号。

比较单元的输出是比较匹配信号。如果比较操作使能，匹配信号将使中断标志位置位，并使与比较单元相关的两个输出引脚发生跳变。

（2）比较操作模式

比较单元的操作模式由寄存器 COMCONx（x = A、B）中的相关位决定，可决定以下情况：

- 比较操作是否使能。
- 比较输出是否使能。
- 比较寄存器被其影子寄存器中的值更新的条件。
- 空间矢量 PWM 模式是否使能。

（3）比较单元的操作

下面介绍 EVA 比较单元的操作。EVB 比较单元的操作类似，只不过用的是通用定时器 3 和 ACTRB。

通用定时器 1 计数器的值不停地与比较寄存器中的值进行比较。当匹配发生时，通过 ACTRA 中位的定义，比较单元的两个输出发生转换。ACTRA 中的位可单独设定匹配时每个输出是高有效还是低有效（只要不强迫为 1 或 0）。如果比较过程被使能，则匹配时对应的比较中断标志被设置。如果中断未被屏蔽，则外设中断请求发生。输出转换的定时、中断标志的设置、中断请求的产生都与通用定时器的比较操作相同。比较单元的输出可由输出逻辑、死区单元和空间矢量 PWM 逻辑等修正。

比较单元操作要求的寄存器设置顺序如下：

每个比较单元中有可屏蔽中断标志，分别放在中断标志寄存器 EVxIFRA 和 EVxIFRB 中（x = A、B）。如果比较操作使能，在比较匹配发生的一个时钟周期后，比较单元的中断标志被设置。

对于 EVA	对于 EVB
设置 T1PR	设置 T3PR
设置 ACTRA	设置 ACTRB
初始化 CMPRx（x=1、2、3）	初始化 CMPRx（x=4、5、6）
设置 COMCONA	设置 COMCONB
设置 T1CON	设置 T3CON

任何复位事件发生时，比较单元的所有寄存器位都复位到 0，所有比较输出引脚进入高阻抗状态。

2. 与比较单元相关的 PWM 电路

与比较单元相关的脉冲宽度调制（PWM）电路可以产生 6 个 PWM 输出，死区时间和输出极性可编程。

对于 EVA 模块，PWM 电路功能框图如图 6-9 所示。它包括如下功能单元：

- 非对称/对称波形发生器。
- 可编程的死区单元。
- 输出逻辑。
- 空间矢量 PWM 状态机。

EVB 模块的 PWM 电路功能模块框图与 EVA 模块框图一样，只是配置寄存器不同。非对称/对称波形发生器和通用定时器中的一样。

PWM 电路可应用于电动机控制和运动控制等领域，用来减少 CPU 的开销和用户的工作量。比较单元的 PWM 产生和相关的 PWM 电路由以下寄存器控制：对于 EVA 模块，由 T1CON、COMCONA、ACTRA 和 DBTCONA 控制；对于 EVB 模块，由 T3CON、COMCONB、ACTRB 和 DBTCONB 控制。

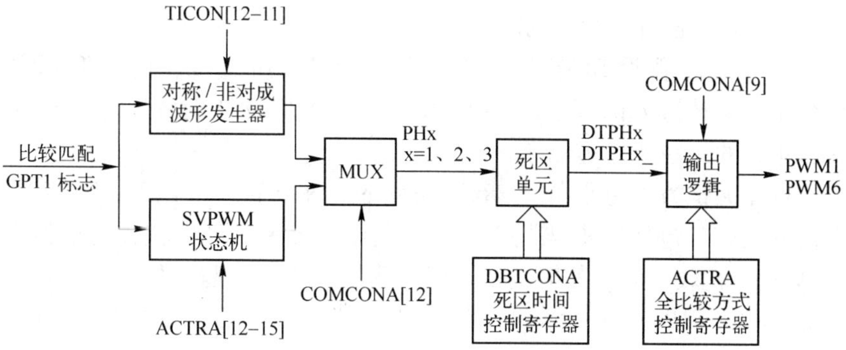

图 6-9　PWM 电路框图（EVA）

3. 事件管理器的 PWM 产生能力

每个事件管理器模块（EVA 和 EVB）都可以产生 PWM 波形，具体功能概括如下：

- 5 个独立的 PWM 输出，其中 3 个由比较单元产生，两个由通用定时器比较单元产生。
- 3 个附加的 PWM 输出，与比较单元产生的 PWM 输出有关。

- PWM 两个互补输出脉冲之间可设置死区，死区时间可编程。
- 可设置最小死区的宽度为一个 CPU 时钟周期。
- 最小的脉冲宽度是一个 CPU 时钟周期，脉冲宽度调整的最小量也是一个 CPU 时钟周期。
- PWM 最大分辨率为 16 位。
- 可快速改变 PWM 的载波频率（双缓冲的周期寄存器）。
- 可快速改变 PWM 的脉宽（双缓冲的比较寄存器）。
- 功率驱动保护中断。
- 能够产生可编程的非对称、对称 PWM 波形和空间矢量 PWM 波形。
- 比较寄存器和周期寄存器可自动装载，减小 CPU 开销。

4. 可编程的死区单元

EVA 模块和 EVB 模块都有自己的可编程死区控制单元，死区单元有以下特点：

- 一个 16 位可读写死区控制寄存器 DBTCONA 或 DBTCONB。
- 一个 16 位输入时钟预定标器：x/1、x/2、x/4、x/8、x/16 及 x/32。
- CPU 时钟输入。
- 3 个 4 位减计数定时器。
- 控制逻辑。

死区单元的操作由死区定时器控制寄存器 A 和 B（DBTCONA 和 DBTCONB）完成。

比较单元 1、2 和 3 的非对称/对称波形发生器提供的 PH1、PH2 和 PH3 作为死区单元的输入，死区单元的输出是 DTPH1、DTPH1_、DTPH2、DTPH2_、DTPH3 和 DTPH3_，它们分别对应于 PH1、PH2 和 PH3。

（1）死区的产生

对于每一个输入信号 PHx，要产生两个输出信号 DTPHx 和 DTPHx_。当比较单元和它相关输出的死区未被使能时，这两个输出信号完全相同。当比较单元的死区单元使能时，这两个信号的跳变沿被一段称为死区的时间间隔分开，此时间段由 DBTCONA/B 寄存器的位来决定，如图 6-10 所示。假设 DBTCONA/B 中的 11 ~ 8 位的值为 m，且 DBTCON 中的 4 ~ 2 位的值相应的预定标参数为 x/p，此时死区值为 p × m 个 CLKOUT 时钟周期。

（2）死区单元的一些其他重要特征

设置死区的目的是为了防止在任何操作条件下，每个单元产生的两路 PWM 信号同时导通上下桥臂的开关管。包括用户装载一个比占空比还要大的死区值，占空比为 100% 或者 0% 等情况。因此当比较单元的死区被使能以及周期结束时，与比较单元相关的 PWM 输出不会复位到无效状态。

5. 输出逻辑

输出逻辑电路决定了比较匹配时，输出引脚 PWMx（x = 1 ~ 12）的输出极性和需要执行的操作。与每个比较单元相关的输出可被规定为低电平有效、高电平有效、强制低或者强制高。可通过适当地配置 ACTR 寄存器来确定 PWM 输出的极性和操作。当下列任意事件发生时，所有的 PWM 输出引脚被置于高阻状态。

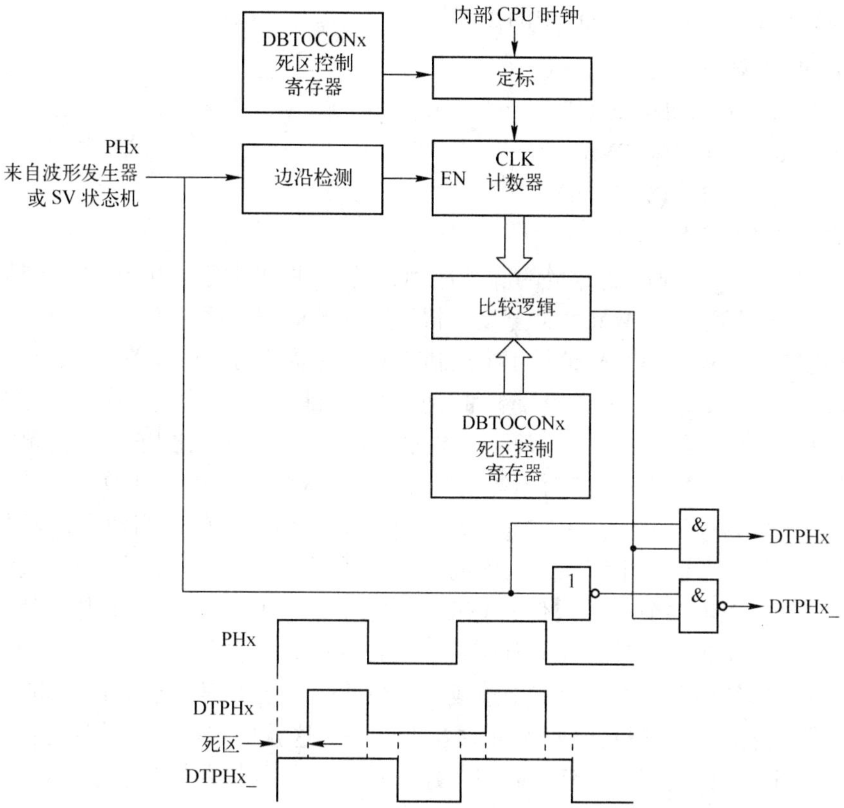

图6-10　死区单元框图

- 软件清除寄存器COMCONA/B的第9位（全比较输出使能位FCMPOE）。
- 当 $\overline{\text{PDPINTx}}$（x = A、B）被屏蔽时，硬件将 $\overline{\text{PDPINTx}}$ 引脚拉低。
- 发生任何复位事件时。

$\overline{\text{PDPINTx}}$（当被使能时）引脚为低和系统复位均使得寄存器COMCONA/B和ACTRA/B中的设置位无效。

输出逻辑电路（OLC）框图如图6-11所示。比较单元输出逻辑的输入包括：

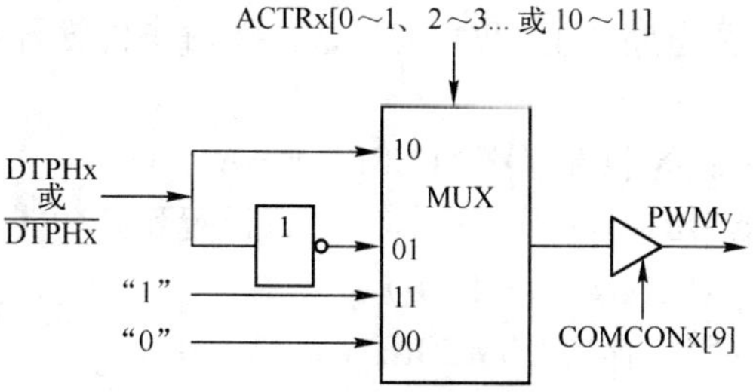

图6-11　输出逻辑框图
（x = 1、2、3；y = 1、2、3、4、5、6）

- 来自死区单元的DTPH1、DTPH1_ 、DTPH2、DTPH2_ 、DTPH3、DTPH3_ 和比较匹配寄存器信号。

- 寄存器 ACTRx（x = A、B）中的控制位。
- $\overline{\text{PDPINTx}}$ 和复位信号。

比较单元输出逻辑的输出包括：

- PWMx，x = 1 ~ 6（对 EVA）。
- PWMy，y = 7 ~ 12（对 EVB）。

6. PWM 波形的产生

PWM 信号是一系列的可变脉宽的脉冲序列，此脉冲的周期称为 PWM 载波周期，它的倒数称为 PWM 载波频率。PWM 脉冲宽度可根据序列的期望值逐个改变。

在电动机控制系统中，PWM 信号用于控制功率开关器件的导通和关断，为电动机绕组提供期望的电流。电动机绕组相电流的频率和大小可以控制电动机的转速和转矩。这样加到电动机上的控制电压或电流是调制信号，而且此调制信号的频率一般要比 PWM 载波频率低。

为了产生一个 PWM 信号，定时器需要重复按照 PWM 周期进行计数。比较寄存器用于保持调制值，比较寄存器中的值一直与定时器计数器的值相比较，当两个值匹配时，PWM 输出产生跳变。当两个值产生第二次匹配或一个定时器周期结束时，产生第二次输出跳变。通过这种方式就会产生一个高（或低）宽度与比较寄存器的值成比例的脉冲信号。在每个定时器周期中重复完成上述过程（调制值可在比较寄存器中改变），就产生了 PWM 信号。

当两个功率器件串联放在主电路中组成一个桥臂时，上下两个器件不能同时导通，否则会发生短路。因此导通上下桥臂的 PWM 须互不重叠。这就要求一个器件导通前，另外一个器件要完全关闭，所以需要一个延迟时间。延迟时间的大小由功率器件的开关特性以及在具体应用中的负载特征来决定，这种延时就是死区时间（Dead Band Time）。

在事件管理器模块中，3 个比较单元的任何一个与通用定时器 1（EVA）或通用定时器 3（EVB）、比较单元、死区单元和输出逻辑结合就能产生一对死区和极性可编程的 PWM 输出。在每个 EV 模块中，有 6 个这种与 3 个比较单元相关的 PWM 输出引脚。这 6 个特定的 PWM 输出引脚可用于控制三相交流电动机和直流无刷电动机等。由比较动作控制寄存器（ACTRx，x = A、B）所控制的多种输出方式能方便地控制各种电动机。如果有需要，每个通用定时器自己的比较单元还可以产生一路 PWM 输出。

在 EV 模块中，比较单元可以产生非对称和对称 PWM 波形，另外 3 个比较单元结合使用，还可以产生三相对称空间矢量 PWM 输出。

使用比较单元以及相关电路产生 PWM 波形，需要对事件管理器的寄存器进行配置，步骤如下：

1）设置和装载比较方式控制寄存器 ACTRx（x = A、B）。

2）设置和装载寄存器 DBTCONx（x = A、B）以设置死区功能。

3）初始化比较寄存器 CMPRx（x = 1 ~ 6）。

4）设置和装载比较控制寄存器 COMCONx（x = A、B）。

5）设置和装载定时器控制寄存器 T1CON（对 EVA）或 T3CON（对 EVB），启动操作。

6）用计算的新值更新比较寄存器 CMPRx。

7. 非对称 PWM 波形的产生

边沿触发或非对称 PWM 信号的特点是不关于 PWM 周期中心对称，如图 6-12 所示。脉冲宽度只能从脉冲一侧开始变化。

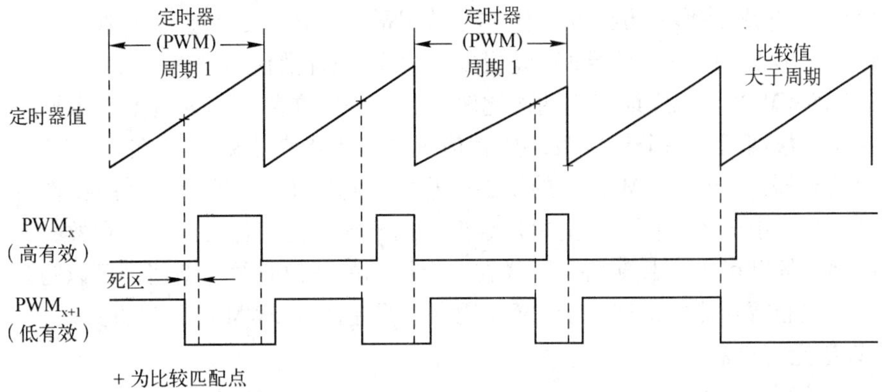

图 6-12　非对称 PWM 波形的产生（x=1、3、5）

为了产生非对称的 PWM 信号，通用定时器可设置为连续增计数模式，周期寄存器装入所需的 PWM 载波周期的值，寄存器 COMCONA/B 使能比较操作，并将相应的输出引脚设置成 PWM 输出。如果需要设置死区，通过软件将所需的死区时间值写入寄存器 DBTCONA/B，所有的 PWM 输出通道都使用一个死区值。

通过软件配置 ACTRA/B 寄存器，与比较单元相关的一个 PWM 输出引脚将产生 PWM 信号，同时另一个 PWM 输出引脚可在 PWM 周期的开始、中间或结束处保持低电平（关闭）或高电平（开启）。这种用软件灵活控制的 PWM 输出适用于开关电动机的控制。

通用定时器 1（或通用定时器 3）开始后，在每个 PWM 周期过程中可重新写入新的比较值到比较寄存器中，从而可以调整控制功率器件导通和关闭的 PWM 输出占空比。由于比较寄存器带有影子寄存器，所以在一个周期内的任何时候都可以将新的比较值写入到比较寄存器中。同样可以随时向周期寄存器或比较方式控制寄存器中写入新的值，从而改变 PWM 的周期，或改变 PWM 的输出方式。

8. 对称 PWM 波形的产生

对称 PWM 信号的特点是关于 PWM 周期中心对称，其相对于非对称 PWM 信号的优点在于在每个 PWM 周期的开始和结束处有两个无效的区段。当使用正弦调制时，这种对称 PWM 所产生的交流电动机（如异步电动机、永磁同步电动机等）的电流波形谐波更小。图 6-13 给出了采用比较单元与 PWM 电路产生的对称 PWM 波形。

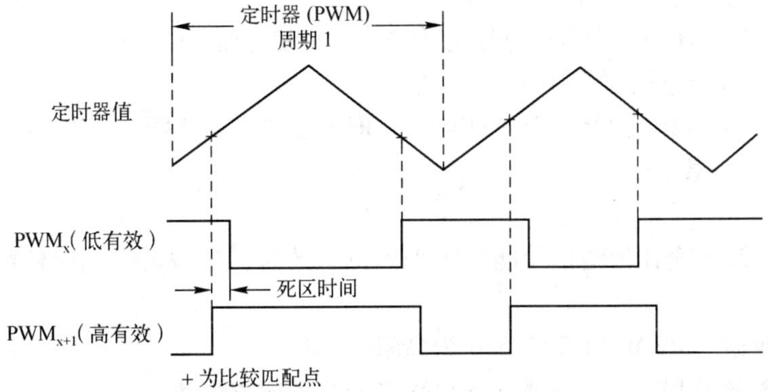

图 6-13　采用比较单元与 PWM 电路产生的对称 PWM 波形（x=1、3、5）

要产生对称 PWM 波形，方法和产生非对称 PWM 波形的方法基本相似。唯一不同的是要将通用定时器 1（或通用定时器 3）设置成连续增/减计数模式。

每个对称 PWM 波形每周期产生两次比较匹配：一次在前半周期的增计数期间，另一次在后半周期减计数期间。一个新装载的比较值可在后半周期生效（需在周期匹配时重载），这样可能提前或滞后产生 PWM 脉冲的第二个边沿。这种 PWM 波形产生的特性可以弥补在交流电动机控制中由于死区而引起的电流误差。由于比较寄存器带影子寄存器，所以在一个周期内的任何时候都可以装载新值。同样在一个周期的任何时候，新值都可以写到周期寄存器和比较方式控制寄存器中，以改变 PWM 周期或强制改变 PWM 的输出方式。

9. 比较单元寄存器

（1）比较控制寄存器 A（Compare Control Register，COMCONA）

其格式如下：

15	14	13	12	11	10	9	8
CENABLE	CLD1	CLD0	SVENABLE	ACTRLD1	ACTRLD0	FCOMPOE	$\overline{\text{PDPINTA}}$ STATUS
RW-0	RW-0	RW-0	RW-0	RW-0	RW-0	RW-0	R-$\overline{\text{PDPINTA}}$ PIN

7～0
Reserved
R-0

位 15　CENABLE：比较使能位。

- 0：禁止比较操作，寄存器 CMPRx（x = 1、2、3）和 ACTRA 的影子寄存器变为透明。
- 1：使能比较操作。

位 14 ~ 13　CLD1 ~ CLD0：比较寄存器 CMPRx 重装载条件。

- 00：当 T1CNT = 0 时（即下溢），重装载。
- 01：当 T1CNT = 0 或 T1CNT = T1PR 时（即下溢或周期匹配），重装载。
- 10：立即重装载。
- 11：保留。

位 12　SVENABLE：空间矢量 PWM 模式使能位。

- 0：禁止空间矢量 PWM 模式。
- 1：使能空间矢量 PWM 模式。

位 11 ~ 10　ACTRLD1 ~ ACTRLD0：动作控制寄存器重装载条件。

- 00：当 T1CNT = 0 时（即下溢），重装载。
- 01：当 T1CNT = 0 或 T1CNT = T1PR 时（即下溢或周期匹配），重装载。
- 10：立即重装载。
- 11：保留。

位 9　FCMPOE：全比较输出使能位。当该位有效时，该位可以同时使能或禁止所有全比较输出。

- 0：全比较输出 PWM1/2/3/4/5/6 为高阻态。
- 1：全比较输出 PWM1/2/3/4/5/6 由相应的比较逻辑驱动。

位 8　$\overline{\text{PDPINTA}}$ STATUS：这一位反映了当前 $\overline{\text{PDPINTA}}$ 引脚的状态。

位 7～0　保留位。

（2）比较控制寄存器 B（COMCONB）

其格式如下：

15	14	13	12	11	10	9	8
CENABLE	CLD1	CLD0	SVENABLE	ACTRLD1	ACTRLD0	FCOMPOE	$\overline{\text{PDPINTB}}$ STATUS
RW-0	RW-0	RW-0	RW-0	RW-0	RW-0	RW-0	R-$\overline{\text{PDPINTB}}$ PIN

7～0
Reserved
R-0

比较控制寄存器 COMCONB 的位定义与 COMCONA 相似。

（3）比较方式控制寄存器 A（Compare Action Control Register A，ACTRA）

比较方式控制寄存器也称为比较动作控制寄存器（Compare Action Control Register）。如果 COMCON.15 位使能了比较操作，则寄存器 ACTRA 或 ACTRB 控制 6 个比较输出引脚（PWMx：对于 ACTRA，x＝1～6；对于 ACTRB，x＝7～12）的比较输出动作。寄存器 ACTRA 和 ACTRB 带双缓冲。COMCONA 和 COMCONB 中定义了 ACTRA 和 ACTRB 的重装载条件。ACTRA 和 ACTRB 中也包含空间矢量 PWM 操作所需的 SVRDIR、D2、D1 和 D0 位。ACTRA 位的定义如下：

15	14	13	12	11	10	9	8
SVRDIR	D2	D1	D0	CMP6ACT1	CMP6ACT0	CMP5ACT1	CMP5ACT0
RW-0	RW-0	RW-0	RW-0	RW-0	RW-0	RW-0	RW-0

7	6	5	4	3	2	1	0
CMP4ACT1	CMP4ACT0	CMP3ACT1	CMP3ACT0	CMP2ACT1	CMP2ACT0	CMP1ACT1	CMP1ACT0
RW-0	RW-0	RW-0	RW-0	RW-0	RW-0	RW-0	RW-0

位 15　SVRDIR：空间矢量 PWM 旋转方向位。仅用于产生空间矢量 PWM 输出。

- 0：正向。
- 1：逆向。

位 14～12　D2～D0：基本空间矢量位。仅用于产生空间矢量 PWM 输出。

位 11～10　CMP6ACT1～CMP6ACT0：比较输出引脚 6（CMP6）的输出方式选择位。

- 00：强制低电平。
- 01：低电平有效。
- 10：高电平有效。
- 11：强制高电平。

位 9～8　CMP5ACT1～CMP5ACT0：比较输出引脚 5（CMP5）的输出方式选择位。

- 00：强制低电平。
- 01：低电平有效。
- 10：高电平有效。
- 11：强制高电平。

位 7～6　CMP4ACT1～CMP4ACT0：比较输出引脚 4（CMP4）的输出方式选择位。

- 00：强制低电平。

- 01：低电平有效。
- 10：高电平有效。
- 11：强制高电平。

位 5～4　CMP3ACT1～CMP3ACT0：比较输出引脚 3（CMP3）的输出方式选择位。

- 00：强制低电平。
- 01：低电平有效。
- 10：高电平有效。
- 11：强制高电平。

位 3～2　CMP2ACT1～CMP2ACT0：比较输出引脚 2（CMP2）的输出方式选择位。

- 00：强制低电平。
- 01：低电平有效。
- 10：高电平有效。
- 11：强制高电平。

位 1～0　CMP1ACT1～CMP1ACT0：比较输出引脚 1（CMP1）的输出方式选择位。

- 00：强制低电平。
- 01：低电平有效。
- 10：高电平有效。
- 11：强制高电平。

(4) 比较方式控制寄存器 B（ACTRB）

其格式如下：

15	14	13	12	11	10	9	8
SVRDIR	D2	D1	D0	CMP12ACT1	CMP12ACT0	CMP11ACT1	CMP11ACT0
RW-0	RW-0	RW-0	RW-0	RW-0	RW-0	RW-0	RW-0

7	6	5	4	3	2	1	0
CMP10ACT1	CMP10ACT0	CMP9ACT1	CMP9ACT0	CMP8ACT1	CMP8ACT0	CMP7ACT1	CMP7ACT0
RW-0	RW-0	RW-0	RW-0	RW-0	RW-0	RW-0	RW-0

比较方式控制寄存器 ACTRB 与 ACTRA 的位定义相似。

(5) 死区时间控制寄存器 A/B（DBTCONA）

死区时间控制寄存器 A/B（DBTCONA/B）用于设置 PWM 电路的死区时间。寄存器 DBTCONA 的格式如下：

15～12	11	10	9	8
Reserved	DBT3	DBT2	DBT1	DBT0
R-0	RW-0			

7	6	5	4	3	2	1～0
EDBT3	EDBT2	EDBT1	DBTPS2	DBTPS1	DBTS0	Reserved
RW-0						R-0

位 15～12　保留位。

位 11～8　DBT3～DBT0：死区定时器周期。这 4 位定义了死区定时器的周期。

位 7　EDBT3：死区定时器 3 使能位（对应比较单元 3 的引脚 PWM5 和 PWM6）。

- 0：禁止。
- 1：使能。

位 6　EDBT2：死区定时器 2 使能位（对应比较单元 2 的引脚 PWM3 和 PWM4）。

- 0：禁止。
- 1：使能。

位 5　EDBT1：死区定时器 1 使能位（对应比较单元 1 的引脚 PWM1 和 PWM2）。

- 0：禁止。
- 1：使能。

位 4 ~ 2　DBTPS2 ~ DBTPS0：死区定时器的预分频值。

- 000：x/1。
- 001：x/2。
- 010：x/4。
- 011：x/8。
- 100：x/16。
- 101：x/32。
- 110：x/32。
- 111：x/32，x = 器件（CPU）时钟频率。

位 1 ~ 0　保留位。

寄存器 DBTCONB 的位定义与寄存器 DBTCONA 的类似，不再详述。

【例 6-2】 2407 DSP 的 CPU 时钟频率为 40MHz，编程使比较单元产生 1 对 PWM 信号 PWM1 ~ PWM2，定时器 1 作为比较单元的时钟基准。

```
#include  "f2407_c.h"             //包含片内外设寄存器头文件
main( )
{
asm(" setc INTM");                //关中断
SCSR1 = 0x83FE;                   //CLKIN = 20 MHz, CLKOUT = 40 MHz
WDCR = 0x0E8;                     //禁止看门狗
IMR = 0;                          //屏蔽所有可屏蔽中断
IFR = 0x0ffff;                    //清除中断标志
MCRA| = 0x00c0;                   //IOPA6,7 被配置为 PWM1、2
ACTRA = 0x06;                     //PWM2 低有效,PWM1 高有效
DBTCONA = 0x00;                   //不使能死区控制
CMPR1 = 0x3000;                   //比较单元 1 设置,PWM 信号占空比 0.5
T1PR = 0x6000;                    //设置 T1 周期寄存器,定时时间 614μs, 频率 1.6kHz
COMCONA = 0x8200;                 //使能比较操作
T1CON = 0x1040;                   //定时器 1 为连续增计数模式,分频系数为 1,启动定时器 1
for( ; ; )  { ; }
}
```

6.4 空间矢量 PWM

空间矢量 PWM（Space Vector PWM，SVPWM）是实现三相逆变器功率管控制的一种方法。这种方法能够保证在电动机的定子绕组中产生较小的电流谐波，与采用正弦调制的方法相比，空间矢量 PWM 能够提高直流侧电压的利用率。

1. 三相逆变电路

图 6-14 给出了一个典型的三相逆变器的结构。其中 V_a、V_b和 V_c是电动机转子绕组的控制电压。DTPHx 和 DTPHx_ （x = a、b 和 c）信号控制逆变器的 6 个开关管 VT_1 ~ VT_6，当一个桥臂的上管导通时（DTPHx = 1），同一个桥臂的下管关断（DTPHx_ = 0）。反之当 DTPHx = 0 时，DTPHx_ = 1。因此根据上桥臂（VT_1、VT_3和 VT_5）的状态，即 DTPHx（x = a、b 和 c）的状态，可以计算出电动机的控制电压 U_{out}。

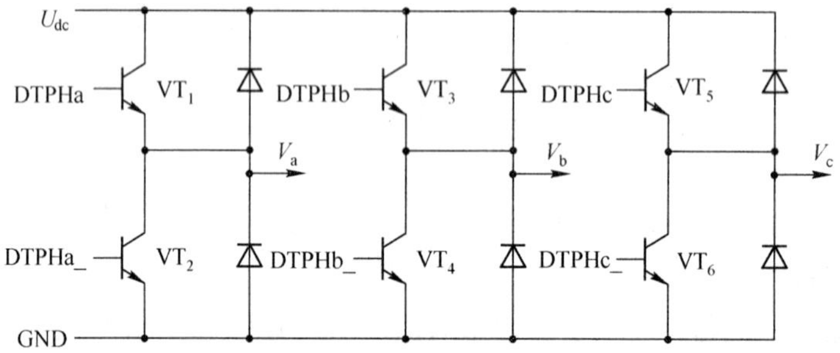

图 6-14　三相逆变桥原理图

2. 逆变器的开关状态和基本空间矢量

当逆变器的一个上桥臂开关管导通时，电压 V_x（x = a、b 和 c）等于直流侧电压 U_{dc}。当上桥臂开关管关断（此时下桥臂导通）时，电压为 0。逆变器 3 个桥臂的 6 个开关管有 8 种可能的开关组合状态。这 8 种状态和电动机线电压、相电压的关系见表 6-4，其中 a、b 和 c 分别代表 DTPHa，DTPHb 和 DTPHc 的值。

表 6-4　三相逆变器的开关模式

a	b	c	V_{a0}（U_{dc}）	V_{b0}（U_{dc}）	V_{c0}（U_{dc}）	V_{ab}（U_{dc}）	V_{bc}（U_{dc}）	V_{ac}（U_{dc}）
0	0	0	0	0	0	0	0	0
0	0	1	-1/3	-1/3	2/3	0	-1	1
0	1	0	-1/3	2/3	-1/3	-1	1	0
0	1	1	-2/3	1/3	1/3	-1	0	1
1	0	0	2/3	-1/3	-1/3	1	0	-1
1	0	1	1/3	-2/3	1/3	1	-1	0
1	1	0	1/3	1/3	-2/3	0	1	-1
1	1	1	0	0	0	0	0	0

通过坐标变换，可将 8 种状态组合对应的相电压映射到二维坐标平面，得到 6 个非零矢量和两个零矢量。6 个非零矢量构成一个六边形，相邻矢量之间的夹角为 60°，两个零

矢量处于原点。这 8 个矢量就是基本的空间矢量，分别用U_0、U_{60}、U_{120}、U_{180}、U_{240}、U_{300}、O_{000}和O_{111}表示，如图 6–15 所示。对于希望提供给电动机的电压U_{out}也可以做同样的变换。SVPWM 的目标就是通过对 8 种状态的组合产生近似电动机希望的输出电压U_{out}。

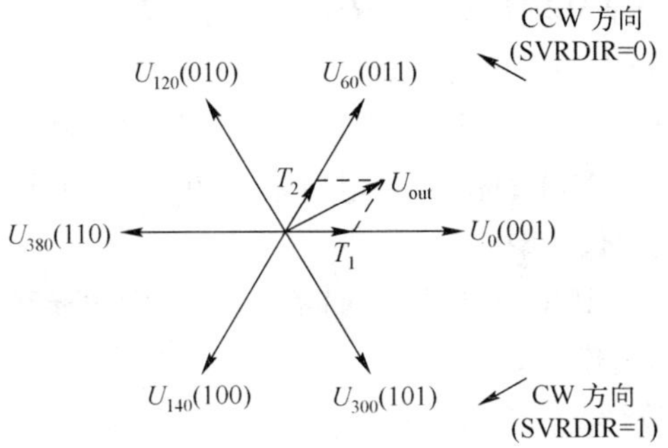

图 6–15　基本空间矢量和开关模式

两个相邻的基本矢量的二进制表示只差一位，也就是说，当开关管的状态为U_x ~ U_{x+60}或U_{x+60} ~ U_x时，仅有一个开关管的上桥臂动作。当零矢量O_{000}和O_{111}作用时，对电动机不产生控制电压。

3. 用基本空间矢量逼近电动机电压

任何时候，逆变器输出电压都只能是 8 种矢量中的一种。因此若需要任意位置和大小的电动机电压U_{out}时，可以用相邻的两个矢量的组合来逼近：

$$U_{out} = T_1/T_p U_x + T_2/T_p U_{x+60} + T_0/T_p\ (O_{000}\text{或}O_{111})$$

式中，$T_0 = T_p - T_1 - T_2$；T_p是 PWM 载波周期。

上面的计算说明在 T_1和 T_2时间内，功率模块的开关状态必须分别对应U_x和U_{x+60}矢量。T_0为零矢量作用时间，对电动机的电压 U_{out}不会产生影响，但可平衡开关管的开关周期。

4. 事件管理器 SVPWM 波形的产生

事件管理器（EV）模块的内部硬件简化了空间矢量 PWM 波形的产生。为了产生空间矢量 PWM 输出，用户的软件必须完成下列任务：

- 配置寄存器 ACTRx（x = A、B），确定比较输出引脚的极性。
- 配置寄存器 COMCONx（x = A、B），使能比较操作和空间矢量 PWM 模式，将 CMPRx（x = 1 ~ 6）重新装载的条件设置成下溢。
- 将通用定时器 1（或通用定时器 3）设为连续增/减计数模式。

然后用户软件需要确定在二维坐标系中的电动机电压 U_{out}，并分解 U_{out}，每个 PWM 周期内完成下列操作：

- 确定两个相邻矢量U_x和U_{x+60}。
- 确定参数 T_1、T_2和 T_0。
- 将U_x对应的开关状态写到 ACTRx 的 14 ~ 12 位，并将 1 写入 ACTRx. 15 中。或将U_{x+60}对应的开关状态写到 ACTRx 的 14 ~ 12 位中，并将 0 写入 ACTRx. 15 中。
- 将值 $T_1/2$ 写到 CMPR1，$T_1/2 + T_2/2$ 写到 CMPR2 中。

5. 空间矢量 PWM 的硬件工作过程

EV 模块的空间矢量 PWM 完成下列工作：

- 在每个周期的开始，根据新U_y的状态确定 ACTRx 的 14 ~ 12 位，设置 PWM 输出。
- 在增计数过程中，当 CMPR1 和通用定时器 1 在 $T_1/2$ 处产生第一次比较匹配时，如果 ACTRx. 15（SVRDIR）位中的值为 1，则将 PWM 输出设置为U_{y+60}；如果 ACTRx. 15 位中的值为 0，则将 PWM 输出设置为U_y（$U_{0-60}=U_{300}$，$U_{360+60}=U_{60}$）。
- 在增计数过程中，当 CMPR2 和通用定时器 1 在 $T_1/2+T_2/2$ 处产生第二次匹配时，将 PWM 输出设置为 000 或 111 状态，和前一种状态只有一位的差别。
- 在减计数过程中，当 CMPR2 和通用定时器 1 在 $T_1/2+T_2/2$ 处产生第一次匹配时，PWM 输出设置为第二种输出模式。
- 在减计数过程中，当 CMPR2 和通用定时器 1 在 $T_1/2$ 处产生第二次匹配时，将 PWM 输出设置为第一种输出模式。

6. 空间矢量 PWM 的波形

空间矢量 PWM 波形关于每个 PWM 周期中心对称，因此也称为对称空间矢量 PWM。图 6-16是空间矢量 PWM 波形的一个实例。

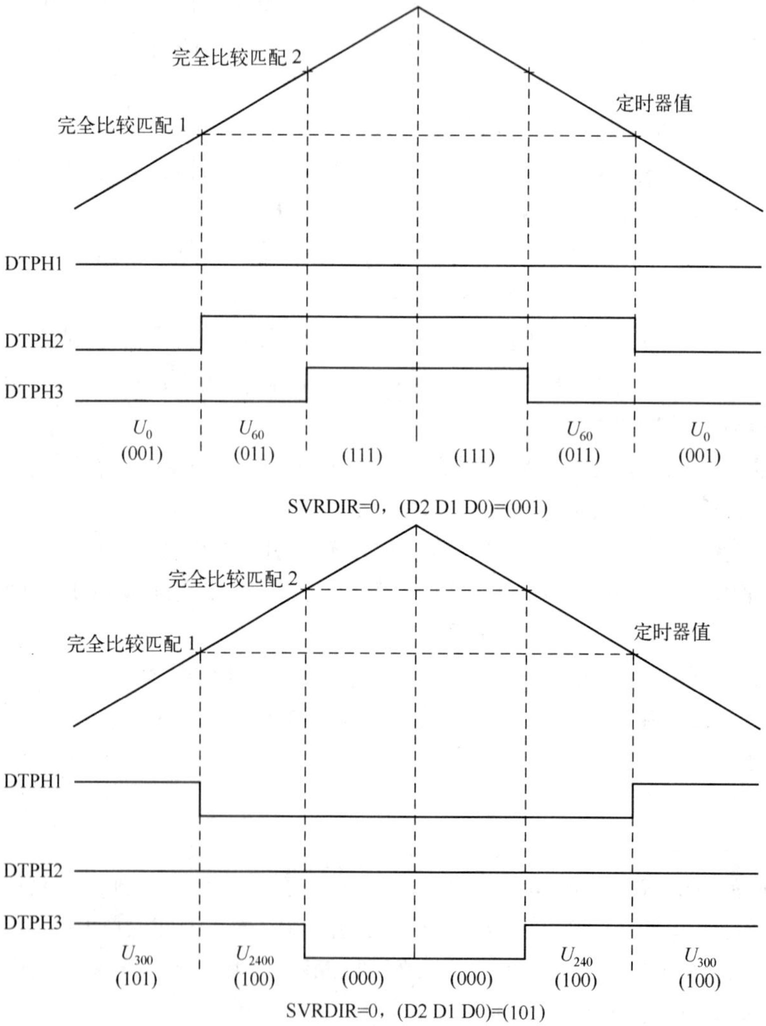

图 6-16　对称空间矢量 PWM 波形

7. 未使用的比较寄存器

产生空间矢量 PWM 输出时，虽然仅使用两个比较寄存器（CMPR1 和 CMPR2），但第 3 个比较寄存器 CMPR3 也一直与通用定时器 1 进行比较。当发生比较匹配时，如果相应的中断未被屏蔽，相应的比较中断标志将置位并发出中断请求。因此未用于空间矢量发生器的 CMPR3 寄存器仍能用于其他定时事件的产生。同时由于状态机引入附加延时，在空间矢量 PWM 模式中，比较输出跳变也延时一个 CPU 时钟周期才输出。

8. 空间矢量 PWM 的边界条件

在空间矢量 PWM 模式中，当两个比较寄存器 CMPR1 和 CMPR2 的载入值都是 0 时，3 个比较输出全都变成无效。因此在这种模式下，用户必须确保 CMPR1 ≤ CMPR2 ≤ T1PR，否则将产生不可预期的后果。

6.5 捕获单元

1. 捕获单元概述

捕获单元（Capture Unit）用于捕获输入引脚电平的变化并记录其发生变化的时间。事件管理器共有 6 个捕获单元，每个事件管理器各有 3 个：EVA 有捕获单元 1、2 和 3，EVB 有捕获单元 4、5 和 6。每个捕获单元都有相应的捕获输入引脚。EVB 捕获单元的结构如图 6-17 所示。

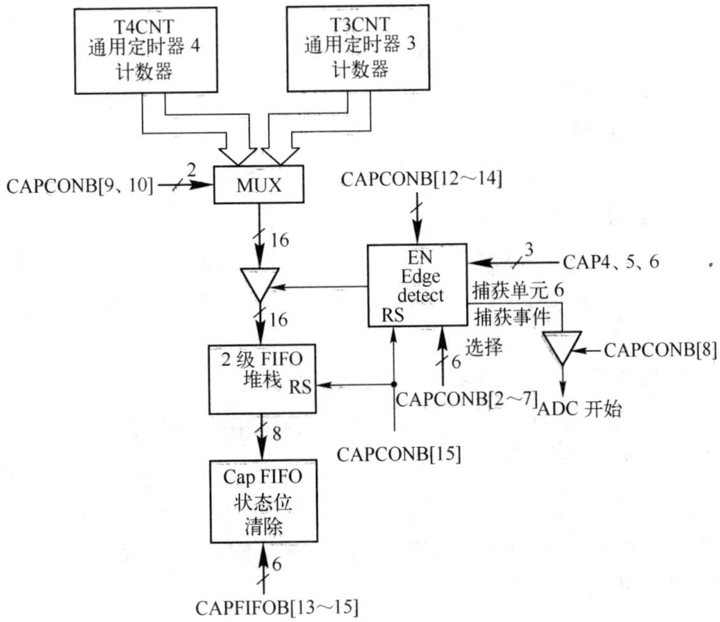

图 6-17 捕获单元框图（EVB）

EVA 的捕获单元可选择通用定时器 1 或 2 作为它们的时间基准，但 CAP1 和 CAP2 一定要选择相同的定时器作为它们的时间基准。EVB 的捕获单元可选择通用定时器 3 或 4 作为它们的时间基准，但 CAP4 和 CAP5 一定要选择相同的定时器作为它们的时间基准。

当输入引脚检测到特定的跳变时，通用定时器的值将被捕获并存储到一个两级深的 FIFO

堆栈中。EVA 捕获单元的结构类似，只不过要将其中所有带有字母 B 的寄存器换成带字母 A 的寄存器，将 T3CNT、T4CNT 换成 T1CNT、T2CNT，将 CAP4、5、6 换成 CAP1、2、3。

捕获单元有如下特点：

- 一个 16 位的捕获控制寄存器（EVA：CAPCONA，EVB：CAPCONB），可读写。
- 一个 16 位捕获 FIFO 状态寄存器（EVA：CAPFIFOA，EVB：CAPFIFOB）。
- 可选择通用定时器 1 或 2（EVA）和通用定时器 3 或 4（EVB）作为时间基准。
- 6 个 16 位两级深的 FIFO 堆栈（CAPxFIFO，x = 1 ~ 6），每个捕获单元对应一个堆栈。
- 6 个施密特触发捕获输入引脚 CAP1 ~ CAP6，一个输入引脚对应一个捕获单元。所有捕获单元的输入和内部 CPU 时钟同步。为了捕捉输出的跳变，输入必须在当前的电平保持两个 CPU 时钟的上升沿。输入引脚 CAP1 和 CAP2（在 EVB 中是 CAP4 和 CAP5）也能用于正交编码电路的输入。
- 用户可设定的跳变沿检测（上升沿、下降沿或上升下降沿）。
- 6 个可屏蔽的中断标志位，每个捕获单元各 1 个。

2. 捕获单元的操作

捕获单元被使能后，输入引脚上的跳变将使所选择的通用定时器的计数值装入到相应的 FIFO 堆栈中。如果此时已经有一个或多个有效的捕获值存到 FIFO 堆栈（捕获 FIFO 状态寄存器的 CAPxFIFO 位不等于 0）中，将会使相应的中断标志位置位。如果中断标志未被屏蔽，将产生一个外设中断请求。每次捕获到的新数值存入到 FIFO 堆栈时，捕获 FIFO 状态寄存器 CAPFIFOx（x = A、B）的相应位就进行调整，实时地反映 FIFO 堆栈的状态。从捕获单元输入引脚发生跳变到所选定时器的数值被锁存需要两个 CPU 时钟周期的延时。复位时，所有捕获单元的寄存器都被清零。

（1）捕获单元时钟基准的选择

EVA 中捕获单元 CAP3 有自己的独立时钟基准，而 CAP1 和 CAP2 共用一个时钟基准，这允许同时使用两个通用定时器：捕获单元 1 和 2 共用一个，捕获单元 3 用一个。EVB 的 CAP6 有一个独立的时钟基准，CAP1 和 CAP2 共用一个。捕获单元的操作不会影响通用定时器的任何操作，也不会影响与通用定时器的操作相关的比较和 PWM 操作。

（2）捕获单元的设置

为使捕获单元能够正常工作，必须配置以下寄存器：

- 初始化状态寄存器 CAPFIFOx（x = A、B），清除相应的状态位。
- 设置通用定时器的工作模式。
- 设置相关的通用定时器 TxCON、比较寄存器 TxCMP 和周期寄存器 TxPR（x =1、2、3、4）。
- 适当地配置捕获控制寄存器 CAPCONA 或 CAPCONB。

3. 捕获单元 FIFO 堆栈

每个捕获单元有一个专用的两级深的 FIFO 堆栈。顶部堆栈包括 CAP1FIFO、CAP2FIFO 和 CAP3FIFO（EVA）或 CAP4FIFO、CAP5FIFO 和 CAP6FIFO（EVB）。底部堆栈包括 CAP1FBOT、CAP2FBOT 和 CAP3FBOT（EVA）或 CAP4FBOT、CAP5FBOT 和 CAP6FBOT（EVB）。所有 FIFO 堆栈的顶部堆栈寄存器都是只读寄存器，它存放相应捕获单元捕获到的最早的计数值，因此读取捕获单元 FIFO 堆栈时总是返回堆栈中最早的计数值。当读取 FIFO 堆栈的顶部寄存器的数值时，堆栈底部寄存器的新计数值（如果有）将被压入到顶部寄存器。

如果需要，也可以读取 FIFO 堆栈的底部寄存器。读 FIFO 堆栈的底部寄存器可使 FIFO 的状态位变为 01（如果先前是 10 或 11）。如果原来 FIFO 状态位是 01，则读取底部 FIFO 寄存器后，FIFO 状态位变为 00（即为空）。

（1）第一次捕获

当捕获单元的输入引脚出现跳变时，捕获单元将通用定时器的计数值写入到空的 FIFO 堆栈的顶部寄存器，同时相应的状态位设置为 01。如果在下一次捕获操作之前读取了 FIFO 堆栈，则 FIFO 状态位被复位为 00。

（2）第二次捕获

如果在第一次捕获计数值被读取之前产生了另一次捕获，则新捕获到的计数值被送至底部寄存器。同时相应的寄存器状态位设置为 10，如果在下一次捕获操作之前对 FIFO 堆栈进行了读操作，那么底部寄存器中新的数值就会被压入到顶部寄存器，同时相应的状态位被设置成 01。

第二次捕获使相应的捕获中断标志位置位，如果中断未被屏蔽，则产生一个外设中断请求。

（3）第三次捕获

如果捕获发生时，FIFO 堆栈已捕获到两个计数值，在顶部寄存器中最早的计数值将被弹出并被丢弃，而堆栈底部寄存器的值将被压入到顶部寄存器中，新捕获到的计数值将被压入到底部寄存器中，并且 FIFO 的状态位被设置为 11，以表明一个或者更多个旧的捕获计数值被丢弃。

第三次捕获使相应的捕获中断标志位置位，如果中断未被屏蔽，则产生一个外设中断请求。

4. 捕获中断

当捕获单元完成一个捕获时，如果在 FIFO 中已经至少有一个有效值（CAPxFIFO 位不等于 0）时，则中断标志位置位，产生一个外设中断请求（如果中断未被屏蔽）。因此，如果使用了中断，则可用中断服务子程序读取到一对捕获的计数值。如果不希望使用中断，则可通过查询中断标志位或堆栈状态位来确定是否发生了两次捕获事件，捕获到的计数值是否可以被读出。

5. 捕获单元寄存器

捕获单元的操作由 4 个 16 位的寄存器（Capture Unit Registers）CAPCONA/B 和 CAPFIFOA/B 控制。由于使用了通用定时器 1 ~4 为捕获单元提供时钟，因此也使用了寄存器 TxCON（x =1、2、3、4）来控制捕获单元的操作。

（1）捕获控制寄存器 A（CAPCONA）

其格式如下：

15	14–13	12	11	10	9	8
CAPRES	CAP12EN	CAP3EN	Reserved	CAP3TSEL	CAP12TSEL	CAP3TOADC
RW-0	RW-0	RW-0	RW-0	RW-0	RW-0	RW-0

7–6	5–4	3–2	1–0
CAP1EDGE	CAP2EDGE	CAP3EDGE	Reserved
RW-0	RW-0	RW-0	RW-0

位 15　CAPRES：捕获复位。读该位总为 0。
- 0：所有捕获单元的寄存器清零。
- 1：无操作。

位 14 ~ 13　CAP12EN：捕获单元 1 和 2 使能位。
- 00：禁止捕获单元 1 和 2，FIFO 堆栈保持它们的内容。
- 01：使能捕获单元 1 和 2。
- 10 ~ 11：保留。

位 12　CAP3EN：捕获单元 3 使能位。
- 0：禁止捕获单元 3，其 FIFO 堆栈保持它的内容。
- 1：使能捕获单元 3。

位 11　保留位。
位 10　CAP3TSEL：捕获单元 3 的通用定时器选择位。
- 0：选择通用定时器 2。
- 1：选择通用定时器 1。

位 9　CAP12TSEL：捕获单元 1 和 2 的通用定时器选择位。
- 0：选择通用定时器 2。
- 1：选择通用定时器 1。

位 8　CAP3TOADC：捕获单元 3 事件启动模数转换位。
- 0：无操作。
- 1：当 CAP3INT 标志置位时，启动模数转换。

位 7 ~ 6　CAP1EDGE：捕获单元 1 的边沿检测控制位。
- 00：检测。
- 01：检测上升沿。
- 10：检测下降沿。
- 11：检测两个边沿。

位 5 ~ 4　CAP2EDGE：捕获单元 2 的边沿检测控制位。
- 00：无检测。
- 01：检测上升沿。
- 10：检测下降沿。
- 11：检测两个边沿。

位 3 ~ 2　CAP3EDGE：捕获单元 3 的边沿检测控制位。
- 00：无检测。
- 01：检测上升沿。
- 10：检测下降沿。
- 11：检测两个边沿。

位 1 ~ 0　保留位。
(2) 捕获控制寄存器 B（CAPCONB）
其格式如下：

15	14 13	12	11	10	9	8
CAPRES	CAPQEPN	CAP6EN	Reserved	CAP6TSEL	CAP45TSEL	CAP6TOADC
RW-0	RW-0	RW-0	RW-0	RW-0	RW-0	RW-0

7 6	5 4	3 2	1 0
CAP4EDGE	CAP5EDGE	CAP6EDGE	Reserved
RW-0	RW-0	RW-0	RW-0

寄存器 CAPCONB 的位定义与 CAPCONA 相似，不再详述。

（3）捕获 FIFO 状态寄存器 A（CAPFIFOA）

捕获 FIFO 状态寄存器 A（CAPFIFOA）包含 3 个捕获单元各自 FIFO 堆栈的状态位。如果 CAPnFIFO（n = 1、2、3）在更新（由于发生了一个捕获事件）的同时，正对其状态位进行写操作，则写操作优先。CAPFIFOx（x = A、B）寄存器具有编程优先性。例如，向 CAPnFIFO 位写入 01，事件管理器模块认为在 FIFO 中已经存在一个值。随后每次 FIFO 得到一个新值时，将会产生一个捕获中断。

其格式如下：

15 14	13 12	11 10	9 8	7 0
Reserved	CAP3FIFO	CAP2FIFO	CAP1FIFO	Reserved
R-0	R/W-0	R/W-0	R/W-0	R-0

位 15 ~ 14　保留位。

位 13 ~ 12　CAP3FIFO：捕获单元 3 的 FIFO 堆栈状态位。

- 00：空。
- 01：捕获到 1 个值。
- 10：捕获到两个值。
- 11：捕获到两个值，且至少丢失了 1 个先前捕获的值。

位 11 ~ 10　CAP2FIFO：捕获单元 2 的 FIFO 堆栈状态位。

- 00：空。
- 01：捕获到 1 个值。
- 10：捕获到两个值。
- 11：捕获到两个值，且至少丢失了 1 个先前捕获的值。

位 9 ~ 8　CAP1FIFO：捕获单元 1 的 FIFO 堆栈状态位。

- 00：空。
- 01：捕获到 1 个值。
- 10：捕获到两个值。
- 11：捕获到两个值，且至少丢失了 1 个先前捕获的值。

位 7 ~ 0　保留位。

（4）捕获 FIFO 状态寄存器 B（CAPFIFOB）

其格式如下：

15 14	13 12	11 10	9 8	7 0
Reserved	CAP6FIFO	CAP5FIFO	CAP4FIFO	Reserved
R-0	R/W-0	R/W-0	R/W-0	R-0

寄存器 CAPFIFOB 的位定义与寄存器 CAPFIFOA 类似，不再详述。

【例 6-3】 编程用捕获单元 CAP4 对脉冲的宽度进行捕获。CAP4 对脉冲上升沿进行捕获，通用定时器 T1 对脉冲计数，再计算脉冲宽度。

```
#include"f2407_c.h"                    //240x DSP 寄存器头文件
unsigned  int temp;
main( )
{
asm(" setc INTM");                     //禁止所有中断
SCSR1 =0x83FE;                         //CLKIN =20 MHz, CLKOUT =40MHz
WDCR =0x0E8;                           //禁止看门狗
IMR =0x0000;                           //禁止所有中断
IFR =0x0FFFF;                          //清除全部中断标志
MCRC| =0x0080;                         //CAP4/IOPE7 被配置为 CAP4
T3PR =0x0FFFF;                         //通用定时器 T3 的周期寄存器
T3CON =0x1400;                         //T3 为连续增计数模式
T3CNT =0x00;                           //计数器清零
CAPCONB =0x0A440;                      //设 CAP4 为检测上升沿,且 T3 为时钟
while (1)
{
if(CAP4FIFO = =2)
temp = CAP4FBOT - CAP4FIFO;
}
}
```

6.6 正交编码脉冲电路

正交编码脉冲（Quadrature Encoder Pulse，QEP）是两个频率相同且正交（相位差 90°即 1/4 个周期）的脉冲。在许多运动控制系统中，需要正反两个方向的运动，为了对位置、速度进行控制，必须检测出当前运动的方向、位置、速度等。EVA、EVB 各有一个 QEP 电路，内部有 4 倍频电路。如果 QEP 电路被使能，可以对 CAP1/QEP1 和 CAP2/QEP2（EVA）或 CAP4/QEP3 和 CAP5/QEP4（EVB）引脚上的正交编码脉冲进行解码和计数。QEP 电路可以连接一个光电编码器，获得旋转电动机的位置和速度等信息。如果使能 QEP 电路，CAP1/CAP2 和 CAP4/CAP5 引脚上的捕获功能将被禁止。

3 个 QEP 输入引脚与捕获单元 1、2 和 3（或 4、5 和 6）共用。外部引脚的具体功能由 CAPCONx（x = A、B）寄存器设置。

1. QEP 电路的时钟基准

通用定时器 T2（对于 EVB 是通用定时器 T4）为 QEP 电路提供时间基准。当 QEP 电路作为时钟源时，通用定时器必须工作在定向增/减计数模式。图 6-18 给出了 EVA 的 QEP 电路的框图。

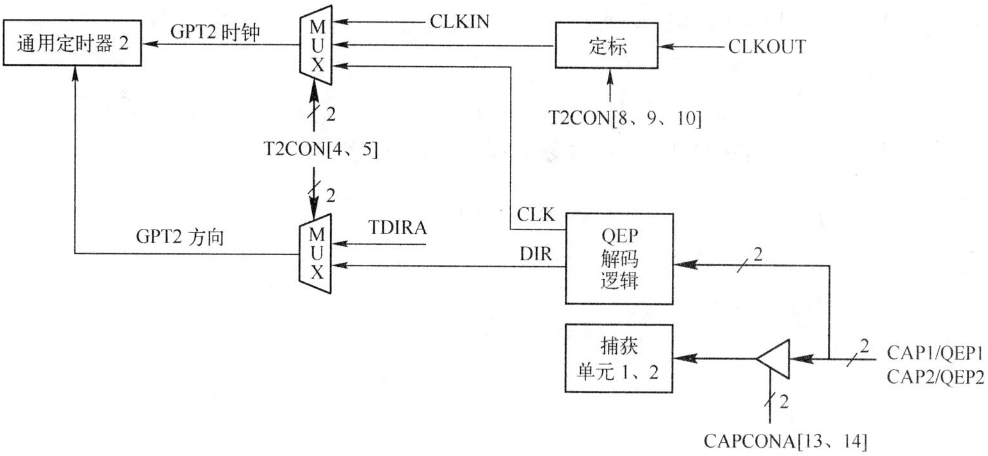

图 6-18　正交脉冲编码电路 QEP 框图（EVA）

2. QEP 电路

EV 模块中 QEP 电路的方向检测逻辑确定哪个脉冲相序相位超前，然后产生一个方向信号作为通用定时器 2（或 4）的方向输入。如果 CAP1/QEP1（对于 EVB 是 CAP4/QEP3）引脚的脉冲输入是相位超前脉冲序列，那么定时器就进行增计数。相反，如果 CAP2/QEP2（对于 EVB 是 CAP5/QEP4）引脚的脉冲输入是相位超前脉冲序列，那么定时器就进行减计数。

正交编码脉冲电路对编码输入脉冲的上升沿和下降沿都进行计数，因此由 QEP 电路产生的通用定时器（通用定时器 2 或 4）的时钟输入是每个输入脉冲序列频率的 4 倍。

图 6-19 给出了正交编码脉冲、时钟以及计数方向的一个实例。

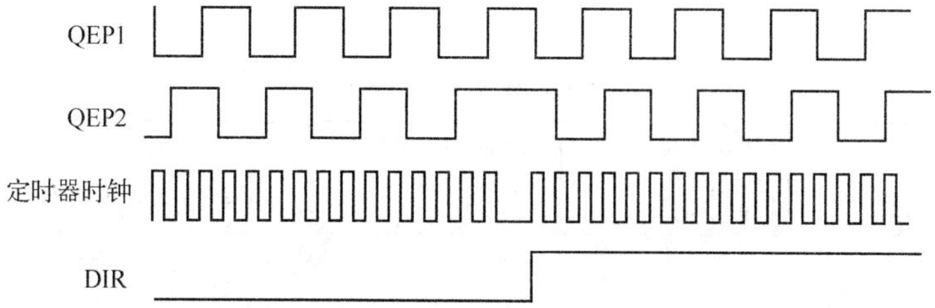

图 6-19　正交脉冲编码和经过解码的定时器时钟和方向

3. QEP 计数

通用定时器 2（或 4）总是从它的当前值开始计数，在使能 QEP 模式之前，可将所需的值装载到通用定时器的计数器中。当选择 QEP 电路作为时钟源时，定时器的方向信号 TDIRA/B 和计数信号 TCLKINA/B 不起作用。用 QEP 电路作为时钟，通用定时器的周期、下溢、上溢和比较匹配中断标志在相应的匹配产生时，将产生外设中断请求（如果中断未被屏蔽）。

4. QEP 电路的寄存器设置

启动 EVA（EVB）的 QEP 电路的设置如下：

- 根据需要，将所需的值装载到通用定时器 2（4）的计数器、周期和比较寄存器。

● 配置 T2CON（T4CON）寄存器，使通用定时器 2（4）工作在定向增/减计数模式，QEP 电路作为时钟源并使能使用的定时器。

QEP 的使用方法非常简单。在初始化完成后，若要采样 QEP 中的计数值，只需读相应的寄存器即可。例如，可在 ADC 中断服务子程序中读出 QEP 的计数值。

```
interrupt void adc_isr(void)      //ADC 中断由 T1 启动
{ …
Theta1 = Theta;
Theta = T2CNT ;                   //电动机位置的正交编码器输入脉冲采样到 Theta 中
…
}
```

如果在前一个周期（T）读取的位置角为 Theta1，则可以求出电动机的速度为：

```
(Theta - Theta1)/T
```

6.7 事件管理器的中断

每个事件管理器（EVA 和 EVB）的中断分为三组：A、B、C。每个中断组都有多个事件管理器外设中断请求，表 6-5 给出了所有 EVA 的中断、优先级和分组的情况。表 6-6 给出了所有 EVB 的中断、优先级和分组的情况。对每个事件管理器中断组都有一个中断标志寄存器和一个相应的中断屏蔽寄存器，见表 6-7。如果在 EVAIMRx（x = A、B 和 C）中的位为 0，则在 EVAIFRx 中置位的相应的中断标志位将被屏蔽（不会产生相应的外设中断请求）。

表 6-5 EVA 中断

中断组	中　断	组内优先级	中断向量	描　述	中断级别 INT
A	$\overline{\text{PDPINTA}}$	1（最高）	0020h	功率驱动中断保护 A	1
	CMP1INT	2	0021h	比较单元 1 比较中断	2
	CMP2INT	3	0022h	比较单元 2 比较中断	
	CMP3INT	4	0023h	比较单元 3 比较中断	
	T1PINT	5	0027h	通用定时器 1 周期中断	
	T1CINT	6	0028h	通用定时器 1 比较中断	
	T1UFINT	7	0029h	通用定时器 1 下溢中断	
	T1OFINT	8	002Ah	通用定时器 1 上溢中断	
B	T2PINT	1	002Bh	通用定时器 2 周期中断	3
	T2CINT	2	002Ch	通用定时器 2 比较中断	
	T2UFINT	3	002Dh	通用定时器 2 下溢中断	
	T2OFINT	4	002Eh	通用定时器 2 上溢中断	
C	CAP1INT	1	0033h	捕获单元 1 中断	3
	CAP2INT	2	0034h	捕获单元 2 中断	
	CAP3INT	3（最低）	0035h	捕获单元 3 中断	

表 6-6　EVB 中断

中断组	中　　断	组内优先级	中断向量	描　　述	中断级别
A	$\overline{\text{PDPINTB}}$	1（最高）	0019h	功率驱动中断保护 B	1
	CMP4INT	2	0024h	比较单元 4 比较中断	4
	CMP5INT	3	0025h	比较单元 5 比较中断	
	CMP6INT	4	0026h	比较单元 6 比较中断	
	T3PINT	5	002Fh	通用定时器 3 周期中断	
	T3CINT	6	0030h	通用定时器 3 比较中断	
	T3UFINT	7	0031h	通用定时器 3 下溢中断	
	T3OFINT	8	0032h	通用定时器 3 上溢中断	
B	T4PINT	1	0039h	通用定时器 4 周期中断	5
	T4CINT	2	003Ah	通用定时器 4 比较中断	
	T4UFINT	3	003Bh	通用定时器 4 下溢中断	
	T4OFINT	4	003Ch	通用定时器 4 上溢中断	
C	CAP4INT	1	0036h	捕获单元 4 中断	5
	CAP5INT	2	0037h	捕获单元 5 中断	
	CAP6INT	3（最低）	0038h	捕获单元 6 中断	

表 6-7　中断标志寄存器和相应的中断屏蔽寄存器

中断标志寄存器	中断屏蔽寄存器	事件管理器模块
EVAIFRA	EVAIMRA	EVA
EVAIFRB	EVAIMRB	
EVAIFRC	EVAIMRC	
EVBIFRA	EVBIMRA	EVB
EVBIFRB	EVBIMRB	
EVBIFRC	EVBIMRC	

1. 事件管理器中断请求和中断服务子程序

当外设中断请求被应答时，相应的外设中断向量由 PIE 控制器装载到外设中断向量寄存器（PIVR）中。装载入 PIVR 的向量是挂起的事件中最高优先级的向量。中断服务子程序（ISR）中可以读中断向量寄存器。

2. 中断产生

当 EV 模块中有中断产生时，EV 中断标志寄存器相应的中断标志位置 1。如果标志位未被局部屏蔽（EVAIMRx 或 EVBIMRx 中相应的位置 1，x = A、B、C），外设中断扩展 PIE 控制器将产生一个外设中断。

3. 中断向量

当一个外设中断请求被响应时，在所有标志位被置位和被使能的中断中，具有最高优先级中断的外围中断向量将被装载到 PIVR 寄存器中。

外设寄存器的中断标志必须在中断服务程序中用软件写 1 清除。如果不能够成功地清除该位，将会导致将来相同的中断不能发出中断请求。

4. 事件管理器的中断标志寄存器与中断屏蔽寄存器

这些寄存器都是16位寄存器。当软件读这些寄存器时，未使用的位读出值为0，向未使用的位写则无效。中断标志寄存器EVxIFRy（x = A、B，y = A、B、C）是可读寄存器，可以通过软件查询EVxIFRy的对应位来判断是否发生了中断。中断屏蔽寄存器用于使能或禁止中断。

（1）事件管理器EVA中断标志寄存器A（EVAIFRA）

其格式如下：

15–11	10	9	8
Reserved	T1OFINT FLAG	T1UFINT FLAG	T1CINT FLAG
R-0	R/W-0	R/W-0	R/W-0

7	6–4	3	2	1	0
T1PINT FLAG	Reserved	CMP3INT FLAG	CMP2INT FLAG	CMP1INT FLAG	PDPINTA FLAG
R/W-0	R-0	R/W-0	R/W-0	R/W-0	R/W-0

位15～11　保留位。

位10　T1OFINT FLAG：通用定时器1上溢中断标志位。

- 读：0—复位标志。1—置位标志。
- 写：0—无效。　　1—复位标志位。

位9　T1UFINT FLAG：通用定时器1下溢中断标志位。

- 读：0—复位标志。1—置位标志。
- 写：0—无效。　　1—复位标志位。

位8　T1CINT FLAG：通用定时器1比较中断标志位。

- 读：0—复位标志。1—置位标志。
- 写：0—无效。　　1—复位标志位。

位7　T1PINT FLAG：通用定时器1周期中断标志位。

- 读：0—复位标志。1—置位标志。
- 写：0—无效。　　1—复位标志位。

位6～4　保留位。

位3　CMP3INT FLAG：比较单元3中断标志位。

- 读：0—复位标志。1—置位标志。
- 写：0—无效。　　1—复位标志位。

位2　CMP2INT FLAG：比较单元2中断标志位。

- 读：0—复位标志。1—置位标志。
- 写：0—无效。　　1—复位标志位。

位1　CMP1INT FLAG：比较单元1中断标志位。

- 读：0—复位标志。1—置位标志。
- 写：0—无效。　　1—复位标志位。

位0　PDPINTA FLAG：功率驱动保护中断标志位。

- 读：0—无功率驱动保护中断A发生。1—有功率驱动保护中断A发生。
- 写：0—无效。　　1—复位标志位。

(2) 事件管理器 EVA 中断标志寄存器 B（EVAIFRB）

其格式如下：

15～8
Reserved
R/W-0

7～4	3	2	1	0
Reserved	T2OFINT FLAG	T2UFINT FLAG	T2CINT FLAG	T2PINT FLAG
R-0	RW1C-0	RW1C-0	RW1C-0	RW1C-0

位 15～4　保留位。

位 3　T2OFINT FLAG：通用定时器 2 上溢中断标志位。

- 读：0—复位标志。　1—置位标志。
- 写：0—无效。　　　1—复位标志位。

位 2　T2UFINT FLAG：通用定时器 2 下溢中断标志位。

- 读：0—复位标志。　1—置位标志。
- 写：0—无效。　　　1—复位标志位。

位 1　T2CINT FLAG：通用定时器 2 比较中断标志位。

- 读：0—复位标志。　1—置位标志。
- 写：0—无效。　　　1—复位标志位。

位 0　T2PINT FLAG：通用定时器 2 周期中断标志位。

- 读：0—复位标志。　1—置位标志。
- 写：0—无效。　　　1—复位标志位。

(3) 事件管理器 EVA 中断标志寄存器 C（EVAIFRC）

其格式如下：

15～8
Reserved
R/W-0

7～3	2	1	0
Reserved	CAP3FINT FLAG	CAP2FINT FLAG	CAP1FINT FLAG
R-0	RW1C-0	RW1C-0	RW1C-0

位 15～3　保留位。

位 2　CAP3FINT FLAG：捕获单元 3 中断标志位。

- 读：0—复位标志。　1—置位标志。
- 写：0—无效。　　　1—复位标志位。

位 1　CAP2FINT FLAG：捕获单元 2 中断标志位。

- 读：0—复位标志。　1—置位标志。
- 写：0—无效。　　　1—复位标志位。

位 0　CAP1FINT FLAG：捕获单元 1 中断标志位。

- 读：0—复位标志。　1—置位标志。
- 写：0—无效。　　　1—复位标志位。

(4) 事件管理器 EVA 中断屏蔽寄存器 A（EVAIMRA）

其格式如下：

15–11	10	9	8
Reserved	T1OFINT	T1UFINT	T1CINT
R-0	R/W-0	R/W-0	R/W-0

7	6–4	3	2	1	0
T1PINT	Reserved	CMP3INT	CMP2INT	CMP1INT	PDPINTA
R/W-0	R-0	R/W-0	R/W-0	R/W-0	R/W-1

位 15 ~ 11　保留位。

位 10　T1OFINT：通用定时器 1 上溢中断使能位也称屏蔽位。

- 0：禁止。
- 1：使能。

位 9　T1UFINT：通用定时器 1 下溢中断使能位。

- 0：禁止。
- 1：使能。

位 8　T1CINT：通用定时器 1 比较中断使能位。

- 0：禁止。
- 1：使能。

位 7　TIPINT：通用定时器 1 周期中断使能位。

- 0：禁止。
- 1：使能。

位 6 ~ 4　保留位。

位 3　CMP3INT：比较单元 3 中断使能位。

- 0：禁止。
- 1：使能。

位 2　CMP2INT：比较单元 2 中断使能位。

- 0：禁止。
- 1：使能。

位 1　CMP1INT：比较单元 1 中断使能位。

- 0：禁止。
- 1：使能。

位 0　PDPINTA：功率驱动保护中断使能位。

- 0：禁止。
- 1：使能。

(5) 事件管理器 EVA 中断屏蔽寄存器 B（EVAIMRB）

其格式如下：

15–8
Reserved
R-0

7–4	3	2	1	0
Reserved	T2OFINT	T2UFINT	T2CINT	T2PINT
R-0	R/W-0	R/W-0	R/W-0	R/W-0

位 15 ~ 4　保留位。

位 3　T2OFINT：通用定时器 2 上溢中断使能位。

- 0：禁止。
- 1：使能。

位 2　T2UFINT：通用定时器 2 下溢中断使能位。

- 0：禁止。
- 1：使能。

位 1　T2CINT：通用定时器 2 比较中断使能位。

- 0：禁止。
- 1：使能。

位 0　T2PINT：通用定时器 2 周期中断使能位。

- 0：禁止。
- 1：使能。

(6) 事件管理器 EVA 中断屏蔽寄存器 C（EVAIMRC）

其格式如下：

15～8
Reserved
R-0

7～3	2	1	0
Reserved	CAP3INT	CAP2INT	CAP1INT
R-0	R/W-0	R/W-0	R/W-0

位 15 ~ 3　保留位。

位 2　CAP3INT：捕获单元 3 中断使能位。

- 0：禁止。
- 1：使能。

位 1　CAP2INT：捕获单元 2 中断使能位。

- 0：禁止。
- 1：使能。

位 0　CAP1INT：捕获单元 1 中断使能位。

- 0：禁止。
- 1：使能。

(7) 事件管理器 EVB 中断标志寄存器 A（EVBIFRA）

其格式如下：

15～11	10	9	8
Reserved	T3OFINT FLAG	T3UFINT FLAG	T3CINT FLAG
R-0	RW1C-0	RW1C-0	RW1C-0

7	6～4	3	2	1	0
T3PINT FLAG	Reserved	CMP6INT	CMP5INT	CMP4INT	PDPINTB
RW1C-0	R-0	RW1C-0	RW1C-0	RW1C-0	RW1C-0

位 15 ~ 11　保留位。

位 10　T3OFINT FLAG：通用定时器 3 上溢中断标志位。

• 读：0—复位标志。1—置位标志。

• 写：0—无效。1—复位标志位。

位 9　T3UFINT FLAG：通用定时器 3 下溢中断标志位。

• 读：0—复位标志。1—置位标志。

• 写：0—无效。1—复位标志位。

位 8　T3CINT FLAG：通用定时器 3 比较中断标志位。

• 读：0—复位标志。1—置位标志。

• 写：0—无效。1—复位标志位。

位 7　T3PINT FLAG：通用定时器 3 周期中断标志位。

• 读：0—复位标志。1—置位标志。

• 写：0—无效。1—复位标志位。

位 6 ~4　保留位。

位 3　CMP6INT FLAG：比较单元 6 中断标志位。

• 读：0—复位标志。1—置位标志。

• 写：0—无效。1—复位标志位。

位 2　CMP5INT FLAG：比较单元 5 中断标志位。

• 读：0—复位标志。1—置位标志。

• 写：0—无效。1—复位标志位。

位 1　CMP4INT FLAG：比较单元 4 中断标志位。

• 读：0—复位标志。1—置位标志。

• 写：0—无效。1—复位标志位。

位 0　PDPINTB FLAG：功率驱动保护中断 B 标志位。

• 读：0—无功率驱动保护中断 B 发生。1—有功率驱动保护中断 B 发生。

• 写：0—无效。1—复位标志位。

(8) 事件管理器 EVB 中断标志寄存器 B (EVBIFRB)

其格式如下：

15–8
Reserved
R-0

7–4	3	2	1	0
Reserved	T4OFINT FLAG	T4UFINT FLAG	T4CINT FLAG	T4PINT FLAG
R-0	RW1C-0	RW1C-0	RW1C-0	RW1C-0

位 15 ~4　保留位。

位 3　T4OFINT FLAG：通用定时器 4 上溢中断标志位。

• 读：0—复位标志。1—置位标志。

• 写：0—无效。1—复位标志位。

位 2　T4UFINT FLAG：通用定时器 4 下溢中断标志位。

• 读：0—复位标志。1—置位标志。

• 写：0—无效。1—复位标志位。

位 1　T4CINT FLAG：通用定时器 4 比较中断标志位。

• 读：0—复位标志。1—置位标志。

• 写：0—无效。1—复位标志位。

位 0　T4PINT FLAG：通用定时器 4 周期中断标志位。

• 读：0—复位标志。1—置位标志。

• 写：0—无效。1—复位标志位。

(9) 事件管理器 EVB 中断标志寄存器 C（EVBIFRC）

其格式如下：

15～8
Reserved
R-0

7～3	2	1	0
Reserved	CAP6INT FLAG	CAP5INT FLAG	CAP4INT FLAG
R-0	RW1C-0	RW1C-0	RW1C-0

位 15～3　保留位。

位 2　CAP6INT FLAG：捕获单元 6 中断标志位。

• 读：0—复位标志。1—置位标志。

• 写：0—无效。1—复位标志位。

位 1　CAP5INT FLAG：捕获单元 5 中断标志位。

• 读：0—复位标志。1—置位标志。

• 写：0—无效。1—复位标志位。

位 0　CAP4INT FLAG：捕获单元 4 中断标志位。

• 读：0—复位标志。1—置位标志。

• 写：0—无效。1—复位标志位。

(10) 事件管理器 EVB 中断屏蔽寄存器 A（EVBIMRA）

其格式如下：

15～11	10	9	8
Reserved	T3OFINT ENABLE	T3UFINT ENABLE	T3CINT ENABLE
R/W-0	R/W-0	R/W-0	R/W-0

7	6～4	3	2	1	0
T3PINT ENABLE	Reserved	CMP6INT ENABLE	CMP5INT ENABLE	CMP4INT ENABLE	PDPINTB ENABLE
R/W-0	R-0	R/W-0	R/W-0	R/W-0	R/W-1

位 15～11　保留位。

位 10　T3OFINT ENABLE：通用定时器 3 上溢中断使能位。

• 0：禁止。

• 1：使能。

位 9　T3UFINTT ENABLE：通用定时器 3 下溢中断使能位。

• 0：禁止。

● 1：使能。

位 8　T3CINT ENABLE：通用定时器 3 比较中断使能位。

● 0：禁止。

● 1：使能。

位 7　T3PINT ENABLE：通用定时器 3 周期中断使能位。

● 0：禁止。

● 1：使能。

位 6～4　保留位。

位 3　CMP6INT ENABLE：比较单元 6 中断使能位。

● 0：禁止。

● 1：使能。

位 2　CMP5INT ENABLE：比较单元 5 中断使能位。

● 0：禁止。

● 1：使能。

位 1　CMP4INT ENABLE：比较单元 4 中断使能位。

● 0：禁止。

● 1：使能。

位 0　PDPINTB ENABLE：功率驱动保护中断使能位。

● 0：禁止。

● 1：使能。

（11）事件管理器 EVB 中断屏蔽寄存器 B（EVBIMRB）

其格式如下：

15～8
Reserved
R-0

7～4	3	2	1	0
Reserved	T4OFINT ENABLE	T4UFINT ENABLE	T4CFINT ENABLE	T4PINT ENABLE
R-0	RW-0	RW-0	RW-0	RW-0

位 15～4　保留位。

位 3　T4OFINT ENABLE：通用定时器 4 上溢中断使能位。

● 0：禁止。

● 1：使能。

位 2　T4UFINT ENABLE：通用定时器 4 下溢中断使能位。

● 0：禁止。

● 1：使能。

位 1　T4CINT ENABLE：通用定时器 4 比较中断使能位。

● 0：禁止。

● 1：使能。

位 0　T4PINT ENABLE：通用定时器 4 周期中断使能位。

● 0：禁止。

● 1：使能。

(12) 事件管理器 EVB 中断屏蔽寄存器 C（EVBIMRC）

其格式如下：

15～8
Reserved
R-0

7～3	2	1	0
Reserved	CAP6INT ENABLE	CAP5INT ENABLE	CAP4INT ENABLE
R-0	RW-0	RW-0	RW-0

位 15～3　保留位。

位 2　CAP6INT ENABLE：捕获单元 6 中断使能位。

● 0：禁止。

● 1：使能。

位 1　CAP5INT ENABLE：捕获单元 5 中断使能位。

● 0：禁止。

● 1：使能。

位 0　CAP4INT ENABLE：捕获单元 4 中断使能位。

● 0：禁止。

● 1：使能。

6.8　事件管理器的应用实例

【例 6-4】　事件管理器的直流电动机控制应用。

实例中用到了定时器和 PWM 电路。下面首先介绍直流电动机的控制原理和电路框图，再给出本实例的源程序。

1. 直流电动机 PWM 调压调速原理

直流电动机是最早实现方便调速的电动机。随着计算机进入控制领域，新型的功率电子器件不断出现，使用全控型开关功率器件进行脉宽调制（PWM）的控制方式已成为主流。直流电动机的控制方式发生了很大变化。

直流电动机转速 n 的表达式如下：

$$n = \frac{U_o - IR}{K\Phi}$$

式中，U_o为电枢端电压；I 为电枢电流；R 为电枢电路总电阻；Φ 为每极磁通量；K 为电动机结构常数。

直流电动机的转速控制方法可分为两类：对励磁磁通进行控制的励磁控制法和对电枢电压进行控制的电枢控制法。其中励磁控制法在低速时受磁极饱和的限制，在高速时受换向火花和换向器结构强度的限制，并且励磁线圈电感较大，动态响应较差，所以这种控制方法用得较少。目前多数应用场合都使用电枢控制法。直流电动机多采用开关驱动方式，即使功率器件工作在开关状态，通过脉宽调制 PWM 来控制电动机的电枢电压，实现调速。

图 6-20 是利用开关管对直流电动机进行 PWM 调速控制的原理图和输入输出的电压波形。当开关管 MOSFET 的栅极输入高电平时，开关管导通，直流电动机电枢绕组两端有电压 U_s。

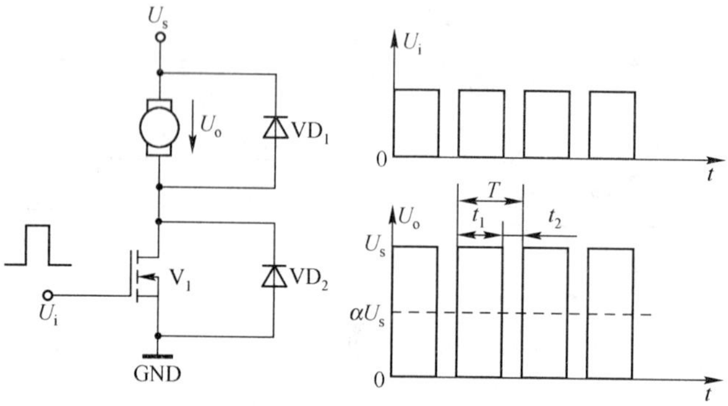

图 6-20　直流电动机 PWM 调速控制

经过 t_1后，栅极输入变为低电平，电动机电枢绕组两端的电压为 0。经过 t_2后，栅极输入重新变为高电平，开关管的动作重复前面的过程。这样对应输入 U_i电平的高低，直流电动机电枢绕组两端的电压 U_o波形如图 6-20 所示。电动机的电枢绕组两端的电压平均值如下式所示：

$$U_o = \frac{t_1}{T} U_s = \alpha U_s$$

式中，α 为占空比（Duty Cycle），$\alpha = t_1 / T$。

占空比 α 表示在一个周期 T 里，开关管导通的时间与周期的比值。α 的变化范围为 $0 \leqslant \alpha \leqslant 1$。由此式可知，在电源电压 U_s不变的情况下，电枢绕组两端的电压平均值 U_o取决于占空比 α 的大小，改变 α 值就可以改变端电压的平均值，从而达到调速的目的，这就是 PWM 调速的原理。

在 PWM 调速时，占空比 α 是一个重要参数。目前广泛采用的改变占空比的方法为定频调宽法。这种方法是使 PWM 周期 T（或频率）保持不变，而改变 t_1和 t_2。PWM 频率一般为 10～20 kHz。

2. 直流电动机控制电路框图

直流电动机控制电路原理如图 6-21 所示。图中 PWM 输入对应 2407 DSP 的 PWM11/IOPE5，DSP 将在此引脚上给出 PWM 信号用于控制直流电动机的转速。图中的 DIR 输入对应 DSP 的 IOPF4 信号，DSP 将在此引脚上给出高电平或低电平用于控制直流电动机的转向。从 DSP 输出的 PWM 信号和转向信号先经过两个与门和 1 个非门再与各个开关管的栅极相连。

当电动机要求正转时，IOPF4 给出高电平信号（DIR = 1），该信号分成 3 路。第 1 路接与门 Y1 的输入端，使与门 Y1 的输出由 PWM 决定，所以开关管 V1 栅极受 PWM 控制。第 2 路直接与开关管 V4 的栅极相连，使 V4 导通。第 3 路经非门 F1 连接到与门 Y2 的输入端，使与门 Y2 输出为 0，这样使开关管 V3 截止。从非门 F1 输出的另一路与开关管 V2 的栅极相连，其低电平信号也使 V2 截止。此时电枢绕组承受正向电压。

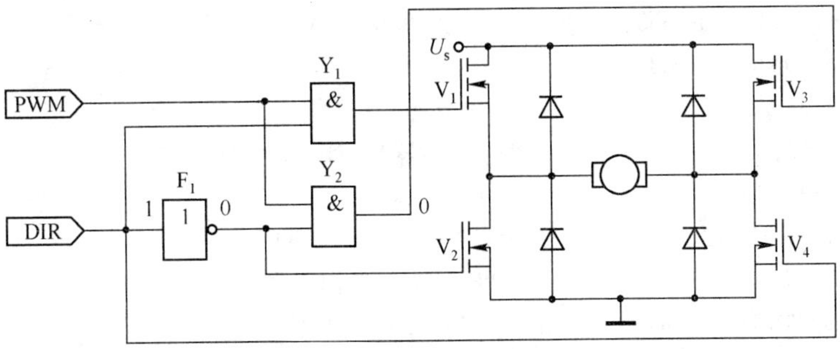

图 6-21　直流电动机 PWM 控制硬件电路

同样，当电动机要求反转时，IOPF4 给出低电平信号（DIR =0），经过两个与门和1 个非门组成的逻辑电路后，使开关管 V3 受 PWM 信号控制，V2 导通，V1、V4 全部截止。此时电枢绕组承受反向电压。

3. 直流电动机控制源程序

程序中利用定时器 T3 周期中断产生固定频率的 PWM 波形，来控制电动机的转速。T3 周期中断每发生 10 000 次电动机转速改变一次，在本程序中电动机始终为正转。程序的流程为首先进行初始化，如设定时钟频率、禁止看门狗，选择复用引脚为期望的功能等，接着对 T3 进行初始化，并使能定时器 T3 周期（1ms，即 PWM 频率为 1kHz）中断。当定时器产生周期中断时进入中断服务函数 gptimer3（ ）。在 gptimer3（ ）中，判断中断次数，如中断次数达到 10 000 次，则改变比较寄存器的值，使得 PWM 脉宽改变，电动机转速发生变化。因此，开始运行程序后，电动机先以较慢的转速转动，经过 10s 后，电动机转速变快，再经过 10s 电动机转速又变慢，依次循环下去。

实例的源程序如下：

```
#include "f2407_c. h"              //2407 头文件
#define T1MS   0x1387
void gpt3_init(void);              //T3 初始化程序
void interrupt gptimer3 ( );       //T3 中断服务程序
void Delay(unsigned int nTime); //延时函数声明
unsigned int cnt =0;
unsigned int datacnt, data[2] = {0xfa0,0x9c4 }; //data[ ]中的值为 PWM 波形中保持低电平的时间,
                                   //可通过改变 data 中的值来改变 PWM 波形的占空比
main( )                            //主函数
{
    asm(" setc INTM");             //关中断
    WDCR =0x6f;                    //关闭看门狗
    SCSR1 =0x83fe;                 //设置时钟频率 40 MHz,2 倍频，打开所有外设
    MCRC| =0x0020;                 //设置 PWM11 引脚功能
    MCRC& =0xefff;                 //设置 IOPF4 引脚功能
    ACTRB| =0x0200;                //空间矢量不动作，PWM11 高电平有效
    ACTRB& =0xfeff;
    CMPR6 =0xfa0;                  //比较值
```

```
    COMCONB| =0xa600;        //使能比较输出 PWM
    COMCONB& =0xa7ff;
    gpt3_init( );            //T3 初始化程序
    IMR =2;                  //使能定时器 T3 对应的中断 INT2
    IFR =0xffff;             //清除中断标志
    WSGR& =0xfe3f;           //设置 I/O 等待状态为 0
    PEDATDIR| =0x1000;       //IOPF4 设置为输出方式
    PEDATDIR& =0xffef;       //IOPF4 =0, 电动机正转
    asm(" CLRC INTM");       //开中断
    Delay(128);              //延时
    cnt =1;                  //软件计数器初值
    datacnt =0;
    for( ;;) {;}             //死循环,等待定时器 T3 周期中断的产生
}

void interrupt gptimer3(void)    // T3 中断服务程序
{
switch(PIVR)                     //获取并判断中断向量
{
case 0x2f:                       //0x2f 为 T3 周期中断向量
{
EVBIFRA =0x80;                   //清 T3PINT 标志位
cnt ++;
if (cnt >10000)                  //当电动机转 1ms * 10 000 =10s 后,改变占空比
{
    cnt =0;
    datacnt ++;
    if (datacnt >1) datacnt =0;
    CMPR6 = data[datacnt];       //重载比较值
}
break;
}
}
asm(" CLRC INTM ");
}

void gpt3_init(void)             //定时器 T3 初始化程序
{
EVBIMRA =0x80;                   //使能定时器 T3 的周期中断
EVBIFRA =0xffff;                 //写 1 清除中断
GPTCONB =0x0000;                 //无事件启动 ADC
T3PR =T1MS;                      //定时器 T3 周期 =(T3PR +1) * 8/40MHz =1ms
                                 //即产生的定频 PWM 波形的频率为 1kHz
```

```
T3CNT =0;                         //定时器计数器初值，从 0 开始计数
T3CON =0x1340;                    //T3 连续增计数模式,8 分频,使能比较,启动定时器
}

void Delay(unsigned int nDelay) //延时函数
{
int i, j, k;
for (i =0; i < nDelay; i ++ )
for (j =0; j <16; j ++ ) k ++ ;
}
//直接返回的中断服务程序
void interrupt nothing( )
{ return; }

;复位和中断向量定义文件 vectors. asm
            . title " vectors. asm"
            . ref  _nothing          ;直接返回的中断服务程序符号
            . ref  _c_int0           ;复位中断向量符号
            . ref  _gptimer3         ;定时器 T3 周期中断服务程序入口地址
            . sect ". vectors"
RESET:      B     _c_int0            ;复位向量
INT1:       B     _nothing           ; INT1 中断
INT2:       B     _gptimer3          ; INT2 中断，定时器 T1 周期中断连接 CPU 中断 INT2
INT3:       B     _nothing           ; INT3 中断
INT4:       B     _nothing           ; INT4 中断
INT5:       B     _nothing           ; INT5 中断
INT6:       B     _nothing           ; INT6 中断
```

6.9 思考题与习题

1. 2407 DSP 事件管理器有哪些主要部件？它们有哪些主要用途？
2. 2407 DSP 有哪几个通用定时器？有什么特点？如何使用通用定时器？
3. 通用定时器有哪几种工作方式？各用于什么场合？
4. 简述比较单元与 PWM 电路的工作原理。
5. 采用 PWM 电路，用 C 语言编程序产生对称 PWM 波形 PWM1 ~6。
6. 捕获单元的作用是什么？
7. 简述 QEP 电路的工作原理。
8. 编程检测从 QEP 输入的脉冲数量（用 T2）。
9. 事件管理器包括哪些中断？
10. 事件管理器有哪些寄存器？如何使用？
11. 如何将事件管理器用于直流电动机控制？

第7章　串行通信接口

本章知识要点：

1）SCI 模块概述（Introduction to SCI）。

2）SCI 模块的结构（Architecture of SCI Module）。

3）SCI 的寄存器（SCI Registers）。

4）SCI 应用实例（SCI Application Examples）。

7.1　SCI 模块概述

串行通信接口（Serial Communication Interface，SCI）是一个两线异步串行接口，也就是通常所说的 UART（Universal Asynchronous Receiver and Transmitter，通用异步接收器与发送器），可以和 RS-232/485 设备接口。SCI 模块支持 CPU 和其他使用非归零（Non-Return-to-Zero，NRZ）格式的外部设备之间的异步数据通信。为了减少 CPU 的开销，240x DSP 的串行通信接口的接收器和发送器具有各自的使能位和中断位。它们能够在半双工模式下分时工作或者在全双工模式下同时工作。

为了保证数据的完整性，SCI 模块会对接收数据进行间断（Break）检测、奇偶校验、溢出和帧信息错误检测等。通过一个 16 位的波特率选择寄存器，可以对波特率进行编程。

串行通信接口模块的特性有：

1）两个外部引脚：SCI 发送输出引脚（SCITXD）和 SCI 接收输入引脚（SCIRXD）。在不使用 SCI 的情况下，这两个引脚可以用做通用输入输出（GPIO）功能。

2）波特率可编程，通过 16 位的波特率寄存器可选择最高达 64K 个不同的速率。

3）数据格式：

- 一个起始位。
- 数据长度（1~8 位）可编程。
- 可选的奇校验、偶校验和无奇偶校验工作模式。
- 可选择一个或者两个停止位。

4）4 个错误检测标志：奇偶校验、溢出（Overrun）、帧同步和间断检测。

5）两个唤醒多处理器模式：空闲线（Idle-line）模式和地址位（Address bit）模式。

6）半双工和全双工工作模式。

7）双缓冲器接收和发送功能。

8）通过中断或者查询标志位可以完成发送或接收操作。

9）独立的发送器和接收器中断使能位。

10）非归零（NRZ）格式。

11）控制寄存器位于开始地址为 7050H 的外设寄存器帧中。这些寄存器实际上都是 8 位寄存器，位于外设模块帧2。对这些寄存器进行访问时，数据存在低字节中（位7~0），高字节（位15~8）读出值为0，写高字节无效。

7.2 SCI模块的结构

串行通信接口（SCI）在全双工工作模式下的结构框图如图7-1所示，包括如下部分：

（1）发送器（TX）及其寄存器

SCITXBUF：发送数据缓冲寄存器，保存需要发送的数据（由CPU装载）。

TXSHF：发送移位寄存器。从SCITXBUF寄存器中接收数据，并且每次一位将数据移至SCITXD引脚上。

（2）接收器（RX）及其寄存器

RXSHF：接收移位寄存器。每次一位将数据从SCIRXD引脚上移至RXSHF寄存器中。

SCIRXBUF：接收数据缓冲寄存器。它保存CPU读取的接收数据。这些数据是由其他的处理器发出，通过串行通信接口移入RXSHF寄存器，然后加载到SCIRXBUF和SCIRXEMU寄存器中。

（3）一个可编程波特率发生器

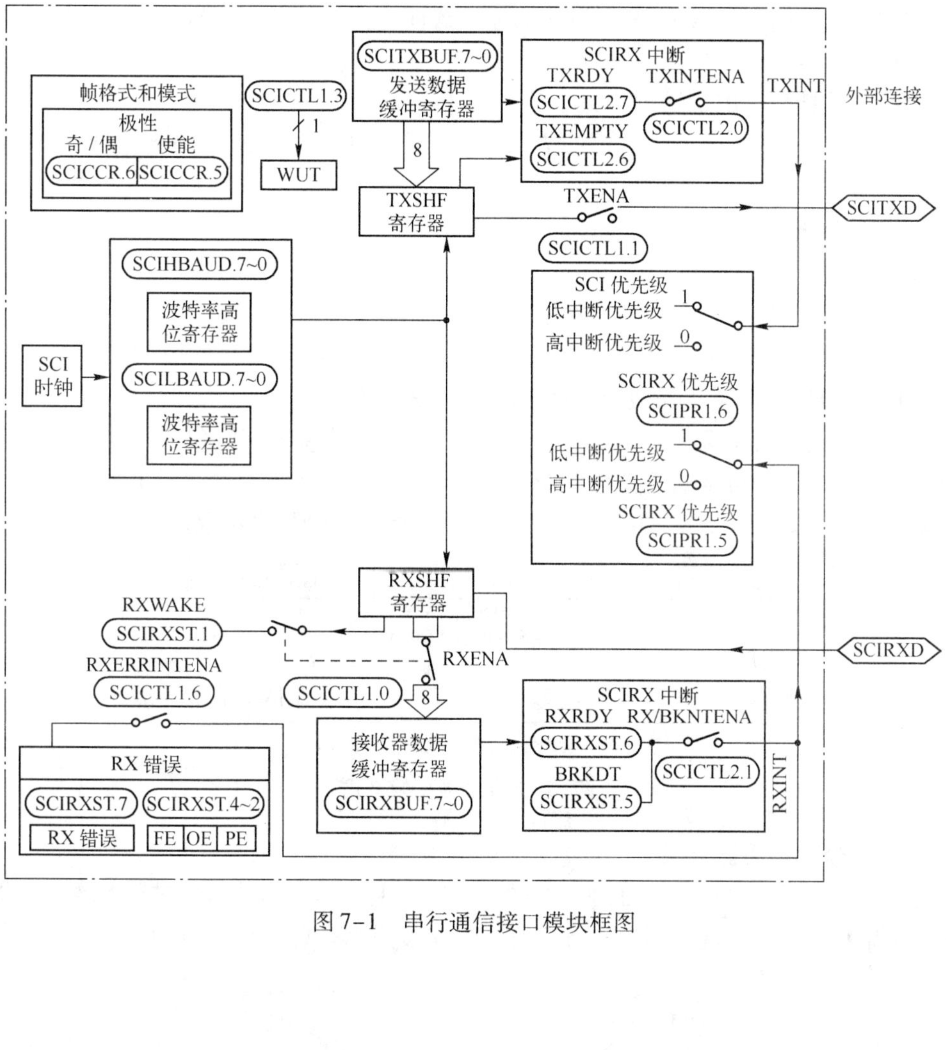

图7-1 串行通信接口模块框图

（4）映射到数据存储器空间的控制和状态寄存器

SCI 的接收器和发送器既可以独立工作，也可以同时工作。

1. 串行通信接口的信号

串行通信接口 SCI 模块的信号有外部信号、控制信号和中断信号 3 种，见表 7-1。

表 7-1　SCI 模块信号

分　　类	信号名称	说　　明
外部信号	SCIRXD	SCI 异步串行接口接收数据
	SCITXD	SCI 异步串行接口发送数据
控制信号	波特率时钟	CLKOUT 时钟
中断信号	TXINT	发送中断
	RXINT	接收中断

2. 多处理器和异步通信模式

串行通信接口 SCI 有两个多处理器协议，它们分别是空闲线多处理器模式和地址位多处理器模式。这些协议允许在多处理器之间进行有效的数据传输。

串行通信接口 SCI 提供一种通用异步接收/发送（UART）通信模式，以便与许多通用外部设备接口。当与使用 RS－232C 格式的标准器件（如终端和打印机等）接口时，异步模式只需要两根通信线。

3. 串行通信接口可编程数据格式

串行通信接口 SCI 接收和发送数据都是非归零（NRZ）格式。这种数据格式包括以下部分：

- 一个起始位（Start）。
- 1 ~8 位数据（Data）。
- 一个奇偶校验位或者无奇偶校验位（Parity）。
- 一个或者两个停止位（Stop）。
- 一个额外的位用于区别数据和地址（只用于地址位模式）。

数据的基本单位为字符，它的长度是 1 ~8 位。数据的每个字符包括一个起始位、一个或者两个停止位、一个可选的奇偶校验位和一个地址位。数据的一个字符和它的格式信息组成一个帧，如图 7-2 所示，其中的 LSB 表示数据最低位，MSB 表示数据最高位。

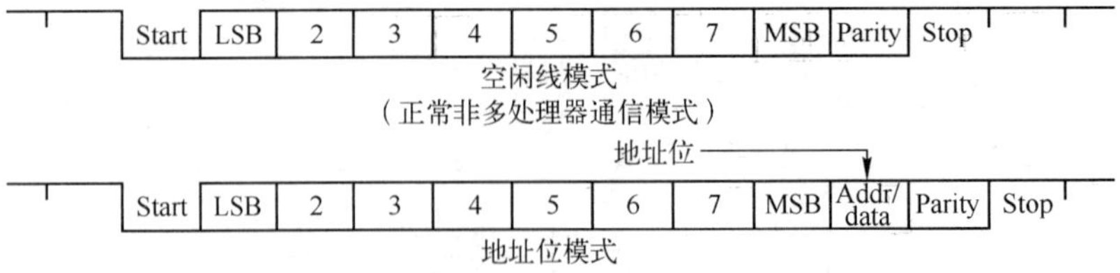

图 7-2　SCI 的数据帧格式

4. SCI 多处理器通信

多处理器通信格式允许一个处理器在同一串行线上与其他的处理器进行有效的数据块传输。在一个串行线上，在同一时刻只允许存在一个发送器。即在任一时刻，在同一串行线上只允许有一个发送者（Talker）存在。

地址字节：发送者发送的信息块的第一个字节包括所有接收者都可以读到的一个地址字节。只有地址正确的接收者才可以被地址字节之后的数据字节产生中断。地址不正确的接收者则保持不中断状态直到下一个地址字节。

SLEEP 位：串行线上的所有处理器都将 SCI 的 SLEEP 位（SCICTL1.2）设为 1，这样它们就可仅仅在检测到地址字节时才会产生中断。当处理器读到的块地址与应用程序设置的 CPU 器件地址相同时，用户程序必须清除 SLEEP 位，使 SCI 模块在接收每个数据字节时都能产生中断。

虽然 SLEEP 位置 1 时接收器会继续工作，但是除了检测到地址字节和接收帧中的地址位置为 1（用于地址位模式）的情况外，SCI 模块不会将 RXRDY、RXINT 或者接收错误状态位置为 1。SCI 模块不会改变 SLEEP 位，所以它只能由用户程序更改。

处理器对地址字节的确认会根据多处理器模式选择的不同而改变。例如：

- 空闲线模式在地址位前留下一个适当的空间。这种模式没有额外的地址/数据位，所以当需要处理的容量大于 10 个字节时，它的效率要比地址位模式高。空闲线模式应该用于典型的非多处理器 SCI 通信。
- 为了辨别数据和地址，地址位模式在每个字节中增加了一个额外位（地址位）。与空闲线模式不同，由于地址线模式在数据块之间没有等待状态，所以它在处理多个小数据块时的效率比空闲线模式高。然而在高传输速度下，由于程序的速度限制，不可避免地会在数据流中产生 10 位空闲状态。

可以通过 ADDR/IDLE MODE 位（SCICCR.3）来选择多处理器模式。两种模式都使用 TXWAKE 标志位（SCICTL1.3）、RXWAKE 标志位（SCIRXST.1）和 SLEEP 标志位（SCICTL1.2）来控制 SCI 发送器和接收器。

两种多处理器模式的接收顺序如下：

1）接收一个地址块时，SCI 端口唤醒并且申请中断（此时必须将 SCICTL2 寄存器的 RX/BK INT ENA 位置 1，使能中断）。然后它将读取该块的第一帧，这个帧包含有目标地址。

2）执行中断服务程序，测试输入地址，将这个地址字节与存在存储器中的器件地址字节相比较。

3）如果测试结果表示该块地址与存储的器件地址相同，则清除 SLEEP 位，并且读取该块余下的内容。反之，则保持 SLEEP 位为 1，退出程序，并且不接受中断直到下一个地址块开始。

5. 空闲线多处理器模式

在空闲线（Idle-Line）多处理器协议中（ADDR/IDLE MODE=0），数据块与数据块之间通过较长的空闲时间分开，而且这个空闲时间比数据块内部帧与帧之间的空闲时间长得多。空闲线协议通过在某一帧之后使用 10 位或更多的空闲时间来指示一个新数据块的开始。其中，每一位的时间由波特率确定。空闲线多处理器数据格式如图 7-3 所示。

（1）空闲线模式的执行步骤

空闲线模式的执行步骤如下：

1）收到块起始信号后唤醒 SCI。

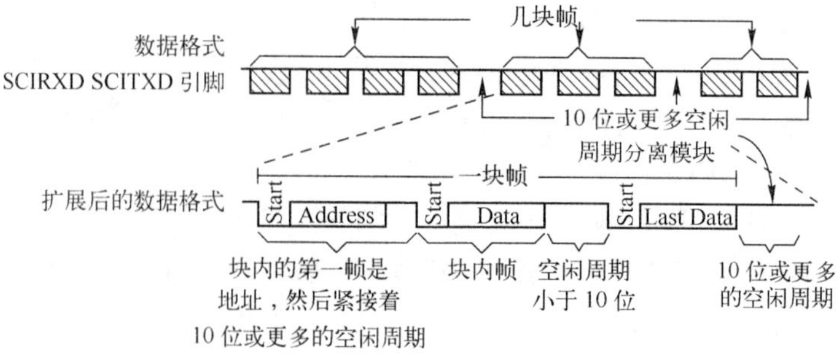

图 7-3　空闲线多处理器模式的数据格式

2）处理器识别下一个 SCI 中断。

3）中断服务程序将接收到的地址和自己存储的地址进行比较。

- 如果地址相同，即本设备被寻址到，则中断服务程序清除 SLEEP 位，并且接收该地址块余下的数据部分。
- 如果地址不相同，即本设备未被寻址，则保持 SLEEP 位为 1。这将允许在 SCI 端口检测到下一个地址块开始信号之前，CPU 继续执行主程序，而不会中断。

（2）块起始信号

传送块起始信号可以有两种模式：

1）通过延长上一块的最后一个数据帧与下一块的地址帧之间的时间，人为地产生一段 10 位或更长的空闲时间。

2）SCI 在向 SCITXBUF 寄存器写数据之前先将 TXWAKE 位（SCICTL1.3）置 1，这样会发送一个准确的 11 位空闲时间。在这种模式中，串行通信线就不会产生不必要的空闲时间（在设置 TXWAKE 位之后、发送地址之前，需要将一个任意的字节写到 SCITXBUF 寄存器中以便 SCI 端口送出空闲时间）。

（3）唤醒临时标志（WUT）

WUT（Wake - Up Temporary）与 TXWAKE 位相关。WUT 是一个内部标志，并且与 TXWAKE 一起构成双缓冲器。当寄存器 TXSHF 从寄存器 SCITXBUF 中加载数据时，TXWAKE 的内容就会加载至 WUT 中，同时 TXWAKE 被清为零。

发送块起始信号：为了在数据块发送顺序中送出一个长度为一帧的起始信号，需要按如下步骤操作：

1）向 TXWAKE 位写入 1。

2）为了发送块起始信号，必须向 SCITXBUF 寄存器（发送数据缓冲器）写入一个数据字，数据内容可以是任何值。当块起始信号发出时，所写的第一个数据字无效被忽略。当释放发送移位寄存器 TXSHF 后，SCITXBUF 的内容就会移入 TXSHF，也将 TXWAKE 的值复制至 WUT，最后清除 TXWAKE。由于将 TXWAKE 设成 1，所以起始位、数据位和奇偶校验位将会紧跟在上一帧停止位后由发送的 11 位空闲周期替代。

3）向 SCITXBUF 寄存器写入一个新的地址值。为了使 TXWAKE 位的值能够移入 WUT，则需要将一个无用的数据字先写入到 SCITXBUF 寄存器中。由于 TXSHF 和 WUT 都是双缓冲器结构，所以当这个无效的数据字移入 TXSHF 寄存器后，用户可以向 SCITXBUF（或 TXWAKE）寄存器再写入需要发送的数据。

（4）接收器操作

串行通信接口 SCI 接收器的工作不依赖于 SLEEP 位的状态。然而除非检测到地址帧，否则接收器既不会设置 RXRDY 位和其他错误状态位，也不会申请接收中断。

6. 地址位多处理器模式

在地址位通信协议（SCICCR 寄存器的位 3，ADDR/IDLE MODE = 1）中，帧信息的最后一个数据位后紧跟着一个称之为地址位的附加位。在数据块中，第一个帧的地址位设为 1，其他帧的地址位都要设成 0。地址位多处理器模式数据格式如图 7-4 所示。

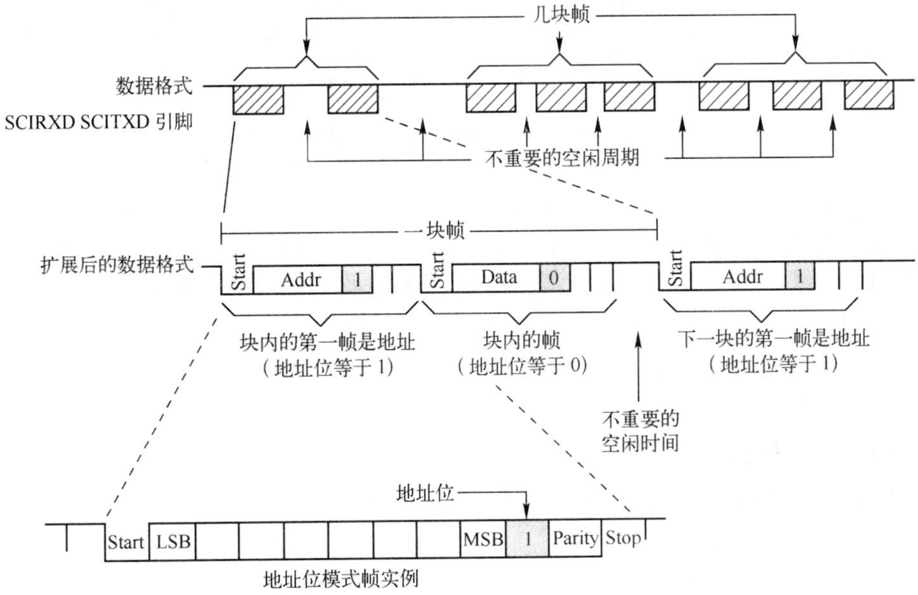

图 7-4　地址位多处理器模式的数据格式

TXWAKE 位的值将会放置到地址位中。在数据发送过程中，当 SCITXBUF 寄存器和 TXWAKE 位中的值分别加载至 TXSHF 寄存器和 WUT 位后，TXWAKE 会复位为 0，而 WUT 中的值就是当前帧的地址位。所以为了发送一个地址，按以下步骤操作：

1）置 TXWAKE 位为 1，同时向 SCITXBUF 寄存器写入适当的地址值。当这个地址值送到 TXSHF 寄存器并且发送出去时，它的地址位就会设成 1。此时会通知在串行线上的其他处理器读取地址值。

2）TXSHF 寄存器和 WUT 标志加载后，向 SCITXBUF 寄存器和 TXWAKE 标志写入新值（由于 TXSHF 和 WUT 都是双缓冲器结构，所以可以立即更新 SCITXBUF 和 TXWAKE）。

3）将 TXWAKE 位置为 0，以便发送该块的数据帧。

在一般情况下，地址位格式用于传送 11 字节或者更少的数据帧。这种格式需要在发送的所有数据字节中加入一个额外位（1 对应于地址帧，0 对应于数据帧）。空闲线格式通常用于发送 12 字节或者更多的数据帧。

7. SCI 通信格式

SCI 异步通信格式既可以使用单线通信（单路），也可以使用两线通信（双路）。在这种模式下，每一帧都由一个起始位、1 ~8 个数据位、一个可选的奇偶校验位和 1 ~2 个停止位组成。每个数据位有 8 个 SCICLK 周期。

收到一个有效的起始信号后，接收器开始工作。一个有效的起始信号是通过4个连续的内部SCICLK周期的零位来识别的，如图7-5所示。如果任何一位不是0，则处理器停止启动过程，并且开始寻找下一个起始位。

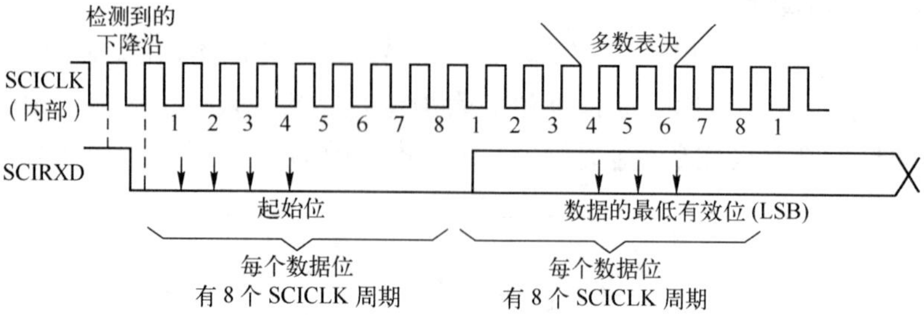

图7-5　SCI异步通信格式

对于紧跟在起始位后的位，处理器通过对每个位的中间3次采样值来确定该位的值。这些采样分别出现在第4个、第5个和第6个时钟周期，而且根据多数表决（3取2）原则确定该位的值。图7-5为异步通信格式示意图，图中说明了如何查找起始位以及多数表决原则执行的位置。

由于接收器自动与帧同步，所以外部发送和接收器件都不需要使用同步串行时钟。同步串行时钟可以由器件各自产生。

图7-6所示为接收器信号时序的一个例子，条件是：

1）地址位唤醒模式（地址位不出现在空闲线模式中）。

2）每个字符由6位组成。

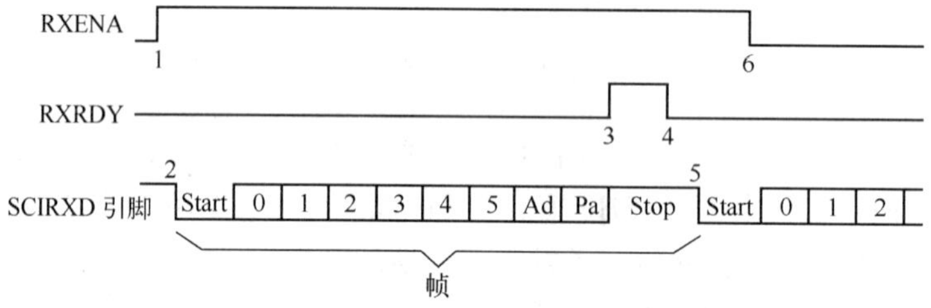

图7-6　通信模式中SCIRX信号时序图

说明：

1）RXENA标志位（SCICTL1寄存器的位0）置1，使能接收器。

2）数据到达SCIRXD引脚，检测到起始位。

3）数据从RXSHF移至接收缓冲器（SCIRXBUF），申请中断。RXRDY标志位（SCIRXST.6）置1表示接收到一个新的字符。

4）程序读SCIRXBUF寄存器，RXRDY标志自动清零。

5）SCIRXD引脚接收到新的数据字节，检测到起始位，然后清除。

6）RXENA清零，禁止接收器。RXSHF寄存器继续组合数据，但是不会将数据传送到接收缓冲寄存器。

图7-7是发送器信号时序图的一个例子。条件是：

1）地址位唤醒模式（地址位不会出现在空闲线模式中）。

2）每个字符包含 3 个位。

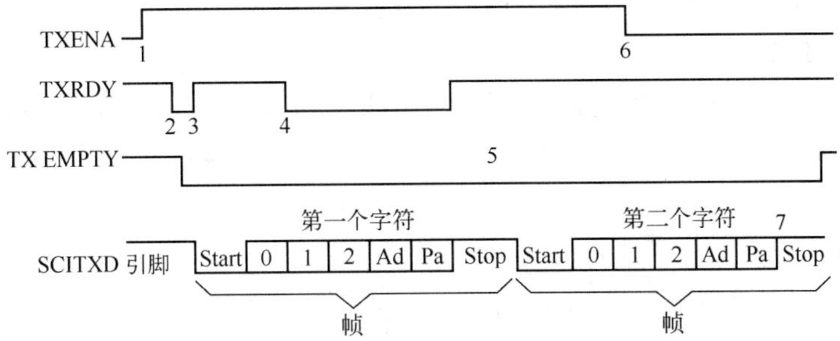

图 7-7　通信模式中 SCITX 信号时序图

说明：

1）TXENA 位（SCICTL1 寄存器的位 1）置 1，使能发送器，发送数据。

2）写 SCITXBUF，发送器非空，TXRDY 标志清零。

3）SCI 发送器将数据传送到移位寄存器（TXSHF），发送器准备接收第二个字符（置 TXRDY 为 1），并且申请中断（当置 TXINT ENA 位为 1，使能中断）。

4）在 TXRDY 置 1 后，程序将第二个字符写入 SCITXBUF 寄存器（当第二个字符写入 SCITXBUF 寄存器后，会再次清除 TXRDY）。

5）第一个字符发送完毕，开始将第二个字符传送至移位寄存器 TXSHF。

6）TXENA 位清零，禁止发送器，SCI 完成当前字符的发送。

7）第二个字符发送完毕，发送器空，并已经为发送新的字符做好准备。

8. 串行通信接口中断

串行通信接口 SCI 接收器和发送器都能产生中断。SCICTL2 寄存器中包含一个标志位（TXRDY），它用于指示当前中断的状态，同时 SCIRXST 寄存器也包含两个中断标志位（RXRDY 和 BRKDT）和一个 RX ERROR 中断标志（由 FE、OE 和 PE 等条件进行逻辑或产生）。发送器和接收器分别拥有各自的中断使能位。当禁止中断时，虽然 SCI 模块不会向 CPU 申请中断，但中断标志仍然有效，中断标志可以反映发送或接收的状态。

串行通信接口 SCI 接收器和发送器都有各自的中断向量。中断申请既可设置为高优先级也可以设置为低优先级，这由 SCI 模块向 PIE 控制器送出的优先级标志位决定。当 RX 和 TX 中断都分配在同一个优先级时，为了减小发生接收溢出的概率，接收器中断总是比发送器中断的优先级高。

1）如果 RX/BK INT ENA 位（SCICTL2.1）置 1，则当以下事件之一发生时，接收器会发出中断请求：

- SCI 收到一个完整的帧，并且将 RXSHF 寄存器中的数据传送到 SCIRXBUF 寄存器，将 RXRDY 标志位（SCIRXST.6）置 1，申请一个中断。
- 通信中断检测条件产生（在丢失停止位后，SCIRXD 变低，超过 10 个位周期），将 BRKDT 标志位（SCIRXST.5）置 1，申请一个中断。

2）如果 TXINT ENA 位（SCICTL2.0）置 1，无论什么时候将 SCITXBUF 寄存器中的数据传送到 TXSHF 寄存器中，发送器都会发出中断申请，此时表示现在 CPU 可以将新数据写入到 SCITXBUF 中。这个操作将 TXRDY 标志位（SCICTL2. 7）置 1，申请一个中断。

标志位 RX RDY 和 BRKDT 引起的中断由 RX/BK INT ENA 位（SCICTL2. 1）控制。RX ERROR 位引起的中断由 RX ERR INT ENA 位（SCICTL1. 6）控制。

9. SCI 波特率计算

内部生成的串行时钟由系统时钟（CLKOUT）和波特率选择寄存器决定。在给定的 CLKOUT 下，SCI 通过波特率选择寄存器组成的 16 位值从 64K 个不同的串行时钟波特率中选择一个。

SCI 模块的波特率按下式计算：

$$\mathrm{BAUD} = \frac{\mathrm{CLKOUT}}{(\mathrm{BRR}+1)\times 8}$$

所以 16 位波特率选择寄存器（SCIHBAUD，SCILBAUD）中的值 BRR 为：

$$\mathrm{BRR} = \frac{\mathrm{CLKOUT}}{\mathrm{BAUD}\times 8} - 1$$

上面的公式只在 $1 \leqslant \mathrm{BRR} \leqslant 65535$ 时成立，如果 BRR = 0，则

$$\mathrm{BAUD} = \frac{\mathrm{LSPCLK}}{16}$$

7.3 SCI 的寄存器

通过设置 SCI 相关的寄存器可以设置通信格式，包括工作模式和协议、波特率、字符长度、奇偶校验位、停止位的位数、中断使能等。SCI 模块有如下寄存器：

- SCI 通信控制寄存器：SCICCR。
- SCI 控制寄存器 1：SCICTL1。
- 波特率选择寄存器：SCIHBAUD、SCILBAUD。
- SCI 控制寄存器 2：SCICTL2。
- SCI 接收状态寄存器：SCIRXST。
- SCI 接收数据缓冲寄存器：SCIRXEMU、SCIRXBUF。
- SCI 发送数据缓冲寄存器：SCITXBUF。
- SCI 优先级控制寄存器：SCIPRI。

1. SCI 通信控制寄存器（SCICCR）

SCI 通信控制寄存器（SCI Communication Control Register，SCICCR）定义了用于 SCI 的字符格式、协议和通信模式。其格式如下：

7	6	5	4	3	2	1	0
STOP BITS	EVEN/ODD PARITY	PARITY ENABLE	LOOP BACK ENA	ADDR/IDLE MODE	SCICHAR2	SCICHAR1	SCICHAR0
R/W-0	R/W-0	R/W-0	R/W-0	R/W-0	R/W-0	R/W-0	R/W-0

位 7　STOP BITS：设置 SCI 停止位的个数，它指定发送的停止位的个数。接收器只检测一个停止位。

- 1：两个停止位。
- 0：一个停止位。

位 6　EVEN/ODD PARITY：SCI 奇偶校验选择位。当本寄存器的位 5（PARITY ENA-

BLE）置1时，本位选择是偶校验还是奇校验，即发送和接收的字符中1的个数是偶数还是奇数。

- 1：偶校验。
- 0：奇校验。

位5　PARITY ENABLE：SCI奇偶校验使能位。该位禁止或使能奇偶校验功能。如果SCI处于地址位多处理器模式（通过本寄存器的位3设置），则地址位也包含在奇偶性计算范围内。对于少于8位的字符，余下未用的位不包含在奇偶性计算范围内。

- 1：使能奇/偶校验功能。
- 0：禁止奇/偶校验（在发送或接收过程中不产生奇偶校验位）。

位4　LOOP BACK ENA：自测模式使能位。使能后，发送引脚在内部连接到接收引脚。

- 1：使能自测模式。
- 0：禁止自测模式。

位3　ADDR/IDLE MODE：SCI多处理器模式选择位。该位选择多处理器通信协议。多处理器通信和其他通信模式不同，因为它使用了SLEEP和TXWAKE功能（分别是SCICTL1寄存器的位2和位3）。由于地址位模式在每帧中增加了一个额外的位，所以一般的通信常用空闲线模式。空闲线模式还与RS-232通信兼容。

- 1：选择地址位模式。
- 0：选择空闲线模式。

位2~0　SCICHAR2~0：字符长度选择位。这些位选择SCI的字符长度，从1~8位可选。长度少于8位的字符在SCIRXBUF和SCIRXEMU中是以右对齐且在SCIRXBUF中不需要用0填补。字符的长度选择情况见表7-2。

表7-2　SCICHAR2~0字符的长度选择情况

SCICHAR2	SCICHAR1	SCICHAR0	字符长度/位数
0	0	0	1
0	0	1	2
0	1	0	3
0	1	1	4
1	0	0	5
1	0	1	6
1	1	0	7
1	1	1	8

2. SCI控制寄存器1（SCICTL1）

SCI控制寄存器1（SCI Control Register 1，SCICTL1）控制接收/发送的使能、TXWAKE和SLEEP功能以及SCI软件重启动。

7	6	5	4	3	2	1	0
Reserved	RX ERR INT ENA	SW RESET	Reserved	TXWAKE	SLEEP	TXENA	RXENA
R-0	R/W-0	R/W-0	R/W-0	R/W-0	R/W-0	R/W-0	R/W-0

位7　保留位。

位 6　RX ERR INT ENA：SCI 接收错误中断使能位。如果该位置 1，当接收发生错误时置位 RX ERROR 位（SCIRXST. 7），并使能接收错误中断。

- 1：使能接收错误中断。
- 0：禁止接收错误中断。

位 5　SW RESET：SCI 软件复位位（低电平有效）。该位写入 0 可初始化 SCI 状态和复位标志（寄存器 SCICTL2 和 SCIRXST）到复位条件。SW RESET 位不影响配置位。受影响的所有逻辑都保持固定的复位状态直至写 1 到 SW RESET 位。因此系统复位后，应将该位置为 1 来重新使能 SCI。当接收间断检测（BRKDT 标志位，SCIRXST. 5）位置位后，将清除该位。SW RESET 影响 SCI 的标志，但它既不影响配置位，也不恢复复位位。一旦 SW RESET 清零，标志位就被固定直到该位置 1。影响的标志位见表 7-3。

表 7-3　复位位 SW RESET 对标志位的影响

SCI 标志	寄存器位	SW RESET 后的值
TXRDY	SCICTL2，位 7	1
TX EMPTY	SCICTL2，位 6	1
RXWAKE	SCIRXST，位 1	0
PE	SCIRXST，位 2	0
OE	SCIRXST，位 3	0
FE	SCIRXST，位 4	0
BRKDT	SCIRXST，位 5	0
RXRDY	SCIRXST，位 6	0
RX ERROR	SCIRXST，位 7	0

位 4　保留位。

位 3　TXWAKE：SCI 发送器唤醒方法选择位。TXWAKE 位控制了数据发送特性的选择，而这取决于由 ADDR/IDLE MODE 位（SCICCR. 3）指定的发送模式（空闲线模式或地址位模式）。

- 0：没有选定发送特性。
- 1：选定的发送特性取决于空闲线模式或地址位模式。

在空闲线模式下：写 1 到 TXWAKE，然后将数据写入 SCITXBUF 寄存器来产生一个 11 个数据位的空闲周期。

在地址位模式下：写 1 到 TXWAKE，然后将数据写入 SCITXBUF 寄存器并设置该帧的地址位为 1。

TXWAKE 位不能通过 SW RESET 位来清除，可以通过系统复位或发送 TXWAKE 位到 WUT 标志来清除。

位 2　SLEEP：SCI 休眠位。在多处理器配置中，此位控制了接收器的休眠功能。清除该位将使 SCI 脱离休眠模式。SLEEP 位置 1 时，接收器继续工作。但是不会更新接收器缓冲就绪位（SCIRXST. 6，RXRDY）或错误状态位（SCIRXST 寄存器的位 5 ~ 2、BRKDT、FE、OE 和 PE），除非检测到地址字节。当检测到地址字节时，不会清除 SLEEP 位。

- 0：禁止休眠模式。

● 1：使能休眠模式。

位 1　TXENA：SCI 发送使能位。仅当 TXENA 置位时，数据才能从 SCITXD 引脚上发送出去。如果复位，则把已写到 SCITXBUF 寄存器中的数据发送完后才停止发送。

● 0：禁止发送。

● 1：使能发送。

位 0　RXENA：SCI 接收使能位。将从 SCIRXD 引脚上接收到的数据送到接收移位寄存器，然后再送到接收缓冲器。该位使能或禁止接收器（发送到缓冲器）。清除 RXENA 就停止了将接收到的数据传送到两个接收缓冲器的操作，还停止了接收中断的产生。但是接收移位寄存器（RXSHF）仍可以继续组合 SCIRXD 引脚上的数据。因此如果在接收一个字符期间对 RXENA 置位，则完整的字符将传送到接收缓冲器 SCIRXBUF 和 SCIRXEMU 中。

● 0：禁止将接收到的字符传送到 SCIRXBUF 和 SCIRXEMU 接收缓冲器中。

● 1：使能将接收到的字符传送到 SCIRXBUF 和 SCIRXEMU 接收缓冲器中。

3. 波特率选择寄存器（SCIHBAUD、SCILBAUD）

波特率选择寄存器（SCI Baud - Select Registers）包括波特率选择高字节寄存器 SCIHBAUD 和低字节寄存器 SCILBAUD。二者内的数值确定了 SCI 的波特率。

位 15～0　BAUD15～0：SCI 的 16 位波特率选择位。SCIHBAUD（高字节）和 SCILBAUD（低字节）连接在一起形成 16 位波特率的值，即 BRR。

内部产生的串行时钟由系统时钟（CLKOUT）和这两个波特率选择寄存器决定。对于不同的通信模式，SCI 用这些寄存器中的 16 位数值来从 64K 个串行时钟速率中进行选择。SCI 波特率的计算公式如上所述（7.2 节）。

4. SCI 控制寄存器 2（SCICTL2）

7	6	5～2	1	0
TXRDY	TX EMPTY	Reserved	RX/BK INT ENA	TX INT ENA
R-1	R-1	R-0	R/W-0	R/W-0

位 7　TXRDY：发送缓冲寄存器准备就绪标志位。当该位置 1，表示发送数据缓冲寄存器 SCITXBUF 已准备好接收另一个字符。写数据到 SCITXBUF 寄存器的操作将自动清除该位。如果中断使能位 TX INT ENA 被置位，则当 TXRDY 置位时，将发出一个发送器中断请求。通过使能 SW RESET 位或系统复位来置位 TXRDY 位。

● 0：SCITXBUF 满。

● 1：SCITXBUF 空，准备接收下一个数据。

位 6　TX EMPTY：发送器空标志位。该标志位表示 SCITXBUF 和 TXSHF 的情况。一个有效的 SW RESET 或系统复位会将该位置 1。该位不会产生中断请求。

● 0：SCITXBUF 寄存器、TXSHF 寄存器或两者都装入了数据。

● 1：SCITXBUF 寄存器和 TXSHF 寄存器都空。

位 5～2　保留位。

位 1　RX/BK INT ENA：接收缓冲器/间断中断使能位。该位控制着由标志位 RXRDY 或 BRKDT 置位引起的中断请求。然而 RX/BK INT ENA 并不阻止这些标志位置位。

● 0：禁止 RXRDY/BRKDT 中断。

● 1：使能 RXRDY/BRKDT 中断。

位 0　TX INT ENA：发送缓冲寄存器（SCITXBUF）中断使能位。该位控制着 TXRDY 标志位引起的中断，但是并不阻止 TXRDY 标志位置位。

- 0：禁止 TXRDY 中断。
- 1：使能 TXRDY 中断。

5. SCI 接收状态寄存器（SCIRXST）

SCI 接收状态寄存器（SCI Receiver Status Register，SCIRXST）包含 7 位接收器的状态标志（其中两个可以产生中断请求）。每当一个完整的字符传送到接收缓冲器（SCIRXEMU 和 SCIRXBUF）时，此标志位都将及时更新。

7	6	5	4	3	2	1	0
RX ERROR	RXRDY	BRKDT	FE	OE	PE	RXWAKE	Reserved
R-0	R-0	R-0	R-0	R-0	R-0	R-0	R-0

位 7　RX ERROR：SCI 接收器错误标志位。RX ERROR 标志位置位表示接收状态寄存器中发生错误。RX ERROR 是间断检测、帧错误、溢出和奇偶校验错误使能等标志位的逻辑或。如果 RX ERR INT ENA（SCICTL1. 6）为 1，则该位置 1 时，将产生中断。这一位可用于在中断服务程序中快速检测错误条件。不能直接清除该错误标志位，应由 SW RESET 位（SCICTL1. 5）或系统复位来清除。

- 0：无错误置位标志。
- 1：有错误置位标志。

位 6　RXRDY：SCI 接收器准备就绪标志位。当 SCIRXBUF 中的一个新字符已准备好并读出时，接收器对该位置 1，这时如果 RX/BK INT ENA 位（SCICTL2. 1）是 1，则产生接收中断。可通过读 SCIRXBUF 寄存器、SW RESET 位或系统复位来清除 RXRDY 位。

位 5　BRKDT：SCI 间断检测（Break Detect）标志位。产生间断条件时，该位置位。当 SCI 的接收数据引脚 SCIRXD 失去第 1 个停止位后连续保持低电平至少 10 位的时间时，就满足了间断条件。如果 RX/BK INT ENA 位是 1，则产生接收中断，但是这并不会装载接收缓冲器。即使接收器的 SLEEP 位置为 1，也将产生 BRKDT 中断。可通过 SW RESET 位或系统复位来清除该位。而不能通过检测到间断后接收一个字符来清除该位。只有通过触发 SW RESET 位或系统复位来重新开始串行通信 SCI，才能接收后面的字符。

- 0：不满足间断条件。
- 1：满足间断条件。

位 4　FE：SCI 帧错误（Frame Error）标志位。当没有找到预期的停止位时，该位置 1。丢失的停止位表示起始位的同步性已丢失，数据帧格式错误，可通过 SW RESET 位或系统复位来清除该位。

- 0：未检测到帧错误。
- 1：检测到帧错误。

位 3　OE：SCI 溢出错误（Overrun Error）标志位。CPU 或 DMAC（DMA 控制器）读完当前一个数据之前，下一个数据又传送到 SCIRXEMU 和 SCIRXBUF 寄存器中，该位置为 1，表示以前的数据被重写并丢失。可通过 SW RESET 位或系统复位来清除该位。

- 0：未检测到溢出错误。
- 1：检测到溢出错误。

位 2　PE：SCI 奇/偶校验错误标志位。当收到的数据中 1 的个数与它的奇/偶校验不匹配时，该位置位。地址位也包括在计算之内，如果奇/偶校验位的产生和检测未使能时，则PE 标志位禁止并且读出总为 0。可通过 SW RESET 位或系统复位来清除该位。

- 0：未检测到奇/偶校验错误。
- 1：检测到奇/偶校验错误。

位 1　RXWAKE：SCI 接收器唤醒检测标志位。该位为 1 时表示检测到接收器唤醒条件。在地址位多处理器模式中，RXWAKE 反映了保存在 SCIRXBUF 寄存器中的地址位的值。在空闲线多处理器模式中，如果检测到 SCIRXD 数据线空闲就置位 RXWAKE。该位为只读位，可通过下列模式之一来清除该位：

- 在地址字节送至 SCIRXBUF 后传送第 1 个字节。
- 读取 SCIRXBUF 寄存器的值。
- 有效的 SW RESET 位操作。
- 系统复位。

位 0　保留位。

6. SCI 接收数据缓冲寄存器（SCIRXEMU、SCIRXBUF）

接收数据缓冲寄存器（SCIRXEMU、SCIRXBUF）用于接收数据，将数据从寄存器 RXSHF 转移到 SCIRXEMU 和 SCIRXBUF 中。当转移过程完成后，RXRDY 标志位（SCIRXST. 6）置位，表示接收到的数据已经准备好。两个寄存器中存放着相同的数据，它们有各自的地址但在物理上是同一个缓冲器。它们的区别是：SCIRXEMU 寄存器主要是由仿真器（EMU）使用，读 SCIRXEMU 操作并不清除 RXRDY 标志位，而读 SCIRXBUF 操作会清除该标志位。

（1）仿真数据缓冲寄存器

在正常状态下，SCI 数据接收操作就是读取 SCIRXBUF 寄存器里接收的数据。而仿真数据缓冲寄存器（Emulation Data Buffer Register，SCIRXEMU）主要用于仿真器，因为它可以连续读取不断更新的数据而不必清除 RXRDY 标志位。系统复位时 SCIRXEMU 清零。

仿真数据缓冲器应用于仿真观测窗口，以便了解 SCIRXBUF 寄存器的内容。

SCIRXEMU 不是独立存在的物理地址，它只是同一个物理地址的不同寻址地址，可以访问 SCIRXBUF 寄存器，而不会清除 RXRDY 标志位。

7	6	5	4	3	2	1	0
ERXDT7	ERXDT6	ERXDT5	ERXDT4	ERXDT3	ERXDT2	ERXDT1	ERXDT0
R-0	R-0	R-0	R-0	R-0	R-0	R-0	R-0

（2）接收数据缓冲寄存器

当前接收的数据从 RXSHF 转移到接收缓冲器时，RXRDY 标志位置位且数据处于待读状态。如果 RX/BK INT ENA 位（SCICTL2. 1）置位，这一转移过程完成时也会产生一个中断。当读取接收数据缓冲寄存器 SCIRXBUF（SCI Receive Data Buffer Register）后，RXRDY 标志位复位。SCIRXBUF 由系统复位清零。

7	6	5	4	3	2	1	0
RXDT7	RXDT6	RXDT5	RXDT4	RXDT3	RXDT2	RXDT1	RXDT0
R-0	R-0	R-0	R-0	R-0	R-0	R-0	R-0

位 7 ~ 0　RXDT7 ~ 0：接收数据位。

7. SCI 发送数据缓冲寄存器（SCITXBUF）

将要发送的数据写入发送数据缓冲寄存器（SCITXBUF），这个数据必须是右对齐，因为如果少于 8 位将忽略最左边的那一位数据。把这个寄存器的数据转移到发送移位寄存器 TXSHF 时将设置 TXRDY 标志位（SCICTL2.7），表示 SCITXBUF 准备好接收后一组要发送的数据。如果 TX INT ENA 位（SCICTL2.0）置位，此转移过程时会产生一个中断。

8. SCI 优先级控制寄存器（SCIPRI）

7	6	5	4	3	2–0
Reserved	SCITX PRIORITY	SCIRX PRIORITY	SCI SOFT	SCI FREE	Reserved
R-0	RW-0	RW-0	RW-0	RW-0	R-0

位 7　保留位。

位 6　SCITX PRIORITY：发送中断优先级选择位。

- 0：高优先级中断请求。
- 1：低优先级中断请求。

位 5　SCIRX PRIORITY：接收中断优先级选择位。

- 0：高优先级中断请求。
- 1：低优先级中断请求。

位 4 ~ 3　SCI SOFT、SCI FREE：当一个仿真悬挂事件产生时（例如，当仿真器遇到了一个断点），这两位决定其后如何操作。

- 00：一旦仿真悬挂，立即停止。
- 10：一旦仿真悬挂，在完成当前的接收/发送操作后停止。
- x1：SCI 操作不受仿真挂起影响。

位 2 ~ 0　保留位。

7.4　SCI 应用实例

【例 7–1】　要求 DSP 通过 RS – 232 与计算机进行串行通信。请设计硬件接口电路与通信软件。

DSP 通常采用 +3.3 V 电源，而 RS – 232C 电平采用 ±12 V 电源。可以采用 MAX3232 等芯片实现 RS – 232C 的电平转换，硬件接口电路如图 7–8 所示，图中的 Vcc 为 3.3 V 电源。

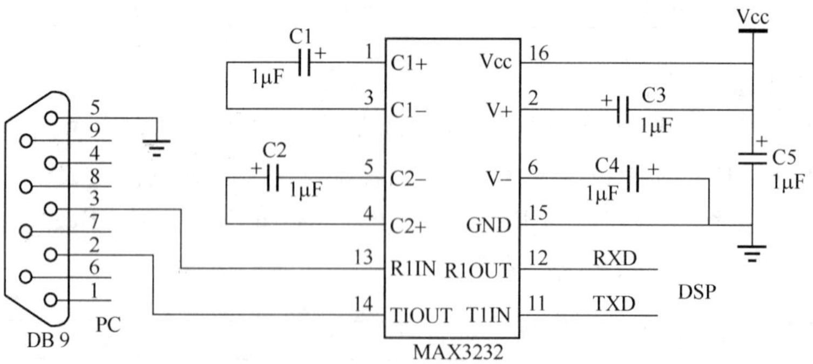

图 7–8　DSP 通过 MAX3232 电平转换电路与计算机串行通信

通信软件包括计算机通信软件和 DSP 的通信程序。计算机通信软件可以采用 VC、VB、C 等编写，也可以利用一些免费工具软件如串口调试助手或 Windows 自带的“附件 – 通讯”

中的“超级终端”来调试串口。

本例计算机采用串口调试工具软件，将计算机键盘的输入发送给 DSP，DSP 收到计算机发来的数据后，回送同一数据给计算机，并在计算机屏幕上显示出来。只要屏幕上显示的字符与所键入的字符相同，说明二者之间的通信正常。

设通信波特率为 9600 bit/s。数据格式为：1 个起始位，8 个数据位，一个停止位，无奇偶校验位。

下面是采用查询方式编写的 DSP 通信程序。

```
#include "f2407_c.h"                //2407 头文件
unsignedint RecieveChar;            //变量声明
void Sci_init()                     //SCI 初始化函数
{
SCICCR = 0x0007;                    //1 个停止位,无校验,8 个数据位,禁止自测试,异步空闲线协议
SCICTL1 = 0x0023;                   //脱离复位状态,使能接收与发送
SCICTL2 = 0x0000;                   //禁止接收和发送中断
SCIHBAUD = 0x0002;                  //波特率 = 9600bit/s,(CLKOUT = 40MHz)
SCILBAUD = 0x0008;                  //BRR = 0x0208 = 520
MCRA| = 0x0003;                     //设置 SCITXD/IOPA0 和 SCIRXD/IOPA1 为 SCI 通信端口引脚
}

main( )
{
SCSR1 = 0x83FE;                     //系统时钟初始化,CLKOUT = 20 * 2MHz = 40MHz,使能外设时钟
WDCR = 0x6f;                        //关闭 WD
Sci_init();                         //SCI 初始化
while (1)
{
while((SCIRXST&0x40) == 0){;}       //RXRDY == 1 表示接收到数据
RecieveChar = SCIRXBUF;
SCITXBUF = RecieveChar;             //接收到的字符 RecieveChar 送回
while((SCICTL2&0x80) == 0){;}       //TXRDY == 0 表示 SCITXBUF 满
while((SCICTL2&0x40) == 0) {;}      //TXEMPTY == 0 表示发送缓冲器或移位寄存器不空
}
}

//直接返回的中断服务程序
void interrupt nothing( )
{ return; }

;复位和中断向量定义文件 vectors.asm
        .title "vectors.asm"
        .ref  _nothing          ;直接返回的中断服务程序符号
        .ref  _c_int0           ;复位中断向量符号
        .sect ".vectors"
```

```
RESET:  B     _c_int0          ;复位向量
INT1:   B     _nothing         ; INT1 中断
INT2:   B     _ nothing        ; INT2 中断
INT3:   B     _nothing         ; INT3 中断
INT4:   B     _nothing         ; INT4 中断
INT5:   B     _nothing         ; INT5 中断
INT6:   B     _nothing         ; INT6 中断
```

下面是采用中断方式编写的 DSP 通信程序。

```
#include "f2407_c. h"                              //2407 头文件
interrupt voidSciRxInt( );                         //SCI 串行接收中断服务程序
unsigned int RecieveChar;                          //全局变量声明
charsend_str[ ] = "Hello PC! DSP is ready! \n";    //字符数组,发送的字符串
char  * p = send_str;                              //指向字符数组的指针
char send_str1[ ] = " Ok, DSP! ";                  //字符数组,发送的字符串

void Sci_init( )                                   //SCI 初始化函数同查询方式
    {…}

main( )
{
    SCSR1 =0x83FE;                                 //系统时钟初始化,CLKOUT =40MHz
    WDCR =0x6f;                                    //关闭 WD
    asm(" setc INTM");                             //禁止中断
    IFR =0xFFFF;                                   //清除中断标志
    Sci_init( );                                   // SCI 初始化
    while ( * p!  ='\0 ')
        { SCITXBUF = * p;
        while( (SCICTL2 & 0x0080) ==0) ;
            p ++ ;}                                //发送 Hello PC! DSP is ready!
    SCICTL2 =0x0002;                               //接收中断使能
    SCIPRI =0x20;                                  //SCI 中断接收中断为低优先级中断
    IMR =0x10;                                     //使能低优先级 SCI 接收中断, INT5
    asm(" clrc INTM");                             //开放中断
    while (1) {;}
}

interrupt void SciRxInt( )                         //SCI 串行接收中断服务程序
{
    switch(PIVR)                                   //根据向量寄存器 PIVR 的值判断是否是接收中断
    {
    case 6:                                        //接收中断的外设中断向量为 6
    RecieveChar = SCIRXBUF;
```

```
    SCITXBUF = RecieveChar;                //接收到的字符 RecieveChar 送回
    while(SCICTL2&0x80 ==0)   {;}
    p = send_str1;
    while ( *p!  ='\0')
    {SCITXBUF = *p;
    while((SCICTL2 & 0x0080) ==0);
        p ++; }                            //发送 Ok, DSP!
    break;
    }
    IFR =0x010;                            //清除 IFR 中相应的中断标志
    asm(" clrc INTM");                     //开放中断,因为进入中断服务程序总中断就自动关闭
}

//直接返回的中断服务程序
void interrupt nothing( )
{ return; }

;复位和中断向量定义文件 vectors. asm
        . title "vectors. asm"
        . ref   _nothing        ;直接返回的中断服务程序符号
        . ref   _c_int0         ;复位中断向量符号
        . ref   _ SciRxInt      ;定时器 T3 周期中断服务程序入口地址
        . sect ". vectors"
RESET:  B   _c_int0             ;复位向量
INT1:   B   _nothing            ; INT1 中断
INT2:   B   _ nothing           ; INT2 中断
INT3:   B   _nothing            ; INT3 中断
INT4:   B   _nothing            ; INT4 中断
INT5:   B   _ SciRxInt          ; INT5 中断, 低优先级 SCI 接收中断连接 INT5
INT6:   B   _nothing            ; INT6 中断
```

7.5 思考题与习题

1. 240x DSP 的串行通信接口有哪些特点?
2. 简述 SCI 发送和接收数据的过程。
3. 异步串行通信的数据格式有哪些? 如何设置?
4. 如何设置异步串行通信的波特率?
5. SCI 的寄存器有哪些? 如何使用?
6. 如何设计 DSP 与计算机串行通信的硬件电路与软件?

第 8 章　串行外设接口

本章知识要点：

1）SPI 模块的结构（Structure of SPI Module）。
2）SPI 的操作（SPI Operation）。
3）SPI 的设置（SPI Setting）。
4）SPI 的寄存器（SPI Registers）。
5）SPI 应用实例（SPI Application Examples）。

8.1　SPI 模块的结构

SPI（Serial Peripheral Interface）是一种串行总线外设接口，为高速同步串行输入/输出端口，其传送速率和数据长度可编程。它只需 3 根引脚线（发送、接收与时钟）就可以与外部设备相连。SPI 是一种同步通信接口，两台通信设备在同一个时钟下工作。

SPI 通常用于 DSP 芯片与外部设备或其他控制器之间的通信，通过 SPI 可以构成多机通信系统，还可以扩展芯片。许多芯片如 A－D、D－A、移位寄存器、显示控制驱动器、日历时钟、I/O、E^2PROM、语音电路等可以采用 SPI 接口扩展，例如 MAX5121 为具有 SPI 接口的 12 位 D－A 转换器芯片。

SPI 模块结构框图如图 8-1 所示。SPI 模块支持主或从操作模式，有 4 种 SPICLK 时钟方式。

DSP 的 SPI 模块有 4 个引脚：

① SPISIMO——SPI 从输入、主输出（Slave In，Master Out）引脚。SPI 工作在主模式下为发送（输出），从模式下为接收（输入）。

② SPISOMI——SPI 从输出、主输入（Slave Out，Master In）引脚。SPI 工作在主模式下为接收（输入），从模式下为发送（输出）。

③ SPICLK——SPI 时钟引脚。SPI 工作在主模式下为输出时钟，从模式下为输入时钟。

④ $\overline{\text{SPISTE}}$——SPI 从发送使能引脚。主模式下，该引脚为通用 I/O 引脚。从模式下该引脚可作为 I/O 功能，也可作为选通功能。作为选通功能时，若为高电平，将使 SPI 移位寄存器停止工作且输出引脚为高阻态；若为低电平，将使能 SPI 的传送功能。

不使用 SPI 模块时，这些引脚可用做通用 I/O 引脚。

SPI 模块有 9 个寄存器：SPI 配置控制寄存器 SPICCR（包含用于 SPI 配置的控制位）、SPI 控制寄存器 SPICTL（包含用于数据发送的控制位）、SPI 状态寄存器 SPISTS（包含接收器和发送器状态位）、SPI 波特率寄存器 SPIBRR（确定传送速率）、SPI 接收仿真缓冲寄存器 SPIRXEMU、SPI 接收缓冲寄存器 SPIRXBUF、SPI 发送缓冲寄存器 SPITXBUF、SPI 串行数据寄存器 SPIDAT、SPI 优先级控制寄存器 SPIPRI，它们用于控制 SPI 的操作。其中的 SPI 串行数据寄存器 SPIDAT，用做发送/接收移位寄存器。

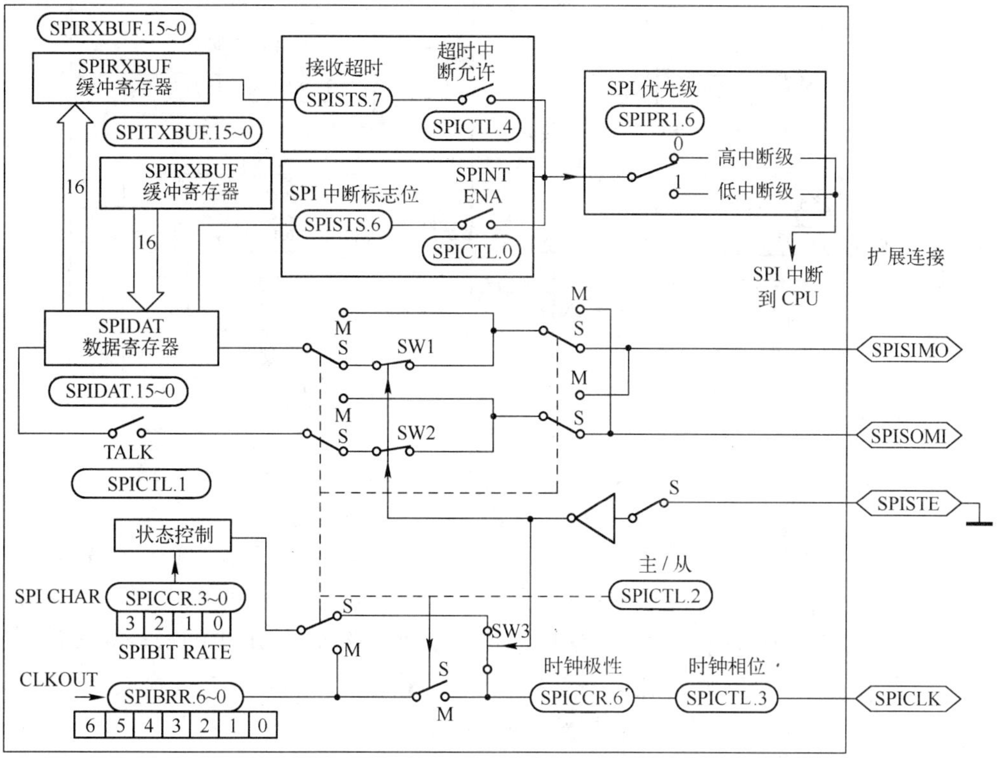

图 8-1　SPI 模块结构框图

8.2　SPI 的操作

SPI 可工作于主模式或从模式，操作模式由 SPICTL 的 MASTER/SLAVE 位决定。图 8-2 是由两个 DSP 器件的 SPI 组成的主控制器和从控制器串行通信典型连接图。两个控制器可以同时发送和接收数据。主控制器通过输出串行时钟 SPICLK 信号来启动数据传送。

数据的发送方式有三种：

1）主控制器发送数据，从控制器发送伪数据（Dummy data）。

2）主控制器发送数据，从控制器发送数据。

3）主控制器发送伪数据，从控制器发送数据。

由于硬件不支持少于 16 位的数据传送，所以发送的数据必须以左对齐格式写入，而接收的数据必须以右对齐格式读取。

1. 主模式

当 SPI 控制寄存器 SPICTL 的 MASTER/SLAVE 位为 1 时，SPI 工作于主模式。此时主 SPI 通过引脚 SPICLK 提供整个串行通信网络的串行时钟。SPI 波特率设置寄存器 SPIBRR 决定发送和接收的位传输速率。通过 SPIBRR 可选择 125 种不同的波特率。

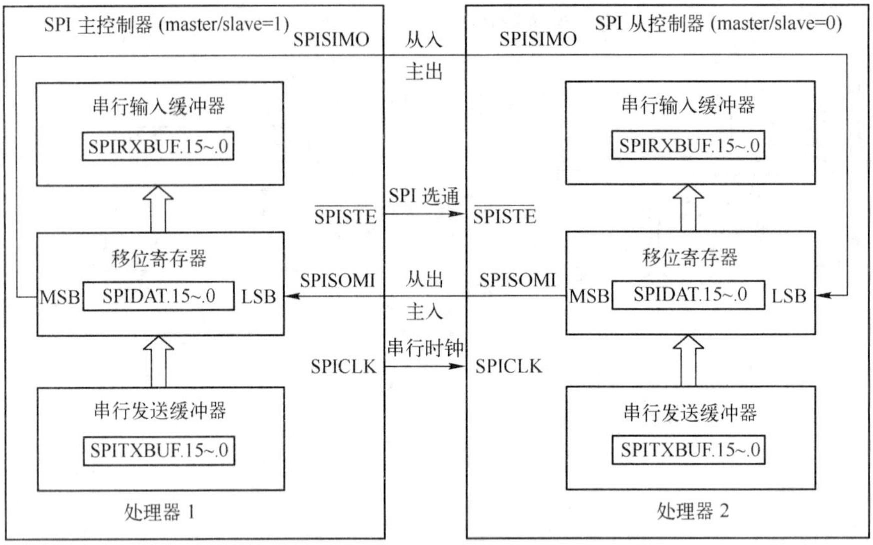

图 8-2　SPI 主控制器/从控制器连接

发送数据时，主控制器先送出 SPICLK 信号（频率应不超过器件系统时钟的 1/4），然后向寄存器 SPIDAT 或 SPTXBUF 写数据即可启动 SPISIMO 引脚上的数据发送（先发送最高有效位）。同时从控制器通过引脚 SPISIMO 将接收到的数据移入 SPIDAT 的最低有效位。当选定数量的位发送完时，则整个数据发送完毕。接收的数据按照右对齐格式存放于 SPIRXBUF 中，以备 CPU 读取，同时使状态寄存器 SPISTS 中的中断标志位 SPI INT FLAG 置 1，如果寄存器 SPICTL 的中断使能位 SPI NT ENA = 1，则产生中断。

在典型应用中，$\overline{\text{SPISTE}}$引脚作为从控制器的片选信号，在接收主控制器的数据前把$\overline{\text{SPISTE}}$引脚置低，接收数据后再置为高。

将主控制器的数据传送给从控制器，数据传送完毕，申请中断。主控制器通过发出 SPICLK 信号启动数据发送，从控制器则通过检测 SPICLK 信号接收数据。一个主控制器可以连接多个从控制器，但是一次只允许一个从控制器给主控制器发送数据。

2. 从模式

当寄存器 SPICTL 的 MASTER/SLAVE 位为 0 时，SPI 工作于从模式，数据从 SPISOMI 引脚输出，由 SPISIMO 引脚输入。SPICLK 引脚作为串行移位时钟的输入，该时钟由 SPI 网络主控制器提供。

SPI 的从控制器接收数据时，首先等待网络主控制器送出 SPICLK 信号，然后将 SPISIMO 引脚上的数据传送到寄存器 SPIDAT。当接收到 SPICLK 信号时，写入寄存器 SPIDAT 或 SPITXBUF 的数据就被传送到网络。如果从控制器同时也发送数据，则必须在 SPICLK 信号到来之前将数据写入寄存器 SPIDAT 或 SPITXBUF 中。当 SPIDAT 中的所有位全部移出后，SPITXBUF 的数据才能传送到 SPIDAT 中。如果当前不是正在发送数据，则写入 SPITXBUF 的数据将立即传送到 SPIDAT 中。

当寄存器 SPICTL 的位 TALK = 0 时，禁止数据传送，从控制器输出引脚 SPISOMI 被置为高阻状态（但正在发送的数据还将全部发送完毕）。

当$\overline{\text{SPISTE}}$引脚作为从控制器片选信号时，$\overline{\text{SPISTE}}$为低将选中从控制器，可进行数据传输，而$\overline{\text{SPISTE}}$为高将禁止数据传送且 SPISOMI 为高阻态。从而使一个网络可以有多个从器件，并保证在同一时刻只能有一个从器件起作用。

将从控制器的数据传送给主控制器，数据传送完毕，申请中断。

3. SPI 的中断

有 5 个控制位和标志位用于串行外设接口的中断：

1）SPI 中断使能位：SPI INT ENA（SPICTL. 0）。

2）SPI 中断标志位：SPI INT FLAG（SPISTS. 6）。当整个字符被移入或移出寄存器 SPIDAT 后，该位被置 1。如果中断使能，则产生中断请求。

以下情况之一发生时可以使中断标志位清零：

- 中断被响应。
- CPU 读取寄存器 SPIRXBUF（读取 SPIRXEMU 并不清除中断标志位）。
- 用一条 IDLE 指令使器件进入 IDLE2 低功耗模式或 HALT 待机模式。
- 写 0 到 SPI SW RESET 位（SPICCR. 7）。
- 系统复位。

3）SPI 超限中断使能位：OVERRUN INT ENA（SPICTL. 4）。在 SPIRXBUF 中的字符被读出前，如果一个新的字将被接收，装入 SPIRXBUF 寄存器中并覆盖旧数据，则该位置位。

该位可由以下 3 种操作清零：写 1 到该位、写 0 到 SPI SW RESET 位、系统复位。

由 SPI 超时中断标志位（SPISTS. 7）和 SPI 中断标志位（SPISTS. 6）产生的中断共用同一个中断矢量。在 OVERRUN INT ENA 位被置位时，SPI 将在第一次 RECEIVER OVERRUN FLAG 置位时产生 1 次中断请求。为了保证 SPI 能够响应下一个超时中断，必须在中断服务子程序中将 RECEIVER OVERRUN FLAG 标志位清零。

4）SPI 接收器超限中断标志位：RECEIVER OVERRUN FLAG（SPISTS. 7）。

5）SPI 中断优先级选择位：SPI PRIORITY（SPIPRI. 6）。该位的值决定于 SPI 的中断请求的级别。

8.3 SPI 的设置

SPI 的数据格式、波特率和时钟方式都是可编程的，通过对寄存器进行初始化，可以选择不同的配置。

1. 数据格式

SPICCR 寄存器有 4 位（SPICCR. 3 ~ 0）用来指定数据字符位数（1 ~ 16 位）。当数据位数少于 16 位时，必须按下列要求存放在寄存器中：

- 当写入寄存器 SPIDAT 或 SPITXBUF 时，数据必须是左对齐的。
- 数据从寄存器 SPIRXBUF 读出时是右对齐的。
- 寄存器 SPIRXBUF 中存放最近接收到的（右对齐）字符和已经移到左边的前次传送留下的位。

SPI 通信时，要发送的数据从寄存器 SPIDAT 的最高位（MSB）依次移出，接收的数据则从 SPIDAT 的最低位（LSB）依次移入。假设发送字符的长度为 1，SPIDAT 寄存器的当前值为 737BH，则主模式下发送前后寄存器 SPIDAT 和 SPIRXBUF 的数据存储格式如图 8-3 所示。如果引脚 SPISOMI 设置为高电平，则图中的 x = 1，否则 x = 0。

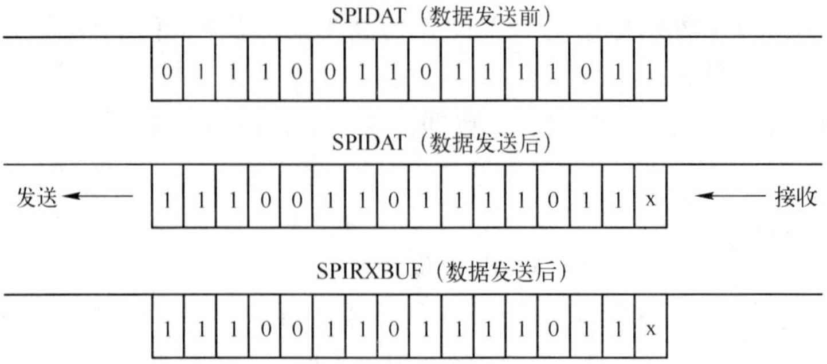

图 8-3　从 SPIRXBUF 发送的位

2. SPI 波特率

SPI 模块支持 125 种不同的波特率，由寄存器 SPIBRR 确定。SPI 最大波特率为 CPU 时钟频率 CLKOUT 的四分之一。SPI 的时钟信号引脚 SPICLK 在主模式下为输出（DSP 内部提供的 SPI 时钟），在从模式下为输入。在每一个 SPICLK 周期只移位一个数据位。

SPI 的波特率取决于 CPU 时钟 CLKOUT 和寄存器 SPIBRR 的值，由下面的公式计算。

1）对于 SPIBRR = 3 ~ 127

$$\text{SPI 波特率} = \text{CLKOUT}/(\text{SPIBRR}+1)$$

2）对于 SPIBRR = 0 ~ 2

$$\text{SPI 波特率} = \text{CLKOUT}/4$$

3. SPI 的时钟模式

SPI 有 4 种时钟模式，由寄存器 SPICCR 中的时钟极性位 CLOCK POLARITY（SPICCR.6）和寄存器 SPICTL 的时钟相位位 CLOCK PHASE（SPICTL.3）控制。CLOCK POLARITY 位选择时钟的有效沿是上升沿还是下降沿；CLOCK PHASE 位选择是否有半个时钟周期的延时。4 种不同的时钟模式如下：

1）下降沿，无延时：SPI 在时钟 SPCLK 下降沿发送数据，在时钟的上升沿接收数据。

2）下降沿，有延时：SPI 在时钟 SPCLK 下降沿前半个周期发送数据，在时钟的下降沿接收数据。

3）上升沿，无延时：SPI 在时钟 SPCLK 上升沿发送数据，在下降沿接收数据。

4）上升沿，有延时：SPI 在时钟 SPCLK 上升沿前半个周期发送数据，在上升沿接收数据。

SPI 时钟模式选择方法见表 8-1，与发送和接收数据相对应的 4 种时钟模式如图 8-4 所示。

表 8-1　SPI 时钟模式选择方法

SPCLK 的信号模式	CLOCK POLARITY（SPICCR.6）	CLOCK PHASE（SPICTL.3）
上升沿，无延时	0	0
上升沿，有延时	0	1
下降沿，无延时	1	0
下降沿，有延时	1	1

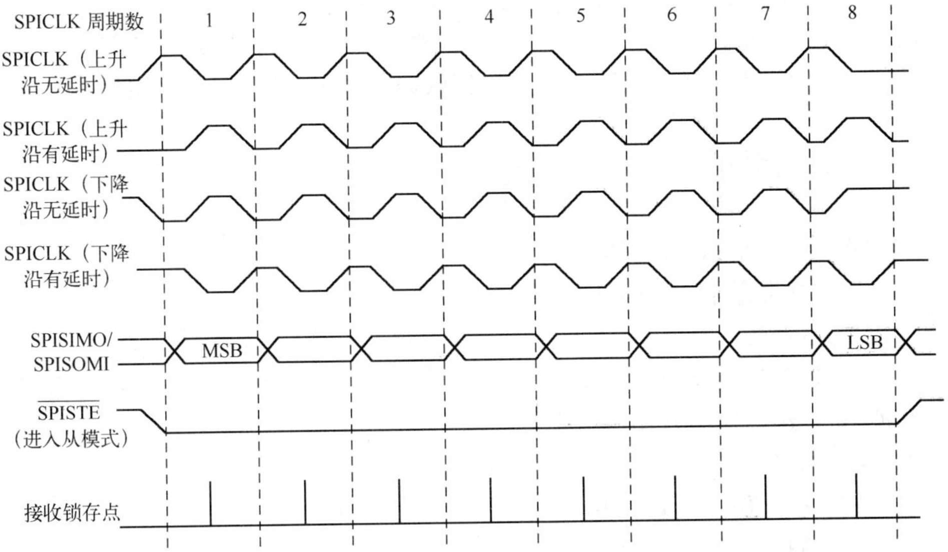

图 8-4　SPI 时钟模式选择

对于 SPI，时钟 SPICLK 仅在（SPIBRR +1）的值为偶数时保持对称。当（SPIBRR +1）为奇数并且 SPIBRR 大于 3 时，SPICLK 就会变为非对称，如图 8-5 所示。当 CLOCK POLARITY 位被清零时，SPICLK 的低电平比其高电平脉冲多一个 CLKOUT 时钟周期；当 CLOCK POLARITY 位被置 1 时，SPICLK 的高电平比其低电平脉冲多一个 CLKOUT 时钟周期。

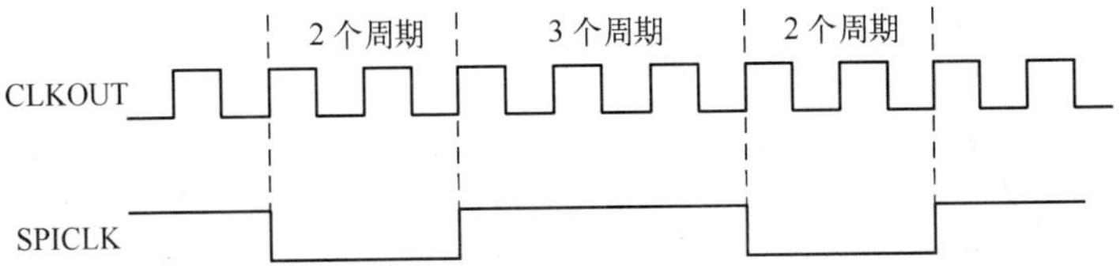

图 8-5　时钟 SPICLK 引脚的非对称特性

4. SPI 的初始化

系统复位时，SPI 模块进入以下默认配置：

1）该模块被配置为一个从模块（位 MASTER/SLAVE =0）。

2）发送功能被禁止（位 TALK =0）。

3）在 SPICLK 信号的下降沿到来时，输入数据被锁存。

4）字符长度设定为 1 位。

5）SPI 中断被禁止。

6）寄存器 SPIDAT 的数据复位为 0。

7）SPI 的 4 个引脚被设置为通用 I/O 功能。

为了改变 SPI 模块在复位后的这种设置，需要在复位后，进行如下初始化操作：

1）设置 SPI SW RESET 位（SPICCR.7）的值为 0，强制 SPI 复位。

2）初始化 SPI 的配置、格式、波特率和引脚功能为期望值。

3）设置 SPI SW RESET 位为 1，从复位状态释放 SPI。

4）向寄存器 SPIDAT 或 SPITXBUF 写数据，这将初始化主器件的通信过程。

5）数据发送完成后（位 SPISTS. 6 = 1），读取寄存器 SPIRXBUF 以确定接收的数据。

8.4 SPI 的寄存器

SPI 模块有如下 9 个相关寄存器：

- SPI 配置控制寄存器：SPICCR。
- SPI 控制寄存器：SPICTL。
- SPI 状态寄存器：SPISTS。
- SPI 波特率寄存器：SPIBRR。
- SPI 接收仿真缓冲寄存器：SPIRXEMU。
- SPI 接收缓冲寄存器：SPIRXBUF。
- SPI 发送缓冲寄存器：SPITXBUF。
- SPI 串行数据寄存器：SPIDAT。
- SPI 优先级控制寄存器：SPIPRI。

在这些寄存器中，数据类寄存器 SPIRXEMU、SPIRXBUF、SPITXBUF、SPIDAT 为 16 位，其他的寄存器属于控制类寄存器，是 8 位的，读高 8 位返回值为 0。下面详细介绍这些寄存器。

1. SPI 配置控制寄存器 SPICCR

寄存器 SPICCR（SPI Configuration Control Register）用于配置 SPI 的初始状态、时钟极性、字符长度等。格式如下：

7	6	5～4	3	2	1	0
SPI SW RESET	CLOCK POLARITY	Reserved	SPI CHAR3	SPI CHAR2	SPI CHAR1	SPI CHAR0
RW－0	RW－0	R－0	RW－0	RW－0	RW－0	RW－0

位 7　SPI SW RESET：SPI 软件复位。用户在改变配置前，应该把该位清零，并在恢复操作前把该位置 1。

- 0：初始化 SPI 操作标志位到复位条件。此时清除了 RECEIVER OVERRUN 标志位（SPISIS. 7）、SPI INT FLAG 位（SPISTS. 6）和 TXBUF FULL 标志位（SPISTS. 5），SPI 的其他位保持不变。若该模块用做主模块，则 SPICLK 信号的输出为无效电平。
- 1：准备发送或接收下一个字符。

如果 SPI SW RESET 位为 0，则将该位置位时写入发送器的字符不会被移出，必须向串行数据寄存器写入新字符。

位 6　CLOCK POLARITY：时钟极性。该位控制着 SPICLK 时钟信号的极性。该位和相位位 CLOCK PHASE（SPICTL. 3）共同控制着 SPICLK 引脚的 4 种时钟配置方案。

- 0：数据在上升沿输出、下降沿输入。当没有数据传送时，SPCLK 为低电平。数据的输入、输出边沿取决于时钟相位位 CLOCK PHASE（SPICTL. 3）。

CLOCK PHASE =0：在 SPICLK 的上升沿输出数据，而在下降沿将输入数据锁存。

CLOCK PHASE =1：在 SPICLK 信号的第一个上升沿之前的半个周期和随后的下降沿输出数据，而在它的上升沿将输入数据锁存。

- 1：数据在下降沿输出、上升沿输入。当没有数据传送时，SPCLK 为高电平。数据的输入、输出边沿取决于时钟相位位 CLOCK PHASE（SPICTL.3）。

CLOCK PHASE =0：在 SPICLK 的下降沿输出数据，而在上升沿将输入数据锁存。

CLOCK PHASE =1：在 SPICLK 信号的第一个下降沿之前的半个周期和随后的上升沿输出数据，而在它的下降沿将输入数据锁存。

位 5 ~4　保留位。

位 3 ~0　SPICHAR3 ~ SPICHAR0：字符长度控制位 3 ~0。这 4 位的数值 0 ~15 加 1 就是在一个移位序列中作为一个字符被移入或移出的位数。即字符长度可以选择为 1 ~16。

2. SPI 控制寄存器 SPICTL

寄存器 SPICTL（SPI Operation Control Register）用于控制数据传送、中断产生、时钟 SPICLK 相位和操作模式等。格式如下：

7 ~5	4	3	2	1	0
Reserved	OVERRUN INT ENA	CLOCK PHASE	MASTER/SLAVE	TALK	SPI INT ENA
R -0	RW -0	RW -0	RW -0	RW -0	RW -0

位 7 ~5　保留位。

位 4　OVERRUN INT ENA：超限中断使能。当 RECEIVER OVERRUN 标志位（SPISTS.7）由硬件置位时，置位该位导致中断产生。由 RECEIVER OVERRUN 标志位和 SPI INT FLAG 位（SPISTS.6）产生的中断共用一个中断向量。

- 0：禁止 RECEIVER OVERRUN 标志位（SPISTS.7）中断。
- 1：允许 RECEIVER OVERRUN 标志位中断。

位 3　CLOCK PHASE：时钟相位选择。该位控制 SPICLK 信号的相位。

- 0：普通 SPI 时钟配置，具体配置取决于 CLOCK POLARITY 位（SPICTL.6）。
- 1：SPICLK 信号延迟半个周期，其极性由 CLOCK POLARITY 位决定。

CLOCK PHASE 位和 CLOCK POLARITY 位形成了 4 种时钟配置方案。当工作于 CLOCK PHASE 为高时，无论使用何种串行外设接口模式（主或从），SPI 都将在写入 SPIDAT 之后和 SPICLK 信号的第一个边沿之前得到数据的第一位。

位 2　MASTER/SLAVE：SPI 主/从模式选择。该位决定了 SPI 是网络主模块还是从模块。在复位初始化期间，SPI 自动配置成从模块。

- 0：SPI 配置成从模块。
- 1：SPI 配置成主模块。

位 1　TALK：主/从发送使能。该位可以通过将串行数据输出置成高阻态来禁止数据传输（主或从）。若在发送期间该位被禁止，发送移位寄存器继续运行直到前面的字符全部移除。当该位被禁止时，SPI 仍可以接收字符和更新状态标志位。该位由系统复位来清除。

- 0：禁止传送。在主模式下，若以前没被配置成通用 I/O 引脚，则引脚 SPISOMI 将置为高阻态。在从模式下，若以前已被配置成通用 I/O 引脚，则引脚 SPISIMO 将置为高阻态。

● 1：允许发送。

位 0　SPI INT ENA：SPI 中断使能。该位控制 SPI 产生中断的能力。该位不影响 SPI INT FLAG 位（SPISTS. 6）。

● 0：允许中断。

● 1：禁止中断。

3. SPI 状态寄存器 SPISTS

寄存器 SPISTS（SPI Status Register）包含接收及发送缓冲器的状态位。格式如下：

7	6	5	4 - 0
RECEIVER OVERRUN FLAG	SPI INT FLAG	TX BUF FULL FLAG	Reserved
RC - 0	RC - 0	RC - 0	R - 0

位 7　RECEIVER OVERRUN FLAG：SPI 接收越限标志位，该位是一个只读/清除标志位。当前一个数据从缓冲器中读出之前，又完成了下一个数据的接收或发送操作时，硬件将该位置 1，表示接收到的最后一个数据被覆盖写入而丢失。如果 OVERRUN INT ENA 位（SPICTL. 4）已被置 1，则该位每次置位时 SPI 就发生一次中断请求。向该位写 1、向 SPI SW RESET（SPICCR. 7）写 0、系统复位都将清除该位。

● 0：无中断请求。

● 1：有中断请求。

位 6　SPI INT FLAG：SPI 中断标志位。当 SPI 发送或接收完最后一位数据时，该位置 1，同时收到的字符被放置在接收缓冲器中。如果 SPI INT ENA 位（SPICTL. 0）已被置位，则该标志将引起中断请求。通过读取 SPIRXBUF、将 1 写入 SPI SW RESET，系统复位都将清除该位。

● 0：无中断请求。

● 1：有中断请求。

位 5　TX BUF FULL FLAG：发送缓冲器满标志位。当向 SPITXBUF 寄存器写入数据时、将该位置 1。当 SPIDAT 寄存器中的前一个数据移出后，SPITXBUF 寄存器中的数据就自动移入到 SPIDAT 寄存器中，同时将该位清零。

● 0：空。

● 1：发送缓冲器中有数据。

位 4 ~0　保留位。

4. SPI 波特率寄存器 SPIBRR

寄存器 SPIBRR（SPI Baud Rate Register）包含用于波特率计算的各位。格式如下：

7	6	5	4	3	2	1	0
Reserved	SPI BIT RATE 6	SPI BIT RATE 5	SPI BIT RATE 4	SPI BIT RATE 3	SPI BIT RATE 2	SPI BIT RATE 1	SPI BIT RATE 0
R - 0	RW - 0	RW - 0	RW - 0	RW - 0	RW - 0	RW - 0	RW - 0

位 7　保留位。

位 6 ~ 0　SPI BIT RATE6 ~ SPI BIT RATE0：SPI 波特率设置位。如果 SPI 是网络的主设备，则这些位决定了传输速率，有 125 种传输速率。每个 SPI 周期只移位一个数据位。如果 SPI 是网络的从设备，该模块从 SPICLK 引脚接收来自网络主设备的时钟。主设备输入的时钟频率不应超过从设备 SPI 的 SPICLK 信号的 1/4。

在主模式下，SPI 时钟由 SPI 模块产生并在引脚 SPICLK 输出。

SPI 波特率取决于 CPU 时钟 CLKOUT 和寄存器 SPIBRR 的值。计算公式如下：

1）对于 SPIBRR = 3 ~ 127，SPI 波特率 = CLKOUT/（SPIBRR + 1）。

2）对于 SPIBRR = 0 ~ 2，SPI 波特率 = CLKOUT/4。

5. SPI 接收仿真缓冲寄存器 SPIRXEMU

寄存器 SPIRXEMU（SPI Emulation Buffer Register）是一个 16 位的数据类寄存器，存有接收的数据。该寄存器是一个镜像寄存器，其内容与寄存器 SPIRXBUF 相同。其地址是一个虚设地址，在仿真操作时读取该寄存器的值，但不清除 SPI INT FLAG 位（SPISTS. 6）。

SPIRXEMU 中的 16 位数为仿真缓冲接收的数据。除了读 SPIRXEMU 操作不会清除 SPI INT FLAG 位以外，SPIRXEMU 的功能与 SPIRXBUF 的功能相同。一旦 SPIDAT 接收到完整的数据，就把该数据传送到 SPIRXEMU 和 SPIRXBUF 寄存器中。SPIRXEMU 镜像寄存器的作用是为了支持仿真，SPIRXEMU 寄存器允许仿真器更准确地模拟 SPI 的真实操作，建议在正常的仿真器工作方式下读取 SPIRXEMU 寄存器中的值。

6. SPI 接收缓冲寄存器 SPIRXBUF

寄存器 SPIRXBUF（SPI Serial Receive Buffer Register）是一个 16 位数据类寄存器，存有接收的数据。读取该寄存器的值，则清除 SPI INT FLAG 位（SPISTS. 6）。

寄存器 SPIRXBUF 中的 16 位数为接收到的数据。一旦 SPIDAT 接收到完整的字符，就把该数据传送到 SPIRXBUF 寄存器中。由于数据首先被移到 SPI 的最高有效位中，所以寄存器 SPIRXBUF 中的数据采用右对齐方式存储。

7. SPI 发送缓冲寄存器 SPITXBUF

寄存器 SPITXBUF（SPI Serial Transmit Buffer Register）存放下一个要发送的数据，向该寄存器写入会把 TX BUF FLAG 标志位置 1，在当前数据发送完成之后，该寄存器中的内容会自动装入 SPIDAT 中，然后自动清除 TX BUF FLAG 标志位。如果没有正在进行的发送，则数据将直接装入 SPIDAT，TX BUF FLAG 标志位不会被置 1。

在主模式下，如果当前没有正在进行的发送，则往 SPITXBUF 寄存器中的写入将启动一个发送过程，这种发送过程与向寄存器 SPIDAT 写入启动的发送过程相同。

8. SPI 串行数据寄存器 SPIDAT

寄存器 SPIDAT（SPI Serial Data Register）是发送/接收移位寄存器，内容为串行数据。写入 SPIDAT 的数据在连续的 SPICLK 周期中被移出。每左移出一个最高位（MSB），就会有一位被移入到该寄存器的最低有效位（LSB）。

写入 SPIDAT 的操作可以执行两种功能：

1）如果 TALK 位（SPICTL. 1）被置位，则该寄存器提供了输出到串行输出引脚的数据。

2）当 SPI 工作于主模式时，数据开始发送。发送数据时的时钟方式取决于 CLOCK PO-

LARITY 位（SPICCR. 6）和 CLOCK PHASE 位（SPICTL. 3）的设置。

9. SPI 优先级控制寄存器 SPIPRI

寄存器 SPIPRI（SPI Priority Control Register）主要用于 SPI 中断优先级选择和仿真器仿真中，当程序被挂起（例如碰到断点）时，用来选择 SPI 的中断优先级和控制 SPI 的操作。

7	6	5	4	3 ~ 0
Reserved	SPI PRIORITY	SPI SUSP SOFT	SPI SUSP FREE	Reserved
R - 0	RW	RW	RW - 0	R - 0

位 7，位 3 ~ 0　保留位。

位 6　SPI PRIORITY：SPI 中断优先级选择位。

- 0：高优先级中断请求。
- 1：低优先级中断请求。

位 5，位 4　SPI SUSP SOFT，SPI SUSP FREE：SPI 仿真挂起时的操作控制位。这些位决定当出现仿真挂起（例如遇到断点）时的工作模式。在自由运行模式下，SPI 可以继续正在进行的任何操作。在停止模式下，它可以立即停止操作或在当前的操作完成之后再停止。

- 00：当仿真挂起时，立即停止。
- 01：当仿真挂起时，在当前的接收或发送完成之后停止。
- 10：SPI 操作与仿真挂起无关。
- 11：SPI 操作与仿真挂起有关。

8.5　SPI 应用实例

SPI 可以用于 DSP 芯片与外部设备或其他控制器之间的通信，通过 SPI 可以构成多机通信系统，还可以扩展芯片。SPI 总线用于芯片扩展，尤其适合没有并行总线扩展能力的芯片，可以推动“单片方案”的应用，使 DSP 芯片引脚可以设计得更少，系统结构更加简单可靠。串行总线接口扩展多用于传输速率不高的场合。

许多芯片如 D - A、A - D、移位寄存器、显示控制驱动器、日历时钟、I/O、E^2PROM、语音电路等可以采用 SPI 接口扩展。例如，SPI 接口 D - A 转换芯片：8 位 D - A 转换芯片 TLC5620、10 位电压输出型 D - A 转换器 TLC5615、12 位 D - A 转换器 MAX5742、MAX5121、13 位 D - A 转换器 MAX5153、16 位 D - A 转换器 DAC714 等。再如，SPI 接口的 8 位逐次逼近 A - D 转换器 TLC549、E^2PROM 芯片 MCM2814、键盘显示接口芯片 CH451、8 位 7 段数码管驱动芯片 MAX7219、数字温度传感器 ADT7301 等。

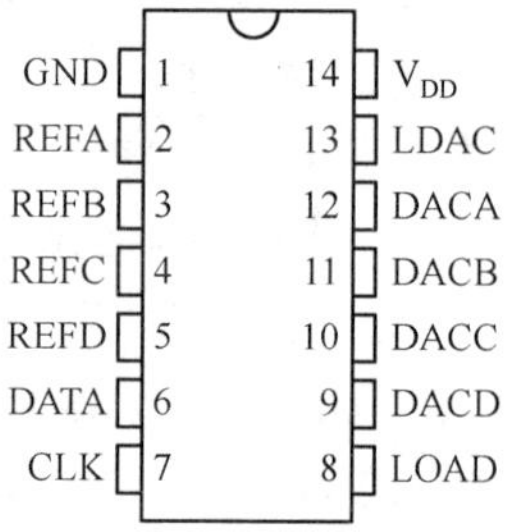

图 8-6　TLC5620 的引脚

下面以采用 SPI 接口扩展 D - A 转换芯片 TLC5620 为例，介绍 SPI 的应用。

1. TLC5620 D-A 转换芯片的特点

TI 公司的 TLC5620 为 SPI 串行接口的 4 路 8 位 D-A 转换芯片，具有上电复位功能。工作频率为 1MHz。采用 +5V 电源，可产生一倍或二倍于基准电压与地之间的电压。芯片为 14 引脚表贴封装，如图 8-6 所示。引脚的功能见表 8-2。

表 8-2　TLC5620 引脚功能说明

引脚名称	引脚编号	I/O	功能说明
CLK	7	I	串行接口时钟，下降沿有效
DACA	12	O	DAC A 模拟输出
DACB	11	O	DAC B 模拟输出
DACC	10	O	DAC C 模拟输出
DACD	9	O	DAC D 模拟输出
DATA	6	I	串行数据输入端
GND	1	I	地与参考端
LDAC	13	I	DAC 更新锁存控制，由高变低更新
LOAD	8	I	串行接口装载控制，当 LDAC 为低，LOAD 下降沿时锁存数据
REFA	2	I	DAC A 基准电压输入
REFB	3	I	DAC B 基准电压输入
REFC	4	I	DAC C 基准电压输入
REFD	5	I	DAC D 基准电压输入
V_{DD}	14	I	正电源

2. 串行数据输入格式和输出电压

数据输入共有 11 位（A1、A0、RNG、D7、D6、D5、D4、D3、D2、D1、D0），其中 A1、A0 的组合状态（00、01、10、11）用来选择通道（A、B、C、D），RNG（Range）选择 DAC 输出范围，D7～D0 位为数据位。当 RNG 位为 0 时，输出范围在所加的基准电压与 GND 之间；当 RNG 位为 1 时，输出范围在所加基准电压的两倍与 GND 之间。上电时，DAC 被复位至代码 0，此时 D-A 输出为 0V。

每一通道输出电压 V_o 由下式计算：

$$V_o = REF \times (CODE/256) \times (1 + RNG)$$

式中，REF 为相应通道的基准电压；CODE 是从数据位 D7～D0 计算出的十进制数；RNG 取 0 或 1。

3. 数据接口

串行数据从数据输入端 DATA 输入时，最高有效位在前。有两种方式控制 TLC5620 输出电压的更新：LOAD 引脚控制更新和 LDAC 引脚控制更新。本例采用 LOAD 引脚控制更新方式，此时 LDAC 引脚需接低电平。开始控制 LOAD 为高电平，数据在 CLK 每一下降沿由时钟同步从 DATA 引脚输入。一旦所有的数据传送完毕，控制 LOAD 引脚跳至低电平，所选择的 D-A 通道的输出电压即得到更新。

4. DSP 与 TLC5620 的接口电路

DSP 与 D-A 转换芯片 TLC5620 的接口电路如图 8-7 所示。由于 TLC5620 内部的 D-A

输出已经有了电压跟随电路，所以可以不用外加电压跟随器。2407 DSP 在引脚 SPISIMO 上输出数据，与之相对应的是 TLC5620 的 DATA 数据接收引脚。TLC5620 的 CLK 引脚与 2407 的 SPICLK 引脚相对应，二者共用串行时钟。由 2407 的引脚 IOPF5 控制 TLC5620 的 LOAD 引脚电平，用以锁存数据、更新输出电压。4 路基准电压都采用 3.3V 电源电压的二分压即 1.6V，必要时可采用专门的基准电压。

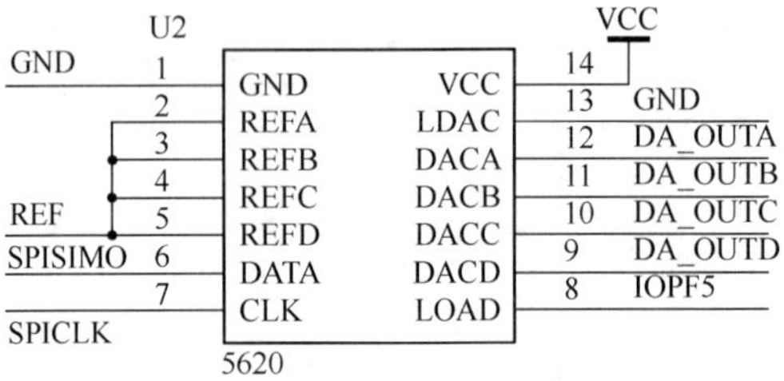

图 8-7　DSP 与 TLC5620 的接口电路

5. 软件设计

2407 的 CPU 频率为 40 MHz，为主机工作方式，发送数据。当 SPICTL 的使能发送允许位 TALK 位为 1 时，写数据到 SPIDAT 或 SPITXBUF 就启动了 SPISIMO 引脚的数据发送。数据从 SPIDAT 的最高位依次发送出去。在数据移出 SPIDAT 时，将置位 SPI 的接口状态寄存器 SPISTS 的中断标志位 SPI INT FLAG。若中断使能，将发生中断事件。2407 发送数据的状态可以用两种方法检测：一是中断方式，二是查询方式。查询方式查询 SPI 中断标志位 SPI INT FLAG 是否为 1，若为 1，则数据发送完毕，清除中断标志。

由于 TLC5620 的通信最大波特率为 1 MHz，所以可以将 2407 SPI 的波特率设置为 1 MHz。

【例 8-1】　通过 SPI 接口扩展 D - A 转换器 TLC5620 的 C 语言程序。

```
#include "f2407_c.h"                        //包含 2407 寄存器头文件
void SPI_Init( );                           //初始化函数声明
void interrupt gptimer1( );                 //中断服务函数声明
void gpt1_init ( );                         //定时器 T1 初始化函数声明
void DA_OUT(unsigned CHAN, unsigned SPI_DATA);          //D - A 转换函数声明
unsigned int t0 = 0, i = 0;                 //全局变量声明
int Voltage = 0;

main( )
{
asm("setc INTM");                           //关闭中断
SCSR1 = 0x87FE;                             //系统时钟，CLKOUT = 20 * 2 = 40MHz
WDCR = 0x006F;                              //禁止看门狗
SPI_Init( );                                //SPI 初始化
gpt1_init( );                               //初始化定时器 T1
IMR = 0x02;                                 //使能定时器中断(INT2)
IFR = 0xFFFF;                               //清除中断标志
asm ("CLRC INTM");                          //开中断
```

```
while (1) {;}                              //等中断
}

void gpt1_init(void)                       //T1 初始化函数
{
EVAIMRA =0x80;                             //使能 T1PINT 定时器 1 周期中断
EVAIFRA =0xffff;                           //清除中断标志
GPTCONA =0x0000;
T1PR =40000 -1;                            //周期寄存器值为 40000 -1, 25ns * 40000 =1ms
T1CNT =0;                                  //计数初值 =0
T1CON =0x1040;                             //T1 初始化, 连续增方式,定标 TPS =1,启动定时器
}

void SPI_Init( );                          //SPI 初始化函数
{
MCRB| =0x0014;                             //设置为 SPI 引脚 SPICLK, SPISIMO
MCRC& =0xDF00;                             //设置 IOPF5 复用引脚
PFDATDIR| =0x2020;                         //允许接收数据的引脚 LOAD =1, IOPF5
SPICCR =0x004A;                            //SPI 复位,SPICLK 下降沿输出数据,11 位数据格式
SPICTL =0x0006;                            //SPI 禁止超时中断和 SPI 中断,主模式,允许发送
SPIBRR =0x0027;                            //SPIBRR =39, 波特率 =1MHz, TLC5620 的工作频
                                           //率 1MHz
SPICCR| =0x0080;                           //SPI 退出复位,进入正常工作模式
}

void DA_OUT(unsigned CHAN,unsigned SPI_DATA)
{
SPITXBUF =(CHAN< <14)|(SPI_DATA< <5) ;     //通道 CHAN
while(SPISTS&0x40! =0x40) ;                //等待发送完毕
SPIRXBUF =SPIRXBUF;                        //虚读寄存器,以清除中断标志
PFDATDIR& =0xFFDF;                         //LOAD =0,更新模拟信号输出
for(i =0;i <5;i ++ );                      //延时
    PFDATDIR| =0x0020;                     //LOAD =1,锁存数据
}

void interrupt gptimer1(void)              // T1 中断服务函数
{
if (PIVR = =0x27)                          //读外设中断向量寄存器, 0x27 为 T1 周期中断向量值
{
EVAIFRA =0x80;                             //清除中断标志 T1PINT
T1CNT =0;
if(Voltage <0)Voltage =0;
DA_OUT(0,Voltage);                         //Voltage 范围 0 ~255 对应 0 ~1.6V,通道 A 输出三角波
```

```
DA_OUT(1,Voltage);                              //通道 B 输出三角波
DA_OUT(2,192);                                  //通道 C 输出 1.2V
DA_OUT(3,128);                                  //通道 D 输出 0.8V
if(t0 <255)      Voltage ++ ;
    else      Voltage -- ;
if(Voltage <0)      Voltage =0;
if(t0 ==508)      t0 =0;
t0 ++ ;
}
asm("CLRC INTM ");
}

                                                //直接返回的中断服务程序
void interrupt nothing( )
{ return; }
```

6. 软件模拟 SPI 接口

对于没有 SPI 接口的 DSP 或单片机芯片，可以使用软件模拟 SPI 的总线操作，包括串行时钟、数据输入和输出。

8.6 思考题与习题

1. 什么是串行外设接口 SPI?
2. SPI 有哪些用途?
3. 如何使用 SPI?
4. 如何通过 SPI 接口扩展 D – A 转换芯片?

第 9 章　CAN 控制器模块

本章知识要点：

1）CAN 总线概述（Introduction to CAN bus）。
2）CAN 控制器模块结构（Structure of CAN Controller Module）。
3）CAN 模块的寄存器（Registers of CAN Module）。
4）CAN 控制器的操作（Operation of CAN Controller）。
5）CAN 模块的应用（Application of CAN Module）。

9.1　CAN 总线概述

控制器局域网（Controller Area Network，CAN）总线最初是由德国 Bosch 公司为实现汽车内部测量与执行部件之间的数据通信而设计的现场总线（Field Bus），它是一种多主机局部网络系统，逐渐发展成一种国际公认的现场总线协议。它支持分布式控制和实时控制串行通信网络，具有 CAN 控制器网卡的计算机与片内带有 CAN 控制器的硬件模块可以方便地连接到同一 CAN 总线上。

1. CAN 总线特点

CAN 总线以高效率、低成本和快速性等特点在汽车电子、测量仪器、控制系统等领域得到了广泛的应用。CAN 协议一般用来管理控制器、传感器、执行器和人机接口之间的数据传输。由于协议本身的优点，总线上的数据不会发生冲突、数据遗失等现象，使得 CAN 总线广泛用于环境恶劣的工业现场和自动化生产线。通信介质可以是双绞线、同轴电缆或光导纤维。CAN 协议对于许多领域的分布式测控很有吸引力，目前 CAN 已成为 ISO11898 国际标准。

CAN 总线具有如下主要特点：

- CAN 网络能以多主方式工作，网络上任意一个节点均可以在任意时刻主动地向其他节点发送信息，而不分主从，通信方式灵活。
- CAN 网络能以点对点、一点对多点及全局广播等几种方式传送和接收数据。
- CAN 网络上的节点可分成不同的优先级，以满足不同的实时要求。
- CAN 总线采用短帧结构，每帧字节数最多为 8 个，可满足通常工业领域中控制命令、工作状态及测试数据的要求。传输时间短，受干扰少。
- 采用不归零（NRZ）编码/解码方式。
- 采用循环冗余码校验（CRC）、帧检测、信号出错检测、总线监控、位填充等错误监测和纠错措施，从而达到很高的可靠性。
- 使用简单方便。许多 CAN 控制器芯片（如 PCA82C200、SJA1000 等）及一些 DSP、单片机的片内 CAN 控制器模块完成了 CAN 的物理层及数据链路层的大部分工作，用户只需要对 CAN 控制器进行初始化和对 CAN 总线上的数据进行收发操作。

- 采用独特的位仲裁技术，具有很高的实时性。
- 传输速率可达 1 Mbit/s，传输距离可达 40 m。速率 5 kbit/s 时，距离可达 10 km。
- 配置灵活，系统可扩充性好。CAN 总线是基于发送数据的编码，而不是对 CAN 控制节点进行编码，故增删 CAN 的控制节点不会对系统造成太大的影响。
- 可采用廉价的双绞线作通信介质，接口简单、安装方便、组网成本低。

2. CAN 总线帧格式

CAN 总线系统中，数据可以在节点间发送和接收 4 种不同类型的帧。

1）数据帧。数据帧用于从发送节点到接收节点传送数据。

2）远程帧。远程帧主要用于请求信息。当节点 A 向节点 B 发送一个远程帧时，如果节点 B 中的数据帧信息与节点 A 有相同的标识符，节点 B 将做出应答，并发送相应的数据帧到总线上。

3）出错帧。当检测到总线错误时，任意一个节点所发送的帧，即为出错帧。

4）超载帧。超载帧用于在前后两个数据或远程帧之间提供一个额外的延时。

每种帧有其相应的帧格式。一个有效的 CAN 数据帧由帧起始、仲裁域、控制域、数据域、校验域、应答域和帧结束等构成，如图 9-1 所示。DSP 的 CAN 控制器支持两种不同的帧格式，即标准格式和扩展格式，它们的主要区别在于仲裁域格式不同，标准仲裁域由 11 个标识位（Identifier, ID）和一个远程发送请求位（Remote Transmission Request, RTR）组成。扩展仲裁域由 29 个标识位、替代远程请求位（Substitute Remote Request, SRR）、标志位和远程发送请求位 RTR 组成。数据帧包括：

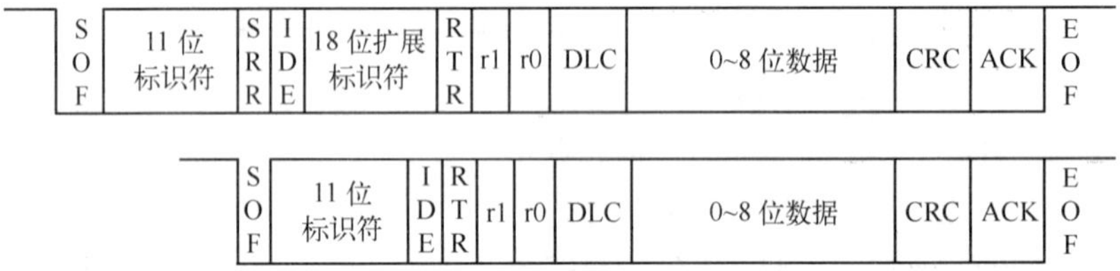

图 9-1　扩展格式与标准格式数据帧

1）帧起始（Start of the frame, SOF）。包含一个显性位（Dominant bit，逻辑 0），用于硬件同步。

2）仲裁域（Arbitration Filed）。标准格式包含 11 个标识位和一个 RTR 位。标识符作为信息（Message）的名称，在仲裁过程期间，它首先被送到总线。在接收器的验收判断中、用仲裁过程确定访问优先权中都要用到。RTR 位用于区分数据帧和远程帧，数据帧为“0”，远程帧为“1”。标识位作为信息的名称，在仲裁过程期间，首先被送到总线。这 12 位提供信息的优先权。总线通过这 12 位进行总线仲裁，数值越小，优先权越高。扩展格式还包括 18 个扩展标识位及替代远程请求位 SRR。

3）标识扩展位（Identifier Extension, IDE）。用于区分标准帧与扩展帧。

4）控制域（Control Field）。包括两个备用位 r1、r0 和 4 个数据长度位 DLC（Data Length Code）。DLC 用来确定每帧要发送几个字节的数据，最多为 8 个字节。

5）数据域（Data Field）。包括多达 8 个字节的数据。

6）循环冗余校验（Cyclic Redundancy Check，CRC）域。包括 15 位 CRC 序列和 1 位界定符。

7）应答（Acknowledge，ACK）域。包含应答间隙和应答界定符，应答间隙为隐性位（Recessive bit，逻辑 1）。CAN 总线上所有收到信息的 CAN 控制器将隐性位改为显性位，发送者借此确认它已发送一条完整和正确的信息。若信息有误，或被仲裁退出（由于优先级较低），发送者将会重发信息。

8）帧结束（End of Frame，EOF）。包括 7 个隐性位。

远程帧用于请求与其有相同标识符的数据帧，它与数据帧的区别在于 RTR 位、数据域。

9.2　CAN 控制器模块结构

240x DSP 的片内 CAN 控制器模块为用户设计分布式或网络化运动控制系统提供了方便。该 CAN 控制器具有如下特性：

- 全面兼容 CAN2.0B 协议。具有标准和扩展标识符且具有数据帧和远程帧。
- 信息对象有 6 个邮箱（MBOX0 ~ 5，即 Mailbox 0 ~ 5），其长度为 0 ~ 8 个字节。它们是 48 位 × 16 位的 RAM 区，CPU 或 CAN 模块可按 16 位读或写。每个邮箱为 8 位 × 16 位的 RAM，邮箱 0、1 只用做接收，邮箱 4、5 只用做发送，而邮箱 2、3 可用做接收或发送。
- 对邮箱 0、1 和 2、3 有局部接收屏蔽寄存器（LAM0、LAM1）。
- 可编程的波特率。
- 中断配置可编程。
- 可编程的 CAN 总线唤醒功能。
- 自动回复远程请求。
- 当发送出错时或仲裁丢失数据时，CAN 控制器有自动重发送功能。
- 总线错误诊断功能。
- 具有自测试模式和网络模式。
- 两引脚通信，即 CANTX 和 CANRX 引脚。

CAN 模块的结构框图如图 9-2 所示。CAN 控制器需要通过驱动芯片即收发器与其他的 CAN 控制器进行通信。

CAN 模块的邮箱位于一个 48 位 × 16 位的 RAM 中，它可被 CPU 或 CAN 模块读和写。CAN 模块读或写访问和 CPU 读访问均需要一个时钟周期。CPU 写访问需要两个时钟周期，因为在这两个时钟周期里，CAN 控制器要执行一个“读—修改—写”循环，因此要为 CPU 插入一个等待状态。

CAN 控制器的存储器空间如图 9-3 所示。

表 9-1 给出了 CAN 模块寄存器的地址及描述。

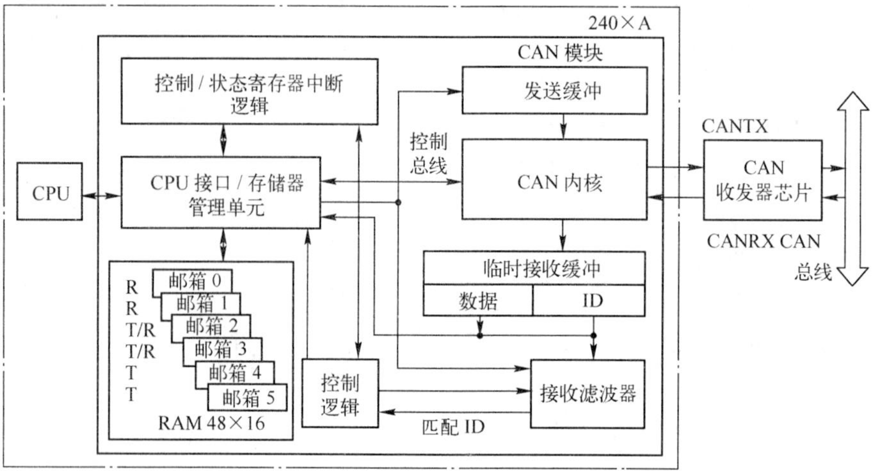

图 9-2　CAN 模块的结构框图

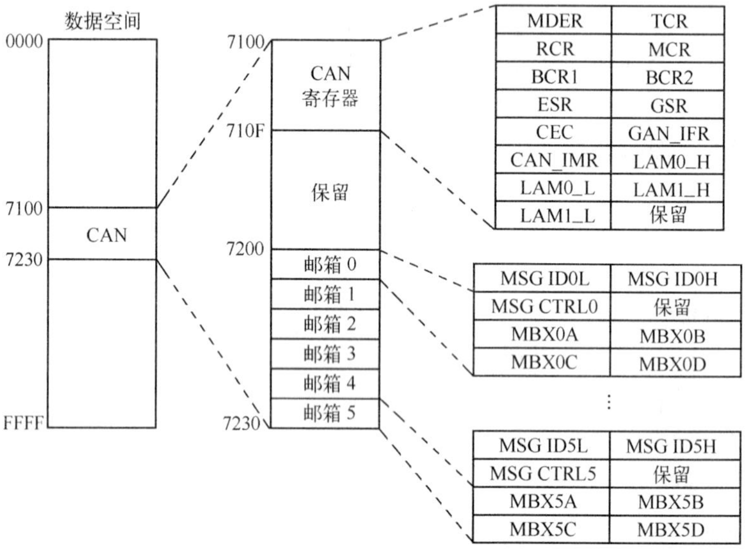

图 9-3　CAN 模块存储器空间

表 9-1　CAN 模块寄存器的地址及描述

地址	寄存器	描　　述
7100H	MDER	邮箱方向/使能寄存器
7101H	TCR	发送控制寄存器
7102H	RCR	接收控制寄存器
7103H	MCR	主控制寄存器
7104H	BCR2	位配置寄存器
7105H	BCR1	位配置寄存器
7106H	ESR	错误状态寄存器

（续）

地址	寄存器	描 述
7107H	GSR	全局状态寄存器
7108H	CEC	CAN 错误计数寄存器
7109H	CAN_IFR	CAN 中断标志寄存器
710AH	CAN_IMR	CAN 中断屏蔽寄存器
710BH	LAM0_H	邮箱 MBOX0 和 1 局部接收屏蔽寄存器高 16 位
710CH	LAM0_L	邮箱 MBOX0 和 1 局部接收屏蔽寄存器低 16 位
710DH	LAM1_H	邮箱 MBOX2 和 3 局部接收屏蔽寄存器高 16 位
710EH	LAM1_L	邮箱 MBOX2 和 3 局部接收屏蔽寄存器低 16 位
710FH	保留	

表 9-2 给出了邮箱寄存器在 CAN 模块中的位置。6 个邮箱（MBOX0 ~ MBOX 5）中的邮箱 0、1 只用做接收，邮箱 4、5 只用做发送，而邮箱 2、3 可用做接收或发送。每个邮箱由邮箱低位标识寄存器（MSG IDnL，n =0 ~5）、邮箱高位标识寄存器（MSG IDnH）、邮箱控制寄存器（MSG CTRLn）及 4 位 ×16 位的存储空间组成。这些空间用于存储发送的数据帧或接收到的数据帧，每个邮箱最大可存储 8 字节数据（4 个 16 位寄存器 MBXnA、MBXnB、MBXnC 和 MBXnD，n =0 ~5）。当它们不用做邮箱的信息存储空间时，可用做一般的 RAM 空间供 CPU 使用。

表 9-2　CAN 模块邮箱地址

寄存器	邮 箱					
	MBOX0	MBOX1	MBOX2	MBOX3	MBOX4	MBOX5
MSG IDnL	7200H	7208H	7210H	7218H	7220H	7228H
MSG IDnH	7201H	7209H	7211H	7219H	7221H	7229H
MSG CTRLn	7202H	720AH	7212H	721AH	7222H	722AH
保留						
MBXnA	7204H	720CH	7214H	721CH	7224H	722CH
MBXnB	7205H	720DH	7215H	721DH	7225H	722DH
MBXnC	7206H	720EH	7216H	721EH	7226H	722EH
MBXnD	7207H	720FH	7217H	721FH	7227H	722FH

9.3　CAN 模块的寄存器

CAN 模块的寄存器有：

- 邮箱方向/使能寄存器 MDER。
- 发送控制寄存器 TCR。
- 接收控制寄存器 RCR。
- 主控制寄存器 MCR。

- 位配置寄存器 BCR1，BCR2。
- 错误状态寄存器 ESR。
- 全局状态寄存器 GSR。
- CAN 错误计数寄存器 CEC。
- 邮箱标识符寄存器 MSG IDn。
- 邮箱控制域寄存器 MSG CTRLn。
- 局部接收屏蔽寄存器 LAMn。
- CAN 中断标志寄存器 CAN_IFR。
- CAN 中断屏蔽寄存器 CAN_IMR。

（1）邮箱方向/使能寄存器 MDER（Mailbox Direction/Enable Register）

邮箱方向/使能控制寄存器（MDER）决定邮箱的使能位（ME）和邮箱 2、邮箱 3 的方向，即是配置为发送邮箱还是接收邮箱。该寄存器格式如下：

15~8
Reserved
R-0

7	6	5	4	3	2	1	0
MD3	MD2	ME5	ME4	ME3	ME2	ME1	ME0
RW-0	RW-0	RW-0	RW-0	RW-0	RW-0	RW-0	RW-0

位 15 ~ 8　保留位。

位 7　MD3：邮箱 3 发送/接收配置位。上电时该位复位为 0。

- 0：配置为发送邮箱。
- 1：配置为接收邮箱。

位 6　MD2：邮箱 2 发送/接收配置位。上电时该位复位为 0。

- 0：配置为发送邮箱。
- 1：配置为接收邮箱。

位 5 ~ 0　ME5 ~ ME0：邮箱使能位。每一个邮箱（5 ~ 0）对应一个使能位，在初始化时必须禁止相应邮箱的使能位。

- 0：禁止邮箱。
- 1：使能邮箱。

（2）发送控制寄存器 TCR（Transmit Control Register）

发送控制寄存器（TCR）控制着邮箱的发送及状态，对发送请求的设置和复位位可以进行独立的写操作。该寄存器对发送邮箱有效，即对邮箱 4、5 及被配置为发送方式的邮箱 2 和邮箱 3 有效。寄存器中的 TA5、AA5、TRS5 和 TRR5 为邮箱 5 的发送控制位，其他的位类似。上电后该寄存器的全部位被清零。该寄存器格式如下：

15	14	13	12	11	10	9	8
TA5	TA4	TA3	TA2	AA5	AA4	AA3	AA2
RC-0	RC-0	RC-0	RC-0	RC-0	RC-0	RC-0	RC-0

7	6	5	4	3	2	1	0
TRS5	TRS4	TRS3	TRS2	TRR5	TRR4	TRR3	TRR2
RS-0	RS-0	RS-0	RS-0	RS-0	RS-0	RS-0	RS-0

位 15 ~ 12　TA5 ~ TA2：发送应答位。如果发送的邮箱 n（n = 5 ~ 2）发送信息帧成功，则 TAn 被置 1，并且置位中断标志寄存器（CAN_IFR）中的邮箱中断标志位 MIFn，在相应中断使能的情况下将产生邮箱中断。向该位写 1 则复位，写 0 无影响。

位 11 ~ 8　AA5 ~ AA2：忽略应答位。如果发送的信息帧被忽略，AAn（n = 5 ~ 2）位被置位，并且置位邮箱忽略应答中断标志位 AAIF。在相应中断使能的情况下将产生邮箱错误中断。向该位写 1 则复位，写 0 无影响。

位 7 ~ 4　TRS5 ~ TRS2：邮箱发送请求位。

当 TRSn（n = 5 ~ 2）位被置 1 时，CAN 控制器将发送相应发送邮箱的信息帧。当该位被置 1 后，则拒绝对邮箱 n 的信息帧进行更新，直到该位被复位。CAN 控制器允许不同的邮箱同时设置该位。当 TRSn 位被置 1 时，对邮箱 n 进行写操作无效，并且会产生 WDIF（CAN_IFR. 4）中断。当发送成功或发送被忽略时，就自动复位该位。

位 3 ~ 0　TRR5 ~ TRR2：发送请求复位位。用户程序将设置该位，中断逻辑将清除该位。用户程序向该位写 1 将设置该位，写 0 无影响。当 TRRn 位被置 1 时，对邮箱 n 进行写操作无效，并且会产生 WDIF 中断。当成功发送后，则产生邮箱中断（在相应中断使能的条件下）。

当信息成功发送、发送忽略丢失数据和检测到 CAN 总线错误时，将复位该位。当 TRSn 处于复位时，该位不起作用，因为当 TRSn 位复位时，TRRn 也立即复位。

（3）接收控制寄存器 RCR（Receive Control Register）

接收控制寄存器控制接收到的信息状态和远程帧处理。该寄存器对接收邮箱有效，即对邮箱 0、1 及被配置为接收方式的邮箱 2 和邮箱 3 有效。该寄存器格式如下：

15	14	13	12	11	10	9	8
RFP3	RFP2	RFP1	RFP0	RML3	RML2	RML1	RML0
RC-0	RC-0	RC-0	RC-0	R-0	R-0	R-0	R-0

7	6	5	4	3	2	1	0
RMP3	RMP2	RMP1	RMP0	OPC3	OPC2	OPC1	OPC0
RC-0	RC-0	RC-0	RC-0	RW-0	RW-0	RW-0	RW-0

位 15 ~ 12　RFP3 ~ RFP0：远程请求悬挂位。无论何时 CAN 外设接收到远程帧请求时将把相应接收邮箱 n 的 RFPn（n = 3 ~ 0）置位。如果用户程序要清除该位，同时 CAN 外设要设置该位，则该位被清除。如果 MSG IDnH 寄存器中的 AAM 位没有被置位（即不具有自动发送应答信号功能），则用户程序必须在远程请求悬挂事件发生后清除该位。如果信息被成功发送，则 CAN 外设清除该位。在发送过程中不能产生远程请求中断。

位 11 ~ 8　RML3 ~ RML0：接收到的信息丢失标志位。当接收邮箱 n 的旧信息被新接收到的信息覆盖时，该位将置位。如果覆盖保护控制位 OPCn 为 1，则不发生信息覆盖，且新的信息将丢失。该位只能由用户程序复位，并且由中断逻辑置位。当写 1 到 RMPn 位时，将清除该位。如果用户程序要清除该位，同时 CAN 外设要置位该值，则该值被置位。如果 1 个或多个 RMLn 位被置位，同时将置位 CAN 中断标志寄存器（CAN_IFR）中的 RMLIF 标志位。CAN 中断屏蔽寄存器（CAN_IMR）中的 RMLIM 使能，则将产生中断。

位 7 ~ 4　RMP3 ~ RMP0：接收信息悬挂位。如果被接收的信息帧存储到接收邮箱 n 中，将把 RMPn 置位。该位只能由用户程序复位，并且由中断逻辑置位，当写 1 到 RMPn 位，将清除 RMPn 位和 RMLn 位。如果用户程序要清除该位，同时 CAN 外设要置位该位，则该位被置位。如果 OPCn 位为 0，则新信息将覆盖旧信息，并且相应的 RMLn 位被置位。如果 CAN 中断使能且相应的中断没有被屏蔽，则 RMLn 位被置位的同时将产生中断。

位 3 ~ 0　OPC3 ~ OPC0：信息覆盖保护使能位。如果 OPCn 位为 1，则邮箱 n 中的旧信息被保护，即不能被新信息覆盖。这样会查找下一个标识符匹配的接收邮箱，如不匹配则信息丢失。如果 OPCn 位为 0，则邮箱 n 中的旧信息被新信息覆盖。

（4）主控制寄存器 MCR（Master Control Register）

该寄存器格式如下：

15~14	13	12	11	10	9	8
Reserved	SUSP	CCR	PDR	DBO	WUBA	CDR
	RW-0	RW-1	RW-0	RW-0	RW-0	RW-0

7	6	5~2	1~0
ABO	STM	Reserved	MBNR[1:0]
RW-0	RW-0		RW-0

位 15 ~ 14　保留位。

位 13　SUSP：仿真悬挂操作位，这一位对接收邮箱无效。

- 0：SOFT 模式，即一旦仿真悬挂，把当前的信息完全发送完毕才关闭 CAN 外设。
- 1：FREE 模式，即 CAN 外设继续运行不受仿真悬挂影响。

位 12　CCR：改变配置请求位。当 CAN 控制器处于脱离 CAN 总线状态或 ABO 位（MCR. 7）为 0 时，将把该位自动置位。当 CAN 控制器恢复总线时，该位被清除。

- 0：CAN 控制器处于正常工作方式。
- 1：CAN 控制器处于复位工作方式，即在寄存器 GSR 的 CCE 位为 1 时，允许对位配置寄存器（BCR1，BCR2）进行配置。此时 CAN 控制器处于脱离 CAN 总线状态，因此当配置完位配置寄存器后，应将该位清零，使 CAN 控制器恢复总线。

位 11　PDR：低功耗模式请求位。在进入休眠模式之前，用户程序必须将该位置为 1。当相应的低功耗模式应答位 PDA（GSR. 3）被置位后，CAN 控制器就进入休眠模式。

- 0：禁止低功耗模式（CAN 控制器处于正常工作模式）。
- 1：使能低功耗模式。

位 10　DBO：数据字节次序。

- 0：接收或发送的数据排列成以下的次序：3 – 2 – 1 – 0 – 7 – 6 – 5 – 4。
- 1：接收或发送的数据排列成以下的次序：0 – 1 – 2 – 3 – 4 – 5 – 6 – 7。

位 9　WUBA：总线唤醒位。

- 0：只有在用户程序把 PDR 位清零后，CAN 控制器退出低功耗模式。
- 1：当检测到 CAN 总线上任何有效信息时，CAN 控制器就退出低功耗模式。

位 8　CDR：数据域改变请求位。当要改变邮箱的数据域时，应把该位置为 1，CAN 控制器就允许对数据域进行更改，并且在此期间发送被禁止，所以更新完数据域后应将该位清零。

- 0：CAN 控制器处于正常工作方式。
- 1：数据域改变请求使能。

位7　ABO：自动恢复总线位。

- 0：在 CCR 位被复位后和在总线上产生连续 128 ×11 个隐性位后，CAN 控制器恢复总线。
- 1：在 CAN 控制器脱离总线后的连续 128 ×11 个隐性位后，CAN 控制器恢复总线。

位6　STM：自测试模式使能位。

- 0：CAN 控制器处于正常工作模式。
- 1：CAN 控制器处于自测试模式。在这种模式下，CAN 控制器能自己产生应答信号，因此不需要与 CAN 总线相连，信息帧没有真正发送出去，但是信息帧能被相应的邮箱接收。在自测试模式下，不能进行远程帧悬挂自动应答，也不能接收信息帧的标识符。

位5 ~2　保留位。

位1 ~0　MBNR[1:0]：邮箱 2 和邮箱 3 选择位。对邮箱 2 或 3 的数据域进行写操作及配置远程悬挂。

- 00，01：无效。
- 10：选择邮箱 2。
- 11：选择邮箱 3。

（5）位配置寄存器 BCR1、BCR2（Bit Configuration Registers1，2）

两个位配置寄存器 BCR1、BCR2 用于配置 CAN 节点的定时参数。必须在 CAN 控制器处于复位模式下（寄存器 MCR 的位 12 即 CCR =1），才能对位定时进行配置。

位配置寄存器 BCR2 只用低 8 位，格式如下：

7~0
BRP[7:0]
RW-0

位7 ~0　BRP[7:0]：波特率预分频器位。BRP[7:0]决定着 CAN 控制器的量化时间长度（Time Quantum，TQ），TQ 定义为

$$TQ = (BRP + 1) / CLKOUT$$

这里 CLKOUT 为 DSP 的系统时钟频率，也就是 CAN 控制器的系统时钟。如果 BRP =0，则 TQ 等于 1 个 CPU 时钟频率。

位配置寄存器 BCR1 格式如下：

15~11	10	9~8
Reserved	SBG	SJW[1:0]
	RW-0	RW-0

7	6~3	2~0
SAM	TSEG1-[3:0]	TSEG2-[2:0]
RW-0	RW-0	RW-0

位15 ~11　保留位。

位10　SBG（Synchronization on both edges）：两个边沿同步方式选择位。

- 0：CAN 控制器仅在下降沿时发生重新同步。
- 1：CAN 控制器在上升沿和下降沿时发生重新同步。

位 9 ~ 8　SJW[1:0]：同步跳转宽度（Synchronization jump width）选择位。为了补偿在不同总线控制器的时钟振荡器之间的相位偏移，任何总线控制器必须在当前传送的相关信号边沿里重新同步。同步跳转宽度定义了每一位周期可以被更新同步缩短或延长的时钟周期的最大数目，同步跳转宽度可设置为 1 ~ 4 个 TQ 值。

位 7　SAM：采样次数（Sample point setting）选择位。

- 0：CAN 控制器仅采样 1 次。
- 1：CAN 控制器采样 3 次，并以多数为准。

位 6 ~ 3　TSEG1 - [3:0]：时间段（Time segment）1。它包含传播延时时间段（PROG SEG）和相位延时时间段 1（PHASE SEG1）。这 4 位决定时间段 1 有多少个 TQ 时间长度，时间段 1 的值可编程为 3 ~ 16 个 TQ 时间长度，且时间段 1 必须大于或等于时间段 2。

位 2 ~ 0　TSEG2 - [2:0]：时间段 2。决定相位延时时间段 2（PHASE SEG2）的长度。当在下降沿发生重新同步（即 SBG = 0）时，时间段 2 的最小值为：

$$TSEG2_{min} = 1 + SJW$$

因此时间段 2 的值可编程为 2 ~ 8 个 TQ 时间长度，且满足以下条件：

$$(SJW + SBG + 1) \leqslant TSEG2 \leqslant 8$$

$$TSEG2 \leqslant TSEG1$$

CAN 的位时间分配如图 9-4 所示。

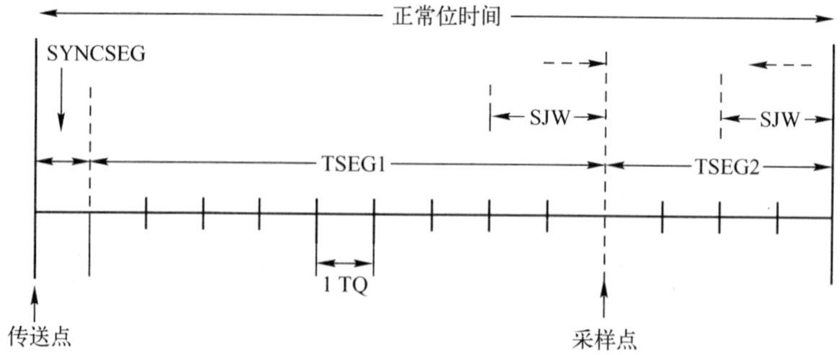

图 9-4　CAN 的位时间分配

CAN 控制器波特率的计算方法如下：

$$波特率 = I_{CLK} / [(BRP + 1) \times Bit\ Time]$$

式中，I_{CLK}为 CAN 控制器的时钟频率，也就是 DSP 的系统频率 CLKOUT；位时间(Bit Time) = (TSEG1 + 1) + (TSEG2 + 1) + 1。

CAN 控制器的这种波特率设置方法，使得同一个波特率可以由 BRP、TSEG1 和 TSEG2 不同的组合来实现。如果 CAN 控制器的时钟频率 I_{CLK} = 40 MHz，希望的波特率为 1 Mbit/s，那么可以采用如下设置：

TSEG1 = 4，TSEG2 = 3，位时间 = 10，BRP = 3，SJW = 1，SBG = 1。

（6）错误状态寄存器 ESR（Error Status Register）

该寄存器格式如下：

15~9	8
Reserved	FER
	RC-0

7	6	5	4	3	2	1	0
BEF	SA1	CRCE	SER	ACKE	BO	EP	EW
RC-0	RC-1	RC-0	RC-0	RC-0	R-0	R-0	R-0

位 15 ~ 9　保留位。

位 8　FER：格式错误。

- 0：CAN 控制器进行正确的发送和接收。
- 1：总线上存在一种格式错误，即固定形式的位域中出现 1 位或多位非法位时，就产生一个格式错误。

位 7　BEF：位错误。

- 0：CAN 控制器进行正确的发送和接收。
- 1：在仲裁域外接收到的位和发送的位不匹配，或在发送仲裁期间一个显性位被发送，但接收到的是一个隐性位。

位 6　SA1：显性保留错误。

- 0：CAN 控制器检测到一个隐性位。
- 1：CAN 控制器没有检测到一个隐性位，当硬件复位、软件复位或总线关闭时 SA1 置为 1。

位 5　CRCE：CRC 错误。

- 0：CAN 控制器没有发生 CRC 错误。
- 1：CAN 控制器发生了 CRC 错误。

位 4　SER：填充错误。

- 0：无填充值错误。
- 1：违反了填充位规则，即发生了填充错误。

位 3　ACKE：应答错误。

- 0：CAN 控制器接收到应答信号。
- 1：CAN 控制器没有接收到应答信号。

位 2　BO：总线关闭状态。

- 0：操作正常。
- 1：CAN 总线发生错误，当发送计数器的值达到 256 时，就发生了总线关闭。在总线关闭期间 CAN 控制器不能进行发送和接收操作。清除 CCR 位或设置 ABO 位将恢复总线，一旦总线恢复，该位自动清零。

位 1　EP：消极错误状态。

- 0：CAN 控制器不处于消极错误模式。
- 1：CAN 控制器处于消极错误模式。

位 0　EW：警告状态。

- 0：接收和发送错误计数器的值都小于 96。
- 1：至少有一个错误计数器的值达到 96。

(7) 全局状态寄存器 GSR (Global Status Register)

该寄存器格式如下：

15~6	5	4	3	2	1	0
Reserved	SMA	CCE	PDA	Rsvd	RM	TM
	R-0	R-1	R-0		R-0	R-0

位 15 ~6　保留位。

位 5　SMA：悬挂模式应答。

- 0：CAN 控制器不处于悬挂模式。
- 1：CAN 控制器处于悬挂模式。

位 4　CCE：改变配置使能位。

- 0：禁止对配置寄存器进行写操作。
- 1：允许对配置寄存器进行写操作。

位 3　PDA：低功耗模式应答。

- 0：正常工作模式。
- 1：CAN 控制器已进入低功耗模式。

位 2　保留位。

位 1　RM：CAN 控制器处于接收模式。

- 0：CAN 控制器没有接收信息。
- 1：CAN 控制器正在接收信息。

位 0　TM：CAN 控制器处于发送模式。

- 0：CAN 控制器没有发送信息。
- 1：CAN 控制器正在发送信息。

(8) CAN 错误计数寄存器 CEC (CAN Error Counter Register)

CAN 错误计数寄存器包含两个错误计数器，它们分别是接收错误计数器 (REC) 和发送错误计数器 (TEC)，它们的计数值都是可读的。寄存器 CEC 的格式如下：

15~8
TEC[7:0]
R-0

7~0
REC[7:0]
R-0

当接收错误计数器 (REC) 的值超过其最大计数值 128 后，就不再增加。此后当正确接收到一个信息时，计数器的值将被设置在 119 到 127 之间。当总线处于关闭状态时，发送错误计数器的值是不确定的，但 REC 将被清零，REC 清零后其功能将发生改变。当总线上连续出现 11 个隐性位后，则 REC 加 1，这 11 位相对于总线上两组信息之间的间隔。如果 REC 的值达到 128 后，如果 MCR 寄存器中的 ABO 位置 1，则 CAN 控制器自动恢复总线，否则在经过连续 128 个 11 位的总线空闲信号和寄存器 MCR 中 CCR 位被复位后，CAN 控制器恢复总线。在 CAN 控制器恢复总线后，CAN 控制器的全部内部标志位被复位，错误计数器清零，配置寄存器保持原来的值。

在低功耗模式下，错误计数器的值保持不变。当 CAN 控制器进入配置模式时，错误计数器的值被清零。

（9）邮箱标识符寄存器 MSG IDn（Message Identifier for Mailboxes 0 ~ 5）

6 个邮箱都有各自独立的邮箱标识符，它们存储在两个 16 位的寄存器（MSG IDnH 和 MSG IDnL）中。邮箱标识符高位寄存器 MSG IDnH（n = 0 ~ 5）的格式如下：

15	14	13	12~0
IDE	AME	AAM	IDH[28:16]
RW	RW	RW	RW

位 15　IDE：标识符扩展位。

- 0：用标准标识符。
- 1：用扩展标识符。

位 14　AME：接收屏蔽使能位。这一位只与接收邮箱有关，对发送邮箱无影响。

- 0：禁止相应的标识符屏蔽，即接收邮箱的标识符必须与被接收的邮箱标识符相符才能接收信息。
- 1：使能相应的标识符屏蔽，即接收邮箱可以接收与它的标识符不符的信息。

位 13　AAM：自动应答模式位。这一位只与配置为发送邮箱的 2 和 3 有关。

- 0：邮箱不自动应答远程帧请求。
- 1：如果接收到一个标识符匹配的远程帧请求，则 CAN 外设将发送邮箱中的数据。

位 12 ~ 0　IDH[28:18]：标识符。相对于扩展信息帧的高 13 位标识符。IDH[28:16]即 MSG IDnH[12 ~ 2]位相对于标准信息帧的 11 位标识符。

邮箱标识符低位寄存器 MSG IDnL（n = 0 ~ 5）的格式如下：

15~0
IDL[15:0]
RW

位 15 ~ 0　IDL[15:0]：扩展格式标识符的低 16 位，与标准格式无关。

（10）邮箱控制域寄存器 MSG CTRLn（Message Control Field，n = 0 ~ 5）

6 个邮箱都各有一个自己的控制域，即决定信息是远程帧还是数据帧以及每帧的字节数。其格式如下：

15~5	4	3~0
Reserved	RTR	DLC[3:0]
	RW	RW

位 15 ~ 5　保留位。

位 4　RTR：远程发送请求位。

- 0：数据帧。
- 1：远程帧。

位 3 ~ 0　DLC[3:0]：数据长度选择位。对于发送邮箱来说，这几位决定发送数据的字节数。对于接收邮箱则无效，即接收数据的字节数由被接收的信息决定。

四位二进制数 0000 ~ 1000 分别表示 0 ~ 8 个字节。

（11）局部接收屏蔽寄存器 LAMn（Local Acceptance Mask Register n，n＝0，1）

CAN 控制器在接收信息时，先将要接收信息的标识符与相应接收邮箱的标识符（位于 MSG IDnH 和 MSG IDnL 寄存器中）进行比较，只有标识符相同的信息才能被接收。

CAN 控制器的接收滤波器使得接收邮箱可以忽略更多的位来接收信息，即如果只有被屏蔽的那几位标识符不相符，则仍能接收此信息。但当接收屏蔽使能位（AME）为 0 时，则局部接收屏蔽寄存器将失效。LAM1 对应于被配置为接收方式下的邮箱 2 和邮箱 3，LAM0 对应于邮箱 0 和 1。

局部接收屏蔽高位寄存器 LAMn_H（n＝0，1）的格式如下：

15	14~13	12~0
LAMI	Reserved	LAMn[28:16]
RW-0		RW-0

位 15　LAMI：局部接收屏蔽标识符扩充位。

- 0：接收邮箱是接收标准信息帧还是扩展信息帧由被接收信息的这一位（LAMI）决定。
- 1：标准信息帧和扩展信息帧都可以接收。接收到扩展信息帧时，接收到的 29 位标识符都可以进行滤波处理。当接收到标准信息帧时，接收到的 11 位标识符只与局部接收屏蔽高位寄存器中的 LAMn_H[12～2]位进行滤波处理。

14～13　保留位。

位 12～0　LAMn[28:16]：高 13 位局部接收屏蔽位。

- 0：相应接收标识符的位值必须相符才能被接收，即接收严格匹配的标识位。
- 1：相应接收标识符的位值不相符也能接收，即可接收 0 或 1。

局部接收屏蔽低位寄存器 LAMn_L 的格式如下：

15~0
LAMn[15:0]
RW-0

位 15～0　LAMn[15:0]。低 16 位局部接收屏蔽位。

- 0：相应接收标识符的位值必须相符才能被接收，即接收严格匹配的标识位。
- 1：相应接收标识符的位值不相符也能接收，即可接收 0 或 1。

（12）CAN 中断标志寄存器 CAN_IFR（CAN Interrupt Flag Register）

CAN 控制器能产生邮箱中断和错误中断两种中断请求，它们都可以设置为高优先级中断 INT1 或低优先级中断 INT5。在中断使能的情况下，当信息帧被成功的发送或接收时，将发生邮箱中断。当发生忽略应答、写拒绝、信息丢失、总线唤醒、总线关闭等错误时，将发生错误中断。

当产生 CAN 中断时，用户程序必须判断 CAN 中断标志寄存器（CAN_IFR）是否有 1 个或多个标志位被置位，如果有多于 1 个标志位被置位，则在相应的中断服务程序中应对每个置位的标志位作相应的处理。因为无论有多少个中断标志位被置位，只响应 CAN 中断一次。

如果 CAN 中断屏蔽寄存器（CAN_IMR）中相应的中断屏蔽位被置位，则当 CAN 中断标志寄存器（CAN_IFR）中的相应位被置位时，就产生了 CAN 中断。中断标志位不能自动清除，用户程序只有写 1 到相应的中断标志位才能清除。但是 MIF5 ~ 0 标志位不能用这种方法来清除，用户程序只有写 1 到寄存器 TCR 中的 TAn 位（相对于发送邮箱 2 ~ 5）和写 1 到寄存器 RCR 中的 RMPn 位（相对于接收邮箱 0 ~ 3）才能清除中断标志位。该寄存器的格式如下：

15~14		13	12	11	10	9	8
Reserved		MIF5	MIF4	MIF3	MIF2	MIF1	MIF0
		R-0	R-0	R-0	R-0	R-0	R-0

7	6	5	4	3	2	1	0
Rsvd	RMLIF	AAIF	WDIF	WUIF	BOIF	EPIF	WLIF
	RC-0	RC-0	RC-0	RC-0	RC-0	RC-0	RC-0

位 15 ~ 14　保留位。

位 13 ~ 8　MIF5 ~ MIF0：邮箱 5 ~ 0 中断标志位（接收或发送）。

- 0：没有信息被发送或接收。
- 1：相应的邮箱成功地发送或接收了信息。

位 7　保留位。

位 6　RMLIF：接收丢失中断标志位。

- 0：没有信息丢失。
- 1：至少一个接收邮箱发生了接收上溢。

位 5　AAIF：忽略应答中断标志位。

- 0：发送操作没有忽略。
- 1：发送操作被忽略。

位 4　WDIF：写拒绝中断标志位。

- 0：成功地对邮箱进行了写操作。
- 1：写操作遭拒绝。

位 3　WUIF：唤醒中断标志位。

- 0：CAN 控制器仍然处于休眠模式或正常工作模式。
- 1：CAN 控制器离开休眠模式。

位 2　BOIF：总线关闭中断标志位。

- 0：CAN 控制器处于在线状态。
- 1：CAN 控制器进入总线关闭状态。

位 1　EPIF：消极错误中断标志位。

- 0：CAN 控制器不处于消极错误模式。
- 1：CAN 控制器进入消极错误模式。

位 0　WLIF：错误警告中断标志位。

- 0：错误计数器的值没有达到错误警告值。
- 1：至少一个错误计数器的值达到错误警告值。

（13）CAN 中断屏蔽寄存器 CAN_IMR（CAN Interrupt Mask Register）

该寄存器格式如下：

15	14	13	12	11	10	9	8
MIL	Reserved	MIM5	MIM4	MIM3	MIM2	MIM1	MIM0
RW-0		RW-0	RW-0	RW-0	RW-0	RW-0	RW-0

7	6	5	4	3	2	1	0
EIL	RMLIM	AAIM	WDIM	WUIM	BOIM	EPIM	WLIM
RW-0	RW-0	RW-0	RW-0	RW-0	RW-0	RW-0	RW-0

位 15　MIL：邮箱中断优先级选择位（对于邮箱 5 ~ 0 的中断标志位 MIF5 ~ MIF0）。
- 0：高中断优先级。
- 1：低中断优先级。

位 14　保留位。

位 13 ~ 8　MIM5 ~ MIM0：邮箱 5 ~ 0 的中断屏蔽位。
- 0：禁止中断。
- 1：使能中断。

位 7　EIL：错误中断优先级选择位。
- 0：高中断优先级。
- 1：低中断优先级。

位 6　RMLIM：接收丢失中断屏蔽位。
- 0：禁止中断。
- 1：使能中断。

位 5　AAIM：忽略应答中断屏蔽位。
- 0：禁止中断。
- 1：使能中断。

位 4　WDIM：写拒绝中断屏蔽位。
- 0：禁止中断。
- 1：使能中断。

位 3　WUIM：唤醒中断屏蔽位。
- 0：禁止中断。
- 1：使能中断。

位 2　BOIM：总线关闭中断屏蔽位。
- 0：禁止中断。
- 1：使能中断。

位 1　EPIM：消极错误中断屏蔽位。
- 0：禁止中断。
- 1：使能中断。

位 0　WLIM：错误警告中断屏蔽位。
- 0：禁止中断。
- 1：使能中断。

9.4 CAN 控制器的操作

9.4.1 CAN 控制器初始化

在使用 CAN 控制器前必须对它的一些寄存器进行设置，如位配置寄存器设置及对邮箱进行初始化。

1. 初始化与位配置寄存器设置

位配置寄存器有 BCR1 和 BCR2 两个寄存器。它们决定了 CAN 控制器的通信波特率、同步跳转宽度、采样次数和重同步方式。位定时的配置步骤如下：

- 设置主控制寄存器 MCR 中的改变配置请求位为 1，即 CCR = 1。
- 判全局状态寄存器 GSR 中的改变配置使能位是否为 1，即 CCE 是否为 1，若 CCE = 1，则进入下一步。
- 设置 BCR1 和 BCR2 寄存器，即配置正确的波特率、同步跳转宽度、采样次数和重同步方式。
- 使寄存器 MCR 中的改变配置请求位为 0，即 CCR = 0。
- 判寄存器 GSR 中的改变配置使能位 CCE 是否为 0，若 CCE = 0，则进入下一步。
- 配置完成进入正常工作模式。

图 9-5 给出了配置位定时的流程图。

2. 初始化邮箱

对邮箱初始化主要是设置邮箱的标识符，发送的是远程帧还是数据帧及对发送的数据区（即 MBXnA ~ MBXnD）赋初值。

初始化邮箱的流程图如图 9-6 所示，下面是具体步骤：

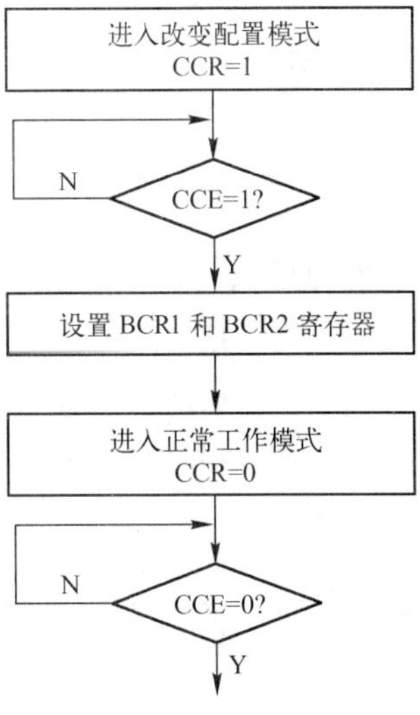

图 9-5 配置位定时流程

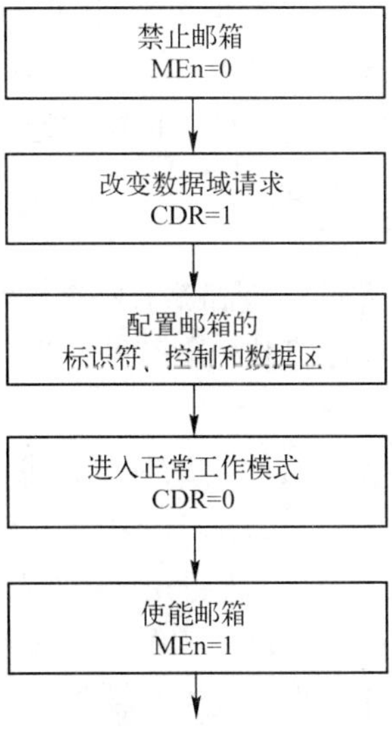

图 9-6 初始化邮箱流程图

- 设置邮箱方向/使能寄存器 MDER 中的邮箱使能位为 0，即 MEn = 0 （n = 0 ~ 5）。
- 设置主控制寄存器 MCR 中数据域改变请求位为 1，即 CDR = 1。
- 配置邮箱的内容如标识符寄存器、控制寄存器及数据区。
- 将寄存器 MCR 中数据域改变请求位清零，即 CDR = 0，进入正常工作模式。
- 设置寄存器 MDER 中的邮箱使能位为 1，即 MEn = 1。

通过初始化位定时和邮箱完成了对 CAN 控制器的初始化，只要满足一定的条件，相应的邮箱就将进行正常的发送和接收操作。

9.4.2 信息的发送

CAN 控制器的发送邮箱有邮箱 4 和邮箱 5 及被配置为发送方式的邮箱 2 和邮箱 3。在写数据到发送邮箱的数据区后，如果相应的发送请求位使能，则信息帧被发送到 CAN 总线上。

信息发送的流程图如图 9-7 所示，下面是具体步骤：

- 初始化发送邮箱。
- 设置邮箱方向/使能寄存器 MDER 中的邮箱使能位为 1，即 MEn = 1 （n = 2 ~ 5）。
- 设置发送控制寄存器 TCR 中的发送请求位为 1，即 TRSn = 1。
- 等待发送应答信号 TAn 或发送中断标志位 MIFn 置位，如 TAn = 1 或 MIFn = 1，则发送成功，进入下一步。
- 向寄存器 TCR 中的发送应答位（TAn）写 1，清除发送中断标志位和发送应答位。

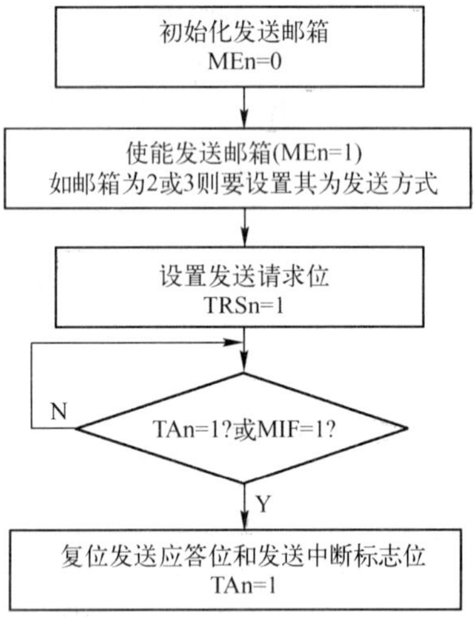

图 9-7　信息的发送流程图

如果多个发送邮箱的发送请求位置位，则信息帧将一个接一个地发送出去，邮箱权限高的先发送。如果发送失败，则发送邮箱将再次发送。

9.4.3 信息的接收

CAN 控制器的接收邮箱有邮箱 0 和邮箱 1 及被配置为接收方式的邮箱 2 和邮箱 3。接收邮箱初始化时要设置其标识符及标识符相关的局部接收屏蔽寄存器（LAM0、LAM1）。

1. 接收滤波器

CAN 控制器在接收信息时，先将要接收的信息的标识符与相应接收邮箱的标识符（位于邮箱标识符寄存器 MSG IDnH 和 MSG IDnL 中）进行比较，只有标识符相同的信息才能被接收。CAN 控制器的接收滤波器使得接收邮箱可以忽略更多的位来接收信息，即如果只有被屏蔽的那几位标识符不相符，则接收邮箱仍能接收此信息。但当接收屏蔽使能位（AME）为 0 时，则局部接收屏蔽寄存器将失效。LAM1 对应于被配置为接收方式下的邮箱 2 和邮箱 3，LAM0 对应于邮箱 0 和邮箱 1。

2. 接收信息的步骤

邮箱接收信息的流程图如图 9-8 所示。下面是具体步骤：

- 设置局部接收屏蔽寄存器（LAM0、LAM1）。
- 设置接收邮箱的标识符和控制寄存器。
- 等待接收控制寄存器 RCR 中的接收信息悬挂位（RMPn）或中断标志寄存器中的接收中断标志位 MIFn 置 1。如果 RMPn = 1 或 MIFn = 1，则接收成功，进入下一步。
- 向接收信息悬挂位（RMPn）写 1，清除接收中断标志位和接收信息悬挂位。

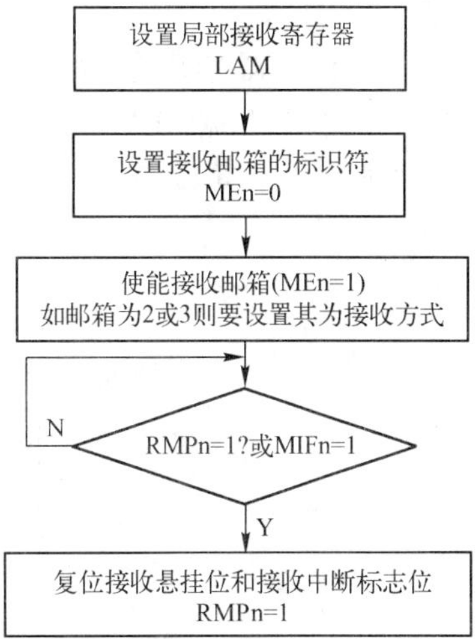

图 9-8　接收信息的流程图

9.4.4　远程帧处理

当邮箱要发送远程帧时，应设置远程发送请求位（RTR）为 1。远程帧和数据帧具有相同的形式，其也有标准信息帧和扩展信息帧两种格式，但远程帧中不含数据区。

远程帧主要用于请求信息，当节点 A 向节点 B 发送一个远程帧时，如果节点 B 中的远程帧信息与节点 A 有相同的标识符，节点 B 将作出应答，并发送相应的数据帧到总线上。

1. 发送远程帧

- 邮箱 4 和邮箱 5 及被配置为发送方式的邮箱 2 和邮箱 3 都可作为远程帧的发送邮箱。
- 设置寄存器 MSG CTRLn 的远程发送请求位为 1，即 RTR = 1。
- 设置发送控制寄存器 TCR 中的发送请求位为 1，即 TRSn = 1。
- 远程帧被发送到 CAN 总线上。如果远程帧发送邮箱为 2 或邮箱 3，则当发送成功后，将不置位发送应答位 TAn 和发送中断标志位 MIFn，且 TRSn 自动复位，这里 n = 2、3。

2. 自动应答远程帧

当邮箱接收到远程帧时，将自动发送一个数据帧作为应答。

- 只有被配置为发送方式的邮箱 2 和邮箱 3 才有这个功能。
- 设置 MSG IDn_H 寄存器中的自动应答模式位为 1，即 AAM = 1。
- 当接收节点的标识符与发送邮箱 2 或邮箱 3 的标识符相符时，接收节点将自动发送一个数据帧作为应答。

3. 接收远程帧

- 邮箱 0 和邮箱 1 及被配置为接收方式的邮箱 2 和邮箱 3 都可作为远程帧的接收邮箱。
- 当接收到远程帧时，将接收信息悬挂位和接收中断标志位置 1，即 RPMn = 1，MIFn = 1，这里 n = 0 ~ 3。
- CPU 响应相应的悬挂。

9.5　CAN 模块的应用

1. CAN 驱动电路设计

要构成 CAN 总线通信系统，除了需要上述的 CAN 控制器外，硬件电路还需要扩展驱动器芯片即收发器，作为 CAN 控制器与物理总线之间的接口，提供对总线的差分发送和接收能力。

常用的收发器芯片有 SN65HVD232、SN65HVD230、SN65HVD251、PCA82C250、UC5350 等。图 9-9 为采用 SN65HVD232 收发器芯片的 CAN 总线驱动器电路。为了提高抗干扰能力，保护 CAN 控制器，可以在 DSP 与收发器芯片之间加高速光隔，常用的光隔芯片有 HCPL-2630、6N137 等。

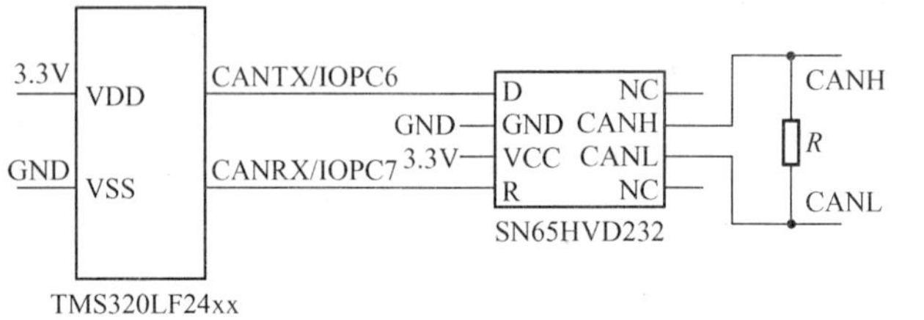

图 9-9　CAN 总线驱动器电路

SN65HVD232 是 TI 公司的 3.3V 电源 CAN 收发器芯片。其具有较强的抗干扰能力、有跨线保护、地损失和过电压保护、过温保护和共模范围宽等特性。其通信速率可达 1Mbit/s，高输入阻抗能使总线提供多达 120 个节点。CAN 总线的信号采用差动发送和差动接收，终端接有 120Ω 匹配电阻。

2. 软件设计

CAN 模块可以工作于两种模式：自测试模式与网络模式。自测试模式将信息送往相应的邮箱。而网络模式通过 CAN 总线送往其他 CAN 节点，此时这两个或更多个 CAN 节点应有相同的定时参数，即波特率必须保持一致。CAN 模块的两个引脚 CANTX 和 CANRX 同时复用为 I/O 引脚（CANTX/IOPC6，CANRX/IOPC7），所以应首先设置 I/O 端口复用控制寄存器 MCRB，以正确配置这两个引脚。注意使能 CAN 模块的时钟。

由于 2407 DSP 芯片的 CAN 控制器在自测试模式下，不需外接其他的硬件，而软件设计与正常模式下区别不大，因而特别适合学习开发调试。自测试模式与正常工作的网络模式在软件上的区别仅仅在于需要设置主控制器 MCR 中的 STM 位为 1。将 STM 位置 1，可以使 CAN 控制器工作于自测试模式。在这种模式下 CAN 控制器能自己产生应答信号，因此不需要与 CAN 总线相连，信息帧没有真正发送出去，而是被读回，并存储在相应的邮箱中。在自测试模式下，不能进行远程帧悬挂自动应答，也不能保存被接收的信息帧的标识符。

【例 9-1】 带 CAN 控制器的 2407 芯片工作于自测试模式下的软件设计。DSP 的 CAN 控制器邮箱 2 配置为接收方式，邮箱 3 配置为发送方式，都采用标准信息帧格式。发送用查询方式，接收用中断方式。接收到数据后，邮箱 2 中的数据加 1 用于更新邮箱 3 中的数据，并进行下一次发送，邮箱 2 用低中断优先级 INT5，用户可以通过开发工具 CCS 来观测邮箱 2 是否接收到邮箱 3 中的数据。

程序如下：

```
C 语言程序
#include "f2407_c. h"                //包含头文件
int FLAG;                            //定义标志变量
voidSystem_Init( );                  //系统初始化函数声明
```

```
voidCAN_Init();                         //CAN 初始化函数声明
void interrupt GISR5();                 //中断接收函数声明
main()
{
System_Init();                          //系统初始化函数
FLAG =0x00;                             //清 CAN 用户标志, FLAG =0 表示收到数据
CAN_Init();                             //CAN 初始化函数
asm(" clrc INTM");                      //允许中断
for(;;)
{
TCR =0x20;                              //MBX3 请求发送
while(TCR&0x2000 ==0) ;                 //等待发送应答
TCR =0x2000;                            //清 TA3 和 MIF3 标志位
while(FLAG ==0) ;                       //等待接收数据
FLAG =0x0000;                           //清接收到标志
MDER =0x0000;                           //邮箱不使能
MCR =0x0140;                            //CDR =1,数据改变请求
MBX3A = MBX2A +1;                       //邮箱 2 中数据加 1 用于更新邮箱 3 中的数据
MBX3B = MBX2B +1;
MBX3C = MBX2C +1;
MBX3D = MBX2D +1;
MCR =0x04c0;                            //DBO =1,ABO =1, STM =1 设置为自测试模式
MDER =0x04C;                            //使能邮箱 2 和 3, 邮箱 2 为接收方式(ME2 =1)
}
}

voidSystem_Init()                       //系统初始化函数
{
asm("setc   SXM");                      //抑制符号位扩展
asm("clrc   OVM");                      //累加器中结果正常溢出
asm("clrc   CNF");                      // B0 被配置为数据存储空间
asm("setc   INTM");                     //禁止所有中断
SCSR1 =0x83FE;                          //CLKOUT =2 * CLKIN =40 MHz
WDCR =0x0E8;                            //禁止看门狗
IMR =0x0010;                            //开中断 INT5
IFR =0x0FFFF;                           //清除全部中断标志,"写 1 清零"
WSGR =0x0000;                           //等待状态为 0
}

voidCAN_Init( )                         //CAN 初始化函数
{
MCRB| =0x00C0;                          //设置 IOPC6、IOPC7 为引脚 CANRX、CANTX
CAN_IFR =0x0FFFF;                       //清所有中断标志
```

```
LAM1_H = 0x7FFF;                    //设置邮箱 3、2 的屏蔽 ID 寄存器
LAM1_L = 0x0FFFF;                   //0 则 ID 必须匹配
MCR = 0x1040;                       //CCR = 1 改变配置请求,位 6,STM = 1,自测试模式
while(GSR&0x0010 == 0) ;            //CCE = 1 时即可配置 BCR2、BCR1 寄存器
BCR2 = 0x01;                        //波特率预分频寄存器
BCR1 = 0x0057;                      //波特率设置为 1 Mbit/s
MCR& = 0x0EFFF;                     //CCR = 0 改变配置请求
while(GSR&0x0010! = 0) ;            //只有当 CCE = 0 时,配置 BCR2、BCR1 寄存器成功
MDER = 0x040;                       //不使能邮箱 2, 邮箱 2 改为接收方式
MCR = 0x0143;                       //CDR = 1,数据区改变请求
MSGID2H = 0x2447;                   //设置邮箱 2 的控制字及 ID
                                    //IDE = 0,AME = 0,AAM = 0, 标准方式为 MSGID2H[12 ~ 2]
MSGID2L = 0x0FFFF;
MSGCTRL2 = 0x08;                    //设置控制域,数据长度 DCL = 8, RTR = 0 数据帧
MBX2A = 0x0000;                     //邮箱 2 信息初始化
MBX2B = 0x0000;
MBX2C = 0x0000;
MBX2D = 0x0000;
MSGID3H = 0x2447;                   //设置邮箱 3 的标识符
MSGID3L = 0x0FFFF;
MSGCTRL3 = 0x08;                    //RTR = 0,DCL = 8
MBX3A = 0x2211;                     //邮箱 3 信息初始化
MBX3B = 0x4433;
MBX3C = 0x6655;
MBX3D = 0x8877;
CAN_IMR = 0x0F7FF;                  // MBX3 中断禁止,MBX2 中断使能,低中断优先级
CAN_IFR = 0x0FFFF;                  //清中断标志
MCR = 0x04c0;                       //DBO = 1,ABO = 1, STM = 1 设置为自测试模式
MDER = 0x04C;                       //使能邮箱 2 和 3, 邮箱 2 为接收方式(ME2 = 1)
}

void interrupt GISR5()              //中断接收程序
{
switch(PIVR)
{
case  0x40:
RCR = 0x040;                        //复位 RMP2 和 MIF2
FLAG = 1;                           //置用户接收标志
break;
}
}
                                    //假中断,中断服务程序
void interrupt nothing( )
```

```
{ return; }
```

汇编语言中断向量表文件 vecotrs. asm

```
        .ref    _nothing        ;声明在其他程序中定义并在本程序中需要使用的符号,
                                ;假中断 nothing
        .ref    _c_int0         ;复位中断
        .ref    _GISR5          ; INT5
        .sect ".vectors"        ;定义向量段
reset:  B       _c_int0         ;复位中断向量
INT1:   B       _nothing        ; INT1 中断向量
INT2:   B       _nothing        ; INT2 中断向量
INT3:   B       _nothing        ; INT3 中断向量
INT4:   B       _nothing        ; INT4 中断向量
INT5:   B       _GISR5          ; INT5 中断向量
INT6:   B       _nothing        ; INT6 中断向量
        .end
```

该实例是 CAN 总线的自测试实验。当接收到数据后，邮箱 2 中的数据加 1 用来更新邮箱 3 中的数据，并进行下一次发送。可以通过开发工具 CCS 的 Watch Window 功能来观测邮箱 2 是否接收到与邮箱 3 一致的数据。

9.6 思考题与习题

1. 什么是 CAN 总线?
2. 一个有效的数据帧由几部分组成?
3. CAN 控制器的标准格式和扩展格式的两种帧格式的主要区别是什么?
4. CAN 邮箱由几部分组成? 每个邮箱最大能存储多少个字节?

第 10 章　DSP 应用系统设计

本章知识要点：

1）2407 DSP 系统硬件设计（Hardware Design for 2407 DSP Systems）。

2）基于 DSP 的数字运动控制系统（A DSP Based Digital Motion Control System）。

3）快速傅里叶变换与 FIR 数字滤波器（Fast Fourier Transform and FIR Digital Filters）。

10.1　2407 DSP 系统硬件设计

DSP 系统硬件设计包括根据系统要求选择合适的 DSP 芯片、选择外围芯片、设计原理图与设计印制电路板图等过程。

一个典型的 2407 DSP 应用系统如图 10-1 所示。如果不包括外部扩展的存储器等芯片，就构成一个单片 DSP 系统（Single Chip Solution），即 DSP 最小系统。除 DSP 芯片外，最小系统主要包括电源电路、时钟电路、复位电路、JTAG 接口电路、通信接口驱动电路与应用电路等。根据需要还可以扩展外部存储器、D－A 转换器等电路。

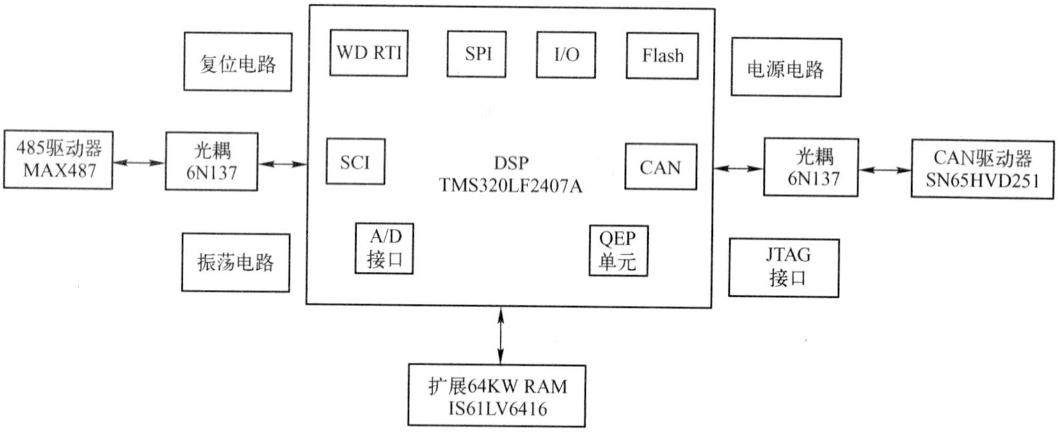

图 10-1　2407 DSP 系统

上述 DSP 系统包括：TMS320LF2407A DSP 电路、电源电路、时钟电路、复位电路、64 KW RAM 存储器、CAN 总线接口、RS－485 通信接口等。

1. 电源电路

2407 DSP 系统需要 3.3V 电源供电。2407 DSP 的 Flash 编程电压 V_{CCP} 为 5V。ADC 模拟块有时需要独立的模拟电源。

3.3V 电源一般可以通过对 5V 电源进行直流变换得到。常用的电源芯片见表 10-1。

表 10-1　常用的电源芯片

型　　号	规　　格	备　　注
TPS767D301PWP	1.5～5.5V 可调 3.3V，1A	双电压输出 +3.3V 和可调
TPS7133Q	3.3 V，0.5A	单电压输出 +3.3V
TPS7233Q	3.3 V，0.25A	单电压输出 +3.3V
TPS7333Q	3.3 V，0.5A	单电压输出 +3.3V
MAX748	3.3V，0.75A	单电压输出 +3.3V

图 10-2 为一个采用 TPS7333Q 芯片的 5V 到 3.3V 转换电源电路。

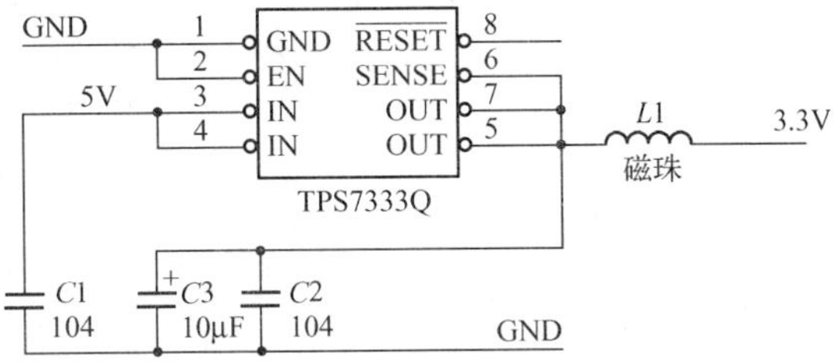

图 10-2　采用 TPS7333Q 芯片的 DSP 电源电路

2. 时钟电路

2407 DSP 的时钟电路有内部振荡器方式和外部振荡器方式两种，即无源晶振和有源晶振方式。有源晶振驱动能力较强，频率范围宽，在 1 Hz～400 MHz 之间。无源晶振价格便宜，但它的驱动能力较差，一般不能提供给多个器件共享，且频率范围较窄，通常在 10 kHz～60 MHz之间。

2407 DSP 的时钟电路如图 10-3 所示，可以选择 20 MHz 的振荡频率，通过内部锁相环进行 2 倍频，或选择 10 MHz 的振荡频率，通过 4 倍频实现 40 MHz 的 CPU 系统时钟。注意：应选择 3.3V 供电的有源晶振，这样其输出端可以与 DSP 的 XTAL1/CLKIN 直接相连。XTAL1/CLKIN 为振荡器输入信号，XTAL2 为振荡器输出信号。图 10-3a 为无源振荡时钟电路，图中的电容 C1、C2 可取 20～30 pF。图 10-3b 为有源振荡时钟电路，此时不使用 DSP 的内部振荡器，时钟来自于 XTAL1/CLKIN 输入的外部时钟信号，XTAL2 引脚悬空。

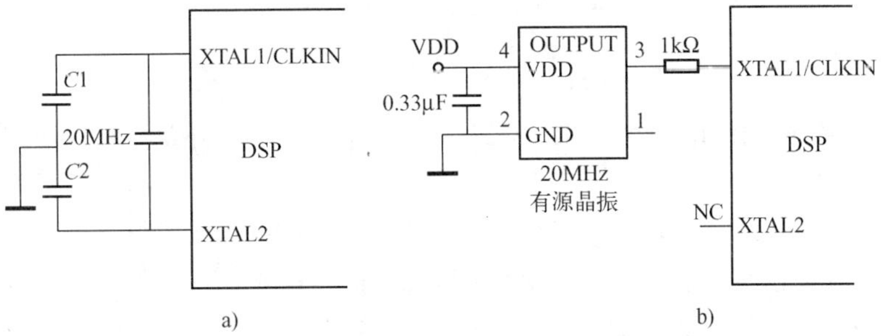

图 10-3　2407 DSP 时钟电源
a) 内部振荡器方式　b) 外时钟源方式

为了抑制信号抖动和电磁干扰，锁相环（PLL）时钟电路可以采用外部滤波电路，如图10-4所示。具体的参数可以参考用户手册与实验来确定。对于CLKIN = 10 MHz的情况，可以选择R1 = 11 Ω，C1 = 0.68 μF，C2 = 0.015 μF。对于CLKIN = 20 MHz的情况，可以选择R1 = 24 Ω，C1 = 0.15 μF，C2 = 0.0033 μF。

3. 复位电路

可靠的复位电路是DSP系统必不可少的。DSP复位后，程序计数器PC = 0000H，即从0000H地址开始执行程序，而且许多片内寄存器的值回到复位状态。2407 DSP为低电平复位。由于内部有复位电路，所以直接在复位引脚$\overline{\mathrm{RS}}$接一个10 kΩ的上拉电阻即可。通常的复位电路设计有RC电路法和专用芯片法。图10-5为RC复位电路，图中的74LVT14非门起到抗干扰的作用。

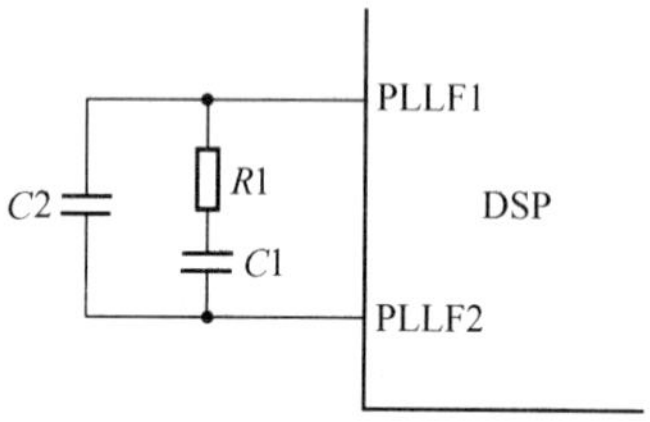

图10-4　外部滤波电路

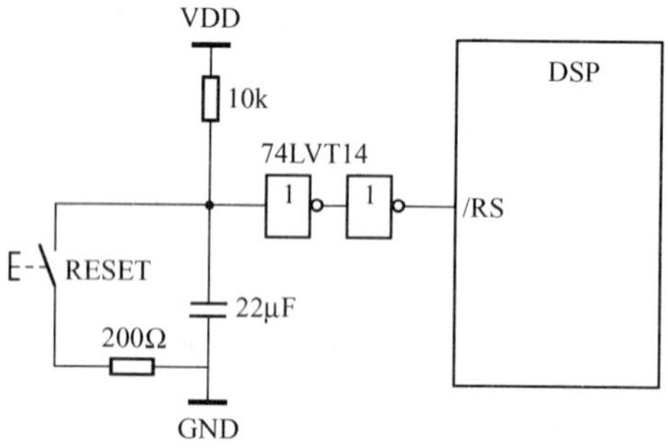

图10-5　RC复位电路

图10-6为采用芯片MAX811的复位电路。MAX811主要用于处理器电源电压监测，在上电和电源电压超限时产生复位信号。芯片的3脚$\overline{\mathrm{MR}}$为手动复位输入，该引脚为低时，会在2脚产生一个复位输出，复位输出信号一直有效，直到$\overline{\mathrm{MR}}$引脚变为高电平180ms后才变为高电平。

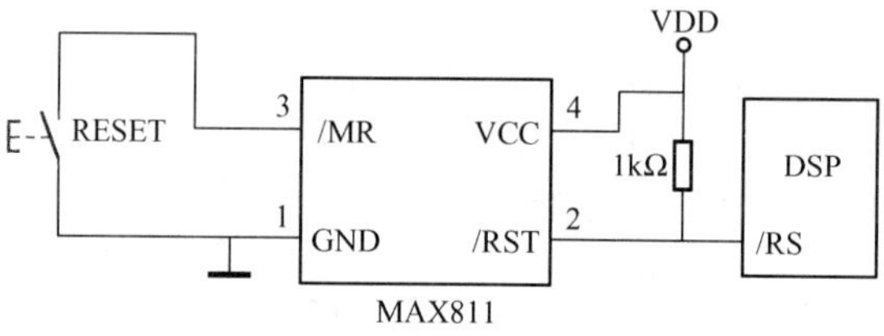

图10-6　MAX811复位电路

另外，图10-2给出的电源芯片TPS7333Q也具有复位输出引脚，可直接用于DSP复位。

4. JTAG接口

对DSP的仿真调试需要通过仿真器进行，仿真器通过DSP芯片提供的扫描仿真（JTAG）引脚实现仿真功能。DSP仿真头采用14根信号线，符合JTAG IEEE1149.1标准。图10-7给出了DSP的仿真接口电路。其中的信号EMU0、EMU1引脚通常接5.1 kΩ的上拉电阻，电源信号PD（Vcc）连接+5V，用于给仿真器提供信号电源，引脚6不接，用于

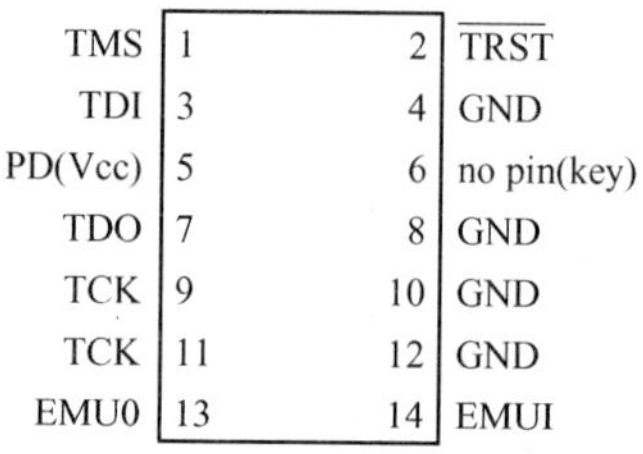

图10-7　JTAG仿真接口

仿真头定位。

5. 存储器扩展

2407 DSP 片内有 32 KW 的 Flash 存储器、544W 的 DARAM 和 2 KW 的 SARAM。

用户程序可以烧写入 32 KW 的 Flash 存储器，但在开发调试过程中，程序需要不断修改，反复写入 Flash 存储器显得不方便。可以将被调试的程序放入片内 2 KW 的 SARAM 中。由于 DSP 越来越多地采用 C 语言编程，程序占用存储器较大的空间，所以往往扩展片外 RAM 存储器用于程序调试。在开发阶段，将程序放入 RAM 存储器（称为仿真 RAM），可以方便地进行单步执行、设置断点及连续执行等调试操作。当然扩展的片外 RAM 也可以用做数据存储器。

2407 DSP 的程序存储器、数据存储器与 I/O 地址空间都各有 64 KW。其外部扩展有关的引脚为：

① 16 根外部地址总线 A15 ~ A0。

② 16 根外部数据总线 D15 ~ D0。

③ 微处理器/微计算机方式选择信号 MP/$\overline{\text{MC}}$。该引脚为高电平时，为微处理器方式，复位后，从外部存储器的 0000H 地址开始执行程序；低电平时，为微计算机方式，复位后，从内部存储器的 0000H 地址开始执行程序。设计电路时，该引脚可以通过一个 10 kΩ 的上拉电阻连接到 +3.3V 电源，需要时通过跳线与地（GND）相连。

④ 外部数据存储器访问选通信号$\overline{\text{STRB}}$。低电平有效。

⑤ 外部数据存储器空间选通信号$\overline{\text{DS}}$。低电平有效。

⑥ 外部程序存储器空间选通信号$\overline{\text{PS}}$。低电平有效。

⑦ 外部 I/O 空间选通信号$\overline{\text{IS}}$。低电平有效。

⑧ 低电平有效的写选通信号$\overline{\text{WE}}$。

⑨ 低电平有效的读选通信号$\overline{\text{RD}}$。

⑩ 读/写选择信号 R/$\overline{\text{W}}$。正常情况下为高电平。为低电平时表示写有效；为高电平时表示读有效。

⑪ 写/读选择信号 W/$\overline{\text{R}}$，是 R/$\overline{\text{W}}$ 信号的反相。为高电平时表示写有效；为低电平时表示读有效。

⑫ 准备好信号 READY。当为高电平时，表示外设模块已经做好了访问的准备。

⑬ 外部存储器接口使能信号 ENA_144。该引脚为高电平时，使能外部存储器接口。使能该信号可以连接一个 10 kΩ 的上拉电阻。

2407 DSP 的最小指令周期为 25ns（40 MHz），为了不影响系统访问外部存储器的速度，通常选择存取时间快的 RAM 芯片，以提高系统的工作速度。表 10-2 给出了一些高速 RAM 芯片的指标。

表 10-2　部分高速 RAM 芯片及其指标

器件型号	存储容量/kW	引脚	封装	速度/ns	公司	电源电压/V
TC55V1664	64	44	SOJ	15 ~ 17	Toshiba	3.3

（续）

器件型号	存储容量/kW	引脚	封装	速度/ns	公司	电源电压/V
IS61LV6416	64	44	TSOP	8 ~ 12	ISSI	3.3
CY7C1021V33	64	44	SOJ/TSOP	10 ~ 15	Cypress	3.3
CY7C1041V33	256	44	SOJ/TSOP	10 ~ 15	Cypress	3.3
IS61C6416	64	44	SOJ/TSOP	10 ~ 20	ISSI	5
CY7C1021	64	44	SOJ/TSOP	10 ~ 20	Cypress	5
IDT71016	64	44	SOJ/TSOP	12 ~ 20	IDT	5

片外存储器存取速度达不到高速的 CPU 时序要求时，可以由外部存储器通过控制 READY 信号来实现对访问时序的匹配。图 10-8 为扩展 64 KW（1 片 IS61LV6416，64 K × 16）存储器的电路图。该电路通过程序与数据选通信号相与，实现了仿真 RAM 的功能，即扩展的 RAM 存储器既可以存放程序，又可以存放数据。

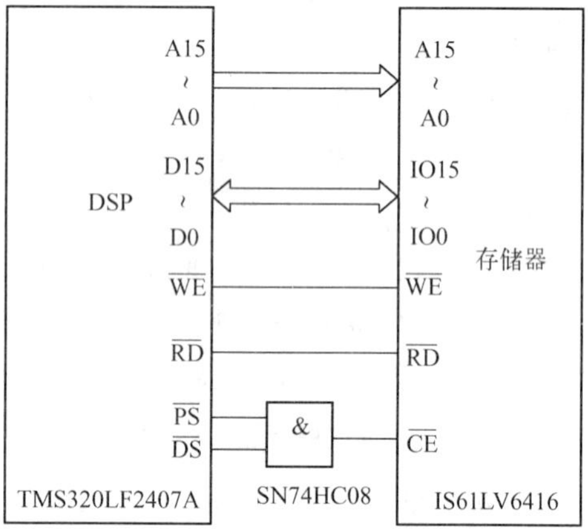

图 10-8　DSP 存储器扩展

扩展存储器的地址为 0x0000 ~ 0x0FFFF。由于该电路地址关系简单，所以选择了 74 系列逻辑电路。如果需要较复杂的系统扩展，例如，进一步扩展 A - D、D - A 电路、LCD 显示电路等，可以采用 74138 译码器、PAL、GAL 可编程逻辑电路、CPLD、FPGA 电路等进行译码。采用 CPLD、FPGA 的优点是可用单片实现复杂的逻辑功能，且保密性好，缺点是功耗较大，增加了系统的复杂性。

6. 其他电路扩展

1）电平转换电路。DSP 的工作电压为 3.3V，而目前仍有许多 5V 电源的逻辑器件，因此有的系统会是 3.3V 逻辑器件和 5V 逻辑器件共存。3.3V 的 DSP 芯片与 5V 供电芯片一般可以直接连接，但在 3.3V 低电压器件（LVTTL，LVCMOS）驱动 5V CMOS 器件的情况下，无法满足后者高电平的最小输入电压 3.5V 的要求，所以 3.3V DSP 器件不能直接驱动 5V CMOS 器件。这种情况下可以采用专门的电平转换芯片（如 SN74LVC164245、SN74LVC4245）。这类芯片采用双电压供电，一边是 3.3V 供电，另一边是 5V 供电，可以解决 3.3V 器件与 5V CMOS 器件的电平转换问题。另外，I/O 接口经常通过光耦合器件实现电压隔离与电平转换。

2）RS-232 接口、RS-485 接口、CAN 接口驱动电路。

3）串行接口的芯片。DSP 可以扩展许多采用 I^2C、SPI 接口的芯片。采用不带外部并行总线接口（XINTF）的 DSP 芯片（如 2406），可以减少芯片引脚数量，提高可靠性。采用这类 DSP 芯片只能进行串行接口方法扩展。常用的具有串行接口的芯片有 E^2PROM、A - D 转换器、D - A 转换器、键盘显示接口电路、LCD 控制器等。

4）实际应用电路的扩展，如指示灯电路、键盘显示电路、运算放大器电路、功率驱动电路等。

10.2 基于 DSP 的数字运动控制系统

基于 DSP 的数字运动控制系统是一种典型的 DSP 应用系统，是 C2000 系列 DSP 的主要应用领域之一。运动控制系统通常由电动机、功率逆变器和数字控制系统等组成。数字控制系统为功率逆变器提供开关驱动信号，将电源转换为电动机所需的电压和电流，由电动机直接或通过减速齿轮等驱动机械负载。其中的电动机可以是永磁同步电动机、无刷直流电动机、交流异步电动机等。

以永磁同步电动机为控制对象的数字交流伺服系统在数控机床、机器人等运动控制领域获得了广泛应用。交流伺服系统通常是电流、速度和位置三环控制系统。全数字交流伺服系统对这 3 个控制环采用数字控制，简化了系统结构，而且能实现信息存储、系统监控、诊断及分布式控制的智能化功能，具有参数整定容易、功能强大等优点。本节以基于 DSP 的永磁同步电动机（PMSM）数字运动控制系统为例，介绍 DSP 在数字电动机控制领域的应用。

1. 永磁同步电动机矢量控制原理

三相对称绕组通以对称电流，形成一个按同步转速旋转的合成电枢磁动势即旋转磁场。设 i_a，i_b，i_c为三相定子绕组电流的瞬时值，随时间变化。采用单矢量多时轴的方法，取定子绕组 A、B、C 各相空间轴线为各自的时间轴。定子电流空间综合矢量定义为：

$$i_s = 2/3(i_a + i_b e^{j2\pi/3} + i_c e^{j4\pi/3}) \tag{10-1}$$

综合矢量是一个在空间旋转的矢量，如图 10-9 所示，各相电流为综合空间矢量在各自相轴上的投影。这种综合矢量的分析方法也适合于电压、磁链等，而且不要求各相物理量必须按正弦变化。

旋转空间综合矢量 $\boldsymbol{i}_s$是三相电流的空间矢量和，也同样可以由常用的 α、β 两相静止坐标系统产生，如图 10-10 所示。三相 A、B、C 到两相 α、β 坐标系统变换（也称为 Clarke 变换）的关系式为：

$$\begin{bmatrix} i_\alpha \\ i_\beta \\ i_0 \end{bmatrix} = \frac{2}{3}\begin{bmatrix} 1 & -\frac{1}{2} & -\frac{1}{2} \\ 0 & \frac{\sqrt{3}}{2} & -\frac{\sqrt{3}}{2} \\ \frac{1}{2} & \frac{1}{2} & \frac{1}{2} \end{bmatrix}\begin{bmatrix} i_a \\ i_b \\ i_c \end{bmatrix} \tag{10-2}$$

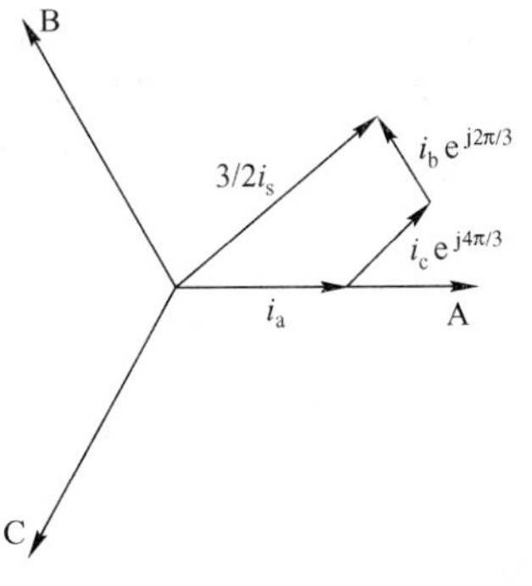

图 10-9　定子电流空间综合矢量

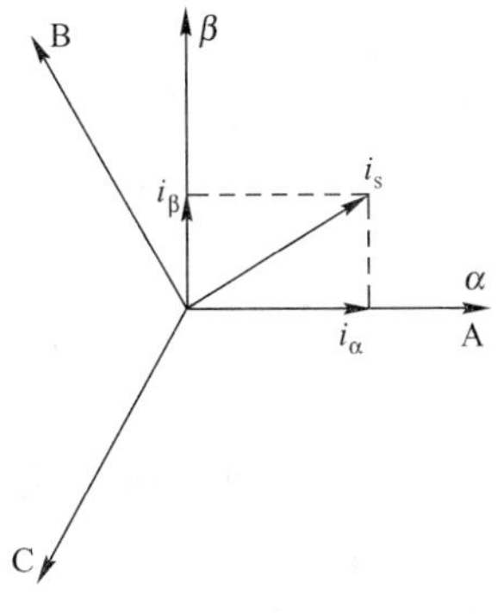

图 10-10　A、B、C 到 α、β 的坐标变换

对于三相永磁同步电动机对称接法，通常无中线，三相电流之和为零，即零序电流为零，$i_0=0$。三个变量只有两个是独立的。

$$i_a + i_b + i_c = 0$$

这时坐标变换的公式得以简化，三相到两相静止坐标变换即 α，β 变换的关系式为：

$$\begin{aligned} i_\alpha &= i_a \\ i_\beta &= \frac{1}{\sqrt{3}} i_a + \frac{2}{\sqrt{3}} i_b \end{aligned} \tag{10-3}$$

α，β 变换后，电磁转矩仍然是转子磁通位置的函数，电磁方程的求解仍很困难，为此进行 d，q 坐标变换。d，q 坐标是建立在转子上的旋转坐标，取转子磁通 ψ_f 的方向为 d 轴正方向，如图 10-11 所示。

综合矢量 i_s 可分解为沿 d，q 轴的两个分量 i_d、i_q。两相静止坐标变换到转子旋转坐标即 d，q 变换（也称为 Park 变换）的表达式为：

$$\begin{aligned} i_d &= i_\alpha \cos\theta + i_\beta \sin\theta \\ i_q &= -i_\alpha \sin\theta + i_\beta \cos\theta \end{aligned} \tag{10-4}$$

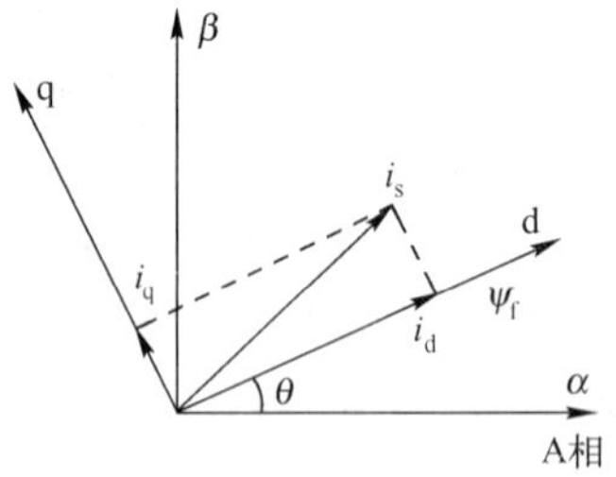

图 10-11　α，β 到 d，q 的变换

θ 为转子 d 轴领先定子 a 相（α 轴）的电气角度。d，q 坐标变换后，定子电压方程可以大为简化，相应的 d，q 坐标电压方程即 Park 方程为：

$$\begin{aligned} u_d &= R_a i_d + p\psi_d - \omega\psi_q \\ u_q &= R_a i_q + p\psi_q + \omega\psi_d \end{aligned} \tag{10-5}$$

式中，R_a 是定子相电阻；$p = \mathrm{d}/\mathrm{d}t$ 是微分算子；$\omega = p\theta = \mathrm{d}\theta/\mathrm{d}t$ 是电气角速度；ψ_d、ψ_q 是 d，q 轴磁链。

$$\begin{aligned} \psi_d &= L_d i_d + \psi_f \\ \psi_q &= L_q i_q \end{aligned} \tag{10-6}$$

式中，ψ_f 是转子永磁体磁链，为一常数；L_d、L_q 是 d，q 轴电感；电磁转矩方程为：

$$T_e = 3/2\, p_n (\psi_d i_q - \psi_q i_d) = 3/2 p_n [\psi_f i_q + (L_d - L_q) i_d i_q] \tag{10-7}$$

式中，p_n 是电动机极对数。

而机械运动方程为：

$$T_e = T_L + Jp\Omega + B\Omega \tag{10-8}$$

式中，T_L 是机械负载转矩；$\Omega = \omega/p_n$ 是机械角速度；J 是转动惯量；B 是运动阻尼系数。

交轴电流 i_q 为转矩电流分量，对电磁转矩的产生起主要作用。通常励磁电流分量 i_d 对电磁转矩的产生贡献不大，且存在使永磁体去磁的可能，故控制 $i_d=0$，即采用磁场定向控制（FOC）的方法，使定子磁场与转子磁场始终保持垂直。这时电磁转矩方程和 d 轴电压方程分别为：

$$T_e = 3/2 p_n \psi_f i_q \tag{10-9}$$

$$u_d = -p_n \Omega L_q i_q \tag{10-10}$$

电磁转矩与交轴电流 i_q 成正比，即：

$$T_e = K_t i_q \tag{10-11}$$

式中，$K_t = 3/2 p_n \psi_f$ 为比例常数。

这类似于传统他励直流电动机，能够实现电磁转矩的线性化控制。因此采用 $i_d=0$ 的矢量控制，可以得到优良的转速控制特性。对于高于额定转速的应用场合，可使 $i_d<0$，即采用弱磁调速，进行恒功率控制。

2. 永磁同步电动机数字伺服系统控制原理

永磁同步电动机（PMSM）位置伺服系统的控制原理如图 10－12 所示。系统的位置环、速度环与电流环全部由软件实现，均采用数字 PI 调节器。坐标变换矢量控制、空间矢量 PWM 等均由软件完成。位置检测采用增量式光电编码器，转速 n 由机械位置 θ_m 微分求得。去掉外面的位置环可以实现速度伺服系统的控制。

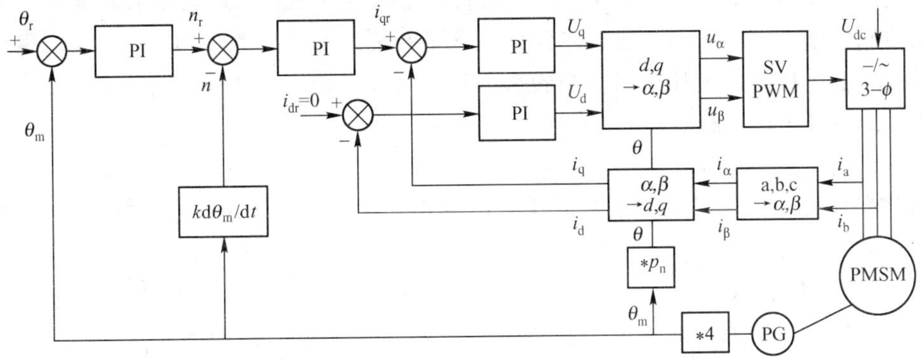

图 10－12　数字伺服系统控制原理框图

3. 永磁同步电动机空间矢量 PWM 控制

交流电动机通常采用三相桥式逆变器将直流电源转换为所需的交流电源，如图 10－13 所示。一种重要的逆变方法就是脉宽调制（PWM）。脉宽调制是利用半导体开关器件的导通与关断把直流电压变成电压脉冲序列，并通过控制脉冲宽度以达到调节控制电压、电流、频率和谐波的目的。脉冲宽度调制信号是一个周期固定宽度变化的脉冲序列，即每一个周期有一个脉冲，这个固定周期称为 PWM（载波）周期，其倒数称为 PWM 频率。PWM 脉冲的宽度由另一个期望值序列确定或调制，该期望值序列就是调制信号。

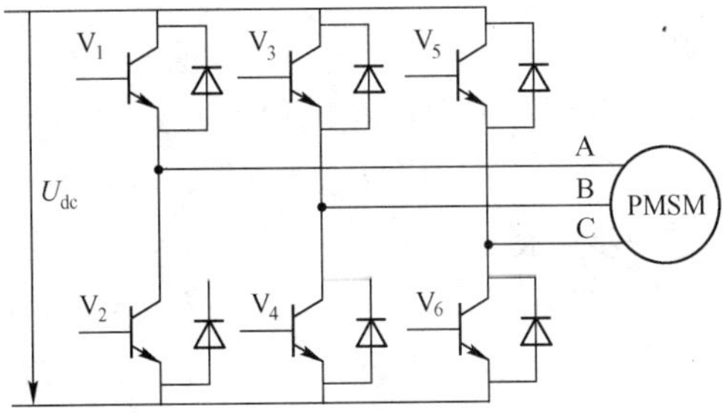

图 10－13　三相逆变器主回路

在电动机控制系统中，PWM 信号用于控制功率开关器件的导通与关断时间，以向电动机提供期望的电压、电流。相电流形状、频率和向电动机绕组提供能量的大小决定了电动机的转速和转矩。这时施加于电动机的命令电压或电流就是调制信号。通常调制信号的频率（50 ~ 100Hz）要比 PWM 载波频率（10 ~ 20kHz）低很多。

要产生 PWM 信号，首先要有一个合适的定时器用于 PWM 周期重复计数，还要用一个比较寄存器来保持调制信号值。比较寄存器的数值不断与定时器值相比较。当数值匹配时，在相应的 PWM 输出引脚产生一个由高到低或由低到高的转变。当下次匹配或定时器计数到达时，会产生一个由低到高或由高到低的转变。这样产生一个输出脉冲，其导通（或断开）

时间与比较寄存器值成正比。

DSP 控制器的一个事件管理器有三个比较单元，每一个比较单元都可用于非对称或对称 PWM 波形的产生，三个比较单元可联合用于空间矢量 PWM 波形的输出。采用定时器、死区单元及输出逻辑电路，每一个比较单元可产生一对 PWM 输出信号。与三个比较单元相应的 6 个输出引脚可方便地用于控制三相交流电动机、无刷直流电动机与步进电动机等。

PWM 控制技术从电压波形正弦，发展到电流波形正弦，再进一步发展到磁通正弦即空间电压矢量法（Space Vector PWM，SVPWM）。SVPWM 是从电动机的角度出发，着眼于如何使电动机获得幅值恒定的圆形磁场即正弦磁通。它以三相正弦波电压供电时交流电动机的理想磁通轨迹为基准，用逆变器不同的开关模式产生的实际磁通去逼近基准磁通圆，从而达到较高的控制性能，即可获得更小的电流谐波含量与更大的电源电压利用率。空间电压矢量 PWM 是将 α，β 坐标下的电压参考矢量转换为功率器件导通、断开的时间，以产生准正弦电流。下面介绍 SVPWM 方法。

（1）三相对中点的电压

三相 PMSM 接通三相对称的正弦电压，产生正弦电流，如图 10-14 所示。设三相电源电压为：

$$U_{OA}=U_m\cos\omega t$$
$$U_{OB}=U_m\cos（\omega t-120°）$$
$$U_{OC}=U_m\cos（\omega t+120°）$$

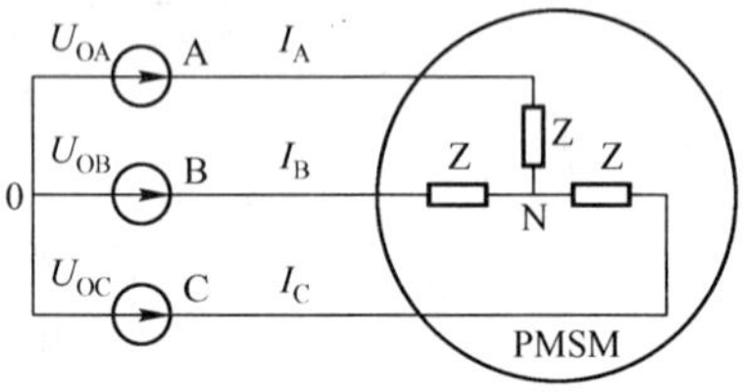

图 10-14　三相对称系统

为了计算每相对中点的电压即 U_{AN}、U_{BN}、U_{CN}，列出如下方程：

$$U_{ON}=U_{OA}+ZI_A$$
$$U_{ON}=U_{OB}+ZI_B$$
$$U_{ON}=U_{OC}+ZI_C$$

这样：
$$3U_{ON}=U_{OA}+U_{OB}+U_{OC}+Z（I_A+I_B+I_C）$$

注意到：
$$I_A+I_B+I_C=0$$

则：
$$U_{ON}=（U_{OA}+U_{OB}+U_{OC}）/3 \tag{10-12}$$

可求得相对于中点 N 的电压：

$$U_{AN}=U_{ON}-U_{OA}=（-2U_{OA}+U_{OB}+U_{OC}）/3$$

进一步可得：

$$\begin{aligned}U_{AN}&=（2U_{AO}-U_{BO}-U_{CO}）/3\\U_{BN}&=（2U_{BO}-U_{AO}-U_{CO}）/3\\U_{CN}&=（2U_{CO}-U_{AO}-U_{BO}）/3\end{aligned} \tag{10-13}$$

（2）静态功率桥应用

在静态功率桥情况下，不采用正弦电压源，而是采用六个功率管作为通断开关连接于通过整流得到的直流母线电压，目的是在绕组中产生正弦电流而形成旋转磁场。由于绕组的电感特性，通过调制功率开关的负荷时间，以产生准正弦电流。

如图 10-15 所示，6 个功率器件（$V_1\sim V_6$）由 6 个 PWM 信号控制。这种结构开关有 8 种状态组合。可以分析出各种状态下整流桥的输出电压（以虚拟的整流直流电压中点 O 为参考点）见表10-3。表中“1”代表该相上桥臂功率器件导通，“0”代表下桥臂导通。由上述方程（10-13）可以求出A、B、C每相对绕组中点的电压见表10-4。

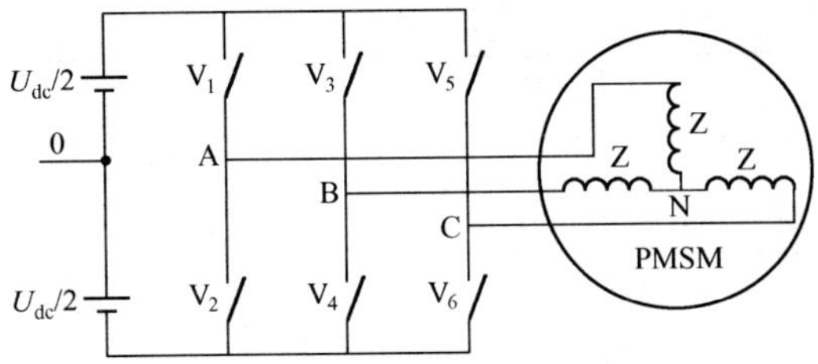

图10-15　功率桥

表10-3　功率桥输出电压（U_{AO}、U_{BO}、U_{CO}）

A　B　C	U_{AO}（U_{DC}）	U_{BO}（U_{DC}）	U_{CO}（U_{DC}）
0　0　0	-1/2	-1/2	-1/2
0　0　1	-1/2	-1/2	+1/2
0　1　0	-1/2	+1/2	-1/2
0　1　1	-1/2	+1/2	+1/2
1　0　0	+1/2	-1/2	-1/2
1　0　1	+1/2	-1/2	+1/2
1　1　0	+1/2	+1/2	-1/2
1　1　1	+1/2	+1/2	+1/2

表10-4　功率桥输出电压（U_{AN}、U_{BN}、U_{CN}）

A　B　C	U_{AN}（U_{DC}）	U_{BN}（U_{DC}）	U_{CN}（U_{DC}）
0　0　0	0	0	0
0　0　1	-1/3	-1/3	+2/3
0　1　0	-1/3	+2/3	-1/3
0　1　1	-2/3	+1/3	+1/3
1　0　0	+2/3	-1/3	-1/3
1　0　1	+1/3	-2/3	+1/3
1　1　0	+1/3	+1/3	-2/3
1　1　1	0	0	0

（3）α、β坐标下的定子电压

矢量控制算法的控制变量采用d、q旋转坐标，通过d、q坐标反变换（即Park反变换），可由α、β坐标表示定子参考电压矢量。同样三相电压（U_{AN}、U_{BN}、U_{CN}）也可变换到α、β坐标。三相电压变换到α、β坐标的关系式为：

$$\begin{bmatrix} U_\alpha \\ U_\beta \end{bmatrix} = \frac{2}{3}\begin{bmatrix} 1 & -\frac{1}{2} & -\frac{1}{2} \\ 0 & \frac{\sqrt{3}}{2} & -\frac{\sqrt{3}}{2} \end{bmatrix}\begin{bmatrix} U_{AN} \\ U_{BN} \\ U_{CN} \end{bmatrix} \tag{10-14}$$

由于有 8 种开关组合，U_α、U_β也有 8 种情况，见表 10-5，它们形成的 8 个参考电压矢量如图 10-16 所示。

表 10-5　定子电压矢量（U_α、U_β）

A　B　C	U_α（U_{DC}）	U_β（U_{DC}）	矢　量
0　0　0	0	0	O_{000}
0　0　1	$-1/3$	$-1/\sqrt{3}$	U_{240}
0　1　0	$-1/3$	$+1/\sqrt{3}$	U_{120}
0　1　1	$-2/3$	0	U_{180}
1　0　0	$+2/3$	0	U_0
1　0　1	$+1/3$	$-1/\sqrt{3}$	U_{300}
1　1　0	$+1/3$	$+1/\sqrt{3}$	U_{60}
1　1　1	0	0	O_{111}

（4）定子参考电压矢量分解变换

如图 10-16 所示，逆变器主回路的 6 个开关管 $V_1 \sim V_6$可以形成 8 个状态量，分别对应 8 个空间矢量，用 V_1、V_3和 V_5的开关状态来表示：000～111，1 表示导通，0 表示截止，而 V_2、V_4、V_6的状态与对应的 V_1、V_3和 V_5正好相反。其中 6 种状态（001～110）为非零矢量，两种状态（000，111）为零矢量。6 种非零矢量输出电压在电动机中形成 6 个工作磁链矢量，以 6 种不同工作电压矢量所形成的实际磁链，来追踪三相对称正弦波供电时定子上的理想磁链圆，即可得到 PWM 调制时的等效基准磁链圆。当输出电压矢量 U_{out}旋转到某扇区时，由组成该扇区的两个相邻非零矢量 U_x、U_{x+60}分别作用 T_1、T_2时间，时间分解如图 10-16 所示。为了补偿 U_{out}的旋转频率，插入零矢量 O_{111}或 O_{000}，时间为 T_0。

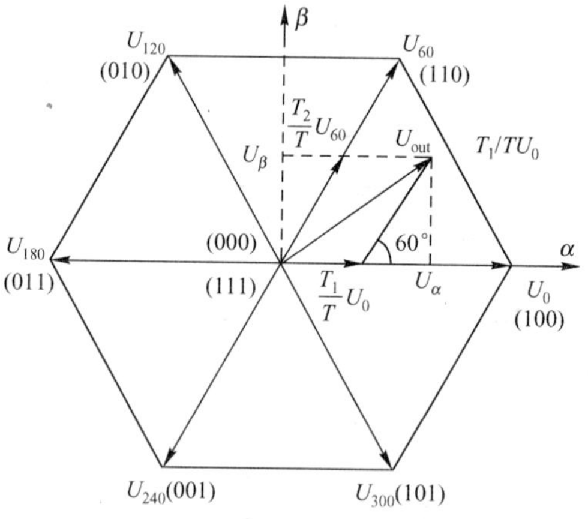

图 10-16　空间电压矢量调制（SVPWM）

$$U_{out} = T_1/TU_x + T_2/TU_{x+60} + T_0/T\,(O_{111}\text{或}\,O_{000})$$

$$T = T_1 + T_2 + T_0 \tag{10-15}$$

式中，T 是 PWM 周期。

为了确定 T_1、T_2的数值可进行如下分解变换（以 U_0、U_{60}扇区组成的扇区为例），如图 10-16 所示，有：

$$U_\beta = \frac{T_2}{T}U_{60}\cos(30°)$$

$$U_\alpha = \frac{T_1}{T}U_0 + \frac{U_\beta}{\text{tg}(60°)}$$

结合表 10-5 中 U_0、U_{60}的数值，可求出相邻矢量的作用时间分别为：

$$T_1 = \frac{T}{2U_{DC}}(3U_\alpha - \sqrt{3}U_\beta)$$
$$T_2 = \sqrt{3}\frac{T}{U_{DC}}U_\beta \tag{10-16}$$

图 10-17 给出了 U_0、U_{60}组成扇区（称为扇区 1）时的 SVPWM 开关顺序。扇区改变后，除了要按不同扇区计算非零矢量的作用时间外，还要将 A、B、C 三相电压输出的顺序作相应改变。

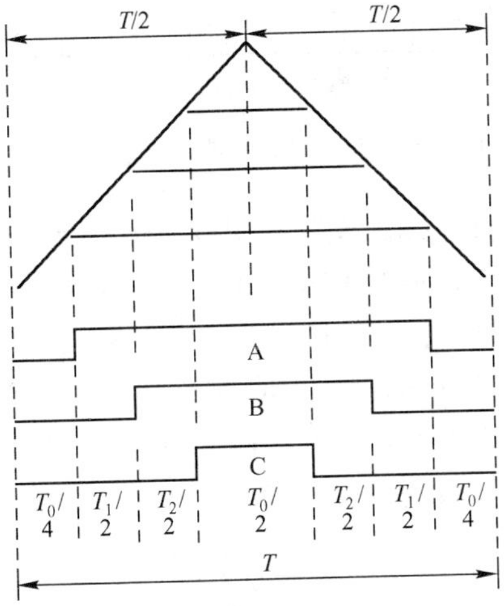

图 10-17　SVPWM 开关顺序

4. 伺服控制系统结构与硬件设计

控制系统采用 2407 DSP 为控制核心，组成的伺服系统只需要很少的系统元件，其性能高，成本低。

伺服控制系统主要由用于控制的 2407 DSP 板、逆变器功率放大板和永磁同步伺服电动机及同轴光电编码器等组成。功放板包括 MOSFET 功率场效应晶体管逆变桥及驱动电路、电流检测电路等。系统采用逆变器桥臂串接电阻并结合软件的方法，可以实现低成本的电流检测。

基于 DSP 的伺服控制系统结构如图 10-18 所示。伺服系统的电流、速度和位置反馈信号分别由 DSP 的 A - D 转换器接口和 QEP 单元输入，控制器输出直接控制比较单元的比较值，从而控制输出 PWM 脉冲的宽度，PWM 信号经功率场效应晶体管 MOSFET 构成的桥式逆变电路驱动伺服电动机。用 SCI 接口完成与上位机的串行通信功能。通过上位机可以设定参考给定位置、速度、电流，还可将位置、速度、电流反馈检测量实时传送到上位机显示，也可以通过数字 I/O 扩展的键盘设定给定量，由 SPI 接口完成数码管显示功能。伺服系统与 CNC 数控系统的接口除了通常的模拟速度接口外，还增加了脉冲数字量接口和串行通信网络接口。

5. 软件设计

伺服系统软件包括上位主机（计算机）部分和 DSP 控制部分。软件实现上述的控制原理及系统功能。上位机软件为用户图形界面，采用 Visual C ++ 编程设计，通过串行通信实

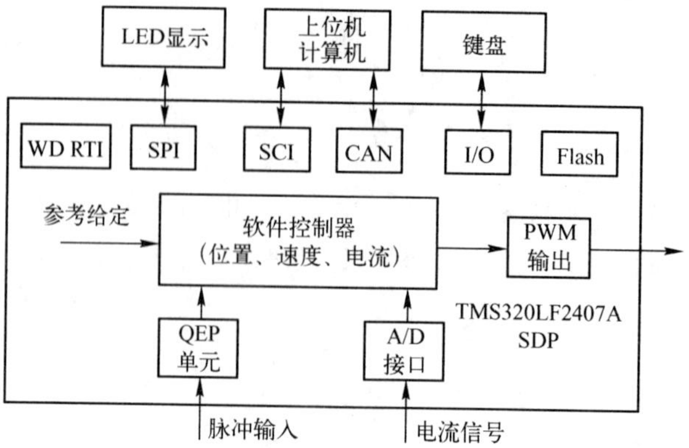

图 10-18　基于 DSP 的数字伺服控制系统

现图形界面下的控制器参数调整、标志设置、变量的设定与状态显示等功能。

DSP 控制软件采用 C 语言与汇编语言结合编程，利用集成开发环境 CCS 进行开发调试。软件可分为以下逻辑层：I/O 接口层、实时中断层、I/O 数据层和管理层，如图 10-19 所示。

I/O 接口层包括：SCI 接口串行通信；ADC 接口（用于电流检测）；PWM 接口（用于产生逆变器命令）；定时器 T1（用于产生电流、速度与位置采样周期）；QEP 单元和定时器 T2（用于测量电动机转子的位置与电动机的转速）。

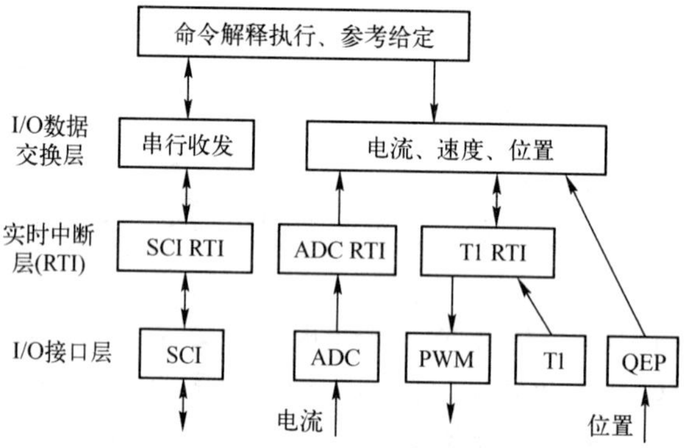

图 10-19　数字伺服系统 DSP 控制软件结构

实时中断层包括：定时器 T1 实时中断、A－D 转换中断和串行通信实时中断。在定时器 T1 实时中断程序中，进行正弦函数查表、坐标变换、数字 PI 控制等，图 10-20 给出了电流控制程序框图。

I/O 数据交换层包括：串行接收与发送数据交换，电流、速度、位置给定值与测量值数据交换。

管理层包括：上位机命令解释、参考给定生成、运动语言解释程序、键盘显示人机接口等。

图 10-20　T1 中断服务程序电流控制

PWM 频率的选择主要取决于电气时间常数，本系统 PWM 频率选为 20kHz。图 10-21 为速度控制时电流与速度响应曲线（图中实线为测量值，虚线为指令给定值），其控制器实验参数：q 轴与 d 轴电流控制器采样周期 $T=100\mu s$，比例系数 $K_p=0$，积分系数 $K_I=0.8$，速度控制器比例系数 $K_p=200$，积分系数 $K_I=20$。

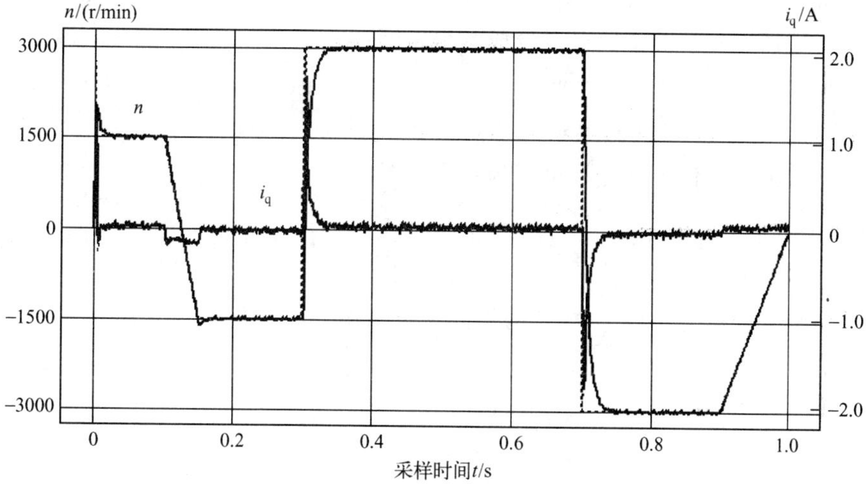

图 10-21　数字伺服系统电流与速度响应曲线

10.3　快速傅里叶变换与 FIR 数字滤波器

10.3.1　快速傅里叶变换

傅里叶变换是一种将时域信号变换为频域信号的变换形式。在频域分析中，信号的频率及对应的幅值、相位（统称为频谱）反映了系统的性能。快速傅里叶变换（Fast Fourier Transform，FFT）是离散傅里叶变换（Discrete Fourier Transform，DFT）的快速实现方法，是数字信号处理（DSP）中的重要算法之一。

1. 快速傅里叶变换的基本原理

非周期连续时间信号 $x(t)$ 的傅里叶变换为：

$$X(\omega)=\int_{-\infty}^{\infty}x(t)\mathrm{e}^{-\mathrm{j}\omega t}\mathrm{d}t \tag{10-17}$$

上式计算出来的是信号 $x(t)$ 的连续频谱。实际系统中经常得到的是信号 $x(t)$ 的离散采样值 $x(nT)$（T 为采样周期，$n=0,1,\cdots,N-1$），简记为 $x(n)$。N 点采样值频谱取样的谱间距为：

$$\omega_0=\frac{2\pi}{NT}$$

那么序列 $x(n)$ 的离散傅里叶变换为：

$$X(k)=\sum_{n=0}^{N-1}x(n)W_N^{nk},\ k=0,1,\ldots,N-1$$

$$W_{\mathrm{N}}^{nk}=\mathrm{e}^{-\mathrm{j}2\pi nk/N}=\cos(2\pi nk/N)-\mathrm{j}\sin(2\pi nk/N) \tag{10-18}$$

式中，$X(k)$ 是时间序列 $x(n)$ 的频谱；W_{N}称为蝶形因子或旋转因子。

对于 N 点时域采样值，经过离散傅里叶变换计算，可以得到 N 个频谱条。分析可知，离散傅里叶变换需要计算 N^2 次复数乘法和 $N(N-1)$ 复数次加法，在 N 较大时，这个计算量很大，为此需要采用快速离散傅里叶变换。

序列 $x(n)$ 按序号 n 的奇偶可以分成两组，即：

$$x_1(n)=x(2n)$$

$$x_2(n)=x(2n+1)\ ,\ n=0,1,\ldots,N/2-1.$$

所以 $x(n)$ 的离散傅里叶变换可写为：

$$\begin{aligned}X(k)&=\sum_{n=0}^{N/2-1}x(2n)W_{\mathrm{N}}^{2nk}+\sum_{n=0}^{N/2-1}x(2n+1)W_{\mathrm{N}}^{(2n+1)k}\\&=\sum_{n=0}^{N/2-1}x_1(n)W_{\mathrm{N/2}}^{nk}+W_{\mathrm{N}}^{k}\sum_{n=0}^{N/2-1}x_2(n)W_{\mathrm{N/2}}^{nk}\end{aligned}$$

由此可得：

$$X(k)=X_1(k)+W_{\mathrm{N}}^{k}X_2(k),\qquad k=0,1,\ldots,N/2-1 \tag{10-19}$$

式中：

$$X_1(k)=\sum_{n=0}^{N/2-1}x(2n)W_{\mathrm{N/2}}^{nk}$$

$$X_2(k)=\sum_{n=0}^{N/2-1}x(2n+1)W_{\mathrm{N/2}}^{nk} \tag{10-20}$$

$X_1(k)$ 和 $X_2(k)$ 分别是 $x_1(n)$ 和 $x_2(n)$ 的 $N/2$ 点 DFT。上面的推导表明，一个 N 点的 DFT 可以分解为两个 $N/2$ 点的 DFT，而这两个 $N/2$ 点的 DFT 又可以合成一个 N 点的 DFT，但上面给出的公式仅能得到 $X(k)$ 的前 $N/2$ 点的值，要用 $X_1(k)$ 和 $X_2(k)$ 来表示 $X(k)$ 的后半部分，还必须运用蝶形因子 W_{N}的周期性与对称性，即：

$$W_{\mathrm{N/2}}^{n(k+N/2)}=W_{\mathrm{N/2}}^{nk}$$

$$W_{\mathrm{N}}^{k+N/2}=-W_{\mathrm{N}}^{k}$$

因此 $X(k)$的后 $N/2$ 点可以表示为：

$$\begin{aligned}&X(k+N/2)=X_1(k+N/2)+W_{\mathrm{N}}^{k+N/2}X_2(k+N/2)=\\&X_1(k)-W_{\mathrm{N}}^{k}X_2(k)\ ,\qquad k=0,1,\ldots,N/2-1\end{aligned} \tag{10-21}$$

由此可见，一个 N 点的 DFT 可以分解为两个 $N/2$ 点的 DFT，每个 $N/2$ 点的 DFT 又可以分解为两个 $N/4$ 点的 DFT。依此类推，当 N 为 2 的整数次幂（$N=2^M$）时，由于每分解一次降低一次幂，所以通过 M 次分解，最后全部成为一系列 2 点 DFT 运算。这样计算量可以减为（$N/2$）$\log_2 N$ 个乘法运算和 $N\log_2 N$ 个加法运算，比 DFT 的计算量大大减少。以上就是按时间抽取的 FFT 算法。式（10–19）和（10–21）表示的运算称为蝶形运算。

2. FFT 的实现

【例 10–1】 用 DSP C 语言实现时间抽取的 FFT 算法的实例。

FFT 运算函数与主函数为：

```
#include"math.h"                          //数学函数头文件
```

```
#define PI 3.1415926
#define N 128                                    //采样次数 N
void InitForFFT( );                              //FFT 初始化函数
void MakeWave( );                                //波形发生函数
void finv(int N1, float *xr, float *xi);         //倒序运算函数 f(N1、Xr、Xi),对输入序列倒序
int INPUT[N], DATA[N];
float fWaveR[N], fWaveI[N], w[N];
float sin_tab[N],cos_tab[N];                     //正余弦函数表
int Mum;                                         //Mum 为蝶形运算的级数

void FFT(float Xr[N],float Xi[N])                //时间抽取法 FFT 程序,要求采样点数 N 为 2 的整
                                                 //数次幂
{                                                //Xr[ ]、Xi[ ]分别为输入序列的实部和虚部
int S,B;                                         //S 为旋转因子的幂数, B 为蝶形运算输入数据的距
                                                 //离,也即各级旋转因子的个数
int m, j, k;
float X,Y;
finv(N, Xr, Xi);                                 //倒序运算函数,对输入序列倒序
for (m=1; m<=Mum; m++)
{
    B=(int)(pow(2,m-1)+0.5);                     //B=2^(m-1)
    for(j=0; j<B; j++)                           //每级需要进行 B 种蝶形运算
        {
        S=j  *(int)(pow(2,Mum-m)+0.5);           //S=2^(Mum-1)
        for(k=j; k<=N-1; k+=(int)(pow(2,m)+0.5))
                                                 //每种蝶形运算在某一级中需要进行 N/pow(2,m)次
            {                                    //蝶形运算展开,结果的实部和虚部分别存储在原
                                                 //实部和虚部位置
            X=Xr[k+B]*cos_tab[S]+Xi[k+B]*sin_tab[S];
            Y=Xi[k+B]*cos_tab[S]-Xr[k+B]*sin_tab[S];
            Xr[k+B]=Xr[k]-X;
            Xi[k+B]=Xi[k]-Y;
            Xr[k]=Xr[k]+X;
            Xi[k]=Xi[k]+Y;
            }
        }
    }
for ( m=0;m<N/2;m++ )
{
    w[m]=sqrt(Xr[m]*Xr[m]+Xi[m]*Xi[m]);    //计算功率普
}
}
```

```
main()
{
int i;
InitForFFT( );                               //FFT 初始化函数
MakeWave( );                                 //波形发生函数
for ( i=0;i<N;i++ )
{
    fWaveR[i] = INPUT[i];
    fWaveI[i] =0.0;
    w[i] =0.0;
}
Mum = (int)(0.5 + log(N)/log(2));            //Mum 为蝶形运算的级数, N = 2^Mum
FFT(fWaveR,fWaveI);
for ( i=0;i<N;i++ ) DATA[i] = w[i];
while ( 1 );
}

void InitForFFT()                            //FFT 初始化函数,建立正余弦函数表
{
int i;
for ( i=0;i<N;i++ )
    {
    sin_tab[i] = sin(PI * 2 * i/N);
    cos_tab[i] = cos(PI * 2 * i/N);
    }
}
void MakeWave()                              //波形发生函数
{
int i;
for ( i=0;i<N;i++ )
{
    INPUT[i] = sin(PI * 2 * i/N * 3) * 1024; //f=3Hz, 正弦函数
}
}
```

由于上述代码中调用了 pow、log、cos、sin 函数，该函数所在的 C 文件应包含头文件 math. h。调用 FFT 函数进行 FFT 运算时，需要提供的参数为 FFT 运算点数、时域序列的实部与虚部。另外，FFT 函数包含的函数 finv（N，Xr，Xi）为倒序运算，函数代码如下：

```
//倒序运算函数 finv(N1、Xr、Xi),对输入序列倒序
//N1 为序列长度; Xr[]、Xi[]分别为输入序列的实部和虚部
//倒序原理:倒序数的加 1 是在最高位加 1,满 2 向次高位进 1,最高位变 0,依次往下
//从当前倒序值可求下一倒序值
void finv(int N1, float *xr, float *xi)//倒序运算函数 f(N1、Xr、Xi),对输入序列倒序
```

```
{
    int m, n,N2,k;                        // m 为正序数;n 为倒序数;k 为各个权值;N2 为最高位的权值
    float T;                              //临时变量 T
    N2 = N1/2;                            //最高位加 1 相当于十进制加上最高位的权 N1/2
    n = N2;                               //第一个倒序值
    for (m = 1; m < = N1 - 2;m ++ )       //第 0 个和最后一个不倒序
    {
    if(m < n)                             //为了避免再次调换,只需对 m < n 的部分调换顺序
    {
        T = xr[m]; xr[m] = xr[n];xr[n] = T;
        T = xi[m]; xi[m] = xi[n];xi[n] = T;
    }
    k = N2;                               //最高位权值
    while (n > = k)
    {
        n = n - k;                        //次高位位 1,继续上下进位,满 2 置 0
        k = (int)(k/2 + 0.5);             //向下权值依次比上级减半
    }
    n = n + k;                            //得到下一倒序值
    }
}
```

可以通过 CCS 软件调试该程序，并用其中的 View > Graph > Time/Frequency 菜单功能，显示变量 INPUT 与 DATA 图形，观察 FFT 的效果。

10.3.2　FIR 数字滤波器

在数字信号处理中，数字滤波占有极其重要的地位。无限冲击响应（Finite Impulse Response, FIR）数字滤波器（Digital Filter）采用的是一种常用的数字信号处理算法。利用窗函数法设计 FIR 滤波器，可以实现线性相位的数字滤波。

1. FIR 数字滤波器的设计方法

设 FIR 数字滤波器的单位冲击响应为 $h(n)$，则传递函数 $H(z)$ 为：

$$H(z) = \sum_{n=0}^{N-1} h(n) z^{-n}$$

FIR 数字滤波器的系数 $h(n)$ 可由下式求得：

$$h(n) = w(n) h_1(n),\ n = 0, 1, \dots, N-1$$

$w(n)$ 为窗函数，常见的窗函数有矩形窗、布莱克曼窗、汉宁窗、海明窗、凯塞窗等。理想单位冲击响应 $h_1(n)$ 可以根据给定的理想频率响应 $H_1(e^{j\omega})$，利用傅里叶变换求得：

$$h_1(n) = \frac{1}{2\pi} \int_{-\pi}^{\pi} H_1(e^{j\omega}) e^{j\omega n} d\omega$$

FIR 数字滤波器的差分方程为：

$$y(i) = \sum_{n=0}^{N-1} h(n) x(i-n) = h(0)x(i) + h(1)x(i-1) + \dots + h(N-1)x(i-N+1)$$

式中，$x(i)$ 为输入序列；$y(i)$ 为输出序列；N 为滤波器阶数。

2. FIR 数字滤波器的软件实现

【例 10-2】 实现一个低通 FIR 数字滤波器。要求带通边缘频率为 10kHz，阻带边缘频率为 22kHz，阻带衰减为 75dB，采样频率为 $f_s = 50\text{kHz}$。

采用窗函数法设计数字滤波器：

1）过渡带宽度 = 阻带边缘频率 − 带通边缘频率 = 22 − 10 kHz = 12 kHz。

2）截止频率：f_1 = 带通边缘频率 + 过渡带宽度/2 = 10 + 12/2 kHz = 16 kHz。

数字截止频率：　$\Omega_1 = 2\pi f_1/f_s = 2\pi \times 16/50 = 0.64\pi$

3）理想低通滤波器单位冲击响应：

$$h_1(n) = \sin(n\Omega_1)/n/\pi = \sin(0.64\pi n)/n/\pi$$

4）根据要求，选择布莱克曼窗，窗系数长度为：

$$N = 5.98\, f_s/\text{过渡带宽度} = 5.98 \times 50/12 = 24.9$$

5）选择 $N = 25$，布莱克曼窗函数为：

$$w(n) = 0.42 - 0.5\cos(2\pi n/24) + 0.08\cos(4\pi n/24)$$

6）滤波器单位冲击响应为：

$$h(n) = h_1(n)\,w(n) \qquad n \leqslant N-1$$
$$h(n) = 0 \qquad n > N-1$$

7）根据上面的计算求出 $h(n)$，然后将单位冲击响应值移位为因果序列。

8）完成的滤波器差分方程为：

$$\begin{aligned} y(i) = {} & 0.001x(i-2) - 0.002x(i-3) - 0.002x(i-4) + 0.01x(i-5) - 0.009x(i-6) \\ & - 0.018x(i-7) + 0.049x(i-8) - 0.02x(i-10) + 0.11x(i-11) + 0.28x(i-12) \\ & + 0.64x(i-13) + 0.28x(i-14) - 0.11x(i-15) - 0.02x(i-16) - 0.049x(i-17) \\ & - 0.018x(i-18) - 0.009x(i-19) + 0.01x(i-20) - 0.002x(i-21) \\ & - 0.002x(i-22) + 0.001x(i-23) \end{aligned}$$

数字滤波器程序如下：

```
#include "math. h"              //数学函数头文件
#define N 25                    //FIR 阶数 N
#define PI 3. 1415926
float InputWave( );             //输入波形
float FIR( );                   //FIR 滤波函数声明
float fHn[N] = { 0. 0,0. 0,0. 001, -0. 002, -0. 002,0. 01, -0. 009,     //滤波系数
              -0. 018,0. 049, -0. 02,0. 11,0. 28,0. 64,0. 28,
              -0. 11, -0. 02,0. 049, -0. 018, -0. 009,0. 01,
              -0. 002, -0. 002,0. 001,0. 0,0. 0
              };
float fXn[N] = { 0. 0 };
float fInput, fOutput;
float fSignal1, fSignal2;
float fStepSignal1, fStepSignal2;
float f2PI;                     //2 * PI
```

```
int i;
float FIN[256], FOUT[256];  //输入信号与输出信号
int nIn, nOut;
main(void)
{
    nIn = 0; nOut = 0;
    f2PI = 2 * PI;
    fSignal1 = 0.0;
    fSignal2 = PI * 0.1;
    fStepSignal1 = 2 * PI/30;
    fStepSignal2 = 2 * PI * 1.4;
    while ( 1 )
    {
    fInput = InputWave();
    FIN[nIn] = fInput;
    nIn ++; nIn% = 256;
    fOutput = FIR();            //调用 FIR 滤波函数
    FOUT[nOut] = fOutput;
    nOut ++;
    if ( nOut > = 256 )   nOut = 0;
    }
}
float InputWave()                //输入波形函数
{
for ( i = N - 1;i > 0;i - - ) fXn[i] = fXn[i - 1];
fXn[0] = sin(fSignal1) + cos(fSignal2)/6.0;
fSignal1 + = fStepSignal1;
if ( fSignal1 > = f2PI )fSignal1 - = f2PI;
fSignal2 + = fStepSignal2;
if ( fSignal2 > = f2PI )fSignal2 - = f2PI;
return(fXn[0]);
}

float FIR()                      //FIR 滤波函数
{
float fSum;
fSum = 0;
for ( i = 0;i < N;i ++ ) fSum + = (fXn[i] * fHn[i]);
return(fSum);
}
```

可以通过 CCS 软件环境调试该程序，并用其中的 View > Graph > Time/Frequency 菜单功能，显示变量 FIN 与 FOUT 图形，观察 FIR 数字滤波的效果。

10.4 思考题与习题

1. 对于 2407 DSP 芯片，采用 RAM CY7C1021V33 扩展 64KW 程序与数据共用存储器，请设计硬件电路。

2. 2407 DSP 的最小系统包括哪些具体电路？

3. 如何设计 DSP 的复位电路？

4. 如何设计 DSP 的时钟电路？

5. 如何设计 DSP 的 JTAG 电路？

6. 数字运动控制应用领域一般要用到 2407 DSP 的哪些片内外设？

7. 如何用 DSP C 语言编程实现常用的 FFT 与 FIR 信号处理算法？

附　　录

附录 A　DSP 术语英汉对照表

Accumulator（ACC）累加器
Address 地址
Address Bus 地址总线
Address Decoder 地址译码器
Address Space 地址空间
Addressing Mode 寻址方式
ALU（Arithmetic and Logic Unit）算术逻辑单元
Analog Devices 模拟器件
Analog Signal 模拟信号
Analog to Digital Converter（ADC）A/D 转换器，模数转换器
AND Gate 与门
ANSI（American National Standards Institute）美国国家标准协会
ARAU（Auxiliary Register Arithmetic Unit）辅助寄存器算术单元
Architecture 结构
Argument 参数
Arithmetic Operation 算术运算
ARP（Auxiliary Register Pointer）辅助寄存器指针
Array 数组
ASCII（American Standard Code for Information Interchange） ASCII 码，美国标准信息交换码
ASIC（Application-Specific Integrated Circuit）专用集成电路
Assembler 汇编程序，汇编器
Assembler Control 汇编器控制命令
AssemblerDirective 汇编器命令，伪指令
Assembly Language 汇编语言
Baud Rate 波特率
BCD（Binary Coded Decimal）BCD 码
BGA（Ball Grid Array）球形栅格阵列
Binary 二进制
Bit（二进制）位
BOPS（Billon Operations Per Second）十亿次操作每秒
Breakpoint 断点
BSP（Buffered Serial Port）缓冲串口
Buffer 缓冲器
Bus 总线
Bus Cycle 总线周期
Byte 字节
CALU（Central ALU）中央算术逻辑单元
CAN（Controller Area Network）控制器局域网络，CAN 总线
CaptureUnit 捕获单元
CCS（Code Composer Studio）代码创作者工作室
CE（Chip Enable）Signal 芯片使能信号
CeramicOscillator 陶瓷振荡器
Character 字符
Chip 芯片
CISC（Complex Instruction Set Computer）复杂指令系统计算机
C Language　C 语言
Clock 时钟
CMOS（Complementary MetalOxide Semiconductor） 互补金属氧化物半导体
Code 代码，程序

Code Memory 代码存储器，程序存储器
COFF（Common Object File Format）公共目标文件格式
Command 命令
Comment 注释
Communication 通信
Compatible 兼容
Compiler 编译程序，编译器
Configuration 配置
Connector 连接器，接插件
Console 控制台
Constant 常数
Control Bus 控制总线
Control Unit 控制器
Counter 计数器
CPLD（Complex Programmable Logic Device）复杂可编程逻辑电路
CPU（Central Processing Unit）中央处理器
CRC（Cyclic Redundancy Check）循环冗余校验
Cross Assembler 交叉汇编程序
CRT（Cathode-Ray Tube）阴极射线管
CrystalOscillator 晶体振荡器
CS（ChipSelect）片选
C（Carry）进位
Cycle 周期
D/A Converter（DAC） 数模转换器，D/A 转换器
DARAM（Dual Access RAM）双访问 RAM
Data 数据
Data Bus 数据总线
Data Memory 数据存储器
Datasheet 数据资料
Debug 调试
Debugger 调试程序
Decimal 十进制
Declaration 声明
Definition 定义
Delay 延时
Development Tool 开发工具
D Flip-flop D 触发器
DFT（Discrete Fourier Transform）离散傅里叶变换
Digital Motion Control（DMC）数字运动控制
Digital Motor Control（DMC）数字电动机控制
DIP（Dual In-line Package）双列直插封装
DirectAddressing 直接寻址
Directive 命令
Disable 禁止
Disassembly 反汇编
Display 显示，显示器
DMA（Direct Memory Access）直接存储器存取
DRAM（Dynamic RAM）动态读写存储器，动态 RAM
Draw-off Current 拉电流
DSC（DigitalSignal Controller）数字信号控制器
DSP（DigitalSignal Processing）数字信号处理
DSP（DigitalSignal Processor）数字信号处理器
DSP Controller DSP 控制器
eCAN（Enhanced Controller Area Network）增强型控制器局域网络
EDA（Electronic Design Automation）电子设计自动化
Editor 编辑程序
EEPROM，E^2 PROM（Electrically EPROM）电可擦除只读存储器
Embedded Computer 嵌入式计算机
Embedded Controller 嵌入式控制器，单片机
EmbeddedMicrocontroller 嵌入式微控制器，单片机
Embedded System 嵌入式系统
Emulator（硬件）仿真器
Enable Signal 使能信号

EPROM（Erasable Programmable ROM） 可擦除可编程只读存储器
Evaluation Module Board 评估板，EVM 板
Event Manager（EV） 事件管理器
Exclusive OR Gate 异或门
Expression 表达式
External Memory 外部存储器
Falling Edge 下降沿
FFT（Fast Fourier Transform） 快速傅里叶变换
FIFO（First InFirst Out） Buffer 先进先出缓冲器
Filename Extension 文件扩展名，文件名后缀
FILO（First In Last Out） 先进后出
FIR（Finite Impulse Response） 有限冲击响应
Firmware 固件，固化的程序
Flash Memory 闪速存储器
Flash ROM 快速程序存储器
Float 浮点数，实数
FPGA（Field-Programmable GateArray） 现场可编程门电路
Frequency 频率
Function 函数
General Purpose Timer 通用定时器
GISR（General Interrupt Service Routine） 通用中断服务子程序
GPIO（General Purpose I/O） 通用 I/O
Head File 头文件
Hexadecimal 十六进制
High Impedance State 高阻抗状态
Human Interface Device 人机接口设备
IAP（In Application Programming） 在应用编程
I^2C（Inter-Integrated Circuit Bus） I^2C 总线
IDE（Integrated Development Environment） 集成开发环境
Identifier 标识符
Idle Mode 空闲模式
IIR（Infinite Impulse Response） 无限冲击响应
Immediate Addressing 立即寻址
Include File 包含文件
Indirect Addressing 间接寻址
Instruction Set 指令系统，指令集
Integer 整数
Interface 接口
Internal Memory 片内存储器
Interpreter 解释程序
Interrupt Handler 中断处理程序
Interrupt Request 中断请求
Interrupt Routine 中断程序
Interrupt Service Routine 中断服务程序
Interrupt Vector 中断向量
Inverter 反相器
I/O（Input/Output） 输入/输出
I/O Address I/O 寻址
IP（Interrupt Priority） 中断优先级
ISR（Interrupt Service Routine） 中断服务程序
JTAG（Joint Test Action Group） Port JTAG 接口
KW（Kilo Words） 千字
LCD（Liquid Crystal Display） 液晶显示器
LED（Light Emitting Diode） 发光二极管
Library 库
Linker 连接程序
Loader 装载程序
Local 局部
Locator 定位程序
Logic Gate 逻辑门电路
Loop 循环
Loop Structure 循环结构
Low Power Mode 低功耗方式
LSB（Least Significant Bit） 最低有效位
Macro 宏
Machine Code 机器码
Machine Cycle 机器周期

Machine Instruction 机器指令
Maskable Interrupt 可屏蔽中断
McBSP（Multichannel Buffered Serial Port）多通道缓冲串行口
MCU（Micro Controller Unit）单片机，微控制器单元
Memory Address Space 存储器地址空间
MemoryExpansion 存储器扩展
Microcomputer 微机，微型计算机
Microcontroller 单片机，微控制器
Microprocessor 微处理器（CPU）
MIPS（Million Instructions Per Second）百万条指令每秒
Mnemonic 助记符
Modular Programming 模块化编程
Module 模块
Monitor 监控程序，监视器
MOPS（Million Operations Per Second）百万次操作每秒
MOS（Metal OxideSemiconductor）金属氧化物半导体
MSB（Most Significant Bit）最高有效位
Multiprocessor Communication 多机通信
Multiplier 乘法器
NC（Not Connected）空脚
NRZ（Non Return to Zero）非归零格式
Nonvolatile Memory 非易失存储器
Object Code 目标程序，目标代码
Object Program 目标程序
OC（Open Collector）Gate 集电极开路门，OC 门
OD（Open Drain）Gate 漏极开路门，OD 门
OE（Output Enable）输出使能
Off-Chip Memory 片外存储器
On-Chip Memory 片上（内）存储器
On-ChipPeripheral 片上（内）外设
One's Complement 反码
Opcode 操作码
Open Collector Output 集电极开路输出
Operand 操作数
Operating System（OS）操作系统
Operator 运算符
OR Gate 或门
Oscillator 振荡器，振荡电路
OTP（One Time Programmable）一次可编程
Output Device 输出设备
OutputEnable Signal 输出使能信号
OV（Overflow）溢出
Package 封装
PAL（Programmable Array Logic）可编程门阵列逻辑
Parallel I/O Port 并行 I/O 口
Parallel I/O Interface 并行 I/O 接口
Parity 奇偶性
PC（Personal Computer）个人计算机
PC（Program Counter）程序计数器
PCB（Printed Circuit Board）印制电路板
Peripheral Device 外部设备（外设）
PIE（Peripheral Interrupt Expansion）外设中断扩展
Pipeline 流水线
PLD（Programmable Logic Device）可编程逻辑器件
PLL（Phase-Locked Loop）锁相环
Power Saving Mode 节电方式
PQFP（Plastic Quad FlatpackPackage）塑料方形扁平封装
Program Memory 程序存储器
Programming Language 编程语言
Pseudo Operation 伪指令
Pull-down Resistor 下拉电阻
Pull-up Resistor 上拉电阻
PWM（Pulse Width Modulation）脉宽调制
QEP（Quadrature Encoder Pulse）正交编码器脉冲
RAM（Random Access Memory）随机读写存储器
RD（Read Signal）读信号

Ready Signal “准备好” 信号
Real-Time Control 实时控制
Real-Time Operating System（RTOS）实时操作系统
Real-Time System 实时系统
Register 寄存器
Relocatable 可重定位的
Reset 复位
Response Time 响应时间
Restoring Contexts 恢复现场
RISC（Reduced Instruction Set Computer）精简指令系统计算机
ROM（Read Only Memory）只读存储器
SARAM（Single-Access RAM）单访问 RAM
Saving Contexts 保护现场
Scaling Shifter 定标移位器
Schematic Diagram 原理图
SCI（Serial Communication Interface）串行通信接口
Section 段，块
Sequencer 排序器
Serial Bus 串行总线
Serial Communication 串行通信
Serial Interface 串行接口
Serial Port 串行口
Simulator 软件仿真器，模拟软件
Single Step Operation 单步运行
Sinking Current 灌电流
SISR（Specific ISR）特定中断服务子程序
Sleep Mode 睡眠方式
Source Program 源程序
SP（Stack Pointer）堆栈指针
SPI（Serial Peripheral Interface）串行外设接口
SRAM（Static RAM）静态 RAM
Standby Mode 待机方式
Static Memory 静态存储器
Step Operation 单步运行
String 字符串
Strobe Signal 选通信号
Subroutine 子程序
System ona Chip（SoC）片上系统
Target Board 目标板
TI（Texas Instruments）德州仪器公司
Timing Diagram 时序图
TQFP（Thin Quad Flat Pack）薄方形扁平封装
Tri-State Output 三态输出
TTL（Transistor-Transistor Logic）晶体管 - 晶体管逻辑
Two's Complement 补码
UART（Universal Asynchronous Receiver and Transmitter）通用异步收发器
USB（Universal Serial Bus）通用串行总线
Volatile Memory 易失存储器
WDT（Watch Dog Timer）看门狗定时器、监视定时器
Word 字
WR（Write Signal）写信号
XINTF（External Memory Interface）外部存储器接口
XOR Gate 异或门

附录 B　逻辑电路符号对照表

名　称	国际符号	曾用符号	国外流行符号	名　称	国际符号	曾用符号	国外流行符号
与门	&			传输门	TG	TG	
或门	≥1	+		双向模拟开关	SW	SW	
非门	1			半加器	Σ CO	HA	HA
与非门	&			全加器	Σ CICO	FA	FA
或非门	≥1	+		基本 RS 触发器	S R	S Q R $\bar{Q}$	S Q R $\bar{Q}$
与或非门	& ≥1	1		同步 RS 触发器	IS CI IR	S Q CP R $\bar{Q}$	S Q CK R $\bar{Q}$
异或门	=1	⊕		边沿（上升沿）D 触发器	S ID CI R	D Q CP $\bar{Q}$	DS_D Q CK R_D $\bar{Q}$
同或门	=1	⊙		边沿（下降沿）JK 触发器	S IJ CI IK R	J Q CP K $\bar{Q}$	JS_D Q CK K R_D $\bar{Q}$
集电极开路的与门	&◇			脉冲触发（主从）JK 触发器	S IJ CI IK R	J Q CP K $\bar{Q}$	JS_D Q CK K R_D $\bar{Q}$
三态输出的非门	1 ▽ EN			带施密特触发特性的与门	&		

附录 C　DSP 的 C 程序头文件

```
/* 文件名: f2407_c.h, 2407 DSP 的 C 程序寄存器定义 */
/* 内核寄存器 Core registers */
#define IMR        *(volatile unsigned int *)0x0004    /* Interrupt mask reg */
#define IFR        *(volatile unsigned int *)0x0006    /* Interrupt flag reg */

/* 系统配置、中断寄存器 System configuration and interrupt registers */
#define PIRQR0     *(volatile unsigned int *)0x7010    /* Peripheral interrupt request reg 0 */
#define PIRQR1     *(volatile unsigned int *)0x7011    /* Peripheral interrupt request reg 1 */
#define PIRQR2     *(volatile unsigned int *)0x7012    /* Peripheral interrupt request reg 2 */
#define PIACKR0    *(volatile unsigned int *)0x7014    /* Peripheral interrupt ack. reg 0 */
#define PIACKR1    *(volatile unsigned int *)0x7015    /* Peripheral interrupt ack. reg 1 */
#define PIACKR2    *(volatile unsigned int *)0x7016    /* Peripheral interrupt ack. reg 2 */
#define SCSR1      *(volatile unsigned int *)0x7018    /* System control & status reg 1 */
#define SCSR2      *(volatile unsigned int *)0x7019    /* System control & status reg 2 */
#define DINR       *(volatile unsigned int *)0x701C    /* Device identification reg */
#define PIVR       *(volatile unsigned int *)0x701E    /* Peripheral interrupt vector reg */

/* 看门狗定时器寄存器 Watchdog timer (WD) registers */
#define WDCNTR     *(volatile unsigned int *)0x7023    /* WD counter reg */
#define WDKEY      *(volatile unsigned int *)0x7025    /* WD reset key reg */
#define WDCR       *(volatile unsigned int *)0x7029    /* WD timer control reg */

/* SPI 寄存器 Serial Peripheral Interface (SPI) registers */
#define SPICCR     *(volatile unsigned int *)0x7040    /* SPI configuration control reg */
#define SPICTL     *(volatile unsigned int *)0x7041    /* SPI operation control reg */
#define SPISTS     *(volatile unsigned int *)0x7042    /* SPI status reg */
#define SPIBRR     *(volatile unsigned int *)0x7044    /* SPI baud rate reg */
#define SPIRXEMU   *(volatile unsigned int *)0x7046    /* SPI emulation buffer reg */
#define SPIRXBUF   *(volatile unsigned int *)0x7047    /* SPI serial receive buffer reg */
#define SPITXBUF   *(volatile unsigned int *)0x7048    /* SPI serial transmit buffer reg */
#define SPIDAT     *(volatile unsigned int *)0x7049    /* SPI serial data reg */
#define SPIPRI     *(volatile unsigned int *)0x704F    /* SPI priority control reg */

/* SCI 寄存器 SCI registers */
#define SCICCR     *(volatile unsigned int *)0x7050    /* SCI communication control reg */
#define SCICTL1    *(volatile unsigned int *)0x7051    /* SCI control reg 1 */
#define SCIHBAUD   *(volatile unsigned int *)0x7052    /* SCI baud-select reg, high bits */
#define SCILBAUD   *(volatile unsigned int *)0x7053    /* SCI baud-select reg, low bits */
#define SCICTL2    *(volatile unsigned int *)0x7054    /* SCI control reg 2 */
```

```
#define SCIRXST    *(volatile unsigned int *)0x7055    /* SCI receiver status reg */
#define SCIRXEMU   *(volatile unsigned int *)0x7056    /* SCI emulation data buffer reg */
#define SCIRXBUF   *(volatile unsigned int *)0x7057    /* SCI receiver data buffer reg */
#define SCITXBUF   *(volatile unsigned int *)0x7059    /* SCI transmit data buffer reg */
#define SCIPRI     *(volatile unsigned int *)0x705F    /* SCI priority control reg */

/* 外部中断配置寄存器 External interrupt configuration registers */
#define XINT1CR    *(volatile unsigned int *)0x7070    /* External interrupt 1 config reg */
#define XINT2CR    *(volatile unsigned int *)0x7071    /* External interrupt 2 config reg */

/* 数字 I/O 寄存器 Digital I/O registers */
#define MCRA       *(volatile unsigned int *)0x7090    /* I/O mux control reg A */
#define MCRB       *(volatile unsigned int *)0x7092    /* I/O mux control reg B */
#define MCRC       *(volatile unsigned int *)0x7094    /* I/O mux control reg C */
#define PADATDIR   *(volatile unsigned int *)0x7098    /* I/O port A data & direction reg */
#define PBDATDIR   *(volatile unsigned int *)0x709A    /* I/O port B data & direction reg */
#define PCDATDIR   *(volatile unsigned int *)0x709C    /* I/O port C data & direction reg */
#define PDDATDIR   *(volatile unsigned int *)0x709E    /* I/O port D data & direction reg */
#define PEDATDIR   *(volatile unsigned int *)0x7095    /* I/O port E data & direction reg */
#define PFDATDIR   *(volatile unsigned int *)0x7096    /* I/O port F data & direction reg */

/* 模数转换(ADC)寄存器 Analog-to-Digital Converter (ADC) registers */
#define ADCTRL1    *(volatile unsigned int *)0x70A0    /* ADC control reg 1 */
#define ADCTRL2    *(volatile unsigned int *)0x70A1    /* ADC control reg 2 */
#define MAXCONV    *(volatile unsigned int *)0x70A2    /* Max. conversion channels reg */
#define CHSELSEQ1  *(volatile unsigned int *)0x70A3    /* Chan. select sequencing control reg 1 */
#define CHSELSEQ2  *(volatile unsigned int *)0x70A4    /* Channel select seq. control reg 2 */
#define CHSELSEQ3  *(volatile unsigned int *)0x70A5    /* Chan. select seq. control reg 3 */
#define CHSELSEQ4  *(volatile unsigned int *)0x70A6    /* Chan. select seq. control reg 4 */
#define AUTO_SEQ_SR *(volatile unsigned int *)0x70A7   /* Autosequence status reg */
#define RESULT0    *(volatile unsigned int *)0x70A8    /* Conversion result buffer reg 0 */
#define RESULT1    *(volatile unsigned int *)0x70A9    /* Conversion result buffer reg 1 */
#define RESULT2    *(volatile unsigned int *)0x70AA    /* Conversion result buffer reg 2 */
#define RESULT3    *(volatile unsigned int *)0x70AB    /* Conversion result buffer reg 3 */
#define RESULT4    *(volatile unsigned int *)0x70AC    /* Conversion result buffer reg 4 */
#define RESULT5    *(volatile unsigned int *)0x70AD    /* Conversion result buffer reg 5 */
#define RESULT6    *(volatile unsigned int *)0x70AE    /* Conversion result buffer reg 6 */
#define RESULT7    *(volatile unsigned int *)0x70AF    /* Conversion result buffer reg 7 */
#define RESULT8    *(volatile unsigned int *)0x70B0    /* Conversion result buffer reg 8 */
#define RESULT9    *(volatile unsigned int *)0x70B1    /* Conversion result buffer reg 9 */
#define RESULT10   *(volatile unsigned int *)0x70B2    /* Conversion result buffer reg 10 */
#define RESULT11   *(volatile unsigned int *)0x70B3    /* Conversion result buffer reg 11 */
#define RESULT12   *(volatile unsigned int *)0x70B4    /* Conversion result buffer reg 12 */
```

```
#define RESULT13 *(volatile unsigned int *)0x70B5     /* Conversion result buffer reg 13 */
#define RESULT14 *(volatile unsigned int *)0x70B6     /* Conversion result buffer reg 14 */
#define RESULT15 *(volatile unsigned int *)0x70B7     /* Conversion result buffer reg 15 */
#define CALIBRATION *(volatile unsigned int *)0x70B8  /* Calibration result reg */

/* CAN 模块寄存器 Controller Area Network (CAN) registers */
#define MDER      *(volatile unsigned int *)0x7100    /* CAN mailbox direction/enable reg */
#define TCR       *(volatile unsigned int *)0x7101    /* CAN transmission control reg */
#define RCR       *(volatile unsigned int *)0x7102    /* CAN receive control reg */
#define MCR       *(volatile unsigned int *)0x7103    /* CAN master control reg */
#define BCR2      *(volatile unsigned int *)0x7104    /* CAN bit config reg 2 */
#define BCR1      *(volatile unsigned int *)0x7105    /* CAN bit config reg 1 */
#define ESR       *(volatile unsigned int *)0x7106    /* CAN error status reg */
#define GSR       *(volatile unsigned int *)0x7107    /* CAN global status reg */
#define CEC       *(volatile unsigned int *)0x7108    /* CAN trans and rcv err counters */
#define CAN_IFR   *(volatile unsigned int *)0x7109    /* CAN interrupt flag reg */
#define CAN_IMR   *(volatile unsigned int *)0x710a    /* CAN interrupt mask reg */
#define LAM0_H    *(volatile unsigned int *)0x710b    /* CAN local acceptance mask MBX0/1 */
#define LAM0_L    *(volatile unsigned int *)0x710c    /* CAN local acceptance mask MBX0/1 */
#define LAM1_H    *(volatile unsigned int *)0x710d    /* CAN local acceptance mask MBX2/3 */
#define LAM1_L    *(volatile unsigned int *)0x710e    /* CAN local acceptance mask MBX2/3 */

#define MSGID0L   *(volatile unsigned int *)0x7200    /* CAN message ID for mailbox 0 (lower 16
                                                         bits) */
#define MSGID0H   *(volatile unsigned int *)0x7201    /* CAN message ID for mailbox 0 (upper 16
                                                         bits) */
#define MSGCTRL0  *(volatile unsigned int *)0x7202    /* CAN RTR and DLC for mailbox 0 */
#define MBX0A     *(volatile unsigned int *)0x7204    /* CAN 2 of 8 bytes of mailbox 0 */
#define MBX0B     *(volatile unsigned int *)0x7205    /* CAN 2 of 8 bytes of mailbox 0 */
#define MBX0C     *(volatile unsigned int *)0x7206    /* CAN 2 of 8 bytes of mailbox 0 */
#define MBX0D     *(volatile unsigned int *)0x7207    /* CAN 2 of 8 bytes of mailbox 0 */
#define MSGID1L   *(volatile unsigned int *)0x7208    /* CAN message ID for mailbox 1 (lower
                                                         16 bits) */
#define MSGID1H   *(volatile unsigned int *)0x7209    /* CAN message ID for mailbox 1 (upper
                                                         16 bits) */
#define MSGCTRL1  *(volatile unsigned int *)0x720A    /* CAN RTR and DLC for mailbox 1 */
#define MBX1A     *(volatile unsigned int *)0x720C    /* CAN 2 of 8 bytes of mailbox 1 */
#define MBX1B     *(volatile unsigned int *)0x720D    /* CAN 2 of 8 bytes of mailbox 1 */
#define MBX1C     *(volatile unsigned int *)0x720E    /* CAN 2 of 8 bytes of mailbox 1 */
#define MBX1D     *(volatile unsigned int *)0x720F    /* CAN 2 of 8 bytes of mailbox 1 */
#define MSGID2L   *(volatile unsigned int *)0x7210    /* CAN message ID for mailbox 2 (lower
                                                         16 bits) */
#define MSGID2H   *(volatile unsigned int *)0x7211    /* CAN message ID for mailbox 2 (upper
```

```
                                                              16 bits) */
#define MSGCTRL2 *(volatile unsigned int *)0x7212   /* CAN RTR and DLC for mailbox 2 */
#define MBX2A    *(volatile unsigned int *)0x7214   /* CAN 2 of 8 bytes of mailbox 2 */
#define MBX2B    *(volatile unsigned int *)0x7215   /* CAN 2 of 8 bytes of mailbox 2 */
#define MBX2C    *(volatile unsigned int *)0x7216   /* CAN 2 of 8 bytes of mailbox 2 */
#define MBX2D    *(volatile unsigned int *)0x7217   /* CAN 2 of 8 bytes of mailbox 2 */

#define MSGID3L  *(volatile unsigned int *)0x7218   /* CAN message ID for mailbox 3 (lower
                                                       16 bits) */
#define MSGID3H  *(volatile unsigned int *)0x7219   /* CAN message ID for mailbox 3 (upper
                                                       16 bits) */
#define MSGCTRL3 *(volatile unsigned int *)0x721A   /* CAN RTR and DLC for mailbox 3 */
#define MBX3A    *(volatile unsigned int *)0x721C   /* CAN 2 of 8 bytes of mailbox 3 */
#define MBX3B    *(volatile unsigned int *)0x721D   /* CAN 2 of 8 bytes of mailbox 3 */
#define MBX3C    *(volatile unsigned int *)0x721E   /* CAN 2 of 8 bytes of mailbox 3 */
#define MBX3D    *(volatile unsigned int *)0x721F   /* CAN 2 of 8 bytes of mailbox 3 */

#define MSGID4L  *(volatile unsigned int *)0x7220   /* CAN message ID for mailbox 4 (lower
                                                       16 bits) */
#define MSGID4H  *(volatile unsigned int *)0x7221   /* CAN message ID for mailbox 4 (upper
                                                       16 bits) */
#define MSGCTRL4 *(volatile unsigned int *)0x7222   /* CAN RTR and DLC for mailbox 4 */
#define MBX4A    *(volatile unsigned int *)0x7224   /* CAN 2 of 8 bytes of mailbox 4 */
#define MBX4B    *(volatile unsigned int *)0x7225   /* CAN 2 of 8 bytes of mailbox 4 */
#define MBX4C    *(volatile unsigned int *)0x7226   /* CAN 2 of 8 bytes of mailbox 4 */
#define MBX4D    *(volatile unsigned int *)0x7227   /* CAN 2 of 8 bytes of mailbox 4 */

#define MSGID5L  *(volatile unsigned int *)0x7228   /* CAN message ID for mailbox 5 (lower
                                                       16 bits) */
#define MSGID5H  *(volatile unsigned int *)0x7229   /* CAN message ID for mailbox 5 (upper
                                                       16 bits) */
#define MSGCTRL5 *(volatile unsigned int *)0x722A   /* CAN RTR and DLC for mailbox 5 */
#define MBX5A    *(volatile unsigned int *)0x722C   /* CAN 2 of 8 bytes of mailbox 5 */
#define MBX5B    *(volatile unsigned int *)0x722D   /* CAN 2 of 8 bytes of mailbox 5 */
#define MBX5C    *(volatile unsigned int *)0x722E   /* CAN 2 of 8 bytes of mailbox 5 */
#define MBX5D    *(volatile unsigned int *)0x722F   /* CAN 2 of 8 bytes of mailbox 5 */

/* 事件管理器 A 寄存器 Event Manager A (EVA) registers */
#define GPTCONA  *(volatile unsigned int *)0x7400   /* GP timer control reg A */
#define T1CNT    *(volatile unsigned int *)0x7401   /* GP timer 1 counter reg */
#define T1CMPR   *(volatile unsigned int *)0x7402   /* GP timer 1 compare reg */
#define T1PR     *(volatile unsigned int *)0x7403   /* GP timer 1 period reg */
#define T1CON    *(volatile unsigned int *)0x7404   /* GP timer 1 control reg */
```

```
#define T2CNT     *(volatile unsigned int *)0x7405    /* GP timer 2 counter reg */
#define T2CMPR    *(volatile unsigned int *)0x7406    /* GP timer 2 compare reg */
#define T2PR      *(volatile unsigned int *)0x7407    /* GP timer 2 period reg */
#define T2CON     *(volatile unsigned int *)0x7408    /* GP timer 2 control reg */
#define COMCONA   *(volatile unsigned int *)0x7411    /* Compare control reg A */
#define ACTRA     *(volatile unsigned int *)0x7413    /* Compare action control reg A */
#define DBTCONA   *(volatile unsigned int *)0x7415    /* Dead-band timer control reg A */
#define CMPR1     *(volatile unsigned int *)0x7417    /* compare reg 1 */
#define CMPR2     *(volatile unsigned int *)0x7418    /* compare reg 2 */
#define CMPR3     *(volatile unsigned int *)0x7419    /* compare reg 3 */
#define CAPCONA   *(volatile unsigned int *)0x7420    /* Capture control reg A */
#define CAPFIFOA  *(volatile unsigned int *)0x7422    /* Capture FIFO status reg A */
#define CAP1FIFO  *(volatile unsigned int *)0x7423    /* Capture Channel 1 FIFO top */
#define CAP2FIFO  *(volatile unsigned int *)0x7424    /* Capture Channel 2 FIFO top */
#define CAP3FIFO  *(volatile unsigned int *)0x7425    /* Capture Channel 3 FIFO top */
#define CAP1FBOT  *(volatile unsigned int *)0x7427    /* Bottom reg of capture FIFO stack 1 */
#define CAP2FBOT  *(volatile unsigned int *)0x7427    /* Bottom reg of capture FIFO stack 2 */
#define CAP3FBOT  *(volatile unsigned int *)0x7427    /* Bottom reg of capture FIFO stack 3 */
#define EVAIMRA   *(volatile unsigned int *)0x742C    /* EVA interrupt mask reg A */
#define EVAIMRB   *(volatile unsigned int *)0x742D    /* EVA interrupt mask reg B */
#define EVAIMRC   *(volatile unsigned int *)0x742E    /* EVA interrupt mask reg C */
#define EVAIFRA   *(volatile unsigned int *)0x742F    /* EVA interrupt flag reg A */
#define EVAIFRB   *(volatile unsigned int *)0x7430    /* EVA interrupt flag reg B */
#define EVAIFRC   *(volatile unsigned int *)0x7431    /* EVA interrupt flag reg C */

/* 事件管理器 B 寄存器 Event Manager B (EVB) registers */
#define GPTCONB   *(volatile unsigned int *)0x7500    /* GP timer control reg B */
#define T3CNT     *(volatile unsigned int *)0x7501    /* GP timer 3 counter reg */
#define T3CMPR    *(volatile unsigned int *)0x7502    /* GP timer 3 compare reg */
#define T3PR      *(volatile unsigned int *)0x7503    /* GP timer 3 period reg */
#define T3CON     *(volatile unsigned int *)0x7504    /* GP timer 3 control reg */
#define T4CNT     *(volatile unsigned int *)0x7505    /* GP timer 4 counter reg */
#define T4CMPR    *(volatile unsigned int *)0x7506    /* GP timer 4 compare reg */
#define T4PR      *(volatile unsigned int *)0x7507    /* GP timer 4 period reg */
#define T4CON     *(volatile unsigned int *)0x7508    /* GP timer 4 control reg */
#define COMCONB   *(volatile unsigned int *)0x7511    /* Compare control register B */
#define ACTRB     *(volatile unsigned int *)0x7513    /* Compare action control register B */
#define DBTCONB   *(volatile unsigned int *)0x7515    /* Dead-band timer control reg B */
#define CMPR4     *(volatile unsigned int *)0x7517    /* Compare reg 4 */
#define CMPR5     *(volatile unsigned int *)0x7518    /* Compare reg 5 */
#define CMPR6     *(volatile unsigned int *)0x7519    /* Compare reg 6 */
#define CAPCONB   *(volatile unsigned int *)0x7520    /* Capture control reg B */
#define CAPFIFOB  *(volatile unsigned int *)0x7522    /* Capture FIFO status reg B */
```

```
#define CAP4FIFO  *(volatile unsigned int *)0x7523    /* Capture channel 4 FIFO top */
#define CAP5FIFO  *(volatile unsigned int *)0x7524    /* Capture channel 5 FIFO top */
#define CAP6FIFO  *(volatile unsigned int *)0x7525    /* Capture channel 6 FIFO top */
#define CAP4FBOT  *(volatile unsigned int *)0x7527    /* Bottom reg of capture FIFO stack 4 */
#define CAP5FBOT  *(volatile unsigned int *)0x7527    /* Bottom reg of capture FIFO stack 5 */
#define CAP6FBOT  *(volatile unsigned int *)0x7527    /* Bottom reg of capture FIFO stack 6 */
#define EVBIMRA   *(volatile unsigned int *)0x752C    /* EVB interrupt mask reg A */
#define EVBIMRB   *(volatile unsigned int *)0x752D    /* EVB interrupt mask reg B */
#define EVBIMRC   *(volatile unsigned int *)0x752E    /* EVB interrupt mask reg C */
#define EVBIFRA   *(volatile unsigned int *)0x752F    /* EVB interrupt flag reg A */
#define EVBIFRB   *(volatile unsigned int *)0x7530    /* EVB interrupt flag reg B */
#define EVBIFRC   *(volatile unsigned int *)0x7531    /* EVB interrupt flag reg C */

/* I/O空间映射的寄存器 I/O space mapped registers */
#define FCMR      portFF0F                            /* Flash control mode register */
ioport unsigned intportFF0F;
#define WSGR      portFFFF                            /* Wait-state generator reg */
ioport unsigned int portFFFF;
```

参 考 文 献

[1] TI. TMS320LF/LC240xA DSP Controllers Reference Guide, System and Peripherals. 2006.
[2] TI. TMS320LF2407A DSP Controller. 2007.
[3] TI. TMS320F/C240 DSP Controllers Peripheral Library and Specific Device. 2002.
[4] TI. TMS320F/C24x DSP Controllers Reference Guide, CPU and Instruction Set. 1999.
[5] TI. TMS320C2x/C2xx/C5x, Optimizing C compiler User's Guide. 1999.
[6] TI. Code Composer Studio Getting Started Guide. 2001.
[7] TI. TMS320C1x, 2x, 2xx, 5x, Assembly Language Tools User's Guide. 1995.
[8] TI. TMS320F20x/F24x DSP Embedded Flash Memory Technical Reference. 1998.
[9] Hamid A, Toliyat et al. DSP - based Electromechanical Motion Control [M]. CRC Press, 2003.
[10] 张雄伟. DSP 芯片原理与应用 [M]. 北京：机械工业出版社，2005.
[11] 张毅刚. TMS320LF240x 系列 DSP 原理、开发与应用 [M]. 哈尔滨：哈尔滨工业大学出版社，2006.
[12] 刘和平. TMS320LF240x DSP 结构、原理及应用 [M]. 北京：北京航空航天大学出版社，2002.
[13] 刘和平. TMS320LF240x DSP C 语言开发应用 [M]. 北京：北京航空航天大学出版社，2003.
[14] 刘和平. DSP 原理及电机控制应用 - 基于 TMS320LF240x 系列 [M]. 北京：北京航空航天大学出版社，2006.
[15] 张小鸣. DSP 控制器原理及应用 [M]. 北京：清华大学出版社，2009.
[16] 何苏勤. TMS320C2000 系列 DSP 原理及实用技术 [M]. 北京：电子工业出版社，2003.
[17] 宁改娣，杨拴科. DSP 控制器原理及应用 [M]. 北京：科学出版社，2002.
[18] 扈宏杰. DSP 控制系统的设计与实现 [M]. 北京：机械工业出版社，2004.
[19] 江思敏. TMS320LF240x DSP 硬件开发教程 [M]. 北京：机械工业出版社，2003.
[20] 清源科技. TMS320LF240x DSP 应用程序设计教程 [M]. 北京：机械工业出版社，2003.
[21] 颜友钧. DSP 应用技术教程 [M]. 北京：中国电力出版社，2002.
[22] 王潞钢. DSP C2000 程序员高手进阶 [M]. 北京：机械工业出版社，2004.
[23] 赵世廉. TMS320x240x DSP 原理及应用开发指南 [M]. 北京：北京航空航天大学出版社，2007.
[24] 牛小兵. DSP 控制器实用教程 [M]. 北京：国防工业出版社，2007.
[25] 韩安太. DSP 控制器原理及其在运动控制中的应用 [M]. 北京：清华大学出版社，2003.
[26] 王晓明，王玲. 电动机的 DSP 控制 [M]. 北京：北京航空航天大学出版社，2004.
[27] 刘向东. DSP 技术原理与应用 [M]. 北京：中国电力出版社，2007.
[28] 王茂飞，程昱. DSP 技术与应用开发 [M]. 北京：清华大学出版社，2007.
[29] 王建元. DSP 原理与应用入门学习及实践指导 [M]. 北京：中国电力出版社，2008.
[30] 林容益. TMS320F240x DSP 汇编及 C 语言多功能控制应用 [M]. 北京：北京航空航天大学出版社，2009.
[31] 张芳兰. TMS320C2xx 用户指南 [M]. 北京：电子工业出版社，1999.
[32] 章云. DSP 控制器及其应用 [M]. 北京：机械工业出版社，2001.
[33] 张卫宁. TMS320C2000 系列 DSP 原理及应用 [M]. 北京：国防工业出版社，2002.
[34] 万山明. TMS320F281x DSP 原理及应用实例 [M]. 北京：北京航空航天大学出版社，2007.
[35] 宁改娣. DSP 控制器原理及应用 [M]. 北京：科学出版社，2009.
[36] 刘和平. 数字信号处理器原理、结构及应用基础 - TMS320F28x [M]. 北京：机械工业出版社，2007.
[37] 张东亮. DSP 控制器原理与应用 [M]. 北京：机械工业出版社，2010.